DK
[deep]

PAUL ROSOLIE

INTO THE JUNGLE

Meine Mission
für den Schutz des
Regenwaldes

Aus dem Englischen von Simone Schroth

DK
[deep]

Die Originalausgabe erschien 2026 unter dem Titel »Junglekeeper«
bei Convergent, ein Imprint of Penguin Random House LLC, New York.

Deutsche Erstausgabe
1. Auflage 2026

Lektorat Daniela Jarzynka, Mechernich
Umschlaggestaltung Büro Jorge Schmidt, München
unter Verwendung eines Motivs von © by Stephane Thomas/
Hintergrundfoto Adobestock/tannujannu
Layout und Satz Satzwerk Huber, Germering
Druck und Bindung GGP Media GmbH, Pößneck

ISBN 978-3-69327-002-8
5902-971043-24580-01

www.dk-verlag.de

Dem Großen Dschungel
und den wilden schlagenden Herzen gewidmet,
die mich so reich beschenkt haben.
Lang lebe Amazonien.

INHALTSVERZEICHNIS

EINLEITUNG

Ganz außen am westlichen Rand des Regenwaldes von Amazonien, tief im peruanischen Dschungel, versenkten zwei Holzfäller ihre Kettensägen in die Brettwurzeln eines uralten Eisenholzbaums. Über eine Stunde lang mussten sie die Sägeblätter zu präzisen Schnitten ansetzen, ehe die Fasern tief im Inneren zu knistern und zu knacken begannen. Ein Eisenholzbaum – auch *shihuahuaco* genannt – dieser Größe ist ein Gigant unter Giganten. Ein sich dem Himmel entgegenstreckender Wächter, der eine Höhe von knapp fünfzig Metern erreichen kann und daher über das restliche Blätterdach hinausragt.

Dieser ganz bestimmte Baum hatte sein Dasein als winziger Schössling im Großen Dschungel begonnen. Seine Geschichte nahm ihren Anfang, bevor die Spanier Peru erreicht, lange bevor die Vereinigten Staaten von Amerika auch nur die Form eines Traums angenommen hatten. Zu Zeiten, als Leonardo da Vinci in einem weit entfernten Teil der Welt noch dabei war, seine Fähigkeiten zu verfeinern. Während der Renaissance, während der beiden Weltkriege und während der Geburt unserer Großeltern hatte es diesen Baum bereits gegeben. Langsam hatte er sich emporgereckt, als ein Baum unter vielen. Eine einzelne Säule zwischen Milliarden anderer. Doch an jenem Tag im August 2024, als die beiden Holzfäller ihre Arbeit verrichteten, stürzte dieser Zeuge der Jahrhunderte krachend durch das Blätterdach, und die gewaltige Kraft seines Falls ließ die Erde erbeben.

Die Schockwellen durchliefen den Dschungel.

Irgendwo in der blättrigen Ferne hielt ein Stamm des Mashco-Piro-Volkes in seinem Tun inne und lauschte. Barfuß und nackt waren diese Menschen, Teil der sogenannten »isolierten« nomadischen Stämme, in den geografisch am schlechtesten erreichbaren Teilen Amazoniens. Genau wie bei dem uralten Baum hatte sich ihre Geschichte über Jahrhunderte hinweg weit entfernt von den Geschehnissen der Welt abgespielt. Bewacht von Hunderten von Kilometern Regenwald und in einer Art natürlicher Zeitkapsel aus tiefer Wildnis, die seit Anbeginn der Zeit unberührt und ungehindert gewachsen war. Die Vorfahren dieser Menschen hatten immer abseits vom Rest der Welt gelebt. Die Mashco kennen weder moderne Technologie, noch haben sie jemals ein Rad gesehen. Sie arbeiten nicht mit Metall und haben auch keinen Zugang zu Stein als Material. Während die Welt immer moderner wurde, haben sie sich dort draußen im Amazonasgebiet die Lebensweise der Jäger und Sammler erhalten. Doch das ferne Dröhnen der Kettensägen und das Geräusch fallender Baumriesen brachten die Botschaft, dass sich all das ändern würde.

Die Mashco Piro schlichen durch den Regenwald, wichen auf bloßen Füßen geschmeidig den Lianen aus, näherten sich dem Gebiet, in dem die Holzfäller arbeiteten.

Es ist bekannt, dass die ortsansässigen Stämme pflanzliche Mittel zur Insektenabwehr und als Kriegsbemalung verwenden und ihre nackten Körper damit einreiben. Diese Art Tarnfarbe ermöglicht es ihnen, mehr oder weniger mit dem Wald zu verschmelzen. Außerdem verschleiern sie mit Tierimitationen – den Rufen der Kapuzineraffen und Steißhühner – ihre Kommunikation. Auf diese Weise gelingt es ihnen, ihre Feinde zu umzingeln, ohne dass diese ihre Gegenwart auch nur erahnen.

Die Holzfäller hatten inzwischen einen Metallrahmen an der Kettensäge angebracht und zerlegten nun systematisch den Baumstumpf. Mithilfe des Rahmens konnten sie saubere Schnitte durchführen. Die so entstehenden Bretter würden sich leichter zum Fluss schaffen lassen. Den sollte das Holz dann fast eine Woche hinuntertreiben, ehe es die erste Stadt erreichte, wo es eine Straße gab. Die sich rasend schnell bewegenden Zähne der kreischenden Kettensäge und das in der Luft herumwirbelnde Sägemehl verlangten den Arbeitern Kraft und Konzentration ab und machten sie quasi taub für ihre Umgebung. Keiner der beiden sollte den Dschungel lebendig verlassen.

Ganz knapp außer Sichtweite, aus dem Schatten des Blattwerks heraus, beobachtete der Stamm alles. Die Männer waren nackt, hielten nur mit Gewebestücken aus Pflanzenfasern ihre Geschlechtsteile am Körper. Jeder der Männer trug etwa zwei Meter lange, fast gewichtslose Pfeile bei sich. Diese Pfeile, die die meisten von uns wohl als »Speere« bezeichnen würden, hatten eine Bambusspitze von der Länge einer Machete. Die aus schwarzem Palmenholz gefertigten Bogen gingen über Mannshöhe hinaus. Mit dieser Waffe konnte man einen Klammeraffen treffen, der sich dreißig Meter entfernt von Ast zu Ast schwang. Aber das spielte in diesem Augenblick keine Rolle. Jetzt ging es um das Gegenteil von Distanz. Um Nähe. Um etwas Persönliches. Starke Arme spannten die Sehnen, bevor gezielt und geschossen wurde.

Vielleicht ist es genau so abgelaufen. Vielleicht auch nicht. Mit Sicherheit wissen wir, dass die Leichen der Holzfäller erst Tage später gefunden wurden, als Militärhubschrauber mit donnerndem Rotorengeräusch die Stille des Blätterdachs zerrissen. Die Besatzung suchte in einem endlosen Dschungel nach einem gefällten Baum. Kommandotruppen in Tarnkleidung und mit Kampfhelmen und automatischen Waffen begutachteten die Szene. Die Leichen waren aufgebläht, und die Tiere des Dschungels hatten ihren Hunger an ihnen gestillt, Geier daran herumgepickt. Maden quollen aus den Augen und Mündern. Macht und angemessene Sorgfalt demonstrieren, die Leichen bergen und sie wegfliegen: Mehr konnten die Militärkommandos nicht ausrichten. Zusammenstöße zwischen illegalen Holzfällern und den letzten Stämmen ohne Kontakt zur Außenwelt kommen in der peruanischen Region des Madre de Dios bedauerlicherweise häufig vor.

Viele der unheimlichen Sagen und Legenden um die bis heute isoliert lebenden Stämme des Amazonasgebiets lassen einen nie wieder los. Es gibt zahlreiche Geschichten, die oft nur im Flüsterton an Lagerfeuern im Hinterland erzählt werden. Über Jahrzehnte hinweg versuchte die peruanische Regierung, die Öffentlichkeit davon zu überzeugen, die Existenz der Stämme sei nichts weiter als eine Legende. Menschen vor Ort, so hieß es, erzählten sie sich, damit die Holzfäller die heiligen Pfade des Urwalds nicht betraten. Wie sollte es denn einem Volk nackter Krieger gelungen sein, sich während der letzten paar Jahrhunderte in den Schatten zu verbergen – und das bis zum heutigen Tag?

Doch wir, die wir dort draußen in der Wildnis leben, wissen es besser.

Wir schenken den subtilen Zeichen dieser Stämme Beachtung – einem Pfad, den man nicht kreuzen, einem Strom, dem man sich nicht nähern darf. Sie bewachen die letzten, tiefsten Stellen des Dschungels mit tödlicher Entschlossenheit und einer ebenso einfachen wie eindringlichen Botschaft: kein Zutritt.

Die von ihnen im August 2024 getöteten Holzfäller hatten dieses Gebot nicht respektiert. Im Oktober desselben Jahres rannte ich dann, so schnell ich konnte, mit wild klopfendem Herzen durch den Regenwald und versteckte mich hinter Bäumen. Die Stämme Amazoniens pirschten sich aus dem mythischen Gebiet heran, das sie in meiner Vorstellung immer bewohnt hatten – mit ihrer gestreiften Kriegsbemalung, Pfeil und Bogen im Anschlag. Sie stellten unter Beweis, dass sie sehr real waren, voller Fragen und zu einer Kriegsführung fähig, die unsere moderne Welt quasi nicht kennt.

***

Zum ersten Mal reiste ich 2006 in dieses brutale Hinterland. Damals war ich erst achtzehn Jahre alt. Ich hatte lange davon geträumt, die wildesten Orte der Erde zu besuchen. Deswegen nahm ich als einer von mehreren Freiwilligen an einer Expedition teil. Zwei Tage am Fluss entlang tief in den Dschungel hinein, zum Außenposten einer weitab gelegenen Forschungsstation. Dort wollten wir Informationen über bedrohte Arten sammeln.

Insgesamt, so die Planung, sollte das Abenteuer nur wenige Wochen dauern.

Jetzt, fast zwanzig Jahre später, schreibe ich diese Worte nieder. Der Dschungel ist längst zu meiner Heimat geworden – und die Aufgabe, ihn zu beschützen, zu meinem Lebensinhalt.

Die damalige Expedition wurde von Juan Julio Durand angeführt, einem örtlichen Naturschützer aus der indigenen Ese-Eja-Gemeinschaft. Alle nannten ihn »JJ«. Er und seine Partnerin Emma, eine britische Biologin, hatten ihren Traum wahr gemacht und ein winziges Forschungscamp errichtet. Sie hatten ihm den Namen *Las Piedras Biodiversity Station* gegeben. Es war so abgelegen, dass man es nur mit einem Boot erreichen konnte. Die Reise dorthin dauerte mehrere Tage, nachts musste man irgendwo sein Lager aufschlagen. Und im Boot stapelten sich die ganzen Vorräte für die nächste Zeit: Reis. Bohnen. Eier. Und viele, viele Akkus für die Nacht. In der Forschungsstation gab es kein Licht, keine Elektrizität, keine Möglichkeiten zur Kommunikation mit der Außenwelt. Wir waren wirklich völlig auf uns allein gestellt.

Solange ich denken konnte, war es mein Traum gewesen, den Amazonas zu sehen. Ich hätte es allerdings niemals für möglich gehalten, dass JJ und ich uns sofort blendend verstehen würden und mich seine indigene Familie irgendwann inoffiziell adoptieren sollte. Auch nicht, dass ich bald ins Kaninchenloch Amazonien fallen sollte, in unvorstellbare Tiefen. Und vermutlich wäre es auch korrekter, zu sagen, ich hätte mich in dieses Kaninchenloch hineingeworfen.

Aber das ist keine Geschichte über die allererste Zeit, in der ich mich in den Dschungel verliebte. Das war schließlich der einfache Teil. Nein, hier geht es darum, was als Nächstes geschah. Was ich über die Verantwortung lernte, die mit dieser Liebe einherging, mit allen Implikationen und Erkenntnissen. Hier geht es um die Ereignisse, die die Richtung meines Lebens neu bestimmen und das Schicksal eines Flusses verändern sollten.

Seit 1970 haben wir mehr als fünfzig Prozent der globalen Tierbevölkerung verloren. Die Artenvielfalt an sich hat sich zwar nicht halbiert, doch die Gesamtzahl der wilden Tiere auf der Erde hat sich innerhalb weniger Jahrzehnte um mehr als die Hälfte verringert – und zwar als unmittelbare Folge menschlichen Handelns. Darum habe ich als Erwachsener im Amazonasregenwald so viele Tiere wie möglich aus zwanzig Meter hohen Flammen geholt. Beim Dokumentieren der Zerstörung rund um den Globus habe ich versengte Affen gerettet, mit riesigen Anakondas gerungen, mich gegen Nashornangriffe gewehrt. In Indien habe ich die letzten Tiger dieser Erde aufgespürt und mit Elefantenherden zusammengelebt, denen keine Ausweichmöglichkeit mehr bleibt. Die Konfrontation mit diesen und anderen Bedrohungen der Natur hat mich begreifen lassen: Wir müssen dringend handeln.

Ich bin Zeuge von so viel Tod, so großer Zerstörung geworden. Dadurch hätte ich mir leicht das so gängige antihumane Narrativ zu eigen machen können: Der Mensch ist die Plage des Planeten. Die Meeresspiegel steigen, das Klima verändert sich, die Pandas sterben aus, und nichts lässt sich dagegen tun. Doch mein berufliches Engagement zur Erhaltung der Erde hat mir einen winzigen Einblick in ein alternatives Szenario geschenkt: Ich bin Menschen begegnet, die mit jedem Tag eindringlicher demonstrieren, dass man sehr wohl etwas tun *kann*. Für mich sind das echte Helden. Menschen, die ihr Leben der Aufgabe widmen, etwas von dem Bösen wiedergutzumachen, das ihre Artgenossen begangen haben. Menschen, die die Flamme vor dem Sturm schützen, die täglich unter Beweis stellen, was so viele von uns vergessen haben: Noch gibt es Hoffnung. Denn während ein immens großer Teil des Amazonasgebiets zerstört wird, stehen wir heute kurz davor, eines der größten Regenwaldschutzgebiete der Erde zu erschaffen. Was vor zwanzig Jahren als Traum von mir und meinen indigenen Freunden in Amazonien begann, ist zu einer viele Millionen Dollar schweren internationalen Bewegung geworden. Sie hat es sich zum Ziel gesetzt, über 40.000 Hektar wunderbar erhaltenes Habitat vor der Vernichtung zu bewahren: Millionen von schlagenden Herzen wilder Tiere, vollständige indigene Gemeinschaften, außerdem zahllose neue Arten und bisher unentdeckte Arzneimittel.

»Es ist noch kein Meister vom Himmel gefallen«, lautet ein Sprichwort. Wie du beim Lesen feststellen wirst, war mein Weg nicht gerade – und auch kein besonders leichter, sauberer oder gar angenehmer. Ich bin von Krokodilen, Schlangen und Tigern gebissen worden, Boote haben mich überfahren. Ich bin fast an Infektionen gestorben und saß schon mehrere Wochen im tiefsten Dschungel fest. Mein Körper sieht mit seinen verheilten Wunden aus wie ein Werk von Jackson Pollock. Aber diese Narben sind nichts im Vergleich zu denen, die tatsächlich auf diesem Weg entstanden sind. Wenn man einem Traum wie diesem nachjagt, muss man häufig das meiste von dem wegschneiden, was ein normales Leben ausmacht. Teile von sich selbst, die sich nicht nähen lassen. Das Schützen der Wildnis ist kein Beruf, sondern eine Berufung. Ich bin kein Beispiel, dem man folgen sollte.

Zu meinen wichtigsten Erkenntnissen gehört dies: Nach genügend Misserfolgen, Tragödien, Versuchen und wenn man immer wieder gerade so davonkommt … dann wird die Gefahr zu einer Vertrauten, die einen lehrt, die Schläge zu antizipieren, sie kommen zu sehen. Allmählich lernt man, die falschen Pfade von den richtigen zu unterscheiden. Man entwickelt ein Gespür dafür, welchen Weg man nicht betreten darf, weil er einen in die Irre führen würde. Die Wildnis wird einen entweder umbringen oder einem beibringen, sicheren Tritt darin zu finden. Aus genau diesem Grund habe ich dieses Buch geschrieben.

Es ist aus der Herausforderung entstanden, meinem Kindheitstraum zu folgen und ein Abenteurer zu werden. Ich möchte das surreale Erstaunen über die Erfahrungen teilen, die man macht, wenn man einige der tiefsten Dschungel dieser Erde erforscht, die letzten wirklich unbekannten Orte im Amazonasgebiet. Ich möchte meinen Leserinnen und Lesern einen kurzen Einblick in die Mentalität von Tieren vermitteln. Sie sollen verstehen, was es bedeutet, sich im Rahmen seiner beruflichen Tätigkeit der Arterhaltung zu widmen. Und was man wirklich tut, wenn man so seinen Traum verfolgt.

Du erlebst bei der Lektüre mit, wie sich ein Traum in eine Mission verwandeln kann, und diese Mission in einen Auftrag, der einen durch den Dschungel in die leuchtende, heilige, verborgene Sphäre führen kann, in der der größte Schatz des Menschseins zu finden ist: Sinn.

Die vor dir liegenden Seiten handeln von einer Reise – sowohl spirituell als auch physisch. Spirituell, weil ich meinen Verstand verlieren musste, um meinen Weg zu finden. Und weil ich tief in die Welt der

Menschen und anderer Lebewesen eindringen durfte, die mir begegnet sind. Durch diese Erfahrungen habe ich mit schockierender Klarheit gelernt: Wir Menschen leben in großer Abhängigkeit von der lebendigen Umwelt um uns herum. Das war eine unmittelbare Erkenntnis, weil ich bei diesen Abenteuern mehr als einmal fast mein Leben verloren hätte. Vor allem habe ich gelernt, dass im wahrsten Sinne des Wortes alles möglich ist und dass das Leben über einen selbst hinausreicht, über das eigene Land, über die eigene Spezies. Ich schreibe diese Worte, die Wahrheit meines Lebens, als eine Art Versprechen nieder: Hier wartet tatsächlich ein Abenteuer auf dich – und auf dieser Welt gibt es so viel Gutes zu tun.

Zynische Menschen werden dich davon überzeugen wollen, dass wir in einer Art Endzeit leben. Sie täuschen sich.

Das hier ist erst der Anfang.

Paul Rosolie
Las Piedras Biodiversity Station

DIE FLÜSSE IN UNSEREN ADERN

Da gab es einen kleinen Strom im Regenwald, etwa eine Stunde Fahrt von der Forschungsstation entfernt. Er wand sich unter dem Blätterdach hindurch wie eine kleine blaue Schlange und war aus der Vogelperspektive nicht wahrzunehmen. Ein schwer zugängliches, nur selten besuchtes Kapillargefäß des großen Amazonasflusses. In deiner Fantasie siehst du diesen Ort bereits vor dir: eine verborgene, von Lianen durchzogene Dschungellandschaft im Schatten riesiger Blätter. Schmetterlinge flattern umher. Die Luft flirrt geradezu vor wilder Schönheit. JJ und ich liebten es, diesen Ort zu erforschen.

Üblicherweise zogen wir morgens los – in einem Boot, mit Angelhaken, Macheten und ohne Schuhe. Manchmal nahmen wir zwar welche mit, aber dann ließen wir sie immer im Boot. Wie man Schuhe abstellt, bevor man einen Tempel betritt.

Der Fluss war schmal – nie breiter als zehn Meter, manchmal nur drei – und auch nicht sehr tief. Den Weg stromaufwärts konnten wir größtenteils zu Fuß zurücklegen. Natürlich gab es an den Biegungen tiefere Stellen, doch von denen hielten wir uns fern, weil wir wussten, dass sich dort die größten Krokodile, die längsten Anakondas und viele Rochen versteckten. Beim Gehen konnten wir das Flussbett die meiste Zeit über erkennen. Weißer Sand, der sich unter den Fußsohlen weich anfühlte. Das kühle, lebendige Wasser war voller kleiner Fische, die sich in Schwärmen über unsere abgestorbenen Hautzellen hermachten, wenn wir sie ließen. Die Zweige der Bäume über uns sahen aus wie die Decke einer gigantischen smaragdgrünen Kathedrale.

Wir haben versucht, eine Theorie zu entwickeln, warum die Bäume in dieser Gegend so ungewöhnlich hoch waren – selbst für hiesige Verhältnisse. Es gab emporragende Westindische Zedrelen mit ihren Brettwurzeln und kerzengerade *quinillas* mit einer Rinde wie Krokodilhaut, enorme Kapok-Bäume, *manchingas*, Remo-Caspi-Bäume und knotige *matapalos*. Hier hatten wir einen Bereich vor uns, der über eine wirklich unendlich lange Zeit gewachsen war. Zwischen den Baumriesen reckten sich unzählige junge Sprosse im Wettstreit um das Licht in die Höhe. Auf manchen Ästen sahen wir Ananasgewächse so groß wie Babyelefanten. Lianen durchwoben das Blätterdach, und hoch oben in den Zweigen blühten Kakteen und Orchideen. Schmetterlinge und seltene Bienenarten durchflogen ihr Habitat in luftiger Höhe. Wir befanden uns in echtem Urwald. Vor uns lag ein Dschungel, den noch nie eine Klinge berührt hatte. Ein Ökosystem in seiner reichsten, vielfältigsten Ausprägung, der permanente Zustand eines Höhepunkts der Biologie.

***

An einem Novembertag bahnten wir uns unseren Weg am Strom entlang und blieben immer wieder stehen, um uns kleine Wunder anzusehen. Wir waren barfuß, trugen keine Hemden, jeder von uns hatte eine extrem scharfe Machete bei sich. Proviant oder Wasserflaschen brauchten wir auf unserer Tageswanderung nicht: JJ war in der Lage, unterwegs die nötige Nahrung zu finden, und das Wasser war hier so klar und sauber, dass wir jederzeit davon trinken konnten.

JJ erzählte mir, dass sein Vater Santiago einmal tief im Dschungel nach Lianen für die Ayahuasca-Herstellung gesucht hatte. Dabei hatte er in einem Strom ganz ähnlich wie dem, an dem wir gerade unterwegs waren, eine Anakonda entdeckt. Die Riesenschlange war im Begriff gewesen, einen ganzen Tapir zu verschlingen (Tapire sind in etwa so groß wie kleine Kühe).

JJ gab auf unseren Expeditionen viele Geschichten zum Besten. Hin und wieder blieben wir stehen, damit er mir ganz unmittelbar etwas beibringen konnte. Zum Beispiel jetzt, als er im Sand neben uns eine Jaguarspur entdeckte.

»Schau mal, da!«, sagte JJ und deutete mit seiner Machete hin.

»Ganz schön groß«, gab ich zurück.

JJ lächelte herablassend. »Nein. Schau. *Mira.* Schau wirklich hin.«

Ich sah mir den Sand genauer an und versuchte zu erfassen, was JJ wohl meinte. Er kann sich in den Kopf eines Tieres versetzen und einem sagen, was es will und wohin es unterwegs ist.

Jaguarspuren, zwei Abdrücke von Vorderpfoten, direkt am Wasser, und an den Zehen waren die Abdrücke tiefer.

»An der Stelle hat er sich nach vorne gelehnt, um zu trinken«, fügte ich hinzu.

Das brachte mir ein Lächeln ein.

Inzwischen wusste ich, dass ich gerade getestet wurde. Also kniete ich mich hin. In der Nähe lag ein großer Haufen Jaguarkot, auf dem sich Schmetterlinge, Bienen und Goldfliegen tummelten. Etwa einen Tag alt, schätzte ich. Die Spuren um den Haufen herum waren ganz eindeutig älter als die am Ufer des Stroms. Allmählich entstand vor meinem inneren Auge eine Szene. Die trockenen Spuren und der von Fliegen umschwirrte Kot stammten vom Vortag. Außerdem konnte ich erkennen, wo die Raubkatze gestern getrunken hatte. Diese Abdrücke hatten sich verfestigt, inzwischen sammelte sich Laub darin. Dann gab es die jüngeren Abdrücke, immer noch feucht, die vielleicht nur wenige Augenblicke entstanden waren, bevor wir um die Ecke gebogen waren. Daher vermutete ich, dass der Jaguar diese Stelle in den vergangenen vierundzwanzig Stunden mehr als einmal besucht hatte.

»*¿Es macho, no?*«, fragte ich. »Ein Männchen, oder?«

JJ nickte. »*Sí … ¿Qué más?* Was noch?«

»Das Tier war gestern hier … Und heute … Damit meine ich, gerade eben … Zwei Tage hintereinander …« Ich verstummte und dachte nach.

Jaguare legen normalerweise täglich größere Strecken zurück. Sie bleiben nie lange an einem Ort. Dass jetzt einer um diese Stelle herumschleichen sollte, schien seltsam. Ich versuchte mir vorzustellen, warum das Raubtier an dieses Stück des Stromufers zurückgekehrt war.

JJ nahm den Haufen in die Hand und brach ihn in der Mitte durch. Dann zog er ein wenig rotes Fell heraus. Er fragte mich, worum es sich handelte. Ich antwortete: »*Venado*« (Großmazama), und er nickte auf eine Weise, die mir klarmachte, er wäre angefressen gewesen, wenn ich das nicht gewusst hätte. Dass sich in dem Kot Zähne befanden, war faszinierend. Eigentlich stellen wir uns vor, ein Raubtier frisst das Fleisch von den Knochen seiner Beute, statt beides zusammen zu verschlingen. Hatte der Jaguar das Gesicht des Hirschs verspeist – mit Zähnen und allem Drum und Dran? Das Exkrementstück enthielt außerdem mehrere harte Kerne. Denen schenkte keiner von uns beiden weiter Beachtung, aber ich weiß noch, dass ich es merkwürdig fand. Haare, Zähne, Knochen und Kerne – alles in diesem Haufen.

Nachdem ich meine Vermutung angestellt hatte, äußerte JJ seine. Ohne ein Wort zeigte er dorthin, wo die Großkatze aus dem Dschungel gekommen war, wo sie ihr Geschäft hinterlassen und getrunken hatte (gestern). Dann dorthin, wo sie heute an derselben Stelle aufgetaucht war und einen leicht versetzten Platz zum Trinken gewählt hatte. Schließlich packte er mich so an der Schulter, dass wir Wange an Wange standen, und deutete hinauf in das Blätterdach, wo zwei Königsgeier auf einem Ast hockten. Sie wirkten nervös. Ihre Aufmerksamkeit galt allerdings nicht uns – und das war seltsam. Stattdessen schauten sie zu der Stelle, an der die Jaguarspuren wieder im Busch verschwanden.

Da fiel bei mir endlich der Groschen – und die Kinnlade runter. Über JJs Gesicht breitete sich ein zufriedenes Lächeln aus. Er flüsterte: »Wir sehen jetzt ganz leise zu, dass wir hier wegkommen. Jaguare werden nicht gern beim Fressen gestört.« Auf Zehenspitzen schlichen wir uns davon, sahen immer wieder über die Schulter, spähten in den Schatten nach einem Schimmer der goldenen Augen, die uns sicher beobachteten, während wir uns entfernten.

So war das Leben mit JJ. Ich hätte die Spuren gesehen, ein paar Fotos gemacht, wäre weitergelaufen. Doch wenn man mit JJ unterwegs war, analysierte man die Bewegungen eines Tieres, seine Gedanken, seine

Vorlieben und seine aktuelle Position. Jedes noch so kleine Detail des Verhaltens eines Tieres fand sich irgendwo in JJs riesigem Archiv naturhistorischer Daten, das er sich in über mehr als drei Jahrzehnten aufgebaut hatte – seit er als Ese-Eja-Kind barfuß neben seinem Vater und den anderen Männern des Dorfes den Dschungel erkundet hatte. Über welch enormes Wissen er verfügte, war mir erst nach und nach klar geworden. Während ich ihm dabei zusah, wie er die Nüsse auf dem Waldboden erkannte, die Maden enthielten, die man beim Fischen als Köder benutzen konnte. Welche Lianen wann dafür geeignet waren, einen Besen herzustellen. Oder Medizin. Er kannte die diversen Bäume und ihre Hölzer, alle von unterschiedlicher Dichte und für verschiedene Zwecke einsetzbar. Die Tiere, ihre Spuren und Losungen und Angewohnheiten. Wenn jemand eine Ohrentzündung hatte, zermalmte JJ bestimmte Pilze und heilte den Kranken damit. Ob Fieber, eine entzündete Hautstelle, Zahnschmerzen – es gab einen Saft, der helfen konnte. JJ besaß einen sechsten Sinn für den Urwald. Wo ich ein Chaos aus grünem Dschungel, eine große, verwirrende Masse sah, nahm er eine ganz andere Realität wahr. Jede Liane, Blume, Tierspur, jeder Knochen, jedes Fossil ... Für ihn besaß alles eine Bedeutung, die ich nicht zu entschlüsseln vermochte.

Das lag daran, dass er bei Menschen des Urwalds aufgewachsen war. Bei den indigenen Männern und Frauen der Region Madre de Dios. Bei Menschen, für die Bürotätigkeiten nichts als eine absurde Idee waren – als würde man einem wilden Löwen etwas von einem Zoo erzählen. Die Männer von Madre de Dios arbeiteten alle draußen: als Holzfäller, Bergarbeiter, Fischer, Spurenleser. Sie wussten mit einem perfekten Credit Ranking nichts anzufangen, aber ihnen war klar, dass ihnen dieses Ranking während eines Sturms nicht beim Überleben helfen würde. Es handelte sich um Menschen, die stolz auf ihre verhornten Füße waren. Die keine Sonnenbrillen besaßen, sondern direkt in die strahlende Sonne blinzelten. Die niemals Sonnencreme benutzten, aber genau wussten, mit welchem Schlamm sich die Haut am besten schützen ließ. Ihnen bedeuteten gute Manieren, saubere Kleidung, Messer und Gabel nichts – das war etwas für zahmere Tiere.

Das Witzige ist, dass man JJ nicht einfach nach Dingen fragen kann, die er weiß. Das habe ich versucht. Es funktioniert einfach nicht. Er lacht dann nur, oder er wechselt das Thema. Wo soll man überhaupt anfangen? Man muss richtig Zeit mit ihm verbringen, mit ihm zusammen unterwegs sein. Man muss dabei zusehen, wie der Dschungel seine Aufmerksamkeit beansprucht, wo es ihn hinzieht und was seine Neugierde weckt. Dann bekommt man allmählich einen Einblick. Und für ihn ist das alles keine große Sache. Die Lektion über den Jaguar hatte mich ziemlich umgehauen. JJ hingegen ging sofort zu seinem anderen Lieblingsthema über: Sprachen und die Unterschiede zwischen ihnen. Vor Kurzem hatte ihm irgendjemand etwas über Kollektivbezeichnungen für Tiere erzählt.

»*Ay.* Wie nennt man das noch mal, wenn man Tiergruppen andere Namen gibt?«

»Was?«

»Wie bei Pavianen. Die bilden einen Trupp.«

»Ach so, klar. Ein paar solcher Ausdrücke kenne ich.«

»Welche zum Beispiel? Welche denn?«

Eine Schar Krähen.

Ein Schwarm Bienen.

Eine Sippe Ratten.

Eine Schule Wale.

JJ lächelte und wollte sicherstellen, dass ich ihm keinen Unsinn erzählte. »Gibt es noch mehr?«

Ich hatte nicht mehr viele auf Lager. Rotten bei Wildschweinen noch. Und Kolonien bei Pinguinen.

Wir machten eine Pause am Flussufer, wo der Boden hart und der Strom eng war. Im rauschenden Wasser schwebte ein riesiger Stachelrochen mit blauen Punkten wie durch Zauberkraft über den Sand. Wir schauten ihm schweigend zu.

»Wie nennt man eine Gruppe *rayas*, Rochen?«

»Das weiß ich nicht.«

»Und Menschen?«

Ich zuckte die Schultern.

Inzwischen gingen wir an einer Biegung des Flusses entlang, wo ein gigantischer alter Baum umgestürzt war. Einer der Riesen von über fünfzig Metern Höhe, umschlossen von einer Würgefeige, wahrscheinlich siebenhundert Jahre alt, der Stamm dicker als ein kleiner Transporter. Durch die Position nach seinem Fall war hoch über unseren Köpfen eine Brücke entstanden. Wegen seiner enormen Größe kamen wir uns so klein vor, als hätte es uns in ein Dinosaurier-Dschungelland verschlagen. Ein surreales Gefühl. Immer noch wuchsen Orchideen und Ananassorten aus den Spalten im Holz. Und die Lianen, die der Baumriese im Fallen mit sich gerissen hatte, trieben im Wasser. JJ erklärte mir, die Jaguare und Ozelote fänden einen solchen Baum sicherlich großartig – er bildete eine natürliche Katzenbrücke.

An einer Stelle im Fluss gab es so viele Schmetterlinge, dass wir ihre Flügel schlagen hören konnten. Sie machten einen unfassbaren Lärm. Voller Ehrfurcht standen wir beide da. Gelbtöne, Weiß und Grün und ein ganzes Spektrum an Lila – Würfelfalter, Himmelsfalter, Achtundachtzig-Schmetterlinge und Asterope. Tausende spielten im schlammigen Wasser. Langsam trat ich einen Schritt vor, wollte unbedingt ein Foto machen, doch genau in diesem Augenblick erhoben sich die Insekten mit ihren Abertausenden Flügeln in die Luft. Plötzlich wurden wir von einem gewaltigen Wirbel aus kaleidoskopartigem Schmetterlingsschillern verschluckt. Das durch die Flügel hindurchfallende Sonnenlicht bemalte uns in allen Regenbogenfarben. Wir hoben die Arme und warfen uns Blicke ungläubigen Erstaunens zu.

***

Man braucht sehr lange, um einen Regenwald zu verstehen. Meine Tagebücher aus dieser ersten Zeit sind ein Chaos aus Entdeckungen und Pfeilen in alle Richtungen. Als hätte ich versucht, bestehende Verbindungen in dem Ökosystem zu erfassen, das wir erforschten.

Auf einer Seite hatte ich festgehalten, wie viele verschiedene Tierspuren JJ und ich an einem einzigen Tag am Strom entdeckt hatten: von Wasserschweinen, Tapiren, Agutis, Ozeloten, Jaguaren, Pumas, Rehen,

Nabelschweinen, Kaimanen, Jabiru-Störchen, Sonnenrallen, Tayras und Südamerikanischen Fischottern. Wir sahen Stachelrochen, viele Fische, und die Schmetterlinge versuchte ich gar nicht erst zu zählen. Der Fluss stellte ein einziges Paradies für Flora und Fauna dar. Hier tobte das Leben. Er war das faszinierende Beispiel einer Welt, die von der Menschheitsgeschichte unberührt geblieben war. Ein Ort, an dem sich das komplexe Ensemble des Regenwaldorchesters in vollkommener, herrlicher Harmonie vereinte.

Meine intensiven Entdeckungsreisen auf dem hyperdiversen Boden des Amazonasgebiets verflochten sich langsam mit meiner endlosen Lektüre und Forschung zu diesem Ökosystem als Ganzem. Und was sich daraus ergab, veränderte allmählich meine Perspektive auf die Realität.

So funktioniert das Ganze: Man muss alles von hoch oben betrachten. Von hoch über unseren Köpfen und über den Baumwipfeln aus, von so hoch oben in der Atmosphäre, dass sich einem alles darbietet. Nicht nur der Strom, dem wir folgten, sondern der komplette Amazonasregenwald, dieser alles dominierende grüne Fleck, der den südamerikanischen Kontinent ausmacht. Jeder einzelne der ungefähr vierhundert Milliarden Bäume, aus denen der Große Dschungel besteht, ist ein hydrologischer, Feuchtigkeit speiender Vulkan – eine Art Bio-Maschine, die verdunstetes Wasser in der Luft versprüht.

Während der Fotosynthese öffnen sich die Poren der Blätter weit, und ein großer Amazonasbaum kann die Atmosphäre täglich mit bis zu tausend Litern Wasser versorgen. Jeden Tag atmet der Große Regenwald zwanzig Milliarden Tonnen Wasser aus, was zwanzig Billionen Litern entspricht. Wenn man auch nur einen einzigen Liter Wasser kocht, bis das Wasser verdunstet, kostet das eine nicht unerhebliche Menge an Energie. Man kann sich also vorstellen, dass es einen Akt bio-biblischer Dimensionen benötigt, das mit zwanzig Billionen Litern zu vollbringen. Der Tropensonne gelingt das mühelos jeden Tag. So wirkt der Wald als natürliche Pumpe, die Wasser in die Luft über dem Regenwald befördert und dort oben auf diese Weise einen Fluss aus Feuchtigkeit entstehen lässt. Dem Regen aus diesem besonderen Fluss am Himmel verdankt der Amazonas seine Existenz. Das große Becken erschafft sein eigenes Wettersystem.

Doch nicht einmal diese riesige Feuchtigkeitsansammlung in der Luft reicht aus, um es regnen zu lassen. Dafür braucht es »Samen«: Partikel, mit denen sich die Feuchtigkeit verbinden kann, damit sie in der Luft Tropfen bildet. Daher müssen wir uns die flüchtigen organischen Verbindungen näher ansehen, die von den Pflanzen Amazoniens freigesetzt werden. Weil zahlreiche dieser Verbindungen (zum Beispiel Butan, Isopren, Ethylen und andere) schnell und intensiv chemische Reaktionen eingehen und die Wälder Massen von ihnen in die Luft entlassen, können sie einen gewaltigen Einfluss auf die chemische Zusammensetzung der Atmosphäre ausüben. Sie wirken als Mediatoren zwischen der Biosphäre und der Atmosphäre.

Es gibt noch weitere Arten feiner Partikel in der Luft über Amazonien, zum Beispiel Sand aus der Sahara, der aus Afrika über den Atlantik dorthin geweht wird. Er ist reich an Nährstoffen und spendet Leben. Über dem Regenwald vermischt er sich mit Pollen und Salz und Staub und allen möglichen anderen mikroskopisch kleinen Teilchen, die dort herumwirbeln.

Kondensation verwandelt das von den Bäumen freigesetzte Wasser über der grünen Unendlichkeit des Amazonasbeckens in Wolken. Dadurch sinkt der Luftdruck, und es entstehen Winde, die den himmlischen Fluss aus Regenwolken bewegen. Wir begreifen das Wetter nicht als lebendiges System, doch die Bäume auf der ganzen Welt, die Feuchtigkeit in die Luft pumpen, produzieren auf diese Weise neunzig Prozent des Wassers, das die Atmosphäre über den Kontinenten erreicht. Die Luft über dem Amazonas strotzt förmlich vor Wolken. Flauschig stehen sie am Himmel, ihr Weiß hebt sich vom lebendigen Blau ab. Sie bestehen aus Wassertropfen und Eiskristallen. Eine Kumuluswolke von einem Kubikkilometer Größe kann bis zu fünfhundert Tonnen wiegen. In den sich weit über den Himmel erstreckenden Giganten, die wir täglich sehen können, schweben Millionen Tonnen Wasser über uns. Ein Phänomen mit kaum zu erfassenden Dimensionen.

Wenn wir uns jetzt aus dieser erhöhten Perspektive nach unten sinken lassen – durch die Wolken und das Blätterdach und das Unterholz bis hinab auf die Erde –, kann das alles verändern.

Blattschneiderameisen transportieren Blätter in einem endlosen Strom. Bienen bestäuben Blumen. Vögel und Affen fressen Früchte und verteilen Samen in den Bäumen. Auf dem Boden und zwischen den Ästen wird diese Arbeit von anderen Tieren erledigt, etwa von Fledermäusen, die die Samen des Eisenholzbaums verteilen. Kapokbäume geben ihre baumwollähnlichen Samen frei, die wie große Löwenzahnschirme vom Wind getragen werden. Ohne die winzig kleinen grünen Orchideenbienen käme der Bestäubungsvorgang der Paranussbäume zum Erliegen. Diese Bäume gehören zu den größten, markantesten Gebilden des Waldes. Im Amazonas gibt es 15.000 Baumarten, von denen jede einzelne einen ganz eigenen komplexen Vermehrungsprozess hat, der unauflöslich mit den sie umgebenden Organismen verbunden ist. Die Milliarden Einzelbäume sind auf komplexe Weise miteinander verwoben und von Ranken und Myzelien überzogen. Indem eine riesige Vielfalt an Pflanzen und Tieren Samen verbreitet, wird der Wald gehegt und gepflegt. Die Tiere lassen den Wald entstehen. Der Wald lässt die Tiere entstehen. Alles zusammen lässt das Wetter entstehen. Die Welt, in der wir leben.

Es gibt sogar Hinweise darauf, dass einige dickwandige Samen von der Abnutzung profitieren, zu der es kommt, wenn sie die Verdauungsorgane verschiedener Tiere durchlaufen. Nabelschweine und Tapire tragen besonders viel zur Samenverbreitung bei. Tapire, so heißt es, sorgen dafür, dass bis zu achtzig verschiedene Samen innerhalb ihres Bewegungsgebiets verteilt werden. Viele davon sind hart und können nicht austreiben, wenn sie nicht eingeweicht oder angekratzt werden. Da hilft es durchaus, in den Eingeweiden eines Pflanzenfressers zu landen.

Noch größere Komplexität ergibt sich folgendermaßen: Viele pflanzenfressende Tiere entfernen sich nie weit von ihren Behausungen und sind oft selbst sehr klein. Wenn aber ein Räuber ein Beutetier frisst – zum Beispiel ein Jaguar ein Reh –, kann es durchaus vorkommen, dass die von der Beute verzehrten Samen ins Verdauungssystem eines Jaguars gelangen. Solche Raubtiere legen innerhalb ihres Territoriums häufig größere Entfernungen zurück, und so werden auch die Samen viel weiter verteilt.

Und wenn sich eine Harpyie einen Brüllaffen greift, der sich gerade an den Früchten eines Ficusbaums satt gefressen und den Magen voller Kerne hat, werden die Samen durch die Luft in einen anderen Teil des Regenwaldes transportiert. Diese sekundäre Samenverteilung nennt man »Diploendozoochorie«. Zum ersten Mal hat Darwin höchstpersönlich dieses Phänomen 1859 beschrieben. Seitdem wurde es trotz seiner möglicherweise gewaltigen Auswirkungen auf die globalen Ökosysteme nur sehr wenig erforscht.

Die Samen im Jaguarkot!

Kein Wunder, dass so viele Angiospermen oder Bedecktsamer – blühende Bäume und Pflanzen – so viel Energie darauf verwenden, leckere Früchte voller Samen zu produzieren. Sie halten sie zurück, sorgen dafür, dass sie klein und bitter und grün bleiben, bis sie fertig sind. Dann füllen sie sie mit Nährstoffen und Zucker und lassen ihre Schalen in bunten Farben leuchten, als wollten sie Reklame machen.

Es gibt fruchttragende Pflanzen, die die Farbe ihrer Früchte den Samenverteilern anpassen, die sie anlocken möchten. Eine Vergleichsstudie zu Pflanzen in Uganda und auf Madagaskar hat ergeben, dass die Pflanzen in Uganda, das sich auf dem afrikanischen Kontinent befindet, ihre Farben so gestalten, dass sie für Affen und Vögel attraktiv sind, die – wie Menschen – dreifarbig sehen. Auf der Insel Madagaskar zeigt dieselbe Spezies durch eine gelbliche Färbung an, dass man die Früchte nun essen kann. Diese Farbe sehen Lemuren besser – sie sind nämlich rot-grün-blind.

Ich brauchte Jahre im Einsatz, um zu begreifen, wie wenig ich doch wusste.

Jeden Tag gingen wir am Strom entlang, und diese kleinen Prozesse liefen direkt vor unseren Augen ab. Papageien warfen unter großem Lärm Stücke von Ficusfrüchten voller Samen von den Bäumen auf den Waldboden. Nabelschweine labten sich daran und rannten davon, den Magen voll mit Samen. Fische mit silbrigen Schuppen schnappten nach Stücken derselben Frucht. Ein Amazonasfischer hockte auf einem Ast und versuchte, die Fische zu erwischen, die im Fluss glänzten. Ein Kaiman wartete bei seinem Sonnenbad darauf, dass ein Vogel ihn für einen Felsen halten werde. Mit den von Blättern durchsetzten Haufen Tapirkot, die oft im Fluss landeten, trieben Samen mit der Strömung davon. Sie wurden an den Rochen und den Steinen, den Blättern und Knochen vorbeigetragen, weiter in die Ferne.

Konkret nachgedacht hatte ich darüber nie, aber ich war immer davon ausgegangen, Tiere *lebten* lediglich in Wäldern. Dass sie diese Wälder *erschufen*, war mir nicht bewusst gewesen. Bei den Menschen sah es ähnlich aus. Diese Erkenntnis führte bei mir zu einem kompletten Perspektivwechsel. Menschen aus der Stadt sprechen über Besuche in der Natur, als wären sie kein Teil davon – wie ein Fisch im Wasser, der einen Strandspaziergang macht. Wir denken nicht über die Beziehung zwischen Regen und Wald nach, zwischen landwirtschaftlichen Betrieben und unserem Essen. Im Dschungel kann man die Naturgesetze – die Regeln des Spiels – beobachten, und sie sind ganz klar zu erkennen: Alles ergibt einen Sinn.

Dieser Fluss wurde zu meinem spirituellen Zufluchtsort. Wir schwelgten ganze Tage in seiner surrealen, Tolkiens Lothlórien ähnlichen Schönheit. Dieses Reich der unendlichen Vielfalt veränderte meine Sicht auf die Welt. Es gab keine Cola-Dosen. Keine Anzeichen irgendwelcher Menschen. Die Luft war wild und frisch und still. Wir wanderten und fischten tagelang, balancierten auf Baumstämmen, beobachteten voller Ehrfurcht Schlangen. Analysierten die Spuren von Raubkatzen, studierten das Verhalten der Vögel. Es gab Stellen, an denen kleine Wasserfälle in Becken stürzten, in denen man baden konnte. Und dort, unter dem rauschenden Wasser, ganz eingetaucht in die wohltuende Kühle, erlebten wir eine Verwandlung.

Eines Tages waren wir lange gelaufen und dann schwimmen gewesen. Weit oberhalb des Stroms, über dem grünen Blätterdach, herrschte brütende Hitze. In den dunklen Gängen des Großen Dschungels war es jedoch kühl und schattig. Nur wenig Licht schaffte es bis auf die Erde.

Nach dem Baden suchten wir uns deshalb zwei sonnige Plätze auf den harten Lehmbänken. Ich hatte mich gerade hingesetzt, als sich JJs Augen bei meinem Anblick weiteten. Er schaute mich an, als stünde Gott persönlich hinter mir. Wie jemand, der ein großes Geheimnis enthüllt, packte JJ meinen Arm an Handgelenk und Ellbogen und hob ihn ins Sonnenlicht. Nun konnte man sehen, wie Dunst von meiner Haut aufstieg. Dann kniete sich JJ hin, formte die Hände zur Schale und trank aus dem Strom. Anschließend stand er auf und trat selbst ins Licht – mit nackter Brust, ausgebreiteten Armen, nach oben geöffneten Händen, geschlossenen Augen. So ließ er sich von Sonnenlicht überfluten. Die Hitze entlockte seinem Körper eine Wolke aus verdunstender Feuchtigkeit, entzündete ihn, brachte ihn zum Leuchten. Vom Fluss in die Hände in den Mund in die Adern in den Himmel.

Ein Sakrament ist ein sichtbares Zeichen für eine innere spirituelle Gnade. Wir verbrachten den Großteil dieses Tages schweigend, nahmen alles Gesehene in uns auf. Es war, als wären wir Zeugen von etwas Göttlichem geworden. Als hätten wir den Vorhang ein Stück beiseitegeschoben und dahinter den Mechanismus des großen Ganzen entdeckt, den Ursprungscode des Universums.

Es war bereits später Nachmittag, als wir zum Boot zurückkehrten. An der Mündung des Stroms wirbelte klares Wasser und vermischte sich mit dem schlammig-goldenen Strudel des Hauptflusses. Der Himmel war bleigrau. Bis wir endlich den Motor in Gang bekommen hatten und flussabwärts tuckerten, fiel starker Regen. Wir kniffen die Augen zusammen und lächelten uns an. JJ steuerte das Boot mit einer Hand, ließ die andere ins Wasser hängen, nahm ein wenig davon auf und schöpfte es sich zwischen die Lippen. Dann begann er, mit offenem Mund und rausgestreckter Zunge Regentropfen aufzufangen. Er trank förmlich den Himmel. Der Regen wurde noch stärker, verwandelte sich in ein Prasseln, das uns blind machte und unsere gesamte Aufmerksamkeit erforderte. Zwei winzige Homo sapiens in einem ebenso winzigen Boot, die einen Seitenarm des Amazonas hinabfuhren.

Wir erlebten viele Tage aufregender Abenteuer an diesem Strom. Hier sah ich eine Harpyie trinken. Dort begegnete ich Tapiren von Angesicht zu Angesicht. Manchmal benutzten wir unsere Macheten, um fette weiße Fische zu jagen: *fasaco* (Wolfsfische) mit ihren Mäulern voller Zähne. Manchmal ließen wir Angelhaken mit Käferstückchen ins Wasser baumeln. Manchmal hängte JJ die seltsamen Fische auf größere Haken, und am nächsten Morgen stellten wir dann oft fest, dass wir riesige Welse gefangen hatten. Auf diese Weise vergingen Jahre. Jahre, in denen der Strom das Zentrum unserer Welt bildete, den Tempel, den Ort der Schmetterlinge und des symphonischen Vogelgesangs. Jahre, in denen die Nächte vor Fröschen und Grillen förmlich pulsierten und die Welt sich uns im Überfluss darbot. Mit dem erhabenen Blätterdach, das sich wie ein Baldachin hoch über uns erstreckte.

* * *

Und dann, eines Tages, brannten sie alles nieder. Wir kamen im Boot an, wie immer. Mit Macheten und ohne Schuhe. Doch diesmal fanden wir eine Hölle vor. Die Baumriesen lagen im Sterben, ihre verkohlten Körper qualmten noch, die leblosen Äste hatten sie über die schwarze Erde ausgestreckt. All die Blätter, die Schmetterlinge, die Blumen, all die Otter und Vögel und Jaguare und Ameisen … Der heilige Zyklus durchbrochen. Die Kakofonie zum Schweigen gebracht. Ganze Welten vergangen. Ich stand neben JJ in den rauchenden Überresten, und lange Zeit sprachen wir kein Wort.

Ein Schwarm Fliegen.

Eine Schar Krähen.

Eine Hölle Menschen.

KEIN ZWEITER SEINER ART

In den Monaten, die auf den Brand an unserem heiligen Fluss folgten – später sollten wir ihn »Loreto« nennen –, hielt eine Art Finsternis Einzug in unser Leben. Wir beide hatten diesen Ort mit der Zeit so sehr ins Herz geschlossen, dass der Schock über den Verlust noch jahrelang in uns widerhallen sollte. Der Anblick des von Schutt und Asche umgebenen Stroms kam der Erfahrung nahe, das eigene Haus niedergebrannt vorzufinden. Oder einen geliebten Menschen zu verlieren. Etwas, das man innig geliebt hat, ist plötzlich von der Welt verschwunden. Ein Ort der Vielfalt, des Erstaunens, der Freude und der Erinnerungen – aus der Realität gelöscht. Die Trauer überflutete uns wie eine Welle. Die Gezeiten des Grauens in unseren Herzen wurden von dem Wissen, dass wir erst am Anfang standen, noch verstärkt.

Um die folgenden Geschehnisse besser verstehen zu können, muss man vor allem bedenken, dass die zwischen mir und JJ entstandene Beziehung das Ergebnis einer Reihe seltsamer Ereignisse war. Unsere beiden Lebenswege hätten kaum unterschiedlicher sein können und ähnelten einander gleichzeitig in sehr auffälliger Art und Weise. Obwohl mein Leben in New York begonnen hatte und meine Eltern in Brooklyn lebten, hatte ich irgendwie den Weg in einen entlegenen Teil Amazoniens gefunden, der sich weitab der von Touristen bevorzug ten Pfade befand, jenseits der Gebiete, in die sich selbst die mutigsten

Wissenschaftlerinnen und Forscher trauten. Schon das ist kein leichtes Unterfangen, und ich würde auch nie behaupten, das allein geschafft zu haben. Stattdessen habe ich es dem unermesslichen Glück zu verdanken, zur richtigen Zeit der richtigen Person begegnet zu sein. Die alte Redensart »Es kommt nicht darauf an, was man weiß, sondern darauf, wen man kennt« trifft es in diesem Fall ganz genau.

Man marschiert nämlich nicht einfach in den Amazonasdschungel hinein. Natürlich ist es möglich, ein Flugticket nach Lima in Peru zu buchen und dann ein weiteres, das einen in eine der Dschungelstädte bringt, die mit dem Flugzeug erreichbar sind, beispielsweise Pucallpa, Iquitos, Puerto Maldonado. Man kann sich auch ein Taxi bis an den Rand des Dschungels nehmen. Aber die Möglichkeiten bleiben begrenzt.

Man landet entweder in einem Fünf-Sterne-Resort mit höflichen Fremdenführern, die schlecht Englisch sprechen und mit ihren Gästen auf den gekennzeichneten Wegen bleiben, oder man geht das Risiko ein und sucht sich irgendjemanden von der Straße.

Der israelische Reisende Yossi Ghinsberg entschied sich für die zweite Möglichkeit und schloss sich einer Gruppe von Möchtegernabenteurern an, um auf einem Floß den Tuichi in Bolivien zu befahren. Sie trieben einen Führer auf, der sich zu der Tour bereit erklärte. Alles lief entsetzlich schief. Das Floß stürzte einen Wasserfall hinunter, und die Gruppenmitglieder wurden voneinander getrennt. Yossi überlebte mit knapper Not drei Wochen des Verschollenseins und machte so viel durch, dass er später ein Buch darüber schrieb. Unter anderem sah er sich einem Jaguar gegenüber und riss sich den Anus an einem Stock auf, als er im Schlamm ausrutschte. Irgendwann wurde er von einem örtlichen Suchtrupp gerettet, den das einzige andere überlebende Mitglied der Expedition mobilisiert hatte. Die anderen beiden Teilnehmenden und der »Führer« sind bis heute verschollen.

Mir war also durchaus bewusst, welch unglaubliches Glück ich hatte, JJ zu begegnen. Es sollte jedoch fast zwanzig Jahre dauern, bis ich die Dimensionen dieses Jackpots wirklich begriff. JJ ist ein Naturforscher und Entdecker eines solchen Kalibers – zugleich derb und kultiviert –, dass mir in meinem ganzen bisherigen Leben kein Zweiter seiner Art begegnet ist.

Indigen, Wissenschaftler, Abenteurer – um diese seltsame Mischung zu begreifen, muss man sich die Komplexität der Landschaft vor Augen führen, die ihn geprägt hat.

Für jemanden, der in einer modernen Stadt wie etwa Singapur, Tokio oder New York zur Welt kommt – vielleicht sogar in einem Gebäude mit Glaswänden –, findet das Leben in einer von Menschen für Menschen errichteten Umgebung statt. In einer Art Bienenstock aus Metall, Glas und Beton. Sogar die Gestaltung der Vorstädte wird intensiv gesteuert. Diese dicht besiedelten Gegenden sind der Höhepunkt von Jahrtausenden der Zivilisation und Technologie: Die Erschließung von Bodenschätzen, die Landwirtschaft und komplexe Systeme ermöglichen urbanes Leben. Es gibt Ärzte und Krankenhäuser und Polizeistationen und Schulen, Vorschriften für bestimmte Zonen und Verkehrszeichen. Drinnen wird die Temperatur geregelt, draußen gibt es barrierefreie Bürgersteige. Es gibt die Medien, die Wirtschaft, die Architektur, die Zebrastreifen.

***

JJs Leben begann auf einer winzigen Lichtung, auf der sich eine palmblattgedeckte Hütte tief in den Dschungel schmiegte, der sich von einem Horizont zum anderen erstreckte. Ein barfüßiges Baby bewegte sich auf dem roten Tonboden Amazoniens zwischen Hühnern und Hunden.

Die indigenen Dörfer in den ländlichen Gegenden Amazoniens sind häufig kleine Farmsiedlungen, die man im Dschungel errichtet hat. Zum Überleben sind sie stark auf den sie umgebenden Wald angewiesen. Die Fische, die den Bewohnerinnen und Bewohnern als Nahrung dienen, stammen aus dem Fluss und werden gefangen, indem man angelt. Ihr Fleisch erlegen die Menschen mit Pfeil und Bogen oder einem Gewehr, und es wird gejagt, indem man durch den Dschungel schleicht. Das Wasser wird in Eimern aufgefangen, die man an die Ecken der Dächer hängt, um den Regen zu sammeln, oder aus einer Quelle geholt, wenn man eine gute kennt.

Es ist eine andere Welt, und als JJ im Jahr 1974 in sie hineingeboren wurde, in sein Zuhause mit den Hühnern und dem Duft des Holzfeuers, hörte er zuallererst die Vögel des Dschungels singen, während seine jungen Füße die raue Erde berührten.

Dieses Leben ist so wild, dass es sich kaum erfassen lässt. Viele Menschen auf diesem Planeten führen ein erdverbundenes Leben, doch die Menschen im Westen Amazoniens erreichen ein ganz anderes Level, was das betrifft.

Madre de Dios befindet sich in der südwestlichen Ecke von Peru, im Osten liegt Brasilien und im Süden Bolivien. Als ich dort ankam, ließ sich diese Region nur über eine lange, gefährliche, unbefestigte und oft von Erdrutschen zerstörte Straße aus erreichen. Die nächstgelegene »echte« Stadt war Cusco, hoch oben in den Bergen. Doch anders als die Inka-Stadt Cusco war Puerto Maldonado eine in den Niederungen gelegene Dschungelstadt, ein von allem weit entfernter Ort, den nur wenige kannten. Man muss sich einen dampfenden Dschungel mit einem Puls wie Trommelschläge vorstellen.

Puerto Maldonado liegt an dem Zusammenfluss, an dem sich die gewaltige Strömung des Tambopata mit dem größeren Madre de Dios vereinigt. Madre de Dios bedeutet »Mutter Gottes«. Der Tambopata entspringt in den Anden. Er verdankt seine Entstehung Gletschern, die sich mehr als 3.000 Höhenmeter über dem Dschungel befinden. Die Gletscher schmiegen sich an die zerklüfteten Gipfel der Anden – es sind die höchsten Zuflüsse des Tambopata. Diese winzigen, in den Osten fließenden kristallenen Strömungen liefern das Quellwasser und rinnen den felsigen Rand eines Waldes aus Wolken herab, der die westliche Grenze Amazoniens definiert.

In über fünf Kilometern Höhe – weit über der Baumgrenze – gibt es nur wenig Sauerstoff und fast kein Leben. Vielleicht entdeckt man hin und wieder einen Andenkondor oder eine der seltenen Alpakaherden oder ihre wilden Cousins, die *vicuña*. Pumas (ja, die gleichen Tiere, die wir »Berglöwen« nennen, wenn sie in den USA durch die

Rocky Mountains streifen) lauern auf den schroffen Klippen, wo uralte Hochgebirgsgletscher Höhlen aus saphirblauem Eis bewachen. Jeden Tag strahlt die Äquatorsonne mit voller Wucht auf diese Eisfelder herab, und die Höhlen geben Ströme aus einem ätherischen Blau frei, die die Berge hinabtröpfeln und die oberste Quelle des südlichen Amazonasbeckens bilden.

Würde man – wenn das ginge – einen Tennisball in einen dieser Ströme werfen, so würde der Ball einige Tausend Kilometer durch Südamerika getragen und irgendwann aus der Mündung des Amazonasdeltas in den Atlantischen Ozean geschleudert werden.

Die Region Madre de Dios gehört zu den höchsten Ausläufern des Flusssystems von Amazonien. Dieser Ort ist so weit von allem entfernt, dass er bis heute weitgehend unerforscht geblieben ist – die Zeit hat ihn fast vergessen.

In den Siebzigerjahren hatten Astronauten bereits den Mond betreten, und die ersten einfachen Computer kamen auf den Markt. Led Zeppelin, Queen und The Eagles erlebten ihre musikalische Hochphase. Im Jahr 1974, als JJ geboren wurde, trat Richard Nixon als Präsident der USA zurück und Muhammad Ali gegen George Foreman an (auch ein »*Rumble in the Jungle*«, aber in einem anderen Dschungel). In Afrika hockte sich eine junge Frau namens Jane Goodall mit ihrem Klemmbrett zu einer Schimpansen-Familie – und was sie durch ihre Forschungen herausfinden würde, sollte unsere Spezies neu definieren. Überall auf der Welt herrschte Betrieb – in Flugzeugen, Zügen, Autos.

Doch in JJs Geburtsdorf war es wie in einem vergangenen Jahrhundert. Keine Kommunikationstechnologie, die die Verständigung mit der Außenwelt ermöglicht hätte. Der Dschungel erstreckte sich wie ein stiller Wächter über Hunderte von Kilometern in alle Richtungen.

JJ sollte erst mit dreizehn seine ersten Schuhe bekommen, obwohl er mit seinen Geschwistern jeden Tag über eine Stunde durch den Dschungel ging: zur Gemeinde Infierno, wo sich ihre Schule befand.

In einer solchen Gemeinschaft weiß ein Kind bereits mit drei Jahren, wie man mit einem Messer die Schuppen von einem Piranha entfernt. Diese Kinder können ein Feuer machen und es in Gang halten. Weil sie sich barfuß durch den Dschungel bewegen, kommen sie täglich mit vielen verschiedenen kleinen Ungeheuern in Kontakt: mit Wespen und 24-Stunden-Ameisen und vielen Dornen und anderen Angreifern, die sie dazu zwingen, ständig aufzupassen. Der lange nicht verklingende Schmerz des Bisses einer 24-Stunden-Ameise ist eine Lektion, die man nur einmal lernen muss. Und es gibt noch Schlimmeres im Dschungel. Dazu gehören Bisse und Stiche, von denen man sich nicht wieder erholt: von Buschmeisterschlangen, Stachelrochen, Jaguaren. Wenn man so weit entfernt von medizinischer Hilfe lebt, will man auf keinen Fall eine Verletzung davontragen. Passiert es trotzdem, sieht die Prognose schlecht aus.

Die Erwachsenen der Gemeinschaft gingen täglich auf Nahrungsjagd. Für JJ war der Dschungel ein Supermarkt in der Wildnis. Spixguan – ein großer Waldvogel – gehörte zu den Lieblingsspeisen der Familie. Brüllaffen und Klammeraffen ebenfalls. Nagetiere namens Pakas (so groß wie ein übergewichtiger Beagle) wurden erlegt, indem man nachts mit Pfeil und Bogen durch den Wald schlich. Und wenn nichts davon funktionierte, gab es hinter jedem Haus einen Baumstumpf, auf dem man einem Huhn den Kopf abschlagen konnte. Die Kinder wussten, wie man kochendes Wasser über so ein Tier schüttete und es rupfte.

JJ wuchs auf, indem er seinem Vater, seinen Onkeln und Brüdern folgte, die alle Experten im Spurenlesen waren. Diese indigenen Ese-Eja-Männer aus dem Dschungel wussten, wohin die Nabelschweine kamen, um Palmsamen zu fressen. Sie wussten, in welchen ganz bestimmten Ecken des Flusses sich große Fische tummelten. Und ihre natürliche Apotheke war die Quelle der meisten Heilmittel, zu denen sie Zugang hatten.

In dieser Welt aus Schlamm und Blut und Regen und Blättern wurde JJ in unmittelbarer Nähe zur Natur groß. Wenn er auf einen Dorn trat, behandelte seine Mutter die Wunde mit Saft des Drachenblutbaums. Wenn er eine Ohrinfektion hatte, benutzte sie einen Waldpilz namens »Xylaria polymorpha«, was man mit »vielgestaltige Holzkeule« übersetzen kann. Gegen Fieber setzte sie *caña caña* ein, das ähnlich wirkte wie Aspirin. Der örtliche Schamane konnte Unfruchtbarkeit und Impotenz behandeln und die Heilung gebrochener Knochen unterstützen – so hieß es jedenfalls. Es existierte sogar eine Pflanze, mit der man jemanden betäuben konnte, bevor eine Wunde genäht wurde. Welches Übel einen auch immer im Dschungel befiel: Es gab einen Pflanzensaft dagegen.

JJs ältere Brüder waren im mittleren Teenageralter bereits Dschungelmänner mit hoch ausgebildeten Fähigkeiten. Sie leisteten ihren Beitrag, um die Familie zu ernähren, indem sie mit Angelhaken, Gewehren sowie Pfeil und Bogen loszogen und mit vielen verschiedenen Wildtieren zurückkehrten, die den Speiseplan der Familie bestimmten. Manchmal erschien JJs Bruder Chikki mit zwei Brüllaffen zu Hause, die er auf einer mehrtägigen einsamen Tour durch den Dschungel geschossen hatte. An anderen Tagen brachte Elias einen riesigen *zungaro negro* mit – einen Wels, der einige Hundert Pfund wiegen konnte. Hin und wieder fanden die Geschwister auf dem Heimweg von der Schule eine Waldschildkröte. Die wurde dann auch gekocht und ihr Fleisch mit Reis, Yucca und Bananen gegessen. Nach der Schule gingen alle fischen und fingen Piranhas oder *fasaco* oder *pico de pato* (eine Art Wels mit Schaufelnase).

JJs Vater, den ich als »Don Santiago« kannte, war hier eine Legende. Santiago hatte bei der Versöhnung einander bekriegender Ese-Eja-Stämme, die verstreut im Gebiet des Tambopata lebten, ebenso geholfen wie beim Erlangen eines formalen Status als von der Regierung anerkanntem indigenen Gebiet. Dank seiner Unterstützung verfügten sie nun über Land mit Eigentumstitel, das ihnen für immer gehören würde. Erreicht hatte er das aufgrund seiner Erfahrung, seiner Beziehungen und der Reputation, die er sich während seiner Zeit als Polizist in Puerto Maldonado aufgebaut hatte. Damals hatte er Drogenrazzien durchgeführt und mit der Strafverfolgung zusammengearbeitet. Ob als Beamter in Uniform oder mit nacktem Oberkörper als Holzfäller im Dschungel – Santiago Durand galt in der gesamten Region als außergewöhnlich, was Mut, Werte und Fähigkeiten betraf.

Nachdem er seine Ausbildungsjahre damit verbracht hatte, mit einer Ruderstange Boote den Tambopata hinaufzubefördern, war Santiago zudem außerordentlich stark. Er war zu einem dieser schmalen Männer mit eingesunkenen Wangen und riesigen Händen geworden, die die Augen nach jahrelanger Arbeit auf dem Fluss zusammengekniffen und ein faltiges Gesicht hatten. Jedes Jahr nahm er seine Söhne für mehrere Wochen auf Familienjagden in den Dschungel mit, tief ins Territorium der Ese Eja hinein. Dort suchten sie Fische zum Einsalzen und Nabelschweine zum Schießen. Alle Jungs fanden in einem einzigen langen Einbaumkanu mit einem kleinen Motor Platz, mit dem sie sich tagelang durch den wilden Dschungel kämpften. Sie hielten nur an, um zu schlafen und dann noch tiefer in den Dschungel vorzudringen. Eine Entdecker-Familie. Auf diese Weise lernte JJ: Je weiter man sich von der Zivilisation entfernte, desto mehr Tiere gab es.

Das Leben im Dschungel war hart, und das Leben als Santiagos Sohn nicht leichter. Obwohl er tiefen Respekt für seinen Vater empfand, verspürte JJ häufig einen Widerwillen, wenn er Brüllaffen häuten, den Panzer von Schildkröten öffnen, ganze Wochen in einem Boot sitzen oder beim Holzfällen helfen musste. Dieser Lebensstil ernährte die Familie, doch JJ bemerkte gleichzeitig eine besorgniserregende Entwicklung, die den Strömungen in seinem Herzen zuwiderlief. Jedes Jahr gab es in der Gemeinschaft weniger Tiere. Bei jeder Jagd mussten sie weiter mit dem Boot rausfahren. Die Fische, die früher die Flüsse bevölkert hatten, waren ebenso verschwunden wie die Nabelschweinherden im Dschungel.

Früher hatten die Menschen mit Pfeil und Bogen und handgeknüpften Netzen gejagt, inzwischen kamen Gewehre und industriell gefertigte Netze, die breit wie ein Fluss waren, zum Einsatz.

Weitere technologische Neuerungen brachen über die Region herein. Die Regierung unter Alan García war in Peru alles andere als beliebt. Sie wollte daher ihr Wohlwollen unter Beweis stellen und gewährte Menschen in ländlichen Regionen kleinere finanzielle Zuwendungen. Santiago und seine Söhne nutzten eine davon, um sich die erste Kettensäge ihres Lebens anzuschaffen.

Als sie mit dem neuen Gerät einen Baum fällten, kam es zu einer Tragödie. Einer der älteren Jungs, denen man beigebracht hatte, wie die

Kettensäge zu benutzen war, beendete einen Schnitt, und alle brachten sich rasch in Sicherheit. Doch der große Baum wurde von einer Liane abgefangen und fiel anders als geplant. Dabei riss er weitere Lianen mit sich, und bald schien es, als bräche der ganze Dschungel in sich zusammen. Überall stürzten Bäume um, Zweige peitschten durch die Luft – und ein Baum traf JJs damals sechzehnjährigen Bruder Pico und begrub ihn unter sich.

Zuerst hofften alle, Pico werde sich erholen. Don Ignacio, der Dorfschamane, versuchte, mit den ihm zur Verfügung stehenden Mitteln zu helfen, doch Picos Skelett war sehr in Mitleidenschaft gezogen worden. Der Junge hatte gebrochene Knochen und schwere unsichtbare innere Verletzungen. JJ sah seinen Bruder im Bett liegen und unter unglaublichen Schmerzen leiden. Niemand wusste, ob er leben oder sterben würde. Alle warteten auf Anzeichen einer Genesung, die sich nicht einstellte.

Zu dieser Zeit begann Santiago mit dem Schlachten von Kühen. Das Fleisch verkauften sie, um ein wenig Geld zu verdienen.

Mit jeder Stunde wurde deutlicher, dass sich Picos Gesundheitszustand immer weiter verschlechterte. Für richtige Hilfe würde man ihn erst nach Puerto Maldonado bringen müssen, was eine sechsstündige Bootsfahrt bedeutete. Von dort aus müsste man ein Flugzeug in die Hauptstadt Lima nehmen, wo es moderne Ärzte und medizinische Einrichtungen gab, in denen so schwere Verletzungen behandelt werden konnten.

Picos Rettung würde die Familie den größten Teil ihres Vermögens und ihrer Ersparnisse kosten – wenn sie denn überhaupt gelang. Santiago reiste mit Pico nach Lima. JJs Mutter blieb mit ihren jüngeren Söhnen in Puerto Maldonado, und die älteren Söhne arbeiteten hart im Dschungel, wo sie Bäume fällten oder nach Essen jagten. Währenddessen sollte sich der dreizehnjährige JJ um die Farm und die Tiere kümmern. Man gab ihm eine Machete, mit der er dem Wachstum des Dschungels Einhalt gebieten sollte.

In der ersten Woche kehrte niemand zurück. Ab der zweiten Woche bestieg JJ jeden Abend einen großen Baum, um den Blick über den

Fluss schweifen zu lassen. In der dritten Woche fragte er sich allmählich, ob seine Familie jemals wiederkommen würde und ob sein Bruder noch am Leben oder schon gestorben war. Erst nach zwei Monaten wurde JJ abgeholt.

Ein Jahr später kehrte Pico aus Lima zurück. Er lebte, war bester Dinge, doch sein rechtes Bein war durch eine Infektion, die er sich im Krankenhaus eingefangen hatte, versehrt. Für den Rest seines Lebens hinkte er stark und litt unter gesundheitlichen Komplikationen.

***

Als JJ fünfzehn war, badete er eines Tages mit seinen Brüdern im Fluss, als plötzlich etwas aus dem Dschungel herantrieb. Ein Floß aus Balsaholz mit mehreren spindeldürren Jungs im Teenageralter – von der Sonne verbrannt, von Ungeziefer zerbissen und kurz vor dem Verhungern. Sie hätten zwei Wochen in der Wildnis hinter sich, sagten sie. Als Santiago sich eingehend mit ihnen unterhielt, fand er heraus, dass es sich um Geflüchtete handelte, um Kindersoldaten, die zum Einsatz bei einer Einheit des Leuchtenden Pfades gezwungen worden waren. Der Leuchtende Pfad war die größte südamerikanische rebellische Terroristenvereinigung, die die üblichen Schrecken mit sich brachte: Gewehre, Drogen, Menschenhandel und ein sehr großes Maß an Tarnung. Damals war diese Organisation mächtig genug, um Ausländern den Eindruck zu vermitteln, Peru sei ein gefährliches Land.

Einer der Jungs – Alex – berichtete Santiago, man habe ihnen beigebracht, mit Waffen zu kämpfen. Und dass der Anblick von Blut etwas Positives sei: »Wenn Blut kommt, ist das ein gutes Zeichen. Es bedeutet, man handelt.«

Nachdem Alex Santiago diese grauenerregende Geschichte erzählt hatte, bat er darum, gegen Kost und Logis bei ihm arbeiten zu dürfen. Santiago stimmte zu. Und während die anderen Jungs nach einer Weile weiterzogen, blieb Alex, fügte sich mit den Jahren in den Durand-Clan ein und wurde ein Teil der Familie. Irgendwann adoptierte ihn Santiago auch offiziell und machte ihn damit zu Bruder Nummer neunzehn.

Als JJ das späte Teenageralter erreicht hatte, war er es leid zuzusehen, wie die großen Bäume gefällt wurden. Er war es leid, wilde Tiere zu töten, um Nahrung zu haben. Er mochte die Tiere, und es machte ihn traurig, sie so rasch verschwinden zu sehen. Er erklärte das einmal so: »Mit dem Fällen der Bäume des Waldes haben wir nur eines erreicht: Wir haben Menschen verletzt. Schlimme Dinge sind geschehen.«

Er diente auch eine Zeit lang in der peruanischen Armee. Damals war das für alle jungen Männer Pflicht. Das Marschieren und die vielen Regeln waren nichts für ihn. Außerdem bekam er während einer Auseinandersetzung zwischen der Polizei und dem Militär (ja, du hast richtig gelesen) einen Schuss ins Bein ab.

Als JJ an den Tambopata zurückkehrte, fand er eine Anstellung in einer Öko-Lodge.

Bis zu diesem Zeitpunkt war JJ nur wenigen Ausländern begegnet. Sie faszinierten ihn. Sie sprachen andere Sprachen, besaßen schicke Sachen. Beim Reinigen eines Zimmers fand er eines Tages ein Paar Stiefel, das der Gast bei seiner Abreise einfach zurückgelassen hatte. JJ nahm es mit. Außerdem entdeckte er ein seltsames Parfüm und beschloss, sich davon eine Probe zu gönnen. JJ verpasste beiden Achselhöhlen eine ordentliche Ladung Pfefferspray und rannte schreiend aus dem Raum.

Und ihm wurde rasch klar, dass er diesen exotischen Besucherinnen und Besuchern als Führer in der Umgebung behilflich sein konnte. Er nutzte sein indigenes Wissen als Basis, auf der er eine atemberaubende Fülle an wissenschaftlichen Kenntnissen aufbaute. Er arbeitete mit Vogelbeobachtern, Ornithologen und Mammologen zusammen und lernte Englisch. Er fand heraus, was Ausländern im Dschungel Schwierigkeiten bereitete und wie man sich um Menschen kümmerte, die sich einen Abenteuerurlaub wünschten. Doch die Arbeit mit den Wissenschaftlerinnen und Wissenschaftlern gefiel ihm immer am besten. Tief in seinem Inneren ist JJ extrem und auf unersättliche Weise neugierig. Er liebt es zu lernen. Mit der Zeit vermochte er Hunderte von Vögeln an ihren Rufen zu unterscheiden und kannte sowohl ihre gewöhnlichen als auch ihre wissenschaftlichen Namen. In seiner Kindheit und Jugend war der Dschungel seine Welt gewesen. Wo andere zu kämpfen hatten, blühte JJ daher richtiggehend auf. Für ihn war es Luxus, einige Vogelforscher auf einer Tour durch den Dschungel zu begleiten und danach eine von Profiköchen zubereitete warme Mahlzeit genießen zu können.

Dann begegnete er Emma, einer jungen blonden britischen Biologin. Die beiden verliebten sich, und es dauerte nicht lange, bis sie auf die Idee kamen, eine eigene Forschungsstation zu betreiben, die ganz tief im Dschungel liegen sollte. Also nutzten sie 1999 ihre Ersparnisse und den Begeisterungsfunken ihrer jungen Beziehung und widmeten sich der Erkundung des Dschungels. Sie reisten in den Manu-Nationalpark und den Tambopata hinauf zum Heath River und zum Colorado und weit einen anderen Nebenfluss hinauf, auf den sich nur wenige wagten: Las Piedras.

JJs Brüder, die während des Mahagoni-Booms der Neunzigerjahre in Las Piedras gearbeitet hatten, hatten ihm die entsprechenden Geschichten erzählt. Von den bisher isolierten Stämmen, der mächtigen Strömung, den tödlichen Strudeln und davon, dass sich dort eigentlich niemand aufhielt. Für immer. Bis in alle Ewigkeit. Das Land lag weit offen vor ihnen. JJ und Emma verbrachten ein halbes Jahr auf Forschungsreise. Irgendwann fanden sie ihren kleinen Flecken Erde mitten im Nirgendwo, der so weit vom Rest der Welt entfernt war, wie man innerhalb von zwei zehnstündigen Tagesreisen mit einem Boot kam. Eine ehrgeizige Aktion, fast leichtsinnig, doch die beiden kämpften unermüdlich für ihren Traum, eine authentische, abgelegene und aus Überzeugung nachhaltige Forschungsbasis im Amazonasgebiet zu betreiben: die *Las Piedras Biodiversity Station.*

MADE IN BROOKLYN

Nützlich ist die Suche nach der Wahrheit nur dann,
wenn man bereit dazu ist,
entsprechend dem zu handeln,
was man herausfindet.
Anonym

Ich liebte es, mit meiner Mom, meinem Dad und meiner Schwester Michelle den Bronx Zoo zu besuchen. Ein magischer Ort. Das Beobachten von Tieren war für meine geistige Entwicklung von grundlegender Bedeutung. Einen echten Gorilla zu sehen, ihm zuwinken zu können und dann zu erleben, wie er zurückwinkte. Für die Wunder einer echten Erfahrung gibt es keinen Ersatz. Die Kraft und Intelligenz des Gorillas, die unserer so stark ähneln, beeindruckten mich sehr. Im Zoo gab es Pinguine, Bären, alle möglichen Tiere, die ich mir gern anschaute, aber die JungleWorld war am allerwichtigsten.

Mir gefiel es sehr, dass es dort so heiß und feucht war und dass man Gehege gebaut hatte, die die Atmosphäre eines echten Dschungels akkurat simulierten. Das Gefühl des ehrfürchtigen Staunens, während ich durch die Dunkelheit ging, die Lianen, die Suche nach den Tieren. Das machte ich einfach am liebsten. Dabei stieg in mir ein ganz besonderes Gefühl auf – als würde jede negative Empfindung wegschmelzen, als würde ich an eine positive Energiequelle angeschlossen. Als wäre ich zu Hause angekommen. Diese erstaunlichen anderen Lebewesen, anderen Formen, anderen Lebensarten verzauberten mich. Existierten auf der Welt wirklich Orte wie diese? Wo solche Tiere ganz einfach lebten? Für mich fühlte es sich so an, als würde die Welt vor Magie überströmen.

Doch schon in meiner Kindheit war die Liebe zu wilden Tieren von einer gewissen Traurigkeit überschattet. Die Menschen, die die Jungle-World erschaffen hatten, hatten ihre Sache wirklich gut gemacht. Fast *zu* gut.

Im allerletzten Abschnitt werden Videos von Männern mit Kettensägen gezeigt, die die großen Bäume des Regenwaldes fällen. Es gibt sogar einen lebensgroßen Querschnitt eines solchen gefällten Giganten (größer als alle Bäume, die ich jemals gesehen hatte). Es werden echte Filmaufnahmen aus Afrika gezeigt, in denen Trucks uralte Bäume wegschaffen. Die Heimat der Gorillas wird zerstört. Diese albtraumartigen Videos laufen in Endlosschleife. Man hört den Lärm der Kettensägen. Flächen von der Größe von Fußballfeldern werden täglich vernichtet.

Es gibt Statistiken, die besagen, wir könnten noch erleben, dass die Elefanten aussterben, dass Nashörner durch die Jagd für immer ausgelöscht werden. Bald könnte all das verschwunden sein. Bald sind die erstaunlichsten Dinge, die es gibt, für immer verloren.

Ich erinnere mich noch, wie ich eines Abends vor dem Schlafengehen weinte, während meine Mutter neben mir saß. Wir hatten gerade zusammen von »Lonesome George« gelesen. Der »Einsame George« war die letzte Pinta-Island-Schildkröte auf den Galapagosinseln. Der Einzige seiner Art. Und das bedeutete: Wenn er starb, wäre seine Unterart ausgelöscht. Eine Millionen Jahre währende Geschichte wäre vorbei. Die Vorstellung des Aussterbens verfolgte mich.

Ich wurde von allen möglichen Tieren geradezu magnetisch angezogen. Mom und Dad nahmen Michelle und mich immer mit in den Wald. Unsere selbst gedrehten Videos zeigen mich als Sechsjährigen, wie ich Michelle – drei Jahre alt und auf dem felsigen Untergrund noch etwas wacklig auf den Beinen – barfuß durchs Wasser führe. Wir waren Entdecker in den tanzenden grünfleckigen Schatten der Platanen. Unsere Mission bestand darin, die Flusskrebse und Frösche zu finden, die Salamander unter den Felssteinen.

Meine Familie besteht aus Italo-Amerikanern der dritten Generation, wir sind durch und durch New Yorker. Menschen, die Stolz empfinden, aus Brooklyn zu sein. Die meisten meiner frühen Erinnerungen stammen aus der 10th Avenue und aus der 82nd Street in Dyker Heights. Da gab es Sonntagsessen bei meiner Großmutter mit allen Tanten, Onkeln, Cousins und Cousinen. Einige Jahre nach meiner Geburt zogen meine Eltern jedoch in die Vorstadt, nach New Jersey, und plötzlich hatten wir einen Garten, Bäume, Hunde, und bis zu einem beeindruckenden Wald waren es nur fünf Minuten mit dem Auto.

Als ich klein war, saß meine Mutter oft mit mir im Garten. Sie legte mir eine Augenbinde um und drehte mich dann im Kreis. Als Nächstes sollte ich die Rinde der verschiedenen Bäume berühren und sie so erkennen. Welche gehörte zur Birke? Welche zum Hornstrauch? Welche zur Eiche? Zum Ahorn? Mein Aufwachsen wurde vom Zirpen der Zikaden in der Sommerluft und dem Rauschen des Eichenlaubs vor dem Fenster begleitet. Tagsüber ließen die Blätter dieser Bäume auf dem Rasen ein Muster aus durchbrochenem Licht entstehen. An den Wochenenden glitzerten die Bäche nur so vor Abenteuern.

Während die Natur für mich das Paradies bedeutete, war die Schule die Hölle. Als ich zum ersten Mal den Unterricht besuchte, legte mir die Lehrerin ein einfaches Mathematikarbeitsblatt vor. Darauf standen vielleicht zwanzig verschiedene Aufgaben, die die Klasse mit einer Zeitvorgabe lösen sollte. Bei diesem ersten Mal zappelte ich herum und malte ein Bild auf das Blatt, weil ich noch nicht gelernt hatte, wie man mit Plus und Minus rechnete. Beim zweiten Mal wurde ich von der Lehrerin streng ermahnt, und die Kinder um mich herum fingen an zu lachen. Beim dritten Mal hatte ich begriffen, wie das Ganze lief.

Die Stoppuhr wurde gestellt, im Klassenraum trat Stille ein, alle machten sich an die Arbeit. Ich hatte immer noch keine Ahnung, was ich tun sollte. Ich verstand nicht, wie ich die Aufgaben angehen musste.

Während die Minuten verrannen, fing ich an zu schwitzen und zu zittern. Ich wusste, die anderen würden sich über mich lustig machen, ich wusste, ich würde in Schwierigkeiten geraten. Die anderen Kinder lachten immer, wenn sie mitbekamen, dass ich verwirrt und frustriert war. Ich rannte in den Flur hinaus, und ich erinnere mich noch, dass ich die Außentüren (die mit der Metallstange) aufstieß und ausbrach, mich ins Sonnenlicht stürzte, in den Wald rannte und mich unter hohe Eichen und Ahornbäume setzte, wo ich in Sicherheit war. Natürlich informierte die Lehrerin meine Eltern.

Ed und Lenore Rosolie waren allerdings keine gewöhnlichen Eltern. Sie wussten, dass sie ein Kind großzogen, das auf einer anderen Frequenz schwang, und sie taten alles in ihrer Macht Stehende, um sich dem anzupassen. Zu ihren besten Maßnahmen gehörte, dass sie ein wenig Geld sparten und mich ungefähr ab der fünften Klasse ins Sommercamp schickten. Das befand sich in den Catskills, und es gab ein spezielles Programm namens »Wood Wise«. Dort konnte ich mit Kindern zusammen sein, die den Wald liebten – auch wenn ich dort nie jemandem begegnete, der so mit dem Wald verwoben war wie ich und ihn so sehr brauchte. Wichtiger waren jedoch die Betreuenden: »Erwachsene« (wahrscheinlich Anfang zwanzig) mit Erfahrung im Leben draußen. Sie nahmen uns auf Wanderungen mit, die uns herausforderten, brachten uns etwas über die verschiedenen Tier- und Pflanzenarten bei und vermittelten uns einfache Campingtechniken. Wie man sich sein Essen und sein Wasser einteilte, das zu tragende Gewicht sinnvoll packte, ein Zelt aufstellte und so viel mehr – eine ganze Welt des Lernens, die sich einem nur durch Erfahrung erschloss. Ich entdeckte das Prinzip der »Heiligen Socken«: Man muss immer eine wasserdichte Tasche mit dem Nötigsten ganz unten im Rucksack haben – ein Paar Socken, Unterwäsche, ein Shirt und eine Hose, die auf alle Fälle trocken bleiben. Es ist eine unendliche Wohltat, wenn man irgendwann in trockenen Sachen in einen trockenen Schlafsack kriechen kann, nachdem man tagelang nass war und mit den Nerven am Ende ist.

Als ich meine Teenagerjahre erreichte, hatte ich mir bereits einige Kenntnisse über die Wildnis zugelegt und Bücher wie *The North Run-*

ner von Ronald Douglas Lawrence, Henri Charrières *Papillon* und Jack Londons *Ruf der Wildnis* gelesen. Ich war mit Filmen wie *Wolfsblut* und *Legenden der Leidenschaft* aufgewachsen. Für mich reichte das an Inspiration aus, um die Wildnis ernsthaft zu verehren. Ich hatte außerdem etwas über die Visionssuche der amerikanischen Ureinwohner und die Buschwanderungen der australischen Aborigines gelesen. Deswegen zog ich schon als Junge mit meinem Hund und einem Messer hinaus in den Wald, um dort allein zu campen. Mein Golden Retriever Bugsy und ich suchten uns dann die ungewöhnlichsten Stellen: tief in den Wäldern, weit entfernt von jedem Weg, am Fuße eines Berges. Ohne Zelt, mit einem Steak und einem einzigen Streichholz zum Anzünden eines Feuers.

Wenn man viel Zeit im Wald verbringt, lernt man, sich anders zu bewegen. Bestimmte Dinge rücken in den Fokus, und man gewöhnt sich an eine Art luziden Zustand in einer grünen Welt. Ich hatte immer das starke Gefühl, dass es Verbindungen zwischen uns Menschen und der Natur gibt, die noch erforscht werden müssen. Sie sind viel komplexer als die bloße Abhängigkeit von Sauerstoff, Sonnenlicht, Vitaminen, Mineralien und der Erde selbst. Die Zeit im Wald führte dazu, dass ich die Gesellschaft irgendwann als radikale Unterbrechung unserer Verbindung mit der Natur betrachtete, und ich vermutete, zumindest einige meiner Gefühle der Depression, Angst und Dissoziation könnten Symptome eines größeren gesellschaftlichen Problems sein: dass wir als Spezies wie Fische sind, die sich ständig außerhalb des Wassers befinden. In der ersten, noch verzweifelten Phase dieser halbgaren Schlussfolgerungen wusste ich nur, dass die Vorgänge in meinem Gehirn erträglich wurden, wenn ich mich tief in den Wäldern aufhielt. Dass ich die tierischen Instinkte in mir spüren konnte, dass meine nackten Füße auf den Felsen und Blättern eine Verbindung mit der Erde erfahrbar machten, die mir das Gefühl vermittelte, als würde ich direkt von einer unsichtbaren Kraft aufgeladen. Als ich gerade Autofahren gelernt hatte, entdeckte ich ein Reh, das einem Zusammenstoß mit einem Auto zum Opfer gefallen war. Ich nahm es mit nach Hause, um zu üben, wie ich selbst Fleisch konservieren konnte. Ich sehnte mich nach einer noch engeren Verbindung zu den Bergen und Flüssen und den darin lebenden Tieren. Hast du noch nie den Wunsch verspürt, alles hinter dir zu lassen und in einer Hütte im Wald zu leben?

Obwohl ich so viel Zeit in den Wäldern verbrachte, setzte es mir zu, dass die Gebiete, die ich damals erkundete – so schön sie auch waren –, nicht dem ursprünglichen Wald entsprachen. Als die Europäer das Land kolonisierten, haben die Vereinigten Staaten über fünfundneunzig Prozent des ursprünglichen Waldes verloren. Während der industriellen Revolution wurden riesige Waldgebiete an Eisenhütten verfüttert. Die Wälder von New Jersey und Upstate New York sind wunderschön: Pappeln und Eichen, Ahornbäume und Birken. Aber die Bäume sind klein. Alter Wald gehört der Vergangenheit an. In meinen Träumen sah ich vor mir, wie es damals für die Mohikaner und die Lenape gewesen sein musste, die in einer Welt gelebt hatten, in der die Natur noch unangetastet und voller Leben gewesen war – zu einer Zeit, als man noch aus den Bächen hatte trinken können. Diese Gedanken setzten mir zu und prägten mein Leben. Jahrelang hatte ich das Gefühl, mich in einem postapokalyptischen Albtraum zu befinden. Die Natur lag im Sterben, und niemand interessierte sich dafür.

Ich werde nicht in langatmigen Einzelheiten davon berichten, wie schrecklich die Zeit in der Schule für mich war. Es reicht wohl, wenn ich sage, dass ich den Großteil davon beim Nachsitzen oder suspendiert verbracht habe. Es kam sogar zu körperlichen Auseinandersetzungen mit Lehrern. Jahre des Gehänseltwerdens durch andere Kinder und immer wiederkehrende Kommentare von Lehrerinnen und Lehrern, die mir vermittelten, dass ich ein Versager wäre, machten mich zu einem schlechten Menschen. Ich war wütend. Ständig. Man kann sich nicht ewig anhören, dass man Scheiße ist, ohne es irgendwann selbst zu glauben. Und man erträgt auch nur bis zu einem gewissen Punkt, dass einem Lehrerinnen und Lehrer in Aussicht stellen, man werde später an einer Tankstelle arbeiten, sofern sich die Noten nicht verbessern. Meine Testergebnisse ließen mich irgendwann vermuten, dass mit mir wirklich etwas nicht stimmte.

Um dieser Entwicklung etwas entgegenzusetzen, half mir meine Mutter mit einer Notlüge, damit ich an einem ganz bestimmten Programm teilnehmen konnte. Man musste dafür nämlich mindestens siebzehn Jahre alt sein, aber ich war damals erst vierzehn. Es ging um das *Trip Leader Candidate Program*, und es handelte sich dabei um eine mehrere Wochen dauernde Expedition durch die Adirondacks. Größere Berge, echte Wildnis. Und es stand einiges auf dem Spiel. Im Rahmen dieses Programms mussten wir unsere Logistik planen und selbstständig einteilen, wie viel Proviant wir wochenlang im Rucksack oder in Kanus würden transportieren können. Außerdem mussten wir lernen, topografische Karten zu lesen. In diesem Programm wurde man tatsächlich für Expeditionen ausgebildet. Die Konsequenzen waren real: Wenn wir das Ganze falsch planten, würden wir dort draußen verhungern. Dann würde die Sache wirklich schiefgehen, und wir würden Hilfe anfordern müssen. Der Adirondack Park ist mehr als doppelt so groß wie der Yellowstone und der Yosemite zusammen. Dort gibt es Elche, Bären und eine geradezu unbegrenzte Zahl an Seen und Bergen zu entdecken.

Die Wochen in dieser völlig neuen Art von Wildnis lehrten mich wertvolle Dinge. Bei meinen ersten Touren Jahre zuvor hatte ich oft so großen Hunger oder Durst bekommen, dass ich mich zu Boden fallen lassen, meinen Rucksack abgeworfen und ungezügelt gegessen oder getrunken hatte. Der Leiter der Expedition unserer Touren würde das niemals tun. Er half immer erst anderen und stellte sicher, dass das ganze Team zurechtkam, bevor er sich um seine eigenen Bedürfnisse kümmerte. Die Etikette bei solchen Unternehmungen verlangt, dass die verantwortliche Person oder zumindest die Person mit der meisten Erfahrung ganz zuletzt isst und trinkt. Ich brauchte eine Weile, um diesen unausgesprochenen Kodex zu verstehen.

Doch es ist wie bei allem anderen: Wenn man nur genug Stöße abbekommt, nur oft genug hinfällt, gelingt es einem irgendwann, sich anzupassen. Meine Expeditionen während des Sommers wurden so wichtig für mich, dass ich auch außerhalb der Saison dafür trainierte (also im »normalen« Leben, während des Schuljahres). Im Herbst trat ich dem Cross-Country-Team bei, und im Frühling spielte ich Lacrosse – nur, um meine Herzleistung und meine Ausdauer zu verbessern. Als ich im darauffolgenden Sommer im Camp während einer Tour über meine Grenzen ging und wir irgendwann eine Pause machten, ließ ich mich nicht auf den Boden fallen. Ich trank nicht wie wild Wasser. Ich hatte gelernt, mir meine Vorräte einzuteilen. Diese Situation war mir nicht fremd, und ich wusste, mir würde nichts passieren. Außerdem hatte ich mir einiges an Stärke und Resilienz erarbeitet. Diese Mäßigung und dieses Verstehen ermöglichten es mir, einigen der Kinder zu helfen, die noch nicht so lange dabei waren wie ich. Eines von ihnen lag auf dem Boden, alle viere von sich gestreckt, keuchend, ein Schuh ausgezogen. Der Junge schwor Stein und Bein, nicht weitergehen zu können. Er hatte noch nicht herausgefunden, dass er das sehr wohl konnte.

Ich lernte ein paar entscheidende Lektionen. Die Realität, mit der ich mich in der Schule und während des Nachsitzens konfrontiert sah, beschränkte sich auf einen einzigen schlimmen Ort. Draußen gab es eine ganze Welt, und ein großer Teil dieser Welt war aufregend. Diese Erkenntnis gab mir Halt. Sie leuchtete in mir, und sie half mir beim Durchhalten. Draußen auf den Expeditionsstrecken und in der Wildnis, am Fuße der Berge und in Gewitterstürmen blühte ich auf. Je schwieriger die Bedingungen wurden, desto mehr drehte ich auf, desto mehr engagierte ich mich. Je näher die Katastrophe zu rücken schien, desto fokussierter und lebendiger fühlte ich mich. Den Ruf, den man an der Schule hat, behält man nicht das ganze Leben. Im Camp war ich kein Versager. Dort wusste niemand, dass ich noch nicht einmal volljährig war. In der Wildnis respektierten mich die Leiter dafür, dass ich bei Expeditionen lange durchhielt und die Ruhe bewahrte, wenn die Dinge schwierig wurden. Auch das hübsche blonde neunzehnjährige Mädchen zeigte sich davon beeindruckt genug, um mich – unwissentlich – von meiner Jungfräulichkeit zu befreien.

Den Wald interessiert es nicht, ob man reich oder arm ist, wer die Eltern sind oder welche Noten und welche Kreditwürdigkeit man vorweisen kann. Im Wald gelten noch die alten Regeln. Für mich war der Wald der erste Ort, an dem ich anderen helfen konnte, an dem ich wirklich Dinge lernte und durch mein Können sogar positiv auffiel. Hast du dieses Gefühl jemals erlebt? Das Bedürfnis, alles hinter dir zu lassen und im Wald zu verschwinden? Die Bäume sind geduldige, unsterbliche Freunde. Egal, was im Leben passiert: Der Wald bietet einen zeitlosen Zufluchtsort, wo Moos und Felsen und Flüsse und der Wind auf einen warten. Wie herrlich ist es, den Tag damit zu verbringen, in einem Fluss von einem Stein zum anderen zu springen. Auf dem Bauch zu liegen und das Moos zu betrachten. Sich auf den Rücken zu drehen und zu den Bäumen emporzuschauen, dabei zuzusehen, wie der Wind in den Blättern flüstert.

In der Schule verspürte ich immer Neid, wenn ich Bücher über Menschen wie Winston Churchill las, der in meinem Alter in den Krieg gezogen war. Oder über Teddy Roosevelt und darüber, was er im Westen vollbracht hatte. Jane Goodall war bei ihrer ersten Afrikareise kaum älter gewesen als ein Teenager. Das Leben dieser Menschen fand ich unglaublich aufregend. Da draußen gab es Abenteuer zu bestehen. Aber das alles wirkte immer, als wäre es vor fünfzig Jahren passiert. Mich erfüllte eine entsetzliche Angst, möglicherweise im falschen Zeitalter geboren worden zu sein.

Als ich mich einmal darüber beklagte, wie sehr ich es hasste, den ganzen Tag in der Schule zu sitzen und Hausaufgaben zu erledigen, sagte die Mutter eines Freundes so etwas wie: »Du sitzt nicht gern an deinem Tisch in der Schule? Warte nur ab, bis du erwachsen bist. Dann wirst du für den Rest deines Lebens an einem Tisch sitzen. Dazu kommen dann noch Rechnungen und ein Chef. Du wirst schon sehen.« Dem hatte ich nichts entgegenzusetzen. Die Frau jagte mir höllische Angst ein. Würde das Leben wirklich aus nichts anderem bestehen? Es fühlte sich an wie eine Abwärtsspirale in die Dunkelheit.

Ich verdanke meinen Eltern alles. Sie waren es, die mir vorschlugen, nach dem zweiten Jahr von der Highschool abzugehen. Sie vereinbarten Termine mit einem Psychologen für mich. Wie sich herausstellen sollte, war ich nicht ganz dumm. Mein IQ qualifizierte mich für die US-amerikanische Hochbegabtenvereinigung Mensa. Aber ich litt unter Dyslexie – also unter einer Lese-Rechtschreib-Schwäche –, und ich verarbeitete Informationen anders als andere Menschen. Deswegen hatte ich in der ersten Klasse so ratlos vor den Mathearbeitsblättern gesessen. Darum hatte ich einige Jahre später so große Schwierigkeiten mit den Übungen zur Lesefertigkeit gehabt. Es gab einen Grund dafür!

Man sagte mir, am College gebe es eine andere Struktur. Der Unterricht mache nur einen Teil des Tages aus. Man erledige seine Arbeit im selbst gesetzten Zeitrahmen. Nachsitzen gebe es nicht. Vielleicht würde es mir dort besser gefallen. Außerdem befand sich das Ramapo College, das für mich infrage kam, in unmittelbarer Nähe der Ramapo Mountains, wo ich am allerliebsten Expeditionen unternahm.

Als das Junior Year der Highschool begann, ging ich einfach nicht mehr zur Schule. Das Sekretariat rief bei mir zu Hause an, und meine Mom und ich schauten lachend auf das klingelnde Telefon.

Bald ging ich aufs College. Es kam mir vor, als hätte ich mit einem Faustschlag eine Gefängnismauer durchbrochen und könnte Licht am Ende des Tunnels erkennen. Wenig später redete ich mir ein, ich müsste die Winterpause zwischen den Semestern nutzen, um meinen ersten großen Traum Wirklichkeit werden zu lassen: den wildesten Ort auf der Erde zu besuchen.

An dieser Stelle muss ich erwähnen, dass ich damals glaubte, der Amazonasregenwald läge nur in Brasilien. Darum konzentrierte ich sämtliche Anstrengungen auf den Versuch, nach Brasilien zu kommen. Als keine einzige von ihnen den erwünschten Erfolg brachte, war ich verzweifelt. Sechs Monate vergingen, und es gab keine Forschungsstellen. Nichts und niemand Offizielles wollte mich nehmen. Nicht mit siebzehn und ohne jegliche Erfahrung. Selbst die Lehrenden am College sagten mir, nur Studierende, die bereits einen Abschluss hätten, könnten coole Feldstudien in tropischen Ländern durchführen. Ich hätte zu diesem Zeitpunkt ja noch nicht einmal die Highschool verlassen haben sollen!

Auf gut Glück schickte ich eine halbherzig formulierte E-Mail an irgendwelche Leute, die eine grässliche kleine Website im Siebzigerjahre-Look betrieben. Die sah zwar schrecklich aus, doch ich hatte das Gefühl, dass die Lustlosigkeit, mit der sie erstellt worden war, auf Authentizität hindeutete. Diese Menschen, so sagte ich mir, waren wohl wirklich mit Leib und Seele da draußen und hatten keine Zeit, sich um ihre Website zu kümmern. Wie sich zeigen sollte, lag ich damit genau richtig. Einen Monat später antwortete mir eine Frau namens Emma und teilte mir mit, sie könnten mich als Forschungs-Volunteer mit einem Tageslohn von fünfundzwanzig Dollar plus Kost und Logis beschäftigen. Allerdings warnte sie mich, ihr Standort sei so abgelegen, dass die Anreise eine echte Herausforderung darstelle. Es gebe keine Verbindung zur Außenwelt, wir würden unsere Sachen persönlich hin und zurück tragen müssen, und das ganze Unternehmen sei nicht ungefährlich. Sie verglich es mit einer Expedition in die Antarktis oder zum Mount Everest.

Wenn man sich in die Welt stürzt, um einem Traum nachzujagen, weiß man in manchen Fällen nicht einmal, was man wirklich will oder braucht. Ich glaubte, nach Brasilien reisen zu müssen. Ich kämpfte hart dafür, nach Brasilien zu kommen. Das war nicht möglich. Aber wenn man erst mal gegen eine Wand läuft oder auf eine verschlossene Tür stößt, bedeutet das nicht das Ende des Traums. Manchmal hält einen das Universum einfach davon ab, vom eigentlichen Weg abzukommen – von dem Weg, den man irgendwann beschreiten muss.

Wenn ich in der Schule nicht so sehr gelitten hätte, hätte ich nie die Wut und den unbändigen Wunsch entwickelt, dem Ganzen den Rücken zu kehren und mit laserscharfem Fokus auf meinen Traum in die Welt hinauszufliegen. Ohne Druck entsteht kein Diamant. Und ich musste mich natürlich gegen meine Eltern durchsetzen (»Nie im Leben fährst du allein in den Amazonasregenwald!«), musste die Augen schließen und springen. Gott sei Dank bekam ich nicht, was ich zu wollen glaubte. Denn was ich stattdessen bekam, war das, was ich immer so nötig gebraucht hatte: die Berufung in mein eigenes Leben.

Während ich über die Anden und ins Amazonasgebiet flog, drückte ich mir die Nase an der Flugzeugscheibe platt, und mein Herz schlug wie wild in meiner Brust. Die zweitägige Bootsfahrt den Las Piedras hinauf war ein Höhepunkt auf meiner Reise in eine auf fantastische Weise entlegene Realität, die mein junger New Yorker Verstand kaum erfassen konnte. Als ich zum ersten Mal im Leben Blattschneiderameisen sah, fiel ich vor Ehrfurcht auf den Bauch. Aras flogen herum. Die Bäume waren riesig, mit Zweigen so groß wie die größten Eichen zu Hause. Sie waren mit Lianen, Ananasgewächsen, Moos, Affen, Eidechsen und Schlangen bedeckt. Fast wurde es mir zu viel.

Selbst in meinen wildesten Träumen hatte ich mir alles immer nur bis zu dem Punkt ausgemalt, an dem ich den Dschungel erreichte. In meiner Vorstellung war es nie so weit gekommen, dass ich dort aufgenommen wurde, dann eine Ausrüstung erhielt, außerdem ein Schwert, und anschließend zum Kampf aufgefordert wurde.

Meine ersten paar Jahre in Amazonien – von 2006 bis 2008 – bestanden ganz und gar aus dem Erforschen meiner Umgebung. Eine wunderschöne Zeit der Unschuld. JJ und ich wurden enge Freunde und nahmen jedes Abenteuer mit, das sich uns bot. Als wir uns kennenlernten, war er zweiunddreißig und ich achtzehn. Jeder von uns fand wohl im anderen die Art Freund, die wir uns immer gewünscht hatten. Zum ersten Mal gab es da jemanden, der genauso begierig wie ich selbst darauf war, einen Strom zu erkunden. Und was mich noch mehr beeindruckte: JJ war bereit, dafür zu leiden. Den ganzen Tag zu laufen, ohne Zelt draußen festzusitzen und dann die ganze Nacht den Regen auszuhalten, um am Morgen den Rückweg anzutreten? Kein Problem. In diesen Tagen entwarfen wir einen Vertrag, testeten einander aus, verschoben ständig die Grenzen. Ich bewunderte sein Wissen, dass er barfuß herumlief, dass er sich im Dschungel wohler fühlte als die meisten Menschen in ihren eigenen vier Wänden. Ich bewunderte ihn für seine Mission, den Regenwald zu beschützen, und war verblüfft von seiner hartnäckigen Versicherung, dass dessen Zerstörung kommen werde. Das alles schien so weit weg, so riesig in seinen Ausmaßen – ich hatte das Gefühl, als könnte uns nichts etwas anhaben.

Während meiner Collegezeit war ich immer wieder im Dschungel, wenn ich nicht gerade im Seminar oder in der Vorlesung saß. Manchmal kam es vor, dass ich es nicht rechtzeitig zum Semesterbeginn nach Hause schaffte (zum Beispiel, als ich eine Große Ameisenbärin namens Lulu adoptierte und aufzog).

Zum ersten Mal fühlte ich mich wie ein Fisch, den man ins Wasser geworfen hatte, wie eine Zikade, die nach einem siebzehnjährigen Stadium als Larve das Stadium erreicht hatte, in dem sie fliegen konnte. Wenn man eine wilde Freiheit erlangt, ist das eine starke Droge. Dasselbe adrenalinbasierte Elixier, das Menschen dazu bringt, das Leben mit der Jagd nach Wellen oder dem Klettern in den Bergen zu verbringen. In der unberührten Wildnis liegt eine Einfachheit.

Der Wald war dicht, und es wimmelte darin nur so von Leben – er war voller Geschäftigkeit, Jubel, Geheul und bis zum Bersten gefüllt mit bedeutungsvollen Dingen, die sich jeder Kenntnis entzogen.

In dieser frühen Phase lernte ich rasch, dass der Dschungel eine eigene interaktive gottgleiche Realität ist. Ein Superorganismus, der sich häufig anfühlt, als hätte er ein Bewusstsein, verschiedene Stimmungen. Seine Geheimnisse kennenzulernen, seine Regeln und Grenzen, war unglaublich aufregend. Mir war es, als hätte ich den Vorhang beiseitegeschoben und nun direkten Zugang zur Quelle.

Aus diesem Grund habe ich das vorliegende Buch mit der Geschichte über den Strom begonnen, den JJ und ich so gern erforschten, und darüber, wie entsetzt wir waren, als wir die Gegend niedergebrannt vorfanden. Die Schrecken der Zukunft lauerten am Horizont. Was wir liebten, wurde zerstört, und wir sahen uns mit der Frage konfrontiert, die unser Leben definieren sollte: Rennen wir weg? Oder gibt es eine Realität, in der es möglich ist, sich dem Ganzen zu stellen und zu kämpfen? Ich glaube nicht, dass wir auch nur die geringste Vorstellung von den riesigen Herausforderungen hatten, denen wir uns stellen mussten, und das war wahrscheinlich auch gut so. Hätten wir gewusst, was uns der Kampf kosten sollte oder was für grauenhafte Dinge wir zu sehen bekommen würden, wären wir wohl einfach abgehauen. Aber wir hatten keine Ahnung. Wir waren nur zwei Freunde, die weit draußen im Amazonasgebiet lebten, ohne jegliche Vorahnung, dass der vor uns liegende Kampf unser Leben bestimmen sollte.

WIE MAN DIE NACHTIGALL STÖRT

Wenn wir uns unsere Umgebung genau ansehen,
entdecken wir eine Art Harmonie.
Die Harmonie eines überwältigenden kollektiven Mordens.
Werner Herzog, Die Last der Träume

JJ und ich verbrachten mehrere Tage mit dem Warten auf ein Boot oder irgendein anderes Anzeichen dafür, dass es hier noch mehr Menschen gab. Diese Regenzeit erweckte den Anschein, als wollte uns der Himmel töten. Den halben Tag und den größten Teil der Nacht fielen große, schwere Tropfen vom Himmel, die auf das Blätterdach und die Decke der Station prasselten. Ich stellte mir vor, wie sich die Affen in den Bäumen aneinanderschmiegten, wie frierende Vögel in den Zweigen ausharrten.

Emma und JJ waren gerade dabei, sich zu trennen, und machten ihr gemeinsames Leben und alles zusammen Aufgebaute rückgängig. Dadurch befanden JJ und ich uns in einer Art Schwebezustand. Es sah so aus, als wurden die beiden den größten Teil der knapp 2.500 Hektar Dschungel, die sie besaßen, verkaufen müssen – inklusive der

Forschungsstation. All ihre Arbeit und all die zu zweit umgesetzten Träume wurden demontiert.

Wir hatten eine Gruppe durch den Regenwald geführt, und nach ihrer Heimkehr blieben wir ohne Boot in der Station. Für etwa eine Woche war das kein Problem. Wir erlebten Abenteuer. Doch die Dinge veränderten sich. Die guten Zeiten waren vorbei, das spürten wir. Die Tomaten wuchsen nicht nach oder wurden schwarz, die Zwiebeln trockneten aus, der Sack mit dem Reis leerte sich zusehends. An Eier dachten wir schon lange nicht mehr. Wir hatten nur noch Salz. Strom gab es in der Forschungsstation damals auch keinen mehr. Wir besaßen nicht einmal einen Generator. Wir waren ganz auf uns allein gestellt. Die einzige Möglichkeit, mit der Außenwelt Kontakt aufzunehmen, bot ein altes CB-Radio. Das konnten wir an eine Autobatterie anschließen, die wiederum durch eine Solarzelle auf einem der Dächer gespeist wurde.

Als unsere Vorräte zur Neige gingen, nahm JJ Kontakt mit Puerto Maldonado auf. Wenn wir im Dschungel leben wollten, brauchten wir Reis und Bohnen und Grundnahrungsmittel aus der Stadt. Ein Boot mit Essen zu schicken, war allerdings teuer, und es schien sich niemand zu finden, der bereit gewesen wäre, den eine Woche hin und zurück dauernden Weg auf sich zu nehmen. Bei den meisten unserer Versuche, in die stumme statische Weite hinauszufunken, erhielten wir nicht einmal eine Antwort: »Charlie dos! Charlie dos! Hier spricht Loreto. Hören Sie uns?« Statisches Rauschen. Als wären wir allein im Universum.

Unsere nächsten Nachbarn lebten über eine Stunde flussabwärts von uns entfernt. JJs Freund Satuko war schon älter und hatte mit seiner Familie – einer Frau und zwei Kindern – schon lange hier gelebt, bevor JJ in diese Gegend gekommen war. Satuko war nicht hier geboren. Er hatte seine frühere Karriere hinter sich gelassen und war in den Dschungel gezogen, um mit seiner Familie weitab von der Zivilisation zu leben. Seine beiden Söhne Willi und Paul kamen während ihrer Kindheit und Jugend nur ein- oder zweimal im Jahr nach Puerto Maldonado, um Vorräte zu erwerben und Paranüsse zu verkaufen.

»Satuko hat bestimmt Essen«, sagte JJ, die Hände in die Hüfte gestemmt.

Wir standen am Fluss und warteten, wie schon seit Tagen.

In der Nacht zuvor hatte der Himmel große Mengen Regen über den Dschungel niedergehen lassen, eine wahre Sintflut. Große Bäume waren umgestürzt. Das palmblattgedeckte Dach hatte viel abbekommen. Alle Ströme waren über die Ufer getreten und hatten den Dschungel überschwemmt. Bereits vor Sonnenaufgang hatte sich der Wasserstand des Flusses um fast drei Meter erhöht.

Wir standen lange schweigend am Ufer. Dann entdeckte JJ etwas, das ihn die Augen zusammenkneifen ließ. Um eine Biegung kam ein besonders großer Baum getrieben.

»Den nehmen wir.«

»Was?«

»*¡Vámonos!*«

Wir zogen alle Kleidungsstücke aus, die wir nicht brauchten, schleuderten die Schuhe von den Füßen. Ich ließ meine Kamera und meine Reservekleidung in einer trockenen Tasche am Ufer zurück und sprang in den Fluss.

Der war voller Treibgut – wie immer, wenn der Wasserstand gestiegen war. Stöcke und Blätter und Tiere und ganze Bäume waren von der Flut mitgerissen worden. Holzblöcke und Dschungelgeschosse aus Dornen und Geröll trieben in Strudeln in der mächtigen, aufgewühlten Strömung. Während der Trockenzeit war der Las Piedras klein und langsam, man konnte ihn gerade so zu Fuß durchqueren. Jetzt sah die Sache ganz anders aus: Er hatte sich in ein gefährliches, Furcht einflößendes Monster verwandelt – über zehn Meter tief und hundert Meter breit – und tobte wild durch die Landschaft.

Wir schwammen, so schnell wir konnten, hinaus in die Strömung, JJ mit einer Machete zwischen den Zähnen. Der Baum war riesig. Ich weiß nicht mehr, was es für einer war, denn damals war ich immer noch dabei, die Grundlagen zu lernen. Jedenfalls war er groß genug, um mich sehr zu beeindrucken. Die Zweige ragten mehr als sechs Meter über die Wasseroberfläche hinaus, der Stamm hatte beinahe den Umfang eines Schulbusses. Der Baum wirkte auf mich wie ein Ozeanriese. Als wir raufkletterten, hatte das überhaupt keinen Einfluss darauf, wie der Baum im Wasser lag. Er geriet nicht ins Rollen und sank auch nicht tiefer unter die Wasseroberfläche, wie das bei einem normalen Stück Holz der Fall gewesen wäre. Er setzte einfach seine Reise flussabwärts fort. Als würde er uns Passagiere überhaupt nicht bemerken.

»Schau doch! Was für ein Prachtkerl!« Lachend klopfte JJ auf den Baum und war ganz angetan von seiner Auswahl.

Barfuß gingen wir hin und her, den langen Stamm hoch und runter. Von den Wurzeln bis zu den niedrigsten Zweigen maß der Baum über zwanzig Meter. Er war so groß, dass wir uns wie Insekten vorkamen. JJ trieb die Machete dort ins Holz, wo ein Zweig abgebrochen war, stand wie ein stolzer Pirat am Bug seines Schiffs und sah zu, wie die Welt vorbeitrieb. Das waren die Zeiten, in denen wir noch barfuß mit Macheten unterwegs waren.

Ich stieg einen der dicken Äste empor, wie in einen Ausguck.

»*¡Con cuidado!*«, ermahnte mich JJ. »Sei vorsichtig.«

»*Aye, Captain!*«

Nach dieser Erwiderung sprang ich in den Fluss und schwamm dann zum Stamm zurück. JJ tat es mir nach, strampelte mit den Beinen in der Luft, während er über sechs Meter fiel und klatschend im Wasser landete.

Nach diesem Vergnügen am Anfang … saßen wir irgendwann einfach nur auf dem Stamm. Die Zeit verging, und der dunkle Himmel kratzte über dem Blätterdach entlang. Allein der Lärm des Flusses war beängstigend. Die Strudelbecken an den Biegungen hatten mehr als zehn Meter Durchmesser. Der Fluss gebärdete sich wütend und gefährlich. Wir saßen Seite an Seite auf dem Stamm, während er wild flussabwärts trieb und die hohen Wände des Dschungels uns umgaben.

»*Das* ist echter Dschungel«, sagte ich, während ich die ungezähmte Schönheit bestaunte, an der wir vorbeikamen.

»*Ay*, Paul, wie sagt man ›*selva*‹ auf Englisch?«

Ich fragte ihn, was er meinte. »*Selva?*«

Er bestätigte mir, dass *»selva«* das Wort für »Dschungel« war und *»bosque«* »Wald« bedeutete.

Ich zuckte mit den Schultern.

»›*Selva lluvioso*‹ heißt doch eigentlich ›Regendschungel‹, nicht ›Regenwald‹? Wie nennt man das richtig?«

Ich genoss jedes kleine bisschen von JJs von britischem Englisch beeinflusstem *Spanglish*. Jetzt erklärte er mir, er habe gelernt, es gebe wissenschaftlich betrachtet verschiedene Typen Wald. Zu den ihm bekannten Typen, so dozierte er, gehörten der tropische Trockenwald, der tropische Laub abwerfende Trockenwald, der temperierte Regenwald, der tropische Regenwald, der Buschwald, die Savanne … Was also war der Dschungel? Was war *La Selva*? »*¿Esta es la selva real, no?* Das hier ist doch echter Dschungel, oder?« Mir gefiel sein neugieriger Enthusiasmus für diese Art des Wissens. Und seine Frage war gut.

Wovon reden wir, wenn wir »Dschungel« sagen? Es gibt keine ökologische Festlegung für dieses Wort. Der temperierte Laub abwerfende Wald – also der Typ, mit dem ich in New York aufgewachsen war – durchläuft vier Jahreszeiten: Frühling, Sommer, Herbst und Winter. Sie unterscheiden sich voneinander. Von den verschiedenen Typen des tropischen Waldes wird meines Wissens keiner offiziell als Dschungel bezeichnet.

Schließlich einigten wir uns darauf, dass es sich bei »Dschungel« eher um einen allgemeinen Begriff handelte – wie »schwarzer Panther«. An manchen Orten werden Berglöwen als »Panther« bezeichnet. Alle Großkatzen gehören zur Familie der Panther, aber keine der beiden Spezies, die uns vor Augen stehen, wenn wir an schwarze Panther denken, passen in irgendeine offizielle taxonomische Einordnung. Ein schwarzer Leopard *(Panthera pardus)* ist ein melanistischer Leopard. Das bedeutet, sein Fell enthält einen Überschuss an Melanin und erscheint deswegen fast schwarz. Er ist also das Gegenteil von einem Albino. Leoparden leben allerdings in Afrika und Asien. Jaguare hingegen *(Panthera onca)* werden auch »schwarze Panther« genannt, und die findet man in den amerikanischen Ländern. Doch genau wie bei den Leoparden ist ein schwarzer Jaguar lediglich eine seltene, melanistische

Version des »Standardmodells« mit seinen gelben, weißen und schwarzen Flecken. Ein schwarzer Panther ist daher keine wissenschaftlich exakt beschriebene Spezies, sondern lediglich eine allgemeine Bezeichnung, die die Menschen benutzen.

Während wir so auf dem Fluss dahintrieben, sprachen wir über Dschungel, Löwen und Jaguare. In einem meiner Tagebucheinträge aus dieser Zeit steht:

> *Die glühenden Augen in den Schatten direkt hinter dem Licht des Feuers. Ganz typisch »Dr. Livingstone, nehme ich an?«. Dort wohnen die Wilden Kerle wirklich noch. Hier liegt das Grenzland zwischen dem, was wir sicher wissen, und den Schatten unserer Träume am Rand der Realität, wo sich der uralte Trommelschlag immer noch seinen Weg durch unsere bloßen Füße bahnt, hinein in unsere Knochen, wie ein seismischer, metronomischer Puls des Planeten. Das Wispern lange vergessener Wahrheiten.*

Jetzt preschte unser Baum eine lange, gerade Strecke hinunter, an einem hohen Felsen vorbei, um sich dann nach Süden zu wenden. »Hier, hier!« JJ erhob sich aufgeregt. Wir würden genau zu der Stelle schwimmen müssen, wo wir an Land gehen wollten: an der kleinen Lücke im Dschungel, an der Satukos Boot vertäut lag.

Wir sprangen ins Wasser und schwammen, als wäre der Teufel hinter uns her. Von der anvisierten Stelle am Ufer aus folgten wir eine Zeit lang einem Pfad. Als wir die kleine palmblattgedeckte Hütte erreichten, fanden wir außer ein paar Hühnern nicht viel vor. JJ stieß einen Eulenruf aus und stand da, die Hände in die Hüfte gestemmt. Er wartete. Dann erklang als Antwort ein Eulenruf aus dem Dschungel.

An diesem Tag trafen wir Satukos Sohn Paul. Ich fand es interessant, dass er sich im Dschungel versteckt hatte, als er uns hatte kommen hören. Er hatte sich erst gezeigt, nachdem er uns gesehen hatte und wusste, dass wir Freunde und keine Feinde waren.

Paul war attraktiv, mit langem, ganz glattem Haar. Wir schüttelten uns die Hände, und er und JJ begannen ein Gespräch. Er war der erste andere Mensch, den wir in fast zwei Wochen zu Gesicht bekommen hatten. Ich verstand genug, um zu erfassen, dass JJ die Sache mit dem Regen erklärte und erzählte, dass wir hier waren, um Paul um Essen zu bitten. Der bot uns einige gekochte Bananen mit Salz an (die aßen wir mit großem Hunger). Viel mehr, so sagte er, könne er uns allerdings nicht geben. Der Rest der Familie sei nach Puerto Maldonado aufgebrochen, um Vorräte zu besorgen. Wegen des hohen Wasserstands des Flusses würden sie die Heimreise momentan nicht antreten können. Vielleicht würde es Wochen dauern, bis sie wiederkamen. Er selbst hatte auch nicht mehr viel Essen übrig, doch weil er ohnehin im Dschungel lebte, war das nichts Besonderes für ihn. Paul war ruhig und reserviert. Das rührte wohl daher, dass er in der Wildnis aufgewachsen und es gewohnt war, auf ankommende Boote und das Anbeißen von Fischen zu warten.

»*¿Tienes anzuelos?* Hast du Angelhaken?«, fragte JJ.

Angelhaken hatte Paul. Und ein wenig Benzin.

Bald saßen wir in seinem Boot, fuhren im Slalom zwischen Holzblöcken und anderem Treibgut hindurch, manövrierten zwischen den Ausläufern von Strudeln hin und her, die mehrfach um ein Haar das ganze Boot mit sich gerissen hätten. Wir fischten an einigen Stellen, hatten als Köder jedoch nur die Bananen. Außerdem sei der Fluss bei einem solch hohen Wasserstand nicht der beste Ort zum Fischen. In der Trockenzeit? Das sei eine ganz andere Geschichte. Da reiche es, irgendwo einen Haken auszuwerfen, dann beiße schon irgendetwas an. Doch in den reißenden Fluten der Regenzeit versteckten sich alle Fische. Jedenfalls erklärte mir das JJ so. Es wurde Nachmittag, und bei keinem von uns hatte auch nur ein Fisch an der Banane geknabbert. Wir saßen im Boot und wurden bei lebendigem Leib von Sandmücken aufgefressen. Wir bekamen immer größeren Hunger, und unsere Frustration wuchs. Da breitete sich ein verschmitztes Grinsen über JJs Gesicht aus. Er wechselte einige Worte mit Paul, und wir machten uns auf den Weg zur Mündung eines Stroms.

»Schau her«, forderte mich JJ auf und nahm seine Lehrerhaltung ein.

»Sag schon«, erwiderte ich und beugte mich vor. Inzwischen wusste ich, wenn mich etwas Besonderes erwartete.

»Okay. Siehst du hier irgendeinen Köder? Was können wir benutzen?«

Ich schaute mich um. Nüsse, Samen, Stöcke, Blätter, Holz. Nichts davon interessant für einen Fisch. Ich hatte gelernt, dass die meisten Fische nicht gut sahen, weil das Wasser trübe war. Man konnte nicht einfach einen Metallschwimmer ins Wasser werfen – wie in einem klaren Fluss in New York – und hoffen, dass eine Forelle anbeißt. Hier draußen musste man die Piranhas und die Welse mit echten Kalorien in Versuchung führen, mit etwas Saftigem, Stinkigem. Wir brauchten eine fette Made, einen Grashüpfer oder ein Stück altes, müffelndes Fleisch.

»Die Fische sind wie wir, die wollen Proteine«, sagte JJ. »Was wirst du also tun?«

»Was werde ich also tun?« Ich lachte. Inzwischen halluzinierte ich förmlich vor Hunger, und die Mücken trieben mich in den Wahnsinn.

JJ lächelte und zwinkerte Paul zu. »*¡Cándamo!* Auf jetzt!«, rief er und griff nach der Machete. Er legte sich einen Fuß übers Knie und betastete seine Ferse. »*Oooooh ya.*« Er schaute auf, um sich zu vergewissern, dass ich auch genau hinsah. Dann setzte er die Klinge der Machete an der Stelle seiner Ferse an, wo die dicke Hornhaut vom vielen Barfußlaufen ein weißes Hufeisen bildete. Er trieb die Klinge hinein und begann zu sägen. Ich wand mich, wich zurück, als sich die Klinge ihren Weg in sein Fleisch bahnte. Bald konnte JJ einen fünf Zentimeter langen Streifen feuchter Hornhaut vorweisen. »Ordentlich, was?« Dann widmete er sich dem anderen Fuß.

Wir bestückten die Haken mit Ködern aus frischem JJ-Fleisch und konzentrierten uns auf die Mündung des Stroms. Nach zweimaligem Auswerfen zog Paul einen glänzenden kleinen Fisch ins Boot. Den schnitten er und JJ sofort in kleinere Stücke, die sie auf die beiden Haken verteilten. So verdoppelten sie ihre Bemühungen. Zehn Minuten später bemerkte JJ einen vielversprechenden Zug. Diesmal hing ein *bagre* am Köder, eine Art Wels von etwa dreißig Zentimetern Länge. JJ und Paul warnten mich, bevor sie den Fisch ins Boot holten, dass er um sich schlagen würde. Auf seinen Brustflossen befanden sich giftige Dornen. JJ hielt sich den Fisch vors Gesicht und biss die Dornen ab.

Paul lächelte, doch zugleich empfand er ganz offensichtlich Mitleid mit dem Tier. Mir fiel auf, welche Veränderung in ihm vorging, wenn irgendeine Form der Gewalt ausgeübt wurde. JJ tötete den Wels mit einem Schlag auf den Kopf, benutzte dazu das Ende der Machete. Anschließend warfen wir den Motor an und fuhren flussabwärts, suchten nach einem geeigneten Ort, um unseren neuen Köder einzusetzen. Wir mussten schließlich einen Fisch fangen, der groß genug war, dass wir alle drei davon satt wurden.

Da entdeckten wir es.

***

Als wir den Fluss tagsüber in unserem kleinen Kanu mit dem Sechzehn-Zylinder-Motor befahren hatten, hatten wir am Ufer nur eins gesehen: Wände aus gewaltigem, unberührtem Dschungel. Die Vegetation wuchs direkt aus dem Wasser – Farne und Palmen und über fünfzig Meter hohe tropische Laubbäume. So war es heute, und so war es immer gewesen. Plötzlich jedoch sahen wir uns mit etwas konfrontiert, das mit unserer Realität eigentlich völlig unvereinbar war. Paul entgleisten die Gesichtszüge, als hätte er einen Dämon gesehen. JJs Blick verdunkelte sich.

Der Wald war verschwunden. Der Boden war auffallend rot. Die Erde war frisch aufgewühlt und dann von schweren Maschinen plattgewalzt worden. Das Ganze hatte etwas Surreales. Wie einer dieser Träume, in denen etwas nur ein kleines bisschen anders wirkt als normalerweise, und trotzdem weiß man, es ist etwas Furchteinflößendes, und dieses Gefühl wird immer, immer stärker, bis man aufwacht. Aber als wir das Boot vertäuten und über das Ufer die rote Erde betraten, wachten wir nicht auf. Wir befanden uns tatsächlich an diesem Ort. Der Himmel war schwarz, Donner grollte, der Dschungel präsentierte sich gewaltig und unmittelbar und unbeweglich. Mit nackten Füßen traten wir auf die Straße.

Ich fragte JJ, was ich da vor mir sah, doch sein Blick war in die Ferne gerichtet und voller verhaltenem Entsetzen. »Ich weiß es nicht.« Das Ganze ergab keinen Sinn. Was war das? Wer hatte es getan? Wann zum Teufel war das passiert?

Rückblickend ist mir klar, dass wir das gar nicht hätten wissen können. Es war wie damals, als die Inka zum ersten Mal die weißen Segel der europäischen Konquistadoren am Horizont des Ozeans hatten auftauchen sehen. Ob diese Menschen irgendeinen Verdacht gehegt hatten, dass sich mit diesen Segeln der Tod in Menschengestalt näherte? Als die Komantschen zum ersten Mal Planwagentrecks durch den US-amerikanischen Westen hatten heranziehen sehen, hatten sie noch nie etwas vom *»Manifest Destiny«* gehört, der Doktrin der »Offensichtlichen Bestimmung«, mit denen die Eroberer ihre Taten rechtfertigten. Die Indigenen hatten nicht gewusst, dass diese Planwagen zu einem ganz neuen Land gehörten, das im Osten wuchs und wuchs. Dass es zu einem Paradigmenwechsel kommen würde, einem Krieg, Blutvergießen – und schließlich zum Ende. Ich frage mich, ob die Stämme Amazoniens in jenen Tagen misstrauisch zum Horizont blickten, wo der Lärm der Motoren tobte wie eine wilde Bestie, die man aus einem tiefen Schlummer geweckt hatte.

Ich trage in mir ein Bild von JJ, der barfuß dort steht, klein wie ein Zwerg vor den riesigen Bäumen zu beiden Seiten. Vom dunklen Himmel über uns, von der roten Straße, die sich wie ein Traum in die Unendlichkeit zu erstrecken scheint.

Sehr lange stand er einfach nur da, unbeweglich, die Hände in die Hüfte gestemmt, eine Schulter gesenkt. Er starrte hinaus in die Zukunft.

Nachdem wir die Straße untersucht hatten, veränderte sich die Stimmung. Wir fuhren flussaufwärts, in Richtung unseres Zuhauses. Das fühlte sich weniger gefährlich an.

Inzwischen war es Nachmittag, fast vier Uhr, und die Dämmerung senkte sich bereits über die Welt hinab. Um halb sechs würde es dunkel werden, und keiner von uns hatte eine Stirnlampe dabei.

Wir hielten zwischen zwei Wasserfällen an, der Bug des Bootes zeigte in Richtung eines kleineren Stroms. JJ warf eine Angelschnur mit einem Stück Wels aus. Innerhalb von wenigen Sekunden zog ein Fisch daran. Ein großer. JJ streifte seine Shorts ab und sprang ins Wasser. Er ließ den Fisch schwimmen, ließ sich von ihm führen. Er leitete und umsorgte ihn, achtete umsichtig darauf, ihn nicht zu verlieren. Als der Fisch am Haken zappelte, zog JJ mit großer Kraft daran, damit sich der Haken ins Fleisch bohrte. Dann arbeitete er mit schnelleren Bewegungen und holte die Schnur ein, bis der Fisch zum ersten Mal das Wasser verließ. Wir alle jubelten.

Bald befand sich der über sechzig Zentimeter große, fette, saftige *doncella* im Boot (übersetzt heißt das »Flussjungfrau«, eine Art Tigerwels, offiziell ein Pseudoplatystoma). Er schlug unter lautem Grunzen mit Schwanz und Flossen um sich. Heute Abend würden wir zum ersten Mal seit Tagen etwas Richtiges zu essen bekommen. Auf unserem Weg den Fluss hinauf bewahrte Paul den Fisch im hinteren Teil des Bootes auf, mit genug Wasser, dass das Tier atmen konnte und nicht litt. Wir mussten den Fisch am Leben halten, damit er nicht verdarb, und darum kümmerte sich Paul mit dem größtmöglichen Respekt für das Leben des Tieres.

Wir verbrachten diese Nacht bei Paul, in dem Lager, das sein Vater Satuko erbaut hatte. Wir grillten Welsfleisch und aßen bei Kerzenlicht, während die Tiere schliefen. Ich war still. Mir war übel. JJ und Paul sprachen stundenlang darüber, was wir gesehen hatten. Nicht einmal der Fisch – unser großer Erfolg – und die Erinnerung daran, wie JJ Teile von seinem Fuß abgeschnitten hatte, um sich im Ökosystem einen Platz zu erarbeiten, bis wir ein Abendessen hatten, reichten aus, damit das Vorzeichen des drohenden Unheils verblasste, das wir alle spürten.

Was wir an jenem Tag entdeckt hatten, war das äußerste Ende einer Bestie, der Fußnagel des leviathanischen Monsters, das sich durch das Amazonasbecken bewegte. Ein Dämon von der Größe eines Kontinents, der beim Atmen Rauch ausstieß und Wälder dem Erdboden gleichmachte, ganze Stämme vernichtete und Spezies auslöschte, bevor sie jemals von einem Forschenden entdeckt werden konnten.

Der Name dieses Monsters: *Transamazônica*. Wenn man diese über 4.000 Kilometer lange Fernstraße aus einer Höhe betrachtet, aus der ganz Südamerika zu sehen ist, wirkt sie wie eine winzige Linie, die den großen grünen Dschungel durchschneidet, wie ein brennender Grat oder ein kleiner roter Bandwurm, der sich immer weiter seinen Weg sucht, ein Parasit mit sich verzweigenden Fühlern in vielerlei Gestalt, wie ein Krebsgeschwür, in dessen Weg alles, was mit ihm in Berührung kommt, zu Asche zerfällt.

Wie wir herausfinden sollten, war die von uns entdeckte Lichtung Teil einer neuen Straße, die durch das möglicherweise umweltschädlichste Projekt der Weltgeschichte entstanden war. Die brasilianische Regierung hatte den Bau der Fernstraße 1972 angekündigt – als Teil einer Strategie, deren Ziel es war, das ganze Land erreichen und nutzen zu können. Zu diesem Zweck begann man mit dem Schlagen von Schneisen in bisher unberührtem Wald. Die auf diese Weise entstehenden Straßen sollten Zugang zu großen Vorkommen von Mineralien, Holz und landwirtschaftlichen Ressourcen gewähren. Das von der Weltbank geförderte Projekt gehörte zu Brasiliens Nationalem Integrationsplan. In den Siebzigerjahren bedeckte der Amazonasdschungel die Hälfte des brasilianischen Territoriums. Gleichzeitig lebten dort nur vier Prozent der Bevölkerung des Landes. Der Plan sah vor, diese Menschen zur Umsiedlung in den Westen zu bewegen. Eine beängstigende Vorstellung – besonders, wenn man sich vor Augen führt, dass Brasilien sechzig Prozent des Amazonasgebiets sein Eigen nennt.

Das war vor Jahrzehnten, als man davon ausgegangen war, die Länder der sogenannten »Dritten Welt« würden dem westlichen Entwicklungsmodell folgen. Große Stücke des Dschungels wurden als ökonomisch untauglich eingestuft, als nicht entwickeltes Brachland. In den Siebzigerjahren waren Organisationen wie die Weltbank und der Internationale Währungsfonds mehr als gewillt, zur Förderung Summen zu verteilen, mit denen die armen ehemaligen Kolonien dem westlichen Modell würden folgen können. Straßenbauprojekte wurden finanziell massiv unterstützt.

Es dauerte bis 1975, bis man mit Bulldozern die gesamte unbefestigte Straße errichtet hatte. Eine saubere Schnittwunde mitten durch das Gesicht Südamazoniens. Hinter der schweren Maschinerie strömten Bauern ins Amazonasgebiet, breiteten sich rechtwinklig von der Straße aus und besiedelten große Teile des Dschungels, indem sie ihn in Schutt und Asche legten. Aus der Luft kann man die Narben dieses Vorgehens noch heute erkennen.

Die krebsgeschwürartigen Straßenabzweigungen bahnten sich ihren Weg von der *Transamazônica* aus in den Regenwald hinein. Das Ganze gehörte zum Grundwissen. Bereits bei meinen Besuchen im Bronx Zoo hatte ich gelernt: Straßen sind fatal für Regenwälder. Sobald Menschen den Regenwald erreichen können, fallen die uralten Bäume, Bauern rücken mit Maschinen und Kühen an, das Land brennt.

Zu der Zeit, in der man die Bäume Transamazoniens fällte, begann eine globale Phase, in der man entscheidende Erkenntnisse über den Zustand der Umwelt gewann. Auf internationaler Ebene rückte grüne Politik immer mehr in den Fokus. Während meiner Kindheit galt »Rettet den Regenwald« bereits als Klischee, obwohl dieses Motto erst Jahrzehnte zuvor in einer entsetzlich verlustreichen Phase entstanden war. Das lag zum Teil an den Geschehnissen im Kongo und an anderen Orten, doch hauptsächlich ging es um den Amazonas, wo die Menschen Zeugen einer Zerstörung von bisher unbekannten Dimensionen wurden.

Als sich die *Transamazônica* ihren Weg durch das Land bahnte, stießen Bauarbeiter in indigene Gebiete vor. Indigene Völker ohne Kleidung sahen sich Bulldozern und Feuerwaffen gegenüber. Dann wurden ganze Stämme durch so simple Krankheiten wie eine gewöhnliche Erkältung ausgerottet. Das lag daran, dass diese isoliert lebenden Menschen häufig nur wenige oder gar keine Antikörper gegen Krankheitserreger von außen hatten. Daher brachte der Kontakt mit den Eindringlingen vielen von ihnen den Tod.

Wir kannten den Regenwald sehr gut und wussten, dass ein einziger Baum Reptilien, Amphibien, Vögeln, Säugetieren, Orchideen, Flechten, Kakteen und Hunderten von Insektenkolonien ein Zuhause bieten kann. Sie alle leben in seinen Zweigen und zwischen seinen Wurzeln. Deswegen war uns der beinahe nicht zu erfassende Schaden bewusst, den die Fernstraße anrichtete, indem sie sich mit brennender Zerstörung durch das Herz Amazoniens fraß.

Als die Achtzigerjahre des zwanzigsten Jahrhunderts anbrachen, erhöhte sich der Druck einer umweltbewussten Öffentlichkeit. Das veranlasste die US-Regierung zu einer Untersuchung der Umwelteinflüsse durch Weltbankdarlehen an Entwicklungsländer. Inzwischen vertraten immer mehr Menschen die Überzeugung, dieses Geld richte mehr Schaden an, als dass es Gutes bewirke. Es wurde deutlich, dass das Bereitstellen großer Summen für arme Länder häufiger zu Verarmung als zu Ermächtigung führte: Millionen Menschen wurden für Straßenbauprojekte und hydroelektrische Dämme umgesiedelt, es kam zu katastrophalen Umweltschäden. Die *Transamazônica* lässt sich wohl als tödlichster Schlag von Menschenhand gegen die Natur bezeichnen.

Die Weltbank spürte plötzlich echten Druck, und es kam zu einer raschen Umorganisation. Nun galten striktere Regeln beim Geldverleih, und es wurden detailliertere Berichte zum Einfluss auf die Umwelt gefordert, bevor Darlehen bewilligt wurden. Im Jahr 1985 stellte die Bank die Unterstützung für die *Transamazônica* ein, was im Endeffekt zu einem Stillstand sämtlicher Bauvorhaben führte. Die Fernstraße hätte Brasilien in der Nähe von Puerto Maldonado mit Peru verbinden und irgendwann über die Anden bis zum Pazifik verlaufen sollen, sodass das Amazonasgebiet erstmals in der Geschichte über einen direkten Landweg bis ans Meer mit dem asiatischen Holzmarkt verbunden gewesen wäre.

***

An jenem wolkenverhangenen Tag am Rand der Welt – mehr als zwanzig Jahre nach den ersten Rodungen für die *Transamazônica* – erkannten JJ, Paul und ich, dass man das Monster wieder zum Leben erweckt hatte.

Ein Jahr später sollten Häuser am Straßenrand stehen, schäbige Behausungen mit Wellblechdächern, gebaut von Menschen aus einem anderen Teil Perus, die gehört hatten, in Las Piedras gebe es Land umsonst und keine Regeln. In den darauffolgenden Jahren entstand dort etwa ein weiteres Dutzend Gebäude. Mit jeder neuen kleinen Hütte tauchten noch mehr Menschen auf, und natürlich rodeten sie alle ein paar Hektar Land, um Landwirtschaft zu betreiben, fällten die Bäume und brannten alles nieder. Wenn man sich Satellitenaufnahmen des Flusses von 2001 bis heute anschaut, stellt man fest, dass sich der Krebs mit jedem Jahr weiter ausgebreitet hat. Der Wald sieht aus, als wäre er von Räude befallen. Riesige grüne Areale verfärben sich erst schwarz, dann rot und dann weiß, während sie brennen. Plötzlich brauchte man keine zwei Tage mehr, um die Forschungsstation zu erreichen. Man konnte von Puerto Maldonado nach Lucerna fahren – so wurde der Hafen an der Straße nun genannt. Dann hatte man nur noch eine Stunde im Boot vor sich. Kein tiefer Dschungel mehr.

Ab 2009 standen Holzlaster an der Stelle, wo die Straße auf den Fluss traf. Geschäfte eröffneten, wo es einmal nur Häuser gegeben hatte. Bald verkaufte man dort Batterien und Coca-Cola und Thunfisch in Dosen. Ein paar müde Sexarbeiterinnen ließen sich blicken, während die Holzfäller ihre Fracht beförderten. Ihre Langholztransporter waren riesige Maschinen mit großen Rädern, die mit der unwegsamen unbefestigten Straße fertigwurden. Holzfirmen schickten sie, um abzuholen, was illegale Holzfäller plündernd unseren Wäldern entrissen hatten.

Die Geschichten über Gewalt bei Begegnungen zwischen Holzfällern und bisher isolierten Stämmen wurden viel zu normal. Feuerwaffen gegen Pfeil und Bogen. Motorisierte Männer drangen in Dschungelgebiete ein, die noch immer Menschen, die auf vorsteinzeitlichem Niveau lebten – also Jägern und Sammlern –, eine Heimat boten. Die Konsequenzen waren brutal. Beide Seiten schlachteten sich gegenseitig ab. Männer, Frauen und Kinder starben, und je mehr Todesopfer es gab, desto stärker wurden Groll und Schmerz. Das Töten sollte noch viel, viel schlimmer werden.

Pauls Vater Satuko gab sich nicht den geringsten Illusionen hin. Der Anfang vom Ende sei gekommen, sagte er. Wenn die Holzfäller vorbeifuhren, stand er oft am Flussufer. »Verbrecher! Verbrecher!«, schrie er dann. »Wie kann so etwas nur erlaubt sein!« Die Welt veränderte sich vor unseren Augen.

Unsere kleine Forschungsstation und Satukos Haus hatten sich immer ein gutes Stück von der Zivilisation entfernt befunden. Es waren Orte gewesen, die man nur mit Mühe erreichte, besondere Orte, tief im Dschungel. Deswegen wollten wir dorthin. Das war die Wildnis. Aber sobald bekannt wurde, dass es eine Straße gab, die einen in den Dschungel führte, der abseits der Polizeirouten lag, zog dieses Wissen eine ganz bestimmte Klientel an. Menschen, die nirgendwo anders hinkonnten, verzweifelt waren, Holz, Gold, Fleisch und Land brauchten.

»Gibt es denn nichts, was wir tun können? Niemanden, an den wir uns wenden können?«

JJ sah zu, wie ein Holzboot vorbeitrieb. »Wir sind hier auf uns allein gestellt. Es wird keine Hilfe kommen.«

Seine Worte stürzten auf mich herab wie ein Kapokbaum. Ich war in einer Welt aufgewachsen, in der es Regeln gab. Man konnte nicht einfach herumlaufen und Dinge anzünden oder Bäume fällen. Wenn ich irgendwo jemanden beobachtete, der ohne Genehmigung Wild jagte oder einen Baum fällte, gab es Telefonnummern, die ich anrufen konnte, Polizeibeamte, die zu Hilfe eilten. Es folgte ein entscheidender Schritt in meiner Entwicklung und meinem Verstehen: Ich musste bestimmte Dinge verlernen, um die Welt Amazoniens zu erfassen. Ich hatte ganz konkrete Fragen, zum Beispiel: »Wem gehört dieses Land?« JJ sagte dann: »Irgendjemandem.« Ich hakte nach: »Wem denn? Wo sind diese Menschen, und warum wehren sie sich nicht gegen die Holzfäller?« Die Antwort bestand immer aus einem Schulterzucken. Das konnte einen an den Rand der Verzweiflung treiben. Es gab so vieles, was wir nicht wussten.

Die meisten Menschen leben an Orten, an denen Regeln dafür sorgen, dass man sich regelkonform verhält. Diese Regeln bieten einem Sicherheit, sie halten einen davon ab, andere Menschen zu töten, sie sorgen dafür, dass man sogar diejenigen in Ruhe lässt, die einem lästig sind, das Leben ruinieren, den Familienhund umbringen. Es gibt Gottes Gesetz. Das Gesetz der Gesellschaft. Das Gebot der Nächstenliebe. Die Goldene Regel. Man kann die Straße entlangspazieren und mit einiger Gewissheit davon ausgehen, dass einem niemand etwas antun wird. Doch nur wenige Schritte hinter dieser Kulisse und den Scheinwerfern weicht die Illusion der Gesellschaft der erschütternden Erkenntnis, dass das alles nur Show ist. Wir sind Tiere auf dieser Erde.

Allmählich ergab alles einen Sinn: der Dschungel mit seinen dunklen Rändern, die darin lebenden Tiere, die Bäume, die um Licht kämpften.

Hier draußen hatte man die Fassade der Gesellschaft noch nicht errichtet. Die Regeln sind so klar und so alt wie die Sterne. Wie der grimmige Hunger in den Augen eines sich heranpirschenden Jaguars. Wie in jedem um Licht kämpfenden Baum. In jedem jagenden Tier, jeder Katze, die eine Maus quält, jeder Fliege, die auf eine Leiche wartet. Im Dschungel kriechen die uralten Wahrheiten durch die Lianen, leuchtende Augen lauern in den Schatten. Eine Landschaft aus Blut, Muskeln, Narben und Himmel. Hier beobachtet Gott in düsterer Faszination, wie sich die einheimische Schöpfung vorwärtskämpft. Man muss um sein Leben rennen. Kämpft um den nächsten Atemzug. Ein Fiebertraum, zwischen Moskitos und Meuterei. Ein wilder Rausch. Reißzähne, das Glitzern in den Augen. Die Länge der Zähne, die Größe der Muskeln, die Schärfe der Klingen. Hier ist man sicher, solange man den Gegner zuerst töten oder schnell genug rennen kann, um ein Versteck zu erreichen, in dem die Fressfeinde einen nicht finden.

***

Glücklicherweise gab es Paul. Er stellte den Gegensatz zu all der Brutalität dar, die wir mitansehen mussten. Ich verbrachte viele Tage beim Angeln mit ihm, zusammen erforschten wir die kleinen Ströme. Manchmal kam er zur Forschungsstation, um nachzusehen, wie es uns ging. Das einzige freundliche Gesicht, dem wir begegneten. Er lächelte mit großen Augen, wenn ich ihm Schlangen aus nächster Nähe zeigte. Als er zum ersten Mal eine Regenbogenboa hielt, fiel ihm vor lauter Ehrfurcht die Kinnlade runter. Wir konnten stundenlang schweigend beieinandersitzen. Seine Empfindsamkeit und sein sanftes Wesen machten ihn zu einem ganz besonderen Menschen. Uns umgab eine Landschaft voller harter Männer mit großen Händen und Wunden von der Kettensäge und Abenteuergeschichten. Paul war ruhig, aufmerksam und sanft. Er redete nur, wenn man ihn ansprach, war gut zu Tieren und brachte Kinder zum Lächeln.

Ein Jahr später versuchte ich, das Boot zu steuern, als JJ gerade nicht da war. Der rostige alte Peke Peke – ein großer, hässlicher, offener altmodischer Bootsmotor – wollte einfach nicht anspringen, und ich trieb in meinem Bemühen, ihn zum Laufen zu bringen, über eine Stunde flussabwärts. Als ich bei Paul ankam, lachte er mich aus und wusste, dass es mir am liebsten wäre, wenn JJ nichts davon erfahren würde. »Am Ende hält er dich noch für einen Gringo oder so«, kommentierte er und beugte sich dann über den Motor, weil er dem Problem auf die Spur kommen wollte. »Mach dir keine Sorgen. Dein Geheimnis ist bei mir sicher.« Wir widmeten uns eine Zeit lang dem Motor. Schließlich kam Paul zum Schluss, dass es an der Zündkerze liegen musste. Deswegen gingen wir zurück zum Haus. In dem dichten Bambuswald hüpfte eine keckernde Horde Tamarinaffen herum. Die Tiere beobachteten uns. Paul legte eine Begeisterung an den Tag, die ich bei ihm noch nie erlebt hatte. Er hatte die Augen weit aufgerissen, weil er so fasziniert war. »Schau doch!«, flüsterte er. »Das sind die mit dem Bart.« Und er hatte recht: Es handelte sich um Kaiserschnurrbarttamarine. Die hatte ich vorher noch nie gesehen. Später sollte ein Foto, das ich von einem der Tiere in diesem Bambuswald machen konnte, zum ersten fotografischen Nachweis dieser Art am Las Piedras werden. Diese Entdeckung hatte ich gemeinsam mit Paul gemacht.

An jenem Tag besorgte er mir eine neue Zündkerze und brachte den Motor zum Laufen, sodass ich zur Station zurückkehren konnte.

»Wo steckt denn deine Familie?«, fragte ich ihn.

Er deutete in die Ferne.

»*¿Estás solito?* Bist du allein?«

Er zuckte mit den Schultern. »*Como siempre.* Wie immer.«

Ich lächelte und sagte zu ihm, er sei ein echter *hombre de la selva*, ein Mann des Dschungels. Er fuhr nicht in die Stadt, wenn es sich irgendwie vermeiden ließ. Dort sei es zu laut, sagte er immer, zu gefährlich, es gebe zu viele Menschen. Er lebte sein Leben so weit entfernt vom absurden Treiben der Welt, ganz für sich und in Ruhe, mit den Fischen und den Bäumen und den Vögeln.

Man fand ihn mit dem Gesicht nach unten. Der Unbekannte, der ihn erschossen hatte, hatte ihn von hinten angegriffen. Als er allein war. Paul hatte nicht damit gerechnet. Der Täter stahl seine Kettensäge und verschwand über diese schreckliche Straße, auf demselben Weg, den er gekommen war. Der Täter wusste, es würde keine Konsequenzen geben. Nicht hier draußen.

Der Dschungel ist kein Ort, sondern ein Gemütszustand.

DIE HEILIGE SCHRIFT DER SCHLANGEN

Expeditionsreisen im Amazonasgebiet lassen sich nicht in Kilometern oder per Luftlinie messen. Tage vergehen, während das winzige Kanu mit seinem Motor sich windende Nebenflüsse durchpflügt. Die Kompassnadel dreht und wendet sich in alle Richtungen, während man dem Wasserlauf folgt, der sich durch die Landschaft schlängelt. Wir waren von Sonnenaufgang bis Sonnenuntergang unterwegs gewesen, hatten abends unser Lager an Stränden aufgeschlagen, waren zu namenlosen Orten im Regenwald vorgedrungen, in nicht kartiertes Traumland, in Teile des Dschungels, die sonst niemand betrat. Nur ich, JJ und zwei seiner Brüder, Pico und Chito, in einem offenen Boot. Regen fiel auf uns herab, die Sonne brannte auf uns nieder, tagelang, am Ende der Welt. Dort oben, an einem dieser so abgelegenen Orte, geschah es zum ersten Mal.

Stunden des monotonen Reisens hatten uns in eine Art Traumzustand versetzt, der sich abrupt in Luft auflöste, als Pico ganz plötzlich losschrie und auf einen gewundenen, massiven Körper zeigte, der auf einem hohen Stapel Treibholz am Flussufer schlief. Es handelte sich um die erste Große Anakonda, die wir zu Gesicht bekamen.

Unmittelbar darauf machte ich einen Fehler, der mich fast das Leben gekostet hätte. Ich pirschte mich an das Tier heran, nahm meinen ganzen Mut zusammen, sprang los und war so darauf fokussiert, den Kopf zu erwischen, dass ich ihn einfach mit beiden Händen packte und festzuhalten versuchte. Zum ersten Mal spürte ich die Kraft einer fünf Meter langen Schlange. Sie war dicker als mein Oberschenkel.

Ich hätte wissen müssen, dass diese Tiere quasi einen schwarzen Gürtel im Kampfsport besitzen und darauf spezialisiert sind, ihre Feinde unter sich zu begraben und zu ersticken, um sie dann mit Haut und Haaren zu verschlingen. In dem Augenblick, als ich die Schlange »fing«, wickelte sie sich um meine Handgelenke. Mir wurden also Handschellen angelegt. Nun hätte ich sie nicht mehr loslassen *können*, selbst wenn ich das gewollt hätte. Ich hatte die Schlange fangen wollen, jetzt hatte sie mich gefangen genommen. Ich wollte weglaufen, konnte aber nicht.

Ich ließ mich zu Boden fallen, um meine Handgelenke zu befreien, doch sofort wand sich eine noch größere Schlinge um meine Schultern und meinen Hals, presste sich eng an meinen Brustkorb und spannte die Muskeln in einer entsetzlichen Demonstration der Kraft an, was meine Schultern gefährlich nah zusammenbrachte. Meine Rippen wurden zusammengepresst, meine Luftzufuhr war fast blockiert, und mein Schlüsselbein stand kurz vor dem Brechen. Ich versuchte, nach JJ zu schreien, bekam jedoch allerdings nicht mehr als ein leises Röcheln heraus. Die Welt um mich herum begann zu flackern, und meine Schlüsselbeinknochen gaben Geräusche von sich wie ein gewaltsam gebogener Stock kurz vor dem Bruch.

In diesem Augenblick kam JJ herangesprintet und warf sich zu Boden, um den Schwanz der Schlange aufzuwickeln. Dann tauchte auch Chito auf, und sie machten sich zusammen an die Arbeit. Ich erinnere mich noch, wie ich den ersten herrlichen Atemzug tat, nachdem ich geglaubt hatte, den letzten hinter mir zu haben. Währenddessen hatte ich den Griff um den Hals der Schlange nicht gelockert. Ihr offenes Maul gab den Blick auf sechs Reihen zurückgebogener Zähne frei. Pico kam im Boot heran: »*¡De puta madre, Rosolie, mira este anacondazo!* Geil, Rosolie, ein Brocken von einer Anakonda!«

Wir hatten unsere erste Große Anakonda gefunden. Zumindest hielten wir sie für groß.

***

Als JJs Vater Santiago die Geschichte von meinem Beinahe-Tod hörte, lachte er sehr. »*Esa es una anacondita*«, erklärte er mit seinem zahnlosen, hohlwangigen Lächeln. »Die war doch nur klein.« Er war inzwischen deutlich über achtzig und wischte mit seiner knotigen Hand die ganze Sache einfach weg. »Eine winzig kleine Anakonda«, verkündete er und lachte.

Wenn man Don Santiago traf, war das wie die Begegnung mit einem Filmstar. Man konnte seine Bedeutsamkeit ganz deutlich spüren. Schüttelte ich ihm die Hand, berührte ich die Geschichte.

Als Pico, Chito, JJ und ich von einer wochenlangen Expeditionsreise zurückkehrten, fanden wir ihn an den Ufern des Tambopata vor, wo er allein lebte. Selbst in seinem Alter war Santiago eine ganz außergewöhnliche Erscheinung. Schlank, mit einem kleinen Kopf, sehnigen Muskeln und breiten Füßen. Seine Hände waren monströs. Zu Hause lief er barfuß herum, zum Arbeiten zog er alte Gummistiefel und Shorts an, die aussahen, als hätten sie ihn sein ganzes Leben lang begleitet.

»Wenn ihr mir irgendwelche Geschichten erzählen wollt, kommt mir nur mit solchen, die sich lohnen«, sagte er.

Pico, der gesehen hatte, wie mir fast die Knochen gebrochen worden waren, fand die Nonchalance seines Vaters sehr erheiternd. Er schlug mit der flachen Hand auf die Tischplatte und lachte so heftig, dass sein Stock auf den Boden fiel, was die Hühner erschreckte.

Nach der wochenlangen Expedition taten uns alle Knochen weh. Es gibt kaum Möglichkeiten, zehn Stunden täglich bequem in einem Kanu zu sitzen. Das war unsere erste Nacht »zu Hause« im Dschungel. (Bei Santiago mussten wir allerdings ebenfalls im Zelt schlafen, denn er besaß nicht mehr als eine alte palmblattgedeckte Hütte auf einer kleinen Lichtung.) Trotz unserer Müdigkeit freuten sich die Jungs sehr, Geschichten mit ihrem Dad teilen zu können, und Santiago freute sich über die Gesellschaft und die Geschenke – Nabelschweinfleisch und ein großes Stück Ayahuasca-Liane –, die seine Söhne ihm mitgebracht hatten. Ich glaube, es erfüllte ihn auch mit Erleichterung, dass seine Jungs sein Leben aus Abenteuern und Expeditionen fortführten. »Erzählt weiter, erzählt weiter«, forderte er uns auf, während er nach einem Huhn trat und sich ans Feuer setzte.

Wir berichteten ihm von unseren Abenteuern. Davon, wie wir die Schlange bezwungen hatten, wie stark sie gewesen war. Wie eines Nachts, nachdem JJ einen großen Wels gefangen hatte, ein riesiger Schwarzer Kaiman ins Boot geklettert war und die Reste des Fischeintopfs gefressen hatte – samt Metalltöpfen und allem Drum und Dran. Wir waren aus unseren Zelten gerannt gekommen und hatten gerade noch den Schwanz im Wasser verschwinden sehen, das Boot hatte noch gewackelt. »Ihr hattet also für den ganzen Rest der Reise keine Töpfe mehr?« Santiagos knorrige Schultern bebten vor Lachen. Ich saß während der Unterhaltungen der Durand-Männer neben JJ. Manchmal war ich zwar auf seine Übersetzung angewiesen, doch in den nächsten paar Stunden erlebte ich mit, wie die Brüder und ihr Vater Geschichten aus dem Dschungel aus einem ganzen Jahrhundert austauschten.

Schon sehr bald erklärte uns Santiago, wir seien Softies, weil wir mit einem Motorboot losgezogen waren. Zu seiner Zeit hatte man auf Expeditionen Ruderstangen benutzt. Er fragte mich, wie ich Picos Steuermannskünste einschätzte – ganz offensichtlich voller Stolz auf die Fähigkeiten seines Sohnes, der zu einem der am meisten respektierten Männer der Gegend geworden war, wenn es darum ging, ein Motorboot zu lenken. Mit meinem begrenzten Spanisch konnte ich ihm vermitteln, dass wir ohne Pico unsere Expedition nicht hätten antreten können. Das gefiel Santiago.

Während JJ nie als Holzfäller gearbeitet hatte, hatten Santiago und Pico während des Mahagoni-Booms ihr Geld mit dieser Tätigkeit verdient. Es war eine schreckliche Zeit der Ausbeutung des Flusses gewesen, in der die Gesetzlosigkeit ihren Höhepunkt erreicht hatte. Kämpfe zwischen Holzfällern und Stämmen hatten damals zur Tagesordnung gehört. Jeder hatte sich einfach Holz genommen, wie es ihm passte. Irgendwann hatte es im Flussgebiet so viele Holzfäller gegeben, dass die Zuhälter auf neue Ideen gekommen waren und ganze Bootsladungen von Sexarbeiterinnen in die Wildnis geschafft hatten. Eine Zeit lang hatten diese mobilen Bordelle das Hinterland unsicher gemacht, und weil niemand Bargeld bei sich gehabt hatte, hatten die Frauen eine Bezahlung in Holz akzeptiert – Mahagoni, Eisenholzbaum, *quinilla* und *cedro*.

Bei mir blieb von Picos und Santiagos prahlerischen Abenteuergeschichten über die wilden Neunziger vor allem ein Detail hängen: Damals hatte es nicht Tage, sondern Wochen gedauert, den Las Piedras zu befahren. Weit an der Station vorbei, in der JJ und ich die meiste Zeit verbracht hatten. Weit über die Gegend hinaus, in der meine wildesten Träume beheimatet waren.

Santiago beschrieb eine Welt weit jenseits der Grenzen unserer Vorstellungskraft, Orte an kleinen Nebenflüssen, von geografischen Besonderheiten geschützt. Orte, die noch nie jemand betreten hatte. Er erklärte, man könne erkennen, ob jemals ein Mensch in einem Teil des Waldes gewesen war – an den fehlenden Wegen, an Fischen im Überfluss, an bestimmten Bäumen und ihrer Größe. Laut Santiago gab es im Dschungel gute und schlechte Orte. An manchen spukte es sogar. Mit einem leisen Lachen, einen riesigen alten Finger ausgestreckt, warnte er uns: Wenn wir den Las Piedras jemals richtig weit hinauffahren und dann mitbekommen sollten, dass die Tiere irgendwie »seltsam« klangen, handelte es sich gar nicht um Tiere.

Manchmal nutzten die Stämme das Pfeifen eines Steißhuhns oder das Keckern eines Affen zur Kommunikation. Sie ahmten die Tierlaute nicht nur täuschend echt nach, sondern beherrschten auch so viele Nuancen, dass sie sie als eine Art Geheimsprache verwenden konnten. Das klang gruselig – und der Gedanke daran verfolgt mich bis heute.

»Einmal war ich auf der Jagd, ganz weit draußen, sogar noch hinter La Cachuela.« Santiago nickte in Picos Richtung, um sich zu vergewissern, dass sein Sohn wusste, wovon er sprach. »Ich hatte mein Gewehr bei mir. Es wurde gerade dunkel. Ich habe meine Lampe eingeschaltet und wusste, bis zurück zum Camp brauche ich noch ein paar Stunden. Ich hatte einen Klammeraffen geschossen und folgte einem Strom zurück zum Fluss, als ich das Geräusch hörte.« Er ahmte mit den Lippen das Pfeifen eines Steißhuhns nach und zog die Augenbrauen hoch. »Da wusste ich, ich bin nicht allein.«

»*¡Puta madre, diablos!*«, sagte Pico beeindruckt. »Krass, Teufel.«

»Ich wusste, sie hatten meine Spur aufgenommen. Und du weißt ja, sie sind groß. Nicht wie die Leute hier. Sie sind richtig groß. Und von Kopf bis Fuß schwarz und rot angemalt. Das sind Killer. Einfach nur Killer. Was habe ich also gemacht? Ich habe den Affen für sie fallen gelassen und meine Lampe ausgemacht. Dann bin ich in den Fluss gestiegen und wie eine Schlange durchs Wasser flussabwärts geschwommen. Die Kaimane und die Stachelrochen waren mir egal. Ich habe den großen Fluss erreicht und war …« Er klopfte sich mit der Hand auf die Brust, ahmte ein schlagendes Herz nach.

JJ erzählte ihm, was wir vom Las Piedras aus gesehen hatten: die Straße, den verbrannten Wald.

Santiago nickte und schüttelte dann angewidert den Kopf. »Sie werden nie aufhören. Sie denken, sie können den Dschungel einfach ausnehmen, als könnten wir ohne ihn leben. Ihr seht doch, was hier läuft, oder? Denkt nur mal darüber nach, wie viele Tage ihr früher unterwegs wart, bis ihr gutes Wild gefunden habt. Pico, wie viele Tage hast du gebraucht, um Nabelschweine zu finden?«

JJ stieß mich an. Genau das erzählte er mir immer: Dass es in seiner Kindheit Tiere gegeben hatte, und jetzt gab es keine mehr.

Santiago spuckte aus. »Wenn sie über Las Piedras herfallen, hoffe ich, dass diese nackten Kerle sie mit Pfeilen durchbohren. Ich hoffe, sie wehren sich. Das sind noch Wilde, wisst ihr?« Jetzt schaute er mich an. »Die Leute meiden bestimmte Orte, weil sie Angst vor den Stämmen haben. Weil man nie richtig weiß, wo sie sind. Jeden Augenblick könnte man sterben. Diese Angst hat für die Sicherheit des Waldes gesorgt. Aber durch diese Straßen wird jetzt alles anders. Diese Leute haben Maschinen, mit denen sie schreckliche Dinge tun können.«

»Zum Beispiel den *forrestal*«, sagte Pico verbittert. Er meinte den Bagger.

Santiago hob beide Hände, als wolle er davon nicht einmal etwas hören.

Doch Pico befand sich bereits mitten in einem Flashback. »Wie ein Dämon«, sagte er, während er ins Feuer starrte. »Wie ein Dämon, der einfach so«, seine Hand durchschnitt die Luft, »den Wald wegholen kann.«

»Genau darum geht es«, bekräftigte Santiago und schaute mich erneut an. »Wenn ihr wollt, dass dieser Ort eine Wildnis bleibt, müsst ihr *jetzt* etwas unternehmen. *Ahora.* So haben wir unser Dorf aufgebaut, Infierno. Man muss die Leute organisieren, man muss Regeln aufstellen. Wenn der Wald erst mal weg ist, kommt er nicht wieder. Habt ihr die großen Bäume auf meinem Land gesehen? Die gibt es sonst nirgendwo. Mein Vater hat mir von den großen Bäumen erzählt, und Don Ignacio spricht von ihnen, wenn er auf einem Ayahuasca-Trip ist. Die großen Bäume sind unsere Vorfahren, sie beschützen uns. Es ist eine Sünde, sie zu fällen. Das glaube ich inzwischen. Ich weiß, ich war früher Holzfäller, aber inzwischen, im Alter, bin ich fest davon überzeugt.«

Nach einigen Stunden am Feuer und mit Santiagos Geschichten konnte ich mich nicht mehr bewegen, war gefangen in einem außergewöhnlichen Zustand reinen Staunens. Dort, unter den Bäumen, bei diesen Männern, bei diesen Freunden, befand sich die schimmernde Schwelle zwischen dem wahren Leben und dem mythischen Tempel des Amazonasgebiets.

Santiagos Augen leuchteten im Dunkeln. Er schaute zu, wie die orangefarbenen Funken aufstiegen, um sich mit dem himmlischen Fluss der Sterne zu vereinigen, der sich in einem Bogen über den Nachthimmel spannte. Als waren seine Erinnerungen dort niedergeschrieben, kniff er die Augen zusammen, und sein Gesicht wirkte so faltig und wettergegerbt wie eine alte Weltkarte. Ein riesiger Erfahrungsschatz flüsterte hier im Feuerschein, so vergänglich wie der Atem, der diese Worte begleitete, doch kräftig genug, um sich festzuklammern und tief in mein Inneres hinabzusinken.

»Papa, erzähl ihm von der Anakonda auf dem Schwarzen Fluss«, forderte ihn Pico gähnend auf.

»Jemand soll mir eine Zigarette drehen.«

Ich tat es und reichte sie ihm.

»Gut. Also … Als Erstes möchte ich sagen, dass noch andere Leute dabei waren. Es ist also nicht gelogen. Wer war noch mal bei mir?« Das fragte er seine Söhne. »Ach ja … Chikki und Elias waren bei mir. Und eure Mutter. Vor einigen Jahren. Wir waren flussaufwärts unterwegs. Vielleicht fünf Tage. Haben unser Lager aufgeschlagen, gejagt. Ihr wisst schon … Gute Zeiten. Aber als wir uns irgendwann umgedreht haben, haben wir dieses Ding gesehen. Ein Drache war das. Vielleicht dreizehn Meter lang. Und so groß«, berichtete er und hielt die Arme kreisförmig hoch. »Und ihr könnt mir glauben: Das Ding hatte Hörner.«

In diesem Augenblick stand ich auf, um irgendwo gegen einen Baum zu pinkeln. Ich schüttelte den Kopf und machte deutlich, dass ich ihm solche Räuberpistolen nicht abnahm.

»Er glaubt die Geschichte nicht? Ha! Er glaubt die Geschichte nicht!«

JJ wollte mich festhalten. »Du glaubst die Geschichte nicht?«

»Nein, zum Teufel! Schlangen mit Hörnern gibt es nicht!«

Santiago nahm meiner Skepsis mit einem leisen Lachen den Wind aus den Segeln, während er an seiner Zigarette zog. In diesem Moment verlor ich die Oberhand und wurde von einem gewieften Rationalisten zu einem irregeleiteten, unerfahrenen Gringo. Alle anderen glaubten die Geschichte. Sie hatten Dinge gesehen, die ich nicht gesehen hatte. In New York feierte man den Skeptizismus. Hier hatte ich jedoch gerade erkennen lassen, wo ich stand, wie wenig erfahren ich war. Ich war immer noch neu genug, um nicht zu wissen, dass die Tiefen des Dschungels Geheimnisse bargen, die über die Grenzen der modernen Vorstellungskraft hinausgingen.

»Okay, *Gringo Loco*«, verkündete Santiago und betrachtete mich über das Feuer hinweg mit zusammengekniffenen Augen. »Wenn du mit was Größerem als mit diesem Wurm spielen willst, den du gefangen hast, musst du zum Schwimmenden Wald. Geh dorthin. Wenn du einem wahren, einem echten Giganten begegnen möchtest, musst du dorthin. Auch wenn ich nicht weiß, warum du das willst.«

***

Einige Tage später schärften wir unsere Macheten und stürzten uns ins Abenteuer.

Während die Nacht von der Welt Besitz ergriff, bahnten wir uns unter dem riesigen Blätterdach unseren Weg über einen lange vergessenen Pfad. Im Dschungel um uns herum gingen wilde Tiere scharenweise auf die Pirsch, glitten ungesehen über den Erdboden. Im nächtlichen Amazonas findet das größte Spektakel der Erde statt, ein brodelnder Karneval unermesslicher Lebendigkeit, ein Fest aus Sex und Tod überall um einen herum. Unter diesem Baldachin ist dann jeder Quadratzentimeter Dunkelheit lebendig. Wenn man sich unter blätterbewachsenen Bergen an einer Höhle entlangbewegt, ist das wie eine Reise am Boden eines schwarzen Lochs.

Zwischen den Bäumen müssen wir mit unseren blinkenden Taschenlampen ausgesehen haben wie Insekten. Manche dieser Bäume waren so groß, dass sie einfach in der fernen Schwärze verschwanden, wenn ich nach oben schaute. Die nächtliche Kathedrale der Natur. Immer wieder stolperte ich, weil ich nicht widerstehen konnte, in das immense Dunkel über mir emporzustarren.

Weil er wegen seines verletzten Beins nicht mitgehen konnte, war Pico bei Santiago geblieben. An seiner Stelle begleitete JJs Bruder José uns auf unserer Expedition, das Gewehr – für den Ernstfall – in der Hand.

Wir durchquerten diesen dunklen Dschungel so lange, dass ich mir langsam Sorgen machte, wir hätten beim Erreichen unseres Ziels keine Kraft mehr. Die Route war anstrengend, lang, monoton. Wir hatten genug Zeit, über alles nachzudenken, was schiefgehen konnte. Wenn man nachts stundenlang durch den Dschungel läuft, geht etwas Seltsames in einem vor. Die Angst verschafft sich Zutritt und beginnt einen Tanz mit der Fantasie.

Als wir den Rand des großen Sumpfgebiets erreichten – die Gegend, die Santiago als Schwimmenden Wald bezeichnet hatte –, warfen JJ und ich unsere Bündel hin. José lud sein Gewehr. Wir standen Schulter an Schulter und blickten auf eine Landschaft, die sich nur schwer erfassen ließ. Wir hatten keine Ahnung, was uns gleich begegnen würde. Keine Vorstellung davon, dass wir sehr bald eine Art Grenze überschreiten würden.

Während ich auf diesen mitternächtlichen Sumpf schaute, erfasste mich große Angst. Ich möchte das ganz klar sagen: Ich verlange von niemandem, zu glauben, was ich jetzt beschreiben werde. Ich bin selbst ein großer Skeptiker und erzähle nur sehr ungern eine Geschichte, die ich nicht beweisen kann. Daher verspreche ich, dass es die einzige im ganzen Buch sein wird. Außerdem gibt es einen guten Grund dafür, dass ich sie erzähle: Vieles von dem, was danach geschah, hängt mit dieser Erfahrung zusammen. Denn wenn man etwas erlebt, das so vollkommen außerhalb der Grenzen dessen liegt, was man bisher für die Realität gehalten hat, verändert es einen maßgeblich.

Wir befanden uns also am Rand des Schwimmenden Waldes. Durch eine Laune der Geografie war an diesem Ort ein besonders tiefer See entstanden, der anders als alle war, die wir bisher gesehen hatten. Die Wipfel großer Palmen brachen unter der Wasseroberfläche hervor, und ein außergewöhnliches und in seiner Art beunruhigendes Archipel schwimmender Vegetation erstreckte sich vor uns.

Indem er vorsichtig einen Fuß ausstreckte, überprüfte JJ die Schwimmkraft des auf dem Wasser treibenden Grases. Es schien sein Gewicht tragen zu können. Er machte einen Schritt nach vorne. Dann einen weiteren. Ich folgte ihm langsam, achtete dabei darauf, keinen Fehltritt zu begehen, um nicht in das schwarze Wasser zu fallen. Wir wagten uns einige Meter hinaus in die wellige fremdartige Landschaft, wandten uns dann zu José um, der den Kopf schüttelte. Nie im Leben.

JJ lächelte. In meinem Tagebuch aus dieser Zeit gibt es eine unterstrichene Anmerkung, die lautet:

Die Jagd auf Riesenschlangen hat mich in Teile des Dschungels geführt, die die meisten Menschen nicht einmal mit einem Gewehr betreten würden.

Wir ließen José zurück und wagten uns weiter auf die schwimmende Insel hinaus. Dabei sprachen wir nur wenig.

»Wie tief *crees que lo es*?«, fragte JJ in einem Gemisch aus Englisch und Spanisch. Bei diesen Worten hielt er sich an einem kleinen Baum fest, der auf dem grasbewachsenen Floß wuchs, auf dem er sich gerade befand.

»Ich weiß nicht.« Ich konzentrierte mich ganz auf den nächsten Schritt, mit dem ich mich von einem sicheren Halt wegbewegen würde, über ein Stück schwarzes Wasser, bis zur nächsten Vegetationsansammlung.

Eine Stunde lang bahnten wir uns unseren Weg über die eigentümliche Oberfläche der Insel. Am Himmel erstreckte sich die Milchstraße in ihrer ganzen nebligen blaulila Schönheit. Es gab fast mehr Sterne als Himmel, und dessen Spiegelbild bewegte sich im dunklen Wasser wie ein zitterndes alternatives Universum. Wir hatten das Gefühl, als hätten wir die Erde ganz hinter uns gelassen und würden jetzt zwischen Träumen herumspringen.

Wir wandelten über das Baumkronendach eines Unterwasserdschungels.

Der Ort machte mich nervös. Kaimane beobachteten uns aus den Schatten heraus, ihre roten Augen glühten im Schein unserer Stirnlampen. Eulen riefen aus unsichtbaren Verstecken. Während wir vorsichtig über das Gelände schlichen, das im Wasser auf und ab wippte und sich in den Wellen wiegte, stießen wir auf Wespennester, in denen zwar alles ruhte, die aber auf unserem Weg lauerten wie Landminen. JJ deutete mit hochgezogenen Augenbrauen auf eines, bis er sicher sein konnte, dass ich es auch bemerkt hatte. Ich nickte und passte meine Route entsprechend an.

Irgendwann verschätzte ich mich und fiel ins Wasser. Grauen. Überwältigendes Grauen. Einen Augenblick lang konnte ich überhaupt nichts mehr sehen, über mir schlug die pechschwarze albtraumhafte Suppe zusammen. Panisch stieß ich mit den Beinen um mich, während ich mich mühsam wieder aufs Gras zog und verzweifelt versuchte, nicht daran zu denken, was für riesige Ungeheuer mit einer Masse an Zähnen aus den Tiefen zu mir emporstarrten. Ich stand auf, rang nach Luft, zitterte.

»Schau«, sagte JJ. Er befand sich gerade auf einem ganz anderen Trip. Er hatte etwas gefunden.

Wie gebannt starrte er auf eine leuchtend grüne Grasfläche, die über eine weite Strecke plattgewalzt war. Seite an Seite standen wir da und sahen uns genau an, was da vor uns lag. Ich hatte eine Vermutung, wagte sie jedoch nicht auszusprechen.

Das übernahm JJ mit einer Bewegung seiner Machete. »Das stammt von einer Anakonda.«

»Nein. Auf keinen Fall!«, widersprach ich. Es konnte nicht sein. Die Schleifspur war zu breit, zu tief. Wenn es sich hier um eine Schlange handelte, musste sie dicker sein als ich. Das schien mir unmöglich, und ich bestand darauf, es könnte einfach nicht sein.

JJs Blick war dunkel, so sehr konzentrierte er sich.

»Schau, da gibt es keine Abdrücke.«

Dem hatte ich nichts entgegenzusetzen.

»Schau, Paul, schau doch.«

Er leuchtete vor uns, und plötzlich erkannten wir, dass sich die breite Spur in einem geschwungenen Bogen um das Gelände schlängelte. Wir gingen lange schweigend weiter – beide zu überwältigt von dem, was wir sahen, nervlich zu angespannt, um irgendetwas außer dem Nötigsten zu sagen.

Als es dann passierte, war Mitternacht lange vorüber, und wir hatten uns verlaufen, befanden uns irgendwo weit draußen in der Mitte des riesigen Sumpfgebiets. Als ich bemerkte, dass JJ wie versteinert stehen blieb, ging es mir durch Mark und Bein. Während ich auf das hinunterstarrte, was da vor uns lag, nahmen meine Augen es zwar wahr, mein Verstand konnte es jedoch nicht erfassen.

Die größere der beiden Schlangen – das Weibchen – hatte solche Ausmaße, dass wir von unserem Standort aus, der sich bei ihrem Schwanz befand, ihren Kopf nicht sehen konnten. Eine weitere Anakonda – bestimmt über fünf Meter lang – lag auf der größeren. Sie hatten uns noch nicht bemerkt.

Mein Hirn feuerte Hunderte Gedanken gleichzeitig ab, als die größere Schlange sich ganz plötzlich und rasch in Bewegung setzte. Sie hielt mit beachtlicher Geschwindigkeit auf das Wasser zu und wäre innerhalb von Sekunden verschwunden, wenn wir jetzt nichts unternahmen. Ich warf mich mit dem Kopf voran auf sie. Während ich auf ihr ritt, mich an der Schuppenhülle ihres muskulösen Körpers festhielt, hatte mein Gewicht nicht den geringsten Einfluss auf ihre Bewegungen. Ich konnte die Arme nicht um sie schließen, so breit war sie. Ich legte mehr als zwanzig Meter auf der Anakonda zurück, klammerte mich an ihr fest, meine Beine hingen rechts und links an ihr herunter. Während sie mich über die Oberfläche des Sees zog, versuchte ich, die Fersen ins Gras zu stemmen. Keine Chance. Zum ersten Mal schoss mir ein Gedanke durch den Kopf: Wenn sie sich für einen Kampf entscheiden würde, würde ihr riesiges Maul voller Zähne nie gutzumachenden Schaden in meinem Gesicht anrichten. Ganz zu schweigen von der Tatsache, dass sie innerhalb einer halben Sekunde meinen Brustkorb zerdrücken könnte.

Doch nichts dergleichen geschah. Stattdessen erreichte ihr Kopf die Wasseroberfläche und tauchte unter, gefolgt vom ersten Drittel ihres Körpers. Dann kam der Teil, an dem ich mich festklammerte. Ich stemmte beide Knie ins Gras, versuchte, mich abzustützen. Sie war allerdings so stark wie ein Pferd – ich konnte nichts tun. Sie zog mich ganz ins Wasser, mit dem Gesicht zuerst. JJ verfolgte alles – verblüfft und wie erstarrt, paralysiert von dem, was er da sah.

Sofort schwappte kühles schwarzes Wasser über meinen Kopf und meine Schultern, dann tauchte der Rest meines Körpers unter, noch immer an die Riesenschlange geklammert. Ich wurde in den dunklen Abgrund gerissen. Ich ließ das Tier los und paddelte wie wild, um an die Oberfläche zu kommen.

Als mein Kopf wieder über Wasser war, griff ich nach der nächstgelegenen Grasfläche. Währenddessen rasten die verbleibenden fünf Meter der gigantischen Schlange über meine Schulter und unter meinem anderen Arm hindurch ins Wasser. Ich erlebte die letzten Augenblicke ihrer Anwesenheit sehr bewusst, meine Hände berührten ihren glatten und zugleich schuppigen großen Körper, der sich da an mir vorbeibewegte. Mein Herz raste, das Ganze versetzte mir den tiefsten Schock meines Lebens. Ich war der möglicherweise größten lebenden Schlange auf diesem Planeten ausgeliefert. Als jetzt ihr Schwanz unter mir hindurchglitt, ließ ich das Gras los und griff wieder nach der Anakonda. Während sie davonschwamm, konnte ich ihren dünnsten Teil endlich mit den Händen umschließen. Danach sah ich nur noch ihren Schwanz im dunklen Wasser unter mir verschwinden.

Solltest du jetzt kurz davor sein, die Augen zu verdrehen und dieses Buch in eine Ecke zu werfen, mache ich dir daraus keinen Vorwurf. Ich würde die Geschichte auch nicht glauben, wenn sie mir jemand erzählen würde. Doch alles ist genau so passiert.

Erst später sollte uns klar werden, dass ich mich nicht einfach nur wie irgendein abenteuerlustiger Vollpfosten auf den Rücken einer Riesenschlange geworfen hatte. Unbeabsichtigt hatten wir eine wichtige Feldstudie durchgeführt. Indem wir herausfanden, dass sich weibliche Anakondas von über sieben Metern Länge durchaus auf schwimmende Inseln begeben, machten wir einen wichtigen ersten Schritt in Richtung einer Methodik zum Studium der größten Schlangen Amazoniens. Zu dieser Zeit wiesen Forschungen in diesem Bereich viele Mängel auf – eben, weil diese Schlangen so schwer zu finden sind. Wie wir festgestellt hatten, sind sie auch zu groß, um sie festhalten zu können. Wir mussten das Erlebte erst einmal verarbeiten, und bevor wir die Frage ernsthaft stellten, sollte einige Zeit vergehen: Wie können wir die größten Riesenschlangen in Amazonien vermessen, Exemplare finden und studieren?

Manche Menschen sagen vielleicht, es wäre irgendwie grotesk, sich freiwillig auf eine solche Begegnung einzulassen. Das habe ich in den folgenden Jahren tatsächlich immer wieder gehört. Es hieß dann oft, das Tier hätte dadurch unter Stress geraten und zu einer Gefahr für Leib und Leben werden können. Außerdem wurde mir vorgeworfen, dass mein Verhalten in gewisser Weise ein grober Verstoß gegen die aufrichtige Ehrfurcht vor der Natur darstellte, die man einem der lebendigen Götter des Dschungels entgegenbringen sollte. Rechtfertigen kann ich mich nur so: Hätten diese Menschen mit uns in diesem fremdartigen Sumpf gestanden, an der Wegscheide zwischen Angst und einer sich bietenden Gelegenheit, dann würden sie verstehen, dass das Ganze viel zu beeindruckend war, als dass wir uns hätten abwenden können.

Wie das Surfen auf einer dreißig Meter hohen Welle, das Erreichen des Gipfels eines unglaublich hohen Berges oder das Filmen einer Riesenkrake tief unten im Ozean. Die Möglichkeit, der Welt die größte Anakonda zu zeigen, war ein Schatz, dem wir einfach nachjagen mussten. Wir begriffen sehr wohl, dass wir eine Dschungelerfahrung gemacht hatten, die die meisten Menschen für unglaublich halten würden. Wir konnten es ja selbst kaum glauben. Wir mussten die Geschichte immer und immer wieder erzählen, verbrachten nachts viele Stunden damit. Etwas Unfassbares war geschehen. Man wirft einen Stein, und auf der Oberfläche des Universums bilden sich Wellen.

DER SCHAMANE

Eine der intensivsten Freuden beim Reisen
ist die Gelegenheit, unter Menschen zu sein,
die die alten Lebensweisen nicht vergessen haben,
die immer noch ihre Vergangenheit im Wind spüren,
sie in vom Regen polierten Stein berühren,
in den bitteren Blättern der Pflanzen schmecken.
Wade Davis, The Wayfinders

In die *Las Piedras Biodiversity Station* konnten wir nicht zurückkehren, weil JJ und Emma sie verkauft hatten. Wir gingen davon aus, dass sie für immer verloren wäre. Das brach mir das Herz. Ich glaubte, wir würden die Forschungsstation nie wiedersehen.

Deswegen landeten wir in JJs Heimatdorf: Infierno. Dort erwachten die Orte und Namen aus seinen Erzählungen zum Leben. Es war anders dort – genau, wie er gesagt hatte. Man hatte das Gefühl, nicht so tief im Dschungel zu sein wie in Las Piedras. Es gab eine Gemeinschaft. Teile des alten Urwalds, mit Straßen und Farmen dazwischen. Die Bauern schossen natürlich auf alles, was sich bewegte, und deswegen war die Wildpopulation stark geschrumpft. Raubtiere wie Pumas und Jaguare und Ozelote hielt man sich mit Gewehren vom Leib, um seine Kühe und Hühner und Hunde zu schützen. Uns umgaben Teile herrlichen Dschungels, doch die meisten alten Bäume hatte man herausgeholt. Da waren keine Klammeraffen mehr. Keine Nabelschweine. Und die Jaguare hatte man schon vor langer Zeit so sehr gejagt, dass sie verschwunden waren, oder sie hatten die Gegend verlassen, um woanders bessere Beute zu finden.

Es gab allerdings andere interessante Dinge in Infierno. Mir bot sich die Gelegenheit, mich mit sehr viel Ese-Eja-Kultur zu beschäftigen. Ich lernte allmählich, wie man die Lianen identifizierte, die sich von den Bäumen ziehen und entrinden ließen, sodass man aus ihnen Körbe und Besen herstellen konnte. Wir verbrachten ganze Tage mit Santiago, und wir waren immer in Picos Nähe. Er nahm uns mit zum Fischen mit Pfeil und Bogen im Fluss Pitchyquoia, und so aßen wir ständig leckeren Fisch. Chikki zeigte uns, wo wir Palmenrüsslermaden finden konnten, die dicker waren als unser Daumen. Die sammelten wir dann und bereiteten sie mit Salz zu wie knuspriges Schisch Kebab – ganz ausgezeichnet. Elias erforschte die *colpas*, natürliche Salzvorkommen, tief im Wald. Wir unternahmen mehrere Expeditionen in Gegenden des Waldes, die nur für Menschen mit indigenem Status zugänglich waren. Ich lernte viel und war kein Neuling mehr. Inzwischen hatte ich mir im Dschungel die Sporen verdient. Wir alle hatten tagelangen Regen überlebt. Kalte Nächte, in denen wir fast erfroren waren, und im Kontrast dazu höllisch heiße Tage, an denen uns die Sonne geröstet hatte. Auf den Flüssen oder im Dschungel war ich einer von den Einheimischen.

Ich träumte von den Bergen am Horizont. Wie ich dorthin kommen sollte, wusste ich nicht, vom Besteigen einmal ganz abgesehen. Meine Helden waren die Menschen, die sich dem Umweltschutz und der Biologie widmeten. Wenn ich mich gerade nicht in Infierno aufhielt, sondern am College ein weiteres Semester absolvierte, verbrachte ich viel Zeit auf der Seite Mongabay.com, der Hauptanlaufstelle für Nachrichten aus der Welt des Naturschutzes. Dort las ich Artikel, die mich erstaunten und eifersüchtige Sehnsucht in mir auslösten.

Alan Rabinowitz rettete an Orten wie Bhutan Tiger. Er hatte Bücher über seine Arbeit mit Jaguaren in Lateinamerika geschrieben. Er hatte wissenschaftliche Aufsätze veröffentlicht, die von externen Experten bewertet worden waren. Es gab Fotos von ihm, auf denen er bei Feldstudien auf dem Rücken eines Elefanten saß. Er hatte den König von Bhutan getroffen und die Gründung eines ganzen Nationalparks angeregt. Mit Diktatoren zu arbeiten, sei leichter, berichtete er: Die konnten nämlich einfach ein Dekret unterschreiben und ein Projekt Wirklichkeit werden lassen, und man brauchte keine Komitees und keinen demokratischen Wahlprozess, nur die Entscheidung einer einzigen Person. Und zack – schon hatte man den Schutzstatus! Der Mann war eine Legende. Und er stammte wie ich aus New York. Er erzählte häufig die Geschichte, er habe als Kind so stark gestottert, dass ihm das Sprechen kaum möglich war. Als er sah, wie ein bestimmter Lebensraum zerstört wurde, hatte er sich den Tieren ganz besonders verbunden gefühlt, denn auch sie hatten keine Stimme. Sie verloren ihre Heimat, ohne dagegen protestieren zu können. Ohne Chance, sich zu organisieren und den Menschen zu vermitteln, in welcher Gefahr sie sich befanden. Alan Rabinowitz gehörte quasi zum lebenden Inventar des Bronx Zoos. Seine Botschaft und seine Erfolge bildeten das Gerüst meiner wildesten Träume.

Zu dieser Zeit sah ich so viel Zerstörung, ohne irgendeinen Einfluss darauf nehmen und sie stoppen zu können. Ich habe versucht, Dr. Rabinowitz zu kontaktieren, aber nie eine Antwort auf meine E-Mails bekommen.

Auch den Naturschützer Mike Fay bewunderte ich sehr. Er war ein *National Geographic Explorer* – in meinen Augen so ziemlich das Coolste überhaupt. Diese Position brachte einem ein paar Hunderttausend Dollar pro Jahr ein – einfach dafür, dass man … blieb, wer man war. Mike Fay wurde mehr oder weniger dafür bezahlt, Indiana Jones zu sein oder der »Interessanteste Mann der Welt«, wie in der bekannten Bierwerbung. Was seine Ansichten zum Thema Naturschutz betraf, war Mike Fay für seinen Dickkopf und seinen Hang zu Extremen bekannt. Aber wenn man Dinge tun will, die andere noch nicht getan haben, muss man auch bereit sein, Dinge zu tun, die andere Menschen nicht tun würden. Man muss brennen, um leuchten zu können – und

Fay bahnte sich einen so wilden, langen und gefährlichen Weg, dass der als »Africa Megatransect« bekannt wurde.

Als »Megatransect« bezeichnete Fay eine Expedition, die er ab 1999 in Afrika unternahm. Vierhundertfünfundsechzig Tage brauchte er, um mehr als 3.000 Kilometer durch das Kongobecken zu wandern. Die meisten Biologen und Wissenschaftler meiden den Kongo, wegen der Kindersoldaten, Genozide und sonstigen Gefahren. Fay machte sich in seinen Teva-Sandalen und nur von ein paar Trägern begleitet auf den Weg. Er betrat im wahrsten Sinne des Wortes Gebiete, in die sich niemand sonst aus seinem Stamm oder seinem Land vorwagte, weit über die sichere Grenze hinaus und in einen Dschungel hinein, der sich leicht als Dschungel ohne Wiederkehr herausstellen konnte. Auf der Reise führte er eine Studie über den ökologischen und konservatorischen Status der Gegenden durch, in die ihn seine Füße trugen. Fotos zeigten ihn und sein Team bis zur Taille im Wasser. Fay war unrasiert, trug kein Hemd, hatte nur einen winzigen Rucksack dabei, außerdem seine Brille und einen Hut, den er sich falsch herum auf den Kopf gesetzt hatte. Seine Geschichte gehörte zu den unglaublichsten, die mir je zu Ohren gekommen waren. Was er und seine Reisegefährten alles gesehen haben mussten! Elefanten, Gorillas, riesige Dschungelgebiete, vor denen andere sich zu sehr fürchteten, um sie zu erforschen.

Der Megatransect befeuerte so viele meiner Träume, weil es Fay im Anschluss gelang, den Präsidenten von Gabun mit einer Präsentation zu überzeugen, dreizehn neue Nationalparks zu bewilligen. Im Jahr 2002 ließen sich Colin Powell und Mitglieder der Bush-Regierung anhand von Fays Daten, Fotos und Erkenntnissen dafür gewinnen, dreiundfünfzig Millionen Dollar zur Erhaltung des Kongobeckens bereitzustellen.

Ihrer Tätigkeit als Biologin und Primatologin verdankt Dr. Patricia Wright den Ruhm der Entdeckung einer neuen Primatenspezies: des Goldenen Bambuslemuren. Außerdem ist es ihr gelungen, Schutzgebiete auf Madagaskar einzurichten. Sie ist die Gründerin und geschäftsführende Direktorin des Institute for the Conservation of Tropical Environments (Institut für die Erhaltung tropischer Landschaften) an der

Stony Brook University und des Centre ValBio, des weltweit führenden Forschungscampus in der Nähe des Ranomafana-Nationalparks auf Madagaskar. Zu ihren Veröffentlichungen gehören über hundertfünfzig Artikel und Bücher. Man hat sie mit zahlreichen Auszeichnungen und Preisen bedacht, darunter drei Ehrenmedaillen der madagassischen Regierung und der renommierte Indianapolis Prize zum Schutz der Tiere. Ich konnte nur bewundernd den Kopf schütteln. Wie machte sie das bloß?

Ich war mit Geschichten über Jane Goodall aufgewachsen. Darüber, wie sie Zeit mit den Schimpansen verbracht und sich geweigert hatte, sie wie Studienobjekte zu behandeln. Wie sie darauf bestanden hatte, ihnen Namen zu geben. Manchmal wurde ihr vorgeworfen, sie vermenschliche die Tiere. Jane Goodall besaß jedoch einen Blick dafür, wie ähnlich sie uns waren, und die Tatsache, dass sie sie mit uns Menschen verglich, stand in ihren Augen nicht im Widerspruch zum Wahrheitsgehalt ihrer wissenschaftlichen Arbeit. Goodall gelang es, als Erste auf ebenso berühmte wie öffentliche Weise zu dokumentieren, dass im Tierreich Werkzeuge eingesetzt wurden. Damit veränderte sich das lange gültige Bild vom »Menschen als Werkzeugmacher« für immer. Sie tat nichts Geringeres, als unser Bild von uns selbst als Spezies über den Haufen zu werfen, ihm die Grundlage zu entziehen. Schon in meiner Kindheit war Goodall eine solche Legende, dass ich den Eindruck hatte, sie stünde bereits auf einer historischen Liste mit Koryphäen wie Lincoln oder Einstein. Was ich damit sagen will: Es gab Schwarz-Weiß-Aufnahmen von ihr, die schon sehr alt waren, und gleichzeitig war sie noch unter uns und setzte ihr Werk fort.

Die Menschen, von denen ich da las, leisteten unglaublich wichtige Arbeit. Sie arbeiteten mit Universitäten zusammen. Sie trugen Doktortitel. Sie hatten weiterstudiert. Verdammt, wahrscheinlich hatten sie gute Noten bekommen. Bei der Lektüre empfand ich eine geradezu krank machende Sehnsucht nach etwas, von dem ich überzeugt war, ich würde es nie bekommen. Ich hatte furchtbar schlechte Noten. Und eine Lese-Rechtschreib-Schwäche. Keine institutionelle Zugehörigkeit, keine Abschlüsse mit schick klingenden Namen. Nichts von all dem, was die Menschen vorweisen konnten, die zählten. Ich war inzwischen über zwanzig. Ich studierte nicht weiter, hatte keinen Plan, keinen Nationalpark gegründet. Man stelle sich doch nur vor, wie viele Bäume diese Menschen beschützten. Ganze Spezies. Ganze Wälder und Ökosysteme. Es gab Elefantenherden, die sich in Sicherheit befanden, weil jemand wie Fay oder Wright oder Rabinowitz sich mit einer Kampagne für den Erhalt ihrer Heimat eingesetzt hatte. Tiger schliefen mit ihren Jungen im Dschungel, während spezielle Einheiten, die von meinen Vorbildern eingesetzt worden waren, den Bereich bewachten und Wilderer bekämpften. Nur diesen wundervollen Vertretern der menschlichen Spezies verdanken wir es, dass nicht schon längst alle authentischen Ökosysteme und bedrohten Arten der Erde verloren sind. Ich wollte einer von ihnen sein. Das wollte ich mehr als alles andere auf der Welt. Mein Herz brannte förmlich, so sehr wünschte ich es mir.

Jahrelang las ich auf Mongabay.com einen Artikel nach dem anderen. Hin und wieder auch das Porträt eines vielversprechenden Wissenschaftlers oder einer vielversprechenden Wissenschaftlerin. Von irgendeinem eifrigen jungen Menschen, der ein Buch über Tropenvögel geschrieben hatte. Einem Doktoranden, dem man die Entdeckung einer neuen Eidechsenart auf einer einsamen Insel zuschrieb. In einem Artikel erfuhr ich etwas über einen Forscher etwa in meinem Alter, der Kamerafallen in einem Wald aufgestellt und auf diese Weise alle möglichen bisher unbekannten Arten der Tieraktivität dokumentiert hatte. In meinen Tagträumen war ich wie diese Menschen.

***

Etwa zu dieser Zeit konzentrierte ich mich vollkommen darauf, ein akzeptierter Teil dieser wilden *Nativo*-Gang zu werden, der Durand-Familie und ihrer Ese-Eja-Kultur. Mir war bewusst, welchen Wert das hatte. Allein die Tatsache, dass Santiago mich schätzte, machte meine fehlenden wissenschaftlichen Fähigkeiten durch eine unwiderlegbare, von externen Experten bewertete Jungle-Street-Credibility ein wenig wett.

Ich hatte eine Große Ameisenbärin großgezogen. Ich war mit Wilderern unterwegs gewesen und hatte ihnen bei der Arbeit zugesehen. Ich hatte meine eigenen Solo-Expeditionen hinter mir – meine Version einer Visionssuche –, allein im Amazonasdschungel. Und es war mir gelungen, sämtliche Strapazen zu überstehen. Ich war mit JJ auf Bäumen flussabwärts getrieben. Und ich hatte mich gut mit einigen außergewöhnlichen indigenen Führungspersonen angefreundet, denen das Bedürfnis, ihren Wald zu schützen, sehr am Herzen lag. Wir hatten Orte besucht, die nur wenige Menschen jemals betreten würden. Mir waren so viele Dinge zuteilgeworden, von denen ich früher nur zu träumen gewagt hatte.

Und dann gab es da natürlich unsere immer wilderen Abenteuer mit Riesenschlangen – so wild, dass die meisten Menschen sie nicht glaubten. Doch ich hatte schon eine Idee, wie sich das ändern ließ. Wir würden einfach noch mehr fangen und dann auf der Basis unserer Erkenntnisse eine Studie durchführen müssen. JJ und ich verbrachten viele Nächte mit der Planung, malten uns unsere Zukunft in sehr leuchtenden Farben aus: Wir würden die größte Anakonda der Welt fangen und die Populationsdynamik bei Anakondas untersuchen.

Aus einer Laune heraus wandte ich mich an die Betreiber von Mongabay.com und schrieb eine kurze Abhandlung über die vergangenen paar Jahre, über den Schwimmenden Wald und seine Einzigartigkeit. Einige Fotos, Feldnotizen und Zeichnungen fügte ich hinzu. Damit hoffte ich, einen Anfang zu machen, einen Kontakt herzustellen und dann meine Tätigkeit mit Kamerafallen und grundlegenden Arbeiten zur Anakonda-Forschung fortsetzen zu können. Zu meinem großen Erstaunen antwortete mir ein Reporter namens Jeremy Hance fast umgehend. Er bat mich um weitere Informationen. Das war doch schon mal was. Aber ich wollte mir keine zu großen Hoffnungen machen. Diesen Kontakt wünschte ich mir so sehr, dass mich schon der Gedanke daran, dass eine Verbindung zustande kommen könnte, fast überforderte. Mir war klar: Wenn diese Menschen herausfinden würden, dass ich keine akademischen Affiliationen oder höheren Abschlüsse vorweisen konnte, hätte ich keine Chance.

Ich trug das nicht unerhebliche Gewicht des schlechten Gewissens und der Unsicherheiten, das mit meinem Leben im Dschungel zusammenhing, auf den Schultern. Die Menschen zu Hause konnten das nicht nachvollziehen. Ihrem Eindruck nach unternahm ich einfach ganz oft lange Reisen. Egoistische Urlaubstouren. Sie glaubten wahrscheinlich, ich würde vor allem abhauen, um mich zu amüsieren. Wie jemand, der sich gern am Strand ein schönes Leben machte und Bäume einfach lieber mochte als Sand. Und ganz ohne Zweifel gab es da auch ein Schule schwänzendes Kind in mir, das ständig das Gefühl hatte, jeden Augenblick könnte jemand auftauchen und es am Ohr zurück zum Nachsitzen zerren. Immer noch quälten mich Albträume, in denen ich einem Komitee Rede und Antwort stehen musste, das mich zu lebenslänglichem Schulbesuch verurteilen wollte. Schlimmer war allerdings noch: Mir war nur zu bewusst, dass man eine Richtung braucht, wenn man seine Träume verfolgt, ein Ziel. Und für mich fühlte es sich sehr danach an, als hätte ich keins. Ich wusste, wer ich sein und wohin ich gehen wollte, doch das erschien mir in so weiter Ferne, dass ich nicht einmal selbst hätte sagen können, ob ich mich auf einem Pfad in eine bestimmte Richtung befand oder nur ziellos durch die Gegend streifte. Nur ziellos durch die Gegend streifen wollte ich aber nicht.

Als ich die Highschool verlassen hatte und aufs College ging, nahm mich auf einem Grillfest unserer Familie ein aufgebrachter Verwandter beiseite. Er packte mich mit weit aufgerissenen Augen am Arm und warnte mich: »Dir ist schon klar, wohin das alles führen wird: Du schmeißt alles hin und musst an einer Tankstelle arbeiten!« Abgesehen von der unangenehmen und fehlgeleiteten Dramatik und den grotesken Grimassen ärgerte es mich, wie sehr mir diese Worte zusetzten. Ich hatte doch schon Angst, traf bereits Entscheidungen, die meinen Mut auf eine harte Probe stellten. Nachdem diese Worte ausgesprochen waren, gesellte sich nun noch der Gedanke hinzu: *Verdammt, bestimmt sind alle dieser Meinung und sagen es nur nicht. Wenn ich so weitermache, wird aus mir ein Versager.*

Es ist aber so, dass ich aus einer guten Familie stamme. Aus einer Familie italienischer Immigranten, die in die USA gekommen sind und hart gearbeitet haben. Menschen, die nach New York City gehören. Nach Brooklyn. Mein Großvater war Polizist, und meine Großmutter brauchte nicht einmal zu erwähnen, wie stolz er sie machte: Er hatte im Zweiten Weltkrieg bei der Marine gedient und danach beim New York Police Department gearbeitet. Dieser Stolz gehörte irgendwann einfach zu ihrer Haltung, ihrem unerschütterlichen Selbstbewusstsein und ihren groben, aber herzlichen Erziehungsmethoden im New-York-Stil. Ihre Kinder verdienten sich ihren Lebensunterhalt als Lehrerinnen und Lehrer, in Krankenhausverwaltungen, in einer angesehenen Anwaltskanzlei. Diese Kinder hatten andere erfolgreiche Menschen geheiratet. Menschen, die am Sonntag in die Kirche gehen. Zusammen Urlaub machen. Mit guten Herzen. Die daran glauben, dass man sich besser nicht in Gefahr begibt, seine Familie beschützt, beim Beten auf das Beste hofft und auf Gott vertraut. Natürlich machten sie sich Sorgen, als sich einer von ihnen plötzlich auf Pilgerfahrten an Orte begab, deren Namen sie kaum richtig aussprechen konnten. Ich wusste, dass sich dahinter Fürsorge verbarg, empfand es jedoch trotzdem als eine Form des Drucks. Als unausgesprochene Frage: Was zum Teufel treibt er eigentlich da unten? So ist es häufig, wenn wir einer Berufung folgen oder uns entscheiden, den Weg unseres Herzens zu gehen. Wenn wir einem »Traum« nachjagen, wenden wir uns oft in Richtung Horizont, zur Zukunft hin, und sehr oft geht es dabei um einen Schatz, den niemand außer uns sehen kann. Deswegen darf man es anderen Menschen auch nicht zum Vorwurf machen, wenn sie einen mit seltsamen Blicken bedenken oder einem ins Gesicht sagen, man sei verrückt.

***

Vielleicht geschah mehr, als uns bewusst war. Der Kontrast, den ich zwischen den beiden Welten wahrnahm, war jedenfalls extrem: zwischen der Welt, aus der ich gekommen, und derjenigen, von der ich ein Teil geworden war. Manchmal saß ich mit Santiago und Pico und JJ in einem Boot und erlebte die Unmittelbarkeit dieser Erfahrung ganz intensiv. Uns trug ein Einbaum-Kanu, das zusätzliches Holz an den Seiten hatte, damit es tiefer im Wasser lag. Ohne Bemalung. Der Motor ohne Bedeckung, die Hälfte der Teile fehlten, doch er funktionierte trotzdem. Wir rauchten Zigaretten und kniffen die Augen im Regen zusammen, während wir irgendeinen Strom im Dschungel hinauftuckerten. Es gab keine Worte, um den zu Hause Gebliebenen die Weite der Wildnis, die Höhe der Bäume, die Tiefe der Sümpfe oder die überwältigende Vielfalt dessen zu vermitteln, was darin lauerte. Wir befanden uns in einer anderen Welt, und diese Welt war unglaublich spannend.

Kulturell betrachtet bildete die Durand-Familie eine eigene Einheit – selbst in Peru, selbst im wilden Madre de Dios. Santiago hatte eine Armee wilder Männer erschaffen – und die Frauen standen ihnen in nichts nach.

Bei unserem ersten Zusammentreffen war Santiago nackt gewesen.

Pico hatte ausgespuckt, den Rauch seiner Zigarette weggeblinzelt und mit einem Lächeln verkündet: »Hoffentlich bist du bereit, *cachero*, denn jetzt kommt mein Dad!«

JJ beugte sich zu mir hin und erklärte mir, »*cachero*« sei ein Schimpfwort aus der Gegend und bedeute so etwas wie »Ficker«. Er warnte mich: »Das solltest du in der Gegenwart anderer Leute nicht benutzen. Es ist wirklich schlimm.«

Ich fragte, wofür ich denn bereit sein solle.

Ein anderer Bruder lehnte sich in meine Richtung, ein Bier in der Hand. »Mein Dad hat einen richtig, richtig großen Schwanz!«

Alle brachen in Gelächter aus.

JJ fügte hinzu: »Wenn du meinen Dad gleich kennenlernst, musst du ihn mit ›*Hola, cachero*‹ begrüßen.«

Das Gelächter wurde lauter. Der Witz ging so ziemlich an mir vorbei. Jemanden bei unserer ersten Begegnung mit »Hallo, Ficker« zu begrüßen, erschien mir ein wenig extrem, doch die ausgelassene Stimmung um mich herum war ansteckend. Alle redeten und lachten jetzt durcheinander, und sie sprachen so schnell, dass meine Spanischkenntnisse längst nicht mehr ausreichten. Also saß ich nur da und lächelte.

Als Santiago erschien, begriff ich, was sie gemeint hatten. Der Mann war über achtzig, schlank und zugleich muskulös, und splitterfasernackt. Er trug ein Lächeln im Gesicht und einen ordentlichen Prügel zwischen den Beinen. Sämtliche seiner Söhne jubelten und lachten, als wir uns die Hand gaben.

»*Hola, cachero*«, begrüßte ich Santiago voller Herzlichkeit.

Das Gelächter war unbeschreiblich. Pico fiel vom Stuhl, rollte auf dem Boden herum. Santiago zog die Augenbrauen hoch und schmunzelte, als er an mir vorbeiging. Der zahnlose alte Mann wirkte vergnügt.

»Junge, du hast nicht übertrieben!«, wandte ich mich lachend an JJ.

»Ein Riesending, was? Mein Dad ist der originale *cachero*. Mit dem Teil hat er uns alle gemacht!«

Unglaublich, dass ihnen die Nacktheit ihres Vaters gar nichts ausmachte. Und wie stolz sie alle auf seinen Schwanz waren! Sie hatten es tatsächlich ernst gemeint. Sie hatten sich wirklich für mich gefreut, dass ich dieses Ding zu sehen bekommen würde.

Von diesem Tag an wurde »*cachero*« in unserem kleinen Stamm zu einer Art Zuneigungsbezeugung. Hätte es irgendjemand anders gehört, so wäre das ziemlich peinlich gewesen. Hätte irgendjemand übersetzt, was wir sagten, oder gesehen, wie wir aßen (Affen, Insekten, am Lagerfeuer), so hätte das für Entsetzen gesorgt.

So war es hier. Wörtlich übersetzt bedeutet Infierno »Hölle«. Die Missionare, die den Versuch, sich den Stämmen zu nähern, mit Verwundungen durch Pfeile und von Moskitos übertragener Malaria bezahlt hatten, hatten dem Ort den Namen gegeben. Im Jahr 1919 war ein Missionar auf dem Fluss La Torre tödlich verwundet worden und gestorben, während er versucht hatte, mit den Einheimischen zu sprechen. Seitdem waren nur wenig mehr Jahre vergangen, als Santiago zählte. Kein Wunder also, dass diese Menschen sich weder für Manieren noch für Heucheleien interessierten. Sie überlebten durch Jagd im Dschungel, durch Fischen. Etikette kümmerte sie nicht, und wenn es etwas zu lachen gab, griffen sie die Gelegenheit mit Freuden auf. In den Gemeinschaften Amazoniens fehlt sogar die grundlegendste medizinische Versorgung. Kindersterblichkeit und Krankheiten wie Leishmaniose, von Dasselfliegen übertragene Myasis, Infektionen und alle möglichen anderen medizinischen Probleme, die man in der modernen

Welt längst im Griff hat, verursachen dort immer noch einiges Leid. Darum sind die meisten Menschen dankbar für jeden Tag, der ohne eine Tragödie vergeht.

»*Vamos, cachero*«, forderte mich JJ eines Tages auf, als wir gerade aus dem Wald zurück waren.

»Wohin denn?«

»Zeig ich dir«, sagte er.

Wir gingen einen Pfad entlang, der sich irgendwann in einen Lehmboden verwandelte, glatt, ohne Blätter. Dass man überhaupt keine Stiefelspuren fand, war ein Anzeichen dafür, wie viele Menschen sich hier barfuß bewegten.

Den Nachmittag hatten wir damit verbracht, in einem Urwaldteil auf Santiagos Grund und Boden ein Forschungsprojekt zu installieren. Damals bestand der größte Teil meiner »Forschung« in der Suche nach riesigen Anakondas. Außerdem benutzte ich zwei Kameras, die ich gekauft und mitgebracht hatte. Dabei handelte es sich um einfache Geräte für die Jagd, die man normalerweise einsetzte, um zu beobachten, welche Wege Rehe oder Wildschweine nutzten. Doch ungefähr zu dieser Zeit wurde man sich in Kreisen der Naturschützenden langsam des riesigen Potenzials dieser Kameras bewusst. Mit ihnen ließ sich festhalten, was in den Wäldern vor sich ging. Man legte AA-Batterien und eine Speicherkarte ein, wählte Foto oder Video, legte Datum und Zeit fest und versteckte die Kamera dort, wo man Tiere vermutete. Am liebsten tat ich das an Stellen für Wildwechsel oder an Flüssen. Doch in Infierno erzielte ich damit keine besonders aufregenden Ergebnisse.

Auf Mongabay.com hatte ich von Forschenden gelesen, die ganze Regenwälder systematisch erfassten, Analysen der im Dschungel von Costa Rica oder Panama herrschenden Populationsdynamik durchführten. Sie leisteten bahnbrechende Arbeit. Und zwar mit der Unterstützung von Tausenden von Kamerafallen. Ich hatte zwei. Dafür überlegten JJ und ich uns sehr gut, wo wir sie aufstellten. Wir kamen so an Bildmaterial von Faultieren und Tapiren, hin und wieder auch von einem Ozelot, ansonsten lief uns jedoch nichts Erwähnenswertes vor die Linse.

Wir folgten dem glatten Lehmpfad eine ganze Weile. Irgendwann blieb JJ an einem Baum stehen. Wir zogen unsere Schuhe aus und steckten sie in die Rucksäcke. Nun gingen wir barfuß weiter, bis wir eine Lichtung mit einer kleinen, palmgedeckten Hütte erreichten. Dort lebte der Dorfschamane, Don Ignacio.

Don Ignacio Duri hatte weißes Haar, das ihm vom Kopf abstand. Schmale Augen mit gelassenem Blick und ein freundliches Lächeln. JJ kannte er seit dessen Kindheit. Während der letzten paar Jahrzehnte war Don Ignacio zum berühmtesten Schamanen der Region aufgestiegen, man kannte ihn als den Besten der Besten. Es hieß, er braue einen starken Ayahuasca-Trunk und verstehe es, Menschen so durch diese Erfahrung zu führen, dass sie in Sicherheit waren, während sie sich in der Unterwelt des menschlichen Bewusstseins bewegten.

Ayahuasca liegt am Knotenpunkt von Mysterium und Wissen. Für manche Menschen sind Wissenschaft und Spiritualität Gegensätze. Ayahuasca hingegen sorgt dafür, dass sie sich umeinanderwinden wie zwei sich paarende Schlangen.

Über die Herkunft von Ayahuasca herrscht noch immer Uneinigkeit. Der Trunk besteht aus zwei im Amazonasgebiet wachsenden Pflanzen: der Liane *Banisteriopsis caapi* und den Blättern der *Psychotria viridis*. Das Faszinierende daran: die verschwindend geringe Wahrscheinlichkeit, dass jemand die kombinierten Effekte einer ganz bestimmten Liane und eines ganz bestimmten Blatts unter den 80.000 in Amazonien wachsenden Pflanzenarten entdeckt. Die Caapi-Liane enthält Stoffe, die das Dimethyltryptamin (DMT) in den Blättern der Psychotria-Pflanze aktiviert, wenn es sich im menschlichen Körper befindet. Durch die Kombination entstehen jedoch Effekte, die zu der mächtigsten uns bekannten Schamanenmagie gehören.

Durch Selbstversuche hat sich eine bedingt belastbare Theorie ergeben. Es ist höchst unwahrscheinlich, dass die frühen Bewohner der Gegend einfach so verschiedene Blätter und Lianen und Wurzeln und Pilze zusammengeworfen und gekocht haben, da im Amazonas viele Gewächse tödlich sind. Wäre diese Methode angewandt worden, hätte das zu einer so hohen Todesrate geführt, dass niemand die Chance gehabt hätte, zufällig diese Entdeckung zu machen. Wenn man die indigenen Heiler befragt, wird man folgende Antwort erhalten: Ayahuasca, so die Schamanen, sei ein Geschenk direkt von den Göttern, eine Verbindung zwischen dieser Welt und der Welt der Geister. Eine Möglichkeit für Sterbliche, durch die Erdmutter Pachamama die Unendlichkeit des Universums zu erreichen. Ein Relikt aus der Zeit der Schöpfung, als der große Anakondageist Yacumama vom Himmel herabkam, um Flüsse in die Erde zu kerben und der Welt ihre Gestalt zu verleihen.

JJ und ich tranken einige Male Ayahuasca mit Don Ignacio (der natürlich eng mit Santiago befreundet war). Es war stets ein etwas surreales Erlebnis, geprägt von komplizierten geometrischen Mustern und langen Phasen von Halluzinationen und Dissoziationen in einem Spektrum von »äußerst angenehm« bis »völlig schräg«. In der Gesellschaft von Don Ignacio und JJ und seiner Familie hatte ich keine Bedenken, den Trunk zu konsumieren, weil die Auswirkungen nie besonders intensiv zu sein schienen. Die krassen Visionen und lebensverändernden Erkenntnisse, von denen so viele Menschen berichten, hatte ich nie.

Bis zu jener Nacht.

Das Ganze begann mit einer simplen Tatsache, von der wir nichts wussten: Don Ignacio wurde langsam alt und war beim Ayahuasca-Kochen eingeschlafen. Er hatte keine Ahnung, wie lange der Trunk vor sich hin geblubbert hatte. Er wusste, er hatte einen Fehler gemacht, und später erfuhren wir auch davon, denn er erzählte es uns. Allerdings erst in der Phase, in der wir zu ergründen versuchten, was zum Teufel mit uns passiert war.

Die Zeremonie begann wie jeder andere gewöhnliche Ayahuasca-Trip. Ignacio legte seine rituellen Gewänder an. Sie bestanden zum Teil aus Papageienfedern und einem Fächer aus Blättern. Er zog an selbst gedrehten Zigaretten und segnete mit seinem rauchigen Atem die verschiedenen Gegenstände, die er für die bevorstehende Reise brauchte. Er nahm einen weiteren tiefen Zug. Das Kerzenlicht spiegelte sich in seinen zusammengekniffenen Augen, während er Gebete in der Sprache der Ese Eja murmelte und Rauch über die Tassen und Flaschen, die Federn und seine Hände verströmen ließ.

Der Dschungel war laut. Ein leichter Regen setzte ein. Wir hörten das Prasseln von Regentropfen auf dem Palmdach. Affenschädel standen herum. Die sahen aus wie menschliche Schädel. Hohle Augen beobachteten uns, während wir uns darauf vorbereiteten, diese Welt mit der anderen zu verbinden. Don Ignacio ließ uns alle in einem Kreis im Dunkeln Platz nehmen. Die Dschungelnacht um uns herum wirkte gigantisch, sie pulsierte mit dem Gesang der Frösche und Insekten. Einen nach dem anderen winkte der Schamane zu sich, und wir mussten uns vor ihn hinknien. Er blies einen Strom blauen Qualms über die Tasse, sang leise, bis der Ton zu einem Pfeifen wurde, das seinen Lippen in dem dunstigen Gewölk entwich.

Als er mir die Tasse reichte, wurde mir plötzlich ganz warm. Ich schaute ihn an, während das glühende Ende der Zigarette Funken sprühte und die erdigen Züge seines uralten Gesichts erleuchtet wurden. Er nickte, und ich trank, eingehüllt in eine Schicht schützenden Qualms aus seinen Lungen. Bald darauf trank auch JJ. Der Schamane inhalierte tief. Das Kerzenlicht tanzte in seinen dunklen Augen.

Ich kehrte an meinen Platz im Kreis zurück, zündete mir eine Zigarette an und nahm ebenfalls einen tiefen Zug, während ich im Schneidersitz auf dem Boden saß.

Die Geräusche des Urwalds wurden lauter. Sie überstiegen das gewohnte Level und verwandelten sich fast in ein Brüllen. Ich weiß noch, dass ich mich umschaute, um herauszufinden, ob das außer mir noch jemand bemerkt hatte. Doch die Kerze war ausgegangen. Alles war dunkel. Don Ignacio sang leise in der Schwärze. Das Lied der Erde, in einer anderen Sprache – eine weiche, wunderschöne Melodie aus einer Vergangenheit vor jeder Erinnerung, vor jeder Zeit.

Die Anwesenden schienen einer nach dem anderen einer Art Schwerkraft nachzugeben, die sie zu Boden zog. Manche von ihnen lagen flach auf dem Rücken, andere rollten sich in der Dunkelheit zusammen. Ich schloss die Augen und bemerkte plötzlich, dass ich seitwärts rutschte. Der Lärm der Zikaden und Eulen und Nachtvögel und Frösche wirbelte um mich herum. Er pulsierte in meinen Halsschlagadern, war als Rhythmus in meinen Händen zu spüren. Ich konzentrierte mich auf den Fußboden, versuchte, aufrecht sitzen zu bleiben. Doch die Achse der Erde war gekippt, und plötzlich hätte ich nicht mehr sagen können, ob meine Augen offen oder geschlossen waren.

Im Dämmerlicht lag ich keuchend auf dem Boden. Zwischen den Blättern konnte ich eine einsame Ansammlung von Sternen erkennen, und während sich die Erde drehte, fiel ich auf sie zu. Ich fiel auf die Sterne zu, zuerst langsam und dann schnell. Ich wurde immer kleiner. Ich spürte, wie ich schrumpfte, klein wurde wie ein Atom. Wie ich durch meinen eigenen Körper in die Erde fiel. Alles rauschte an mir vorbei. Auf der anderen Seite des Planeten empfing mich zunächst Dunkelheit und dann ein grellweißes Licht. Nach unten unten unten. Ich versuchte, mich nicht mitreißen zu lassen. Mir vor Augen zu führen, dass das hier einfach ein … dass ich mich auf einem ganz normalen Trip befand. Das war allerdings mit dem Versuch vergleichbar, bei einer Wildwasserfahrt mit einem Floß eine große Hochzeitstorte zu balancieren. Einige Sekunden lang konnte ich das Gleichgewicht halten, doch bald ging wegen der Turbulenzen alles über Bord. Es dauerte nicht lange, und ich war von der Erde gefallen und stürzte durch ein geometrisch vollkommenes Wurmloch durch die Sterne.

Dann folgten Äonen in der Schwärze.

Ich war gestorben.

Dessen war ich mir sicher, denn als ich wieder denken konnte, befand ich mich in der unendlichen Schwärze des Weltalls. Ich saß in einer Leerstelle zwischen den Sonnensystemen fest. Im kalten, gestaltlosen Hinterland der Realität. Es gab kein Licht. Es gab kein Selbst. Ich wusste meinen Namen nicht mehr. Ich hatte keine Form. Da war nichts als der kosmische Druck der Dunkelheit ringsum. Namenlos. Formlos. Nichts. Mein Bewusstsein war so eingeschränkt wie das eines Gliederfüßers, der sich im Ordovizium auf dem Boden des Ozeans befand. Aber das hier war schlimmer. Es gab keinen Ozean. Es gab gar nichts.

Dem folgte eine lange Zeit der Welten und Visionen. Und ein überwältigender Schmerz, weil ich nicht mehr existierte. Trauer, wie ich sie noch nie zuvor erlebt hatte, erfüllte mein ganzes Sein. Lange Zeit war da keine Welt, kein Licht, kein Wasser, kein Ich. Der schlimmste Schmerz, den ich je empfunden hatte.

Dann nahm ich, Lichtjahre entfernt, einen schwachen Schein wahr. Plötzlich bewegte ich mich rasend schnell darauf zu. Ganz kurz sah ich die Erde, wie sie dort schwebte, ganz allein, leuchtend blau und grün. In so schönen Farben, dass ich hätte weinen mögen.

Dann wieder Dunkelheit.

Augenblicke oder Jahre vergingen. Als ich wieder etwas erkennen konnte, sah ich den Wald. Ich bewegte mich durch Nebel und Sümpfe, unter Baumwurzeln hindurch. Irgendwie konnte ich den Dschungel in seiner ganzen überwältigenden Komplexität erfassen, denn ich glitt hindurch wie eine Schlange. Inzwischen kehrte mein Bewusstsein flackernd zurück. Das erfüllte mich mit Begeisterung, denn zum ersten Mal wurde mir klar, dass ich nach etwas suchte. Noch immer besaß ich keine Form, konnte mich an keinen Namen erinnern. Doch die Welten, die ich erblickte, waren mir irgendwie vertraut. Dass hier war der Dschungel. Gigantisch, wie ein Traum. Aus der Perspektive einer Ameise oder einer sehr kleinen Schlange. Bäume waren titanische Säulen, die sich Hunderte von Metern in das leuchtend grüne Blätterdach über mir emporreckten.

Für den kürzesten aller Momente befand ich mich auf einer Lichtung, auf der sich alle anderen Tiere um einen imposanten Baum geschart hatten. Jaguare und Rehe, Ameisenbären und Eidechsen, Vögel auf jedem Ast. Unzählige Schmetterlinge schwirrten durch die Luft. Alles leuchtete, und alle Tiere wandten sich mir zu, um mich anzusehen. Ein Augenblick fantastischer, feierlicher Schönheit – wäre da nicht die Angst im Blick jedes einzelnen Tieres gewesen.

Feuer vom Himmel riss alles entzwei. Mit der Kraft einer Atomexplosion wurde der Baum aus der Erde gerissen und verbrannte. Alle Tiere verwandelten sich in Skelette, um dann zu Staub zu zerfallen und durch die Leere zu wirbeln.

Als sich der Sturm legte, fand ich mich in den Trümmern und in der Glut vor einem Käfer wieder, der die Größe eines Gebäudes hatte. Seine langen Fühler schwebten über mir, seine Kiefer öffneten sich. Seine

Augen waren eine lebendige Matrix aus in geometrischer Komplexität angeordneten Maden. Die Erde bebte nun. Im kosmischen Wind und in der Asche befanden sich die schwelenden Überreste sämtlichen Lebens. Allen Lebens, das jemals auf der Erde existiert hatte. Im heulenden Sturm klammerte ich mich am Boden fest, um nicht davongerissen zu werden.

»SPRICH.« Die Stimme besaß eine tektonische Tiefe, die die Welt erzittern ließ.

»Was?«, schrie ich zurück.

»SPRIIIICHCHCHCH.«

Die Welt stürzte in sich zusammen. Implodierte. Der Traum fiel auseinander, und am Himmel gab es Explosionen.

»Was willst du?!«

Dann öffneten sich die Mundwerkzeuge des Käfers. Ich spürte, dass etwas tief aus meinem Inneren aufstieg und nach draußen geschleudert wurde. Licht schoss in einem kosmischen Regenbogen aus meinem Mund heraus in den des Käfers. Die Wucht dieser Energie riss die Welt entzwei und katapultierte mich zurück, nach oben, durch die Welten und die Sterne und ein langes Wurmloch, mit einer Geschwindigkeit, die sich anfühlte, als müsste mich die pure Kraft in Stücke reißen.

Ich landete in der realen Welt, auf Holzplanken im Amazonas, unter einem palmgedeckten Dach. Meine Augen öffneten sich, und ich übergab mich wie ein Springbrunnen in die Dunkelheit. In meinem erbärmlichen Zustand kroch ich bis zum Rand der Planken, wo ich erneut orangefarbene Galle hochwürgte. Für mich wirkte diese Galle noch immer regenbogenfarben und wie geometrische Glut. Alles stieg mir in die Nase, und ich hustete und keuchte und sabberte. Und ich weiß noch, dass ich lächelte. Mit der Hand fuhr ich mir über das Gesicht, um Galle und Schleim abzuwischen. Ich hatte eine Hand.

Ich betastete meine Haare, mein Gesicht, krümmte die Finger. Ich war eine Person. Plötzlich war ich wieder ich. Ich hatte eine Familie. Ich hatte ein Leben. Ich war am Leben. Ich rollte mich auf den Rücken und weinte in stiller Dankbarkeit. Nach einiger Zeit fing ich mich wieder –

jedenfalls genug, um nicht mehr zu weinen und die anderen zu beunruhigen. Allerdings war ich noch nicht so weit bei mir angekommen, um zu merken, dass ich mich selbst mit Erbrochenem und Schleim beschmierte, während ich voller Freude meine eigenen Gesichtszüge und meinen Körper abtastete. Ich bewegte den Hals hin und her, bis es knirschte, ich rülpste, schluckte. Ich fasste mir in die Hose – nur zur Sicherheit. Ich wollte alle anrufen, die ich liebte, um ihnen zu sagen, wie viel sie mir bedeuteten. Weil alle Schutzmechanismen weggefallen waren, wurde mir bewusst, wie sehr ich mich danach sehnte, wieder auf dem Fluss Las Piedras zu sein, wie sehr ich ihn vermisste. Es fühlte sich so an, als wäre ganz viel statisches Rauschen aus meinem Gehirn gelöscht worden, als hätte man mich auf meine Grundeinstellungen zurückgesetzt. Wie ein Reset. Ich wollte in mein Tagebuch schreiben. Aber ich konnte nur daliegen, stöhnen und sabbern.

Als wir uns am nächsten Morgen alle mühsam aufrappelten, war Don Ignacio verschwunden. JJs Bruder Elias schloss sich unserer Suche an. Der Schamane war nirgends zu finden. Wir überprüften alle Orte, an denen er hätte sein können oder sollen. Wir schickten sogar einen Boten zu seinem Haus. Irgendwann wurde er gefunden. Nackt in einem Fluss. Sein winziger, alter Körper zitterte, während er in Embryohaltung im Wasser lag. Er sagte, er habe den Trank viel zu lange ziehen lassen. Das Ayahuasca habe uns alle bestraft, ihn ganz besonders.

An jenem Tag verkündete er, er werde sich als Schamane zur Ruhe setzen.

***

Meine Ayahuasca-Erfahrung ließ mich mit mehr Fragen als Antworten zurück. War real, was ich gesehen hatte? Hatte ich mich wirklich in eine Art Keller des Universums begeben? Bewahren unsere Körper irgendeine uralte Erinnerung an den Sternenstaub in den Knochen wie elementares Wissen über die Zeit vor der Entstehung des Universums? Ist es, wie die Schamanen sagen, und die Ayahuasca-Lianen haben wirklich die Macht, das Portal zu öffnen, sodass wir hindurchspähen und die Wahrheit des Universums erkennen können? Für mich fühlte es sich so an, als hätte ich meinen eigenen Tod vorhergesehen und mich so sehr erschreckt, dass ich meinen Körper verlassen hatte. Und wie jeder Mensch nach einer Nahtoderfahrung fühlte ich mich verändert.

Real oder nicht – ich hatte gesehen, was ich gesehen hatte. Die Vision eines unendlichen, kalten, gleichgültigen Universums. Und inmitten dieser unendlichen Kälte: Dunkelheit. Das Einzige, was in dem tödlichen Dunkel leuchtete, war unser warmer kleiner blauer Planet. Den hatte ich dort draußen ebenfalls gesehen, aus großer Distanz. Ich hatte dorthin zurückkehren wollen. Kein Wunsch war jemals größer gewesen. Ich wollte nach Hause. Ich wollte lebendig sein.

Nach meiner Reise in den Abgrund hatte es mich nicht nur mit unbändiger Freude erfüllt, Hände und ein Gesicht und eine Familie und so viel mehr zu haben. Ich verspürte außerdem den Drang, andere zu fragen, ob ihnen überhaupt bewusst war, was für ein Wunder wir erlebten. Wasser: Man kann darin schwimmen! Feuer: Wie soll man das jemandem erklären, der es nie gesehen hat? Und diese Bäume dort? Wie viele Blätter hat wohl ein einzelner Baum? Ich sprudelte nur so über vor ehrfürchtigem Staunen und vor Liebe für die Realität um mich herum.

Was mir die Lianen nicht geschenkt hatten: irgendeine Bestätigung, dass ich auf dem richtigen Weg war. Ergab es Sinn, ein solches Leben zu führen? So viel Zeit im Dschungel zu verbringen, weit weg von zu Hause? Würde ich jemals nach Las Piedras zurückkehren? Ich hatte immer noch keine Ahnung. Das Ayahuasca hatte mir eine extreme Vision des Universums gezeigt. Ich brauchte viele Monate, um die Erfahrung zu verarbeiten, und etwas Wegweisendes hatte sich mir nicht erschlossen. Wenn überhaupt, fühlte ich mich verlorener als vorher.

Erst später im selben Jahr würde ich den ersten Hinweis darauf erhalten, dass ich mich tatsächlich auf einer Art Weg befand. Die Mitarbeitenden von Mongabay.com fragten an, ob ich zu einem Interview bereit wäre, in dem es um meine Arbeit mit den wilden Tieren und den indigenen Völkern Amazoniens gehen sollte. Sie schickten mir ein paar Fragen und baten um Fotos und weitere Informationen. Ich verbrachte eine Woche damit, alles bis ins Kleinste vorzubereiten. Der Artikel erschien am 10. März 2010 und trug den Titel »Geheimnisse des Amazonas: riesige Anakondas und Schwimmende Wälder. Ein Interview mit Paul Rosolie«. Ich druckte ihn aus. Ganz oben, direkt unter dem Titel, stand Folgendes: »Paul Rosolie führt ehrenamtlich Expeditionen durch den peruanischen Regenwald. Ihm geht es um Wissensvermittlung und Naturschutz an der Basis. Folge acht unserer Serie über ›Junge Wissenschaftler‹.«

DAS GOLDENE ZEITALTER DER DSCHUNGELFÜHRUNGEN

Um mich herum fielen Fische vom Himmel wie glitzernder Regen. Es war spätnachts, und ich fuhr auf einem Floß über einen Fluss, den ich noch nie zuvor erforscht hatte. Das kleine gelbe Floß leuchtete im Licht meiner Stirnlampe, während ich mich durch die schmale Rinne bewegte. Wie bei den meisten Strömen floss das Wasser durch eine Mulde in der Erde und ließ einen Tunnel unter dem Blätterdach entstehen. Mir war nur vage bewusst, wie hoch der Dschungel über mir emporragen musste. Weit unter den Wipfeln, die sich im Wind wiegten, viele, viele Meter unter dem schwarzen Ozean der Blätter über mir, erlebte ich ein einmaliges Abenteuer.

Ich navigierte mit einem Kajakpaddel, und Hunderte kleine Fische schwammen mit dem Floß mit und versuchten gleichzeitig, ihm auszuweichen. Wenn sie sich in die Enge getrieben fühlten, vollzogen sie eine Wendung um hundertachtzig Grad und sprangen in die Luft. Das Konfetti aus silbernen Fischen fing das Licht meiner Stirnlampe ein und blendete mich. Die Tiere prallten mir ins Gesicht, fielen auf das Floß, wo sie verzweifelt mit Schwänzen und Flossen schlugen.

Ich warf so viele zurück ins Wasser, wie ich nur konnte, doch die Strömung war schnell. Ich musste paddeln. Manchmal tauchte das Paddel ins Wasser ein, manchmal stieß es an Felsen.

Auf diesem besonderen Fluss, in dieser besonderen Nacht heulte der Dschungel vor Leben. Im Strahl meiner Stirnlampe sah ich einen Stachelrochen von beachtlicher Größe, der gefährlich nah unter der Wasseroberfläche trieb. Die Stachelrochen Amazoniens haben einen langen, rauen Giftstachel am Schwanz, und ich habe gesehen, dass sie in einer halben Sekunde mehrfach zustechen können. Während ich in dieser Nacht meinen Weg zurücklegte, fragte ich mich hin und wieder, ob dieser Rochen vielleicht im flachen Wasser zwischen dem Floß und dem Sand festsitzen und nach oben stechen könnte. Ich war beunruhigt, weil mir die schlimmen Folgen mehrerer giftiger Stichwunden in den Sinn kamen.

Doch diese Sorge wurden schnell verdrängt, da ich mich so rasch vorwärtsbewegte. Ich musste mich ducken, um herabhängenden Lianen, Ästen und Palmwedeln auszuweichen. Musste im Slalom zwischen den Felsen hindurchnavigieren. Alle Lebewesen des Dschungels schienen in dieser Nacht unterwegs zu sein. Ich fuhr um eine Kurve und sah mich einem Ozelot gegenüber. So nah war ich einem solchen Tier noch nie zuvor gewesen – und seitdem ist das auch nicht mehr vorgekommen. Das Floß lag still im Wasser, und der Lärm auf dem Fluss gab mir akustische Deckung. Die Raubkatze wusste also nicht, dass ich mich näherte. Sie wandte sich um und sah mir direkt in die Augen. Einen Moment lang war ich völlig in dem Eindruck gefangen, wie fantastisch diese Tiere sind. Die Streifen auf der Stirn, die Flecken und der Schwanz mit seinen Ringen. Die wilden Augen, deren Blick mich in seinem Bann hielt. Das Tier beobachtete mit katzenhaftem Blick, wie ich vorbeifuhr. Es blinzelte im Licht meiner Stirnlampe, und seine Augen leuchteten in einem lebendigen elektrischen Grün.

Der geschäftige Strom trug mich durch die Eingeweide des Dschungels, vorbei an neugierigen Eulen und einer besorgt dreinblickenden Capybara-Familie, deren Mitglieder sich aneinanderkuschelten. Auf einem hohen Ast entdeckte ich eine Schlange, hatte jedoch nicht genug Zeit, sie zu identifizieren, weil ich sie durch eine erneute Biegung des Flusses aus dem Blick verlor.

Die vielen Kaimane, denen ich begegnete, zählte ich nicht einmal mehr. Sie lagen überall am Ufer, rechts und links. Einige hatten sich dem Wald zugewandt, andere ließen die geöffneten Mäuler ins Wasser hängen und warteten auf Fische. Stirnlampen lassen Tieraugen nachts aufleuchten, und Kaiman-Augen erscheinen dann orange (Katzenaugen hingegen weiß oder grün, wie bei dem Ozelot). Einige Stellen des Ufers wirkten wie bewacht, als stünden orangefarbene kleine Kerzen am Ufer. Das waren die Gebiete, in denen sich ein weiblicher Kaiman mit seinen ungefähr zwölf Jungen aufhielt, die alle ruhig am Ufer auf Fische warteten. Die meisten von ihnen waren kleinere Keilkopf-Glattstirnkaimane, die aussahen wie aus vorgeschichtlicher Zeit. An einer weiteren Flussbiegung stieß ich jedoch auf einen über zwei Meter langen Brillenkaiman.

Diese Floßfahrt dauerte nur etwa eine Stunde, aber sie war einfach wundervoll und eines der allerschönsten Erlebnisse, die mir der Amazonas jemals beschert hat.

Nur sehr wenige Menschen haben die surreale Erfahrung gemacht, sich nachts im Regenwald Amazoniens aufzuhalten. Ein ebenso überwältigendes wie Ehrfurcht gebietendes Erlebnis. Das reine Gewicht der Biomasse und die unglaublich vielen visuellen Reize, die einen umgeben, sind schwindelerregend. Das Wissen, von riesigen uralten Bäumen und Lianen und Blättern umgeben zu sein, gleichzeitig die Spinnen und die Schlangen und die seltsamen Augen, mit denen man aus den tintenschwarzen Schatten beobachtet wird – all das ist der Amazonas in der Nacht.

***

Nicht lange nach dem Erscheinen des Artikels auf Mongabay.com kam es zu mehreren wichtigen Veränderungen. Erstens fühlte ich mich, als hätte ich die Freiheitsmedaille des Präsidenten erhalten. Genauso gut hätte mein Gesicht auf der Titelseite des *Time Magazine* abgebildet sein können. Mein Selbstbewusstsein hatte einen sehr großen Schub erhalten, und ich konnte kaum in Worte fassen, wie viel es mir bedeutete, dass mein Traum Anerkennung fand. Außerdem konnte ich dadurch voller Stolz verkünden, dass ich schon seit Jahren im Amazonasgebiet arbeitete, interviewt worden war, eine bedeutungsvolle Beziehung zu den Menschen vor Ort und zum Urwald aufgebaut hatte. Und dass die Arbeit, die ich gemeinsam mit den Einheimischen verrichtete, immerhin wichtig genug war, dass man einen Bericht darüber schrieb.

In New York gelang es einem guten Freund aus meiner Kindheit in Brooklyn namens Lee Rando, mich davon zu überzeugen, aus dem, was JJ und ich schon seit längerer Zeit praktizierten, endlich ein Angebot für Touristen zu machen. Zuerst gefiel mir die Idee nicht. JJ und ich hatten Touristen noch nie gemocht. Diejenigen, die ich erreichen wollte, waren Forschungsreisende, Biologinnen und Biologen sowie Menschen, die sich dem Naturschutz verschrieben hatten. Doch inzwischen wussten wir eines genau: Niemand würde andere so in den Dschungel führen, wie wir das taten. Niemand. Der Ehrgeiz, es richtig zu machen, ließ mich nachdenken. Was, wenn wir uns auf Reisende einstellten statt auf Touristen? Was, wenn wir sie Abenteuer erleben ließen, die sich ihnen nirgendwo sonst bieten würden? Zum Beispiel eine nächtliche Floßfahrt auf einem Fluss oder eine Expedition in den tiefsten Dschungel. Wenn wir das Ganze mit den nötigen Sicherheitsvorkehrungen betrieben? Wenn es uns gelänge, den Menschen die Wunder der biologischen Vielfalt zu zeigen, denen wir täglich begegneten? Das würde sie förmlich umhauen. Ich wusste: Wären Besucherinnen und Besucher in der Lage, das zu sehen, was ich sah, würden sie uns ganz bestimmt dabei helfen, es zu beschützen.

Während der Monate, die ich jedes Jahr in den Vereinigten Staaten verbrachte, wurde es nun einfacher, an Räumlichkeiten für meine Vorträge zu kommen. Denn jetzt hatte ich ja das Interview vorzuweisen. Ich konnte E-Mails den Link zum Artikel beifügen, und das trug zu meiner Glaubwürdigkeit bei. Ansonsten hatte ich nichts, deswegen nutzte ich es, so gut es eben ging. Innerlich fühlte ich mich wie ein Hochstapler. Wenn ich von »Räumlichkeiten« spreche, meine ich übrigens Büchereien am Dienstagabend oder Geschäfte mit Ausrüstung für Wanderer und Bergsteiger an Donnerstagen. Stühle vor einer Leinwand für den Projektor und vielleicht fünf Menschen, denen ich begeistert Geschichten erzählte, die von A bis Z erfunden wirkten. Und die ich anschließend bat, um die halbe Welt zu reisen.

Doch irgendwie funktionierte das Ganze. Für unsere neu gegründeten *Tamadua Expeditions* nahm Lee Buchungen entgegen und vermittelte uns Kundschaft. Normalerweise führten wir eine oder zwei größere Expeditionen pro Jahr an, das waren dann fünf bis sieben Gäste für einige Wochen.

Eine Weile nutzten wir Infierno als Basis. Das war im wahrsten Sinne des Wortes höllisch. Wir hatten so gut wie keine Unterstützung. Oft brachte JJ eine seiner Schwägerinnen dazu, während der entsprechenden Wochen Reis, Bohnen und Eier zu kochen, aber alles andere blieb uns überlassen. Pico steuerte das Boot, konnte jedoch wegen seines Beins nicht sehr viel laufen oder tragen. Deswegen blieb es an JJ und mir hängen, die Säcke mit Reis zu schleppen, Vorräte heranzuschaffen, unsere Behausungen zu säubern. Wir hatten tagelang, ja sogar wochenlang Macheten geschwungen, um die benötigten Routen frei zu machen, bis Blasen unsere Hände übersäten. Wenn das erledigt war, kümmerten wir uns um Betten und Laken und Moskitonetze. Und natürlich um die Tages- und Nachtausflüge, um Wanderungen durch die Sümpfe und um alles andere, was zu einer Tour durch den Dschungel gehörte. Es gibt schwere Arbeit, und es gibt elende Plackerei. Was wir da taten, ließ sich auf Dauer nicht durchhalten – und das wussten wir.

Zu der unfassbar anstrengenden Arbeit, die die Organisation dieser Expeditionen mit sich brachte, kam noch, dass sich Infierno nie wirklich wie ein Zuhause anfühlte. Unser Zuhause war immer die Forschungsstation am Las Piedras gewesen. Nachdem JJ und Emma sich getrennt hatten und Emma mit ihrem gemeinsamen Sohn Joseph zurück nach Großbritannien gegangen war, hatten sie die Forschungsstation an eine Truppe *Gringo*-Hippies verkauft. Die hatten daraus ein Ayahuasca-Zentrum machen wollen, das allerdings nie auf die Reihe bekommen. Über ein Jahr lang hatten wir Las Piedras keinen einzigen Besuch abgestattet. Wir waren davon ausgegangen, die Forschungsstation sei im Verfall begriffen. Und so schufteten wir uns in Infierno ab – unsicher, was unsere Zukunft betraf, die Mission, alles.

Bis etwas Unglaubliches geschah, als ich mich gerade in New York aufhielt. Obwohl ich mich in diesem Buch auf das Leben im Dschungel konzentriere, verbrachte ich damals auch viel Zeit zu Hause in New York bei meiner Mom und meinem Dad, bei meiner Schwester Michelle, meiner damaligen Frau Gowri und unseren Hunden. (Gowri und ich hatten uns kennengelernt, als ich während meiner Collegezeit ein Semester in Indien verbracht hatte, und bald darauf geheiratet.) Es gab ein Leben zu Hause. Familienleben. Ich war inzwischen Mitte zwanzig, in jeder Hinsicht erwachsen, und widmete mich mit Leib und Seele dem Weg, den ich für mich gewählt hatte. Aber sich seinen Lebensunterhalt zu verdienen, während man seinen Traum lebt, ist nicht einfach. Für mich bedeutete es, immer mit leichtem Gepäck zu reisen, bei meinen Eltern zu wohnen und ständig damit beschäftigt zu sein, Reisen zu organisieren und Wege zu finden, damit sich noch mehr Menschen für Expeditionsurlaube im Amazonasgebiet interessierten. Gleichzeitig wusste ich tief in meinem Inneren, dass es nie wieder so sein würde wie bei meiner allerersten Ankunft in Las Piedras. Nichts konnte mit der abgelegenen Wildheit des Flusses mithalten, mit seinen riesigen Wäldern und der Tatsache, wie weit entfernt man sich von allem befand. Es war ganz einfach der Ort, den ich am allermeisten liebte und an den ich eines Tages zurückkehren wollte.

Deswegen erschien es mir fast wie ein Wunder, als mich JJ eines Tages anrief und verkündete: »Wir haben die Station wieder.«

Ich war völlig verblüfft, verwirrt. Misstrauisch, weil ich glaubte, ich hätte JJ vielleicht falsch verstanden.

Doch dann hörte ich förmlich das Lächeln in JJs Gesicht, als er mir erklärte, die Ayahuasca-Hippies seien nicht in der Lage gewesen, den Kaufpreis aufzubringen, und hätten die Station … einfach zurückgegeben.

Zum ersten Mal kehrten wir früh im Jahr 2012 in die *Las Piedras Biodiversity Station* zurück. Über ein Jahr waren wir nicht dort gewesen, und wir hatten keine Ahnung, in welchem Zustand wir die Station vorfinden würden. Wir erreichten Las Piedras über die *Transamazônica* und über den unbefestigten Weg, der zur grässlichen Stadt Lucerna führte. So kam man am schnellsten dorthin – wir brauchten nur einen einzigen Tag!

Eine Familie aus Indien begleitete uns. Die Eltern und ihre elf und dreizehn Jahre alten Kinder: Shonali, Anil, Isha und Anya. Unsere erste Familienexpedition.

Die Straße war in einem schlechten Zustand, und wir kamen erst abends am Fluss an. Spät in der Nacht erreichten wir dann die Station. Was wir vorfanden, machte uns fassungslos. Wir entschuldigten uns überschwänglich bei unseren neuen Gästen.

Alles war schmutzig, das Dach kurz davor einzustürzen, der Plankenboden sehr abgenutzt. Über ein Jahr ohne Reparaturarbeiten hatte dafür gesorgt, dass die Pfähle, auf denen die Station errichtet worden war, allmählich verfaulten. Die Station starrte nur so vor Dreck, vor Exkrementen von Fledermäusen und Ratten und vor Mottenflügeln und Spinnennetzen. Einfach nur widerlich. Die arme Familie war mit uns in den Dschungel gereist, hatte uns vertraut, und wir hatten diese Menschen in eine heruntergekommene Forschungsstation mitten im Urwald geschleppt. Ich gab mein Bestes, um ihnen lächelnd zu versichern, das alles gehöre zur authentischen Erfahrung.

So etwas zu können, ist extrem wichtig. Damit Menschen mit einem in ein Sumpfgebiet kommen, muss man der Typ sein, der in der Lage ist, Sand in der Sahara und Wasser an einen Ertrinkenden zu verkaufen. Wenn es einem gelingt, Menschen davon zu überzeugen, einem in die Wildnis zu folgen und dort zu leiden und das auch noch großartig zu finden, bekommt man alles hin. Diese Fähigkeit habe ich später oft genutzt, um reiche Wohltäter dazu zu bringen, durch ihre Spenden einen dahinschwindenden Amazonasregenwald zu retten.

JJ und ich waren in Bestform. Zum Glück hatten wir es nicht mit einer gewöhnlichen Familie zu tun. Den vieren gefiel das Realistische an der Situation ganz besonders. Die Tatsache, dass wir uns tatsächlich fernab der Zivilisation befanden – ohne Elektrizität, ohne Kommunikationsmöglichkeiten, ohne Hilfe, ohne Licht –, erschien ihnen aufregend. Die Pracht und die Größe des Dschungels verzauberten sie. Ihre Begeisterung war ansteckend.

Deswegen führten wir die Familie in unserer zweiten Nacht im Dschungel in unser Lieblingssumpfgebiet. Diesen Ort kannten wir sehr gut, es gab Dutzende Arten von Fröschen, Eidechsen, Spinnen und Schlangen. Schon bald befanden wir uns zusammen mit diesen Menschen, die eine Weltreise hinter sich hatten, bis zu den Knien in einem Sumpf mit Taranteln und Tausenden von Fröschen. Ich ging vorneweg, während wir durch das dunkle Wasser wateten, und zeigte unseren Gästen die verschiedenen Tiere. JJ hielt sich in einiger Entfernung auf. Wir mussten aufpassen, denn Isha, das jüngere Kind, steckte fast bis zu den Ohren im Schlamm.

Dann rief JJ von irgendwoher aus der Dunkelheit: »Paul! Große Schlange!«

Ich wandte mich der indischen Familie zu und erklärte: »Es tut mir sehr leid, aber ich muss hin und ihm helfen. Bleibt hier, rührt euch allein nicht von der Stelle. Ich bin gleich wieder da!«

Mit weit aufgerissenen Augen schauten sie mir nach, als ich davonrannte und sie in der Dschungelnacht zurückließ.

Nachdem ich bei JJ angekommen war, erblickte ich eine über zwei Meter lange Boa constrictor. Um sie zu fangen, musste ich auf einen Baum klettern. Ein Monster, so dick wie der Arm eines Mannes. Es ist wohl offensichtlich, warum diese erste Nachtwanderung der indischen Familie in besonders eindrucksvoller Erinnerung blieb.

In den folgenden beiden Wochen sollten die vier noch viel mehr erleben.

Damals beeindruckte mich die elfjährige Isha sehr. Während ihrer Zeit im Dschungel betrachtete sie alles mit großen Augen und ebenso großer Faszination. Die Boa constrictor entzückte sie. Die Affen in den Bäumen fand sie spannend. Sie folgte mir oft wie ein Schatten überallhin. Sie kletterte auf Bäume, hielt Schlangen und durchschwamm den Fluss. Wenn sich ein Schmetterling in den Netzen am Küchenfenster verfangen hatte, bat sie mich um einen Stuhl, um das Insekt erreichen zu können. Dann nahm sie es in beide Hände, kletterte vom Stuhl herunter und ging nach draußen, wo sie die Hände öffnete und lächelnd dabei zusah, wie der Schmetterling in den Dschungel davonflatterte. Sie hatte sich ganz der Aufgabe verschrieben, niemandem zu schaden und alle Lebewesen zu retten – sogar Moskitos. Jedes Mal, wenn ich einen erschlug, schaute sie mich entsetzt an, als hätte ich bei meiner Aufgabe versagt, sie ganz unmittelbar enttäuscht. Ich fühlte mich dann, als hätte ich meine Oma angelogen.

Wie, fragte Isha mich dann, könne ich ein echter Wächter des Dschungels sein, wenn meine Liebe nicht alle seine Lebewesen einschloss – auch die Moskitos? Diese Logik verstörte mich. Ich konnte den Sinn dahinter nicht erkennen. JJ und ich töteten Zecken und Moskitos mit derselben Frustration wie die Menschen, die hier lebten, weil diese Viecher uns ständig auf die Nerven gingen. Doch Isha ließ solche Gefühle erst gar nicht in sich aufkommen. In den fast zwei Wochen, die sie im Dschungel verbrachte – beim Zelten und auf Wanderungen und in Booten auf dem Fluss –, scheiterte sie nie an ihrer Mission. Jedes Tier war ihr heilig. In ihren Augen waren sogar die verhassten Moskitos schützenswerte Lebewesen, und wenn sie einen auf ihrer Haut entdeckte, entfernte sie ihn vorsichtig, sodass er davonfliegen und sich eine andere Mahlzeit suchen konnte. Meistens war *ich* diese Mahlzeit.

Sobald ein Moskito auf mir landete, zerquetschte ich ihn.

Doch Ishas authentischer Schmerz darüber sorgte irgendwann dafür, dass ich damit aufhörte. Nicht einmal JJ tötete in ihrer Gegenwart noch Moskitos.

JJ verdrehte die Augen. »Was soll das?«, fragte er lachend.

Ich schüttelte den Kopf. Ishas Hingabe war seltsam, aber auf eine ganz bestimmte unbeschreibliche Art auch heldenhaft. Man musste sie respektieren.

Am letzten Tag, den die Familie bei uns verbrachte, führten wir die vier flussabwärts zurück zur Straße, wo ein Auto auf uns wartete. Die Straße, die früher einmal so mysteriös und verdrießlich gewirkt hatte, wurde nun zu einem Feind, den wir gut kannten. Die Hütten entwickelten sich zu komplexeren und komfortableren Gebäuden, weil Menschen einzogen, die ihre Familien mitbrachten. Während wir unsere Ausrüstung in das Auto luden, erklärte JJ unseren Gästen, dass die Leute, die herzogen, das Land stahlen. Dass sie aus einem anderen Teil Perus stammten und dass viele taten, was sie taten. Diese Leute schwärmten in die abgelegenen Teile des Landes aus, brannten den Dschungel nieder und errichteten Farmen. Sie hofften, dass man sie nicht erwischen würde, weil es hier keine Polizei gab. Und sie wussten, dass die Rechtslage im Hinblick auf sogenannte »Besetzungen« in Peru kompliziert war. Wenn sie irgendwo ein armseliges Haus oder eine Farm errichteten, würden sie das Land irgendwann für sich beanspruchen können (und es damit der Regierung oder irgendeinem anderen Besitzer stehlen). Das, so erklärte JJ, sei der Kern im Kampf zur Rettung Amazoniens.

Während er das der indischen Familie erzählte, kamen zwei Männer mit Gewehren vorbei. Außerdem hatten sie eine große Waldschildkröte bei sich. Als Isha das Tier entdeckte, riss sie die Augen auf.

»Was machen die mit der Schildkröte?«, wollte sie wissen. Wie immer stand sie direkt neben mir.

»Na ja …« Ich musste kurz nachdenken. »Sie werden sie essen«, sagte ich dann behutsam.

Ich wusste, wie diese Kerle Schildkröten zubereiteten. Manchmal schnitten sie dem Tier die Kehle durch. Und manchmal legten sie es einfach aufs Feuer und brieten es in seinem eigenen Panzer. Dieses große Exemplar hing an einem aus einer Liane gefertigten Gurt über der Schulter des Mannes. Ein Balsaholz-Stock war durch die Öffnung für den Kopf gesteckt worden, sodass die Schildkröte in ihrem eigenen Panzer eingesperrt war und sich weder wehren noch davonkriechen konnte. Das Ganze sah schmerzhaft und grausam aus.

Die Tränen in Ishas Augen und der unmittelbare, körperlich empfundene Schmerz, der ihr anzusehen war, setzten uns so sehr zu, dass JJ und ich uns Blicke zuwarfen. Wir wussten, wir mussten etwas unternehmen. Wenn wir in den Augen des Mädchens schon keine Wächter des Dschungels sein konnten, weil wir Moskitos erschlugen – zu was würden wir werden, wenn wir diesen Männern erlaubten, die Axt gegen die Schildkröte zu erheben?

»Paul *Uncle*, mach was!«, forderte Isha mich auf.

»Isha, wir können nicht einfach –«

»Wenn du nichts machst, töten sie die arme Schildkröte. Denk doch mal, wie alt die bestimmt schon ist. Sie ist so groß. Und sie hat sicherlich große Angst. Bitte!«

Nun standen Tränen in ihren Augen.

Ich unterdrückte einen Fluch.

JJ zuckte mit den Schultern.

»Geh und rede mit ihnen«, sagte ich leise zu ihm.

»Nein, nein«, wehrte er ab. »Dann denken sie, mit mir stimmt was nicht. Besser, du gehst hin.«

Eigentlich lautet die Regel, dass man nie Fleisch von Tieren kaufen soll, die Leute im Dschungel erbeutet haben, weil das die Jäger nur ermutigt, mehr Tiere zu töten. Doch in diesem Fall wäre Isha untröstlich gewesen, wenn wir unserer Wege gegangen wären, ohne zu handeln.

Verlegen näherte ich mich den beiden Männern und wand mich förmlich, als ich sie leise ansprach. »Ähm … Entschuldigen Sie, meine Herren … Kann ich Ihnen vielleicht … diese Schildkröte abkaufen?«

Letzten Endes überließen mir die verwirrten Männer die Schildkröte für fünfzig Soles.

Isha war hin und weg und sehr erleichtert.

Die Schildkröte würden wir an einen sicheren Ort bringen und wieder in den Dschungel entlassen.

Die nächsten paar Stunden verbrachten JJ und ich damit, schweigend aus dem Autofenster zu starren. Beide dachten wir an den brandgerodeten Wald und an alles, was wir gesehen hatten. Hier draußen mussten wir regelmäßig miterleben, dass die Dinge, die wir liebten, niedergefackelt wurden. Die kleine Isha mit ihrer kindlichen Unbeirrtheit darüber, was richtig und was falsch war, wirkte wie eine unbefleckte weiße Blume in einer Landschaft aus Schlamm und Asche und Blut. Wenn sie nur wüsste, was wir gesehen hatten. Aus irgendeinem Grund gingen wir aus diesem Erlebnis mit nachdenklichem, leerem Blick und einem Kloß im Hals hervor.

So war es, wenn wir Menschen nach Las Piedras brachten. Die meisten holten wir ab, führten sie herum und sahen sie nie wieder. Doch etwas im Dschungel zeigte uns, aus welchem Holz ein Mensch tatsächlich geschnitzt war – und zwar sofort. Wir erlebten zusammen Dinge, die uns ganz grundlegend in Freundschaft zusammenschweißen.

Eines Tages erschien ein Gast, der sich als Mohsin Kazmi vorstellte. Ich schüttelte ihm die Hand und hatte Vorurteile, weil er sich so großspurig gab und eine teure Sonnenbrille trug. Damals wusste ich das natürlich noch nicht, doch Mohsin würde bei der späteren Gründung der *Junglekeepers* eine führende Rolle spielen. Auf seiner ersten Touristenexpedition verbrachte er fünf Wochen mit JJ und mir – und zwar unter Umständen, die der Hölle auf Erden glichen.

Viele Gäste fanden die Bedingungen fast unerträglich und hatten solche Angst bei den einfachsten Dingen, die wir standardmäßig anboten, dass sie sich beschwerten. JJ hörte einmal höflich zu, als uns ein erwachsener Mann anschrie, weil ihn die Durchquerung des Sumpfes in eine sehr gefährliche und unangenehme Lage gebracht hatte. Später lachten wir darüber und dachten an die kleine Isha, die die gleiche Tour und noch mehr mit einem Lächeln auf den Lippen bewältigt hatte.

Fünf Wochen sind eine lange Zeit, und es gab viel Drama. Die Bedingungen waren wirklich rau. JJ und ich gaben uns sehr viel Mühe, unsere Gäste in die Wälder zu bringen und dort den ganzen Tag herumzuführen und auch noch alles andere zu erledigen. Und dann waren die Leute nicht einmal zufrieden. Wir gaben unser Bestes, um die Erlebnisse als »authentisch« zu verkaufen und die Gäste zum Helfen zu animieren. Doch die Wahrheit ist: Die meisten Menschen *wollen* einfach nicht helfen, und sie kommen auch nicht mit Unannehmlichkeiten zurecht. Mit einem Lächeln bewältigen sie sie erst recht nicht – Mohsin aber schon.

Die Gruppe versank im Chaos, und Mohsin fiel dadurch umso positiver auf. Er hatte offensichtlich sehr viel Spaß.

Als ich mich mit ihm unterhielt, stellte ich fest, dass er nicht weit von meiner Heimat aufgewachsen war. Und obwohl er drei Jahre jünger war als ich, waren wir in unserer Jugend durch dieselben staatlichen Parks gewandert, waren denselben Trails und Flussrouten gefolgt. Mohsin faszinierte mich, weil er der Sohn pakistanischer Immigranten war (sein Dad war in Pakistan geboren, seine Mutter Teil einer pakistanischen Familie in England). Wie zu erwarten war, wünschten sie sich, dass er einen medizinischen Beruf ergriff. Doch Mohsin hatte andere Pläne. Er ging zwar noch aufs College, hatte damals allerdings bereits mit Pferden gearbeitet und eine Ausbildung als tiermedizinischer Fachangestellter absolviert. Aus irgendwelchen Gründen gehörte ihm auch ein Kino. Und obwohl er so überdurchschnittlich begabt und ein Tausendsassa war und trotz der Hoffnungen seiner Eltern, was seine Zukunft anging, wusste Mohsin genau, wohin die Nadel seines inneren Kompasses zeigte: mitten hinein in den Dschungel. Durch die Linse einer Kamera. Mohsin war Fotograf.

Er bat mich, allein mit ihm zusammen loszuziehen. Es gab vieles, über das er mit mir reden wollte. »Ihr seid da etwas Großem auf der Spur«, sagte er. Er glaubte, das beurteilen zu können, weil er vor einiger Zeit in Madagaskar eine Studie mit Dr. Patricia Wright durchgeführt hatte – mit der Entdeckerin des Goldenen Bambuslemuren. Er hatte bereits echte Naturschützerausrüstung gesehen. Hatte im Schatten einer der ganz Großen gearbeitet. Deshalb bedeutete es mir viel, als er mir versicherte, dass das, was JJ und ich taten, etwas Besonderes sei. Dass bereits in diesem Frühstadium (also noch im absoluten Katastrophenmodus) etwas Großes zu erkennen sei.

Während der fünf Wochen, die Mohsin im Dschungel verbrachte, verging die Zeit rasend schnell, wenn wir über Dinge wie die Lichtverhältnisse im Wald sprachen. Wie ich war Mohsin seit seiner Kindheit völlig besessen von der Tierwelt und von Regenwäldern gewesen. Wie ich liebte er den Wald, hasste Autoritäten und wollte sich seinen eigenen Weg durchs Leben bahnen. Außerdem verfügte er über ganz ausgezeichnete Kommunikationsfertigkeiten, war ein ehrlicher, verlässlicher Kollege und ließ sich durch nichts aus der Ruhe bringen. Wir erlebten in kurzer Zeit sehr viel zusammen und verabschiedeten uns als Freunde voneinander.

Bald nach dem Ende seiner Expedition rief mich Mohsin immer wieder an, schickte zahllose E-Mails und bat darum, bei uns eine Stelle zu bekommen. Er gab einfach nicht nach und ließ sich nicht entmutigen, obwohl ich ihm immer und immer wieder sagte, ich hätte weder Geld noch einen Job für ihn. Ich weiß noch, dass ich nach solchen Gesprächen das Telefon anstarrte, weil mich seine Hartnäckigkeit verwirrte.

Alle paar Monate rief er an. Und alle paar Monate wies ich ihn zurück. Seine Antwort blieb trotzdem immer dieselbe: »Du verstehst es einfach nicht, Mann. Ein Nein lasse ich als Antwort nicht gelten.«

In meinen Ohren klang das verrückt. Einen Job. Geradezu lächerlich, wenn man sich vor Augen führte, dass ich ungefähr achthundert Dollar auf dem Konto und keine Ahnung hatte, was ein Angestelltenverhältnis mit sich brachte.

Mohsin war sehr schnell zurück und machte eine weitere Expedition mit uns. Diesmal hatte er eine Dose mit Objektiven und eine neue Kamera dabei. Er war mit seiner ganzen Ausrüstung angereist. Er hörte sich die Geschichten über meine Solo-Expeditionen an. Er sah, wie ich mit dem Wald interagierte, und sagte mir, das alles müsse unbedingt dokumentiert werden. Eines Tages würde das wichtig werden.

Damals war ich gerade von einer ganz entsetzlichen Solo-Expedition zurückgekehrt, bei der mich die Stämme ohne Kontakt zur Außenwelt zur Umkehr gezwungen hatten (die ganze Geschichte lässt sich in meinem Buch *Mother of God* nachlesen). Ein zentrales Ereignis in meinem Leben, eine monumentale Expedition in eine der tiefsten wilden Gegenden auf dieser Erde, und auch wenn ich wusste, dass mir niemals jemand glauben würde: Ich war den Mashco Piro begegnet.

Mohsin fand die Geschichte faszinierend und fragte mich, wie ich sie dokumentiert hätte. Ich erwiderte, ich hätte sie nicht dokumentiert, ich hätte sie *gelebt*. Er lachte. »Das müssen wir ändern«, verkündete er mit einem Lächeln. »Du wirst noch viel mehr Interviews führen, und du brauchst bessere Fotos.« Also zogen wir los, in den Wald, und ich befolgte seine Anweisungen. Ich schlug im Dschungel mein Lager auf. Ich überquerte Baumstammbrücken, ich navigierte mit dem Kompass, aß zu Mittag, angelte. Was auch immer. Die ganze Zeit machte Mohsin Bilder. Er fotografierte Pico beim Korbflechten und den Alltag der Menschen in Infierno. Er machte Fotos von JJ, der Gruppen herumführte und das Boot steuerte. Und was am wichtigsten war: Er drückte jedes Mal auf den Auslöser, wenn wir sahen, dass Menschen den Wald abfackelten.

Ich hätte das damals nie zugegeben, aber Mohsins Ermutigung löste sehr viel in mir aus. Die Tatsache, dass irgendjemand etwas in dem sah, was wir taten, reichte schon aus, damit sich mein Herzschlag beschleunigte. Die neue Erkenntnis, dass wir sogar etwas Wichtiges taten, brachte eine gewisse Klarheit in meine Gedanken. Was, wenn wir wirklich etwas Bedeutungsvolles erschaffen könnten? Was, wenn das unsere Garagentage wären und wir irgendwann weltweit als die Umweltschützenden bekannt werden würden, die den Amazonas gerettet hatten?

Manchmal machte ich mich über mich selbst und meine größenwahnsinnigen Träume lustig. Andererseits hatte jemand so etwas schon im Sequoia-Nationalpark geschafft. Der Philosoph John Muir und Teddy Roosevelt hatten sich über dem Yosemite Valley ablichten lassen, bevor der Nationalpark entstanden war. Entdecker und Künstler und Naturschützer mit einer Vision (nicht nur Biologen mit dem Schwerpunkt Umweltschutz!) hatten über Jahrhunderte hinweg die Natur bewahrt. Selbst in meinem Heimatstaat New York finden sich davon zahlreiche Zeugnisse. Das Wassersystem von New York City ist mit den tadellos sauberen Reservoiren der Catskill Mountains verbunden. Die Organisation *Hudson Riverkeeper* setzt sich für die Erholung des Flusses ein, an dessen Ufern ich aufgewachsen bin – von der Quelle zum Meer, von den Bergen und bis zu den Wäldern, von den Adlern in den Ahornbäumen bis hin zu den Stören, die immer noch in seinen Tiefen schwimmen. Diese Menschen hatten etwas bewirken können. Und vielleicht würde uns das auch gelingen.

Diese Zeit war von meinen extremsten Solo-Expeditionen geprägt. Ich hatte mich vollkommen dem Ziel gewidmet, die letzten wilden Orte so intensiv und authentisch zu erleben, wie das einem Menschen nur möglich war. Ganze Wochen verbrachte ich auf einsamen Wande rungen durch den Wald. Ich hatte die Mythen und Geschichten nicht vergessen, die mir Santiago erzählt hatte, und fokussierte mich auf so weitab gelegene Orte, dass es Tage dauerte, überhaupt zum Ausgangspunkt der Expeditionen zu gelangen. Ich verließ mich nur auf das, was mein Rucksack an Proviant und Schutzausrüstung fasste. Hilfe konnte ich keine holen, ich hatte weder GPS noch ein Satellitentelefon. Mein verlässliches Alpacka-Floß, das ich mit mir herumtragen und innerhalb von Minuten aufblasen konnte, war jedoch stets dabei.

Damals reifte meine Beziehung zum Wald, und ich schrieb ein ganz bestimmtes Wort immer wieder in mein Tagebuch. Sprach es laut aus, wenn ich im Wald war. Testete seinen Klang. Spürte, wie es aus meinem Mund hinaus in die echte Welt trat: *Junglekeepers*. Hüter des Dschungels.

Es dauerte nicht lange, und ich hatte mich in das Wort verliebt. Bald stellte ich mir vor, Menschen aus der ganzen Welt hierherzubringen, damit sie diesen ganz besonderen Ort sehen könnten. Und ich hoffte, diese Menschen hätten die Macht, dem Feuer Einhalt zu gebieten, den Wald zu retten und die Tiere zu beschützen, die ich liebte.

Jetzt wurden wir richtig aktiv. Mohsin half mir, einen Flyer zu entwerfen, für den ich einen Text verfasste. Er sorgte ebenfalls dafür, dass er gedruckt wurde, und schickte die fertigen Flyer an Lee, der sie in den Straßen von New York City verteilte. Er ging überallhin, zu Fuß, lief über Bürgersteige und in U-Bahn-Stationen, über Kopfsteinpflaster, in alle Teile der Stadt. Er legte die Flyer in allen Geschäften aus, die es ihm erlaubten. Darauf zu sehen war ein Bild von mir, wie ich ein Boot mit einigen ehrenamtlich Helfenden über den Tambopata steuerte. Darunter stand in großen Buchstaben *WIE MAN EIN JUNGLEKEEPER WIRD*.

***

Für die letzten Monate des Jahres 2012 kehrte Mohsin in den Dschungel zurück. Wir vereinbarten, den November, Dezember und Januar in der Station zu verbringen. Unsere Aufgabe bestand darin, alles auf Vordermann zu bringen. Die Station war in einem desolateren Zustand als jemals zuvor. Damals gab ich mein ganzes Geld für Reparaturen aus. Das Dach fiel auseinander, die Bodenplanken bogen sich durch die Feuchtigkeit des Regens. Die Pfähle, die das Ganze aufrecht hielten, waren fast weggefault. Es war unglaublich anstrengend. Ich dachte, dass es das Ende der Station wäre, wenn wir nicht bald etwas unternähmen. Das jagte mir Angst ein, und ich konnte an nichts anderes mehr denken. Ich hatte den Eindruck, als würden wir ständig den Verfall bekämpfen, doch der Dschungel sei wild entschlossen, sich diesen Ort einzuverleiben.

Inzwischen hatten JJ und ich unsere eigene Kultur des Führens entwickelt. Wir waren dafür bekannt, mit dem Dschungel zu interagieren wie niemand sonst. Unsere Methode war das komplette Gegenteil zur klinisch reinen, von Insektenspray begleiteten, mit Ferngläsern ausgestatteten und immer sauber gehaltenen Art Touristenservice, die JJ am Tambopata kennengelernt hatte. Nein, wir warfen uns in den Dschungel hinein, als wären wir Tiere. Wir stiegen in die Flüsse. Wir krochen durch die Sümpfe. Wir kletterten auf die Bäume. Wir drangen tiefer in den Dschungel vor und begegneten dem Urwald mit einer Vertrautheit, die die meisten Biologinnen und Biologen für völlig unverantwortlich hielten. Wir trugen keine Stiefel, sondern Schuhe. JJ und ich waren auch immer noch oft barfuß unterwegs. Aus reiner Liebe zum Dschungel.

Während meiner bisherigen Zeit im Amazonasgebiet war ich der Student gewesen. Jetzt wurde ich plötzlich zum Lehrer. Mohsin kannte so vieles in dieser fremdartigen Umgebung nicht, was ich im vergangenen halben Jahrzehnt gelernt hatte. Es gibt Dinge im Hinterland Amazoniens, die der moderne Verstand einfach nicht zu erfassen vermag. Mohsin konnte es gar nicht glauben, als er sah, wie mühsam sich der Umgang mit den Peke-Peke-Motoren in der Region gestaltete. Wie jeder vernünftige Mensch war er außerdem entsetzt darüber, wie oft sie kaputtgingen.

»Da muss es doch eine bessere Methode geben«, rief er eines Tages, als er zusah, wie JJ und ich uns wieder mal abmühten. Wir saßen an einem Ufer fest.

JJ erhob sich lächelnd, schaute mit einer dramatischen Geste den Fluss hoch und wieder runter. »Siehst du hier irgendwo eine bessere Methode?«

Mohsin verdrehte die Augen. »Nein.«

»Okay, dann gib mir mal den *manguera* da.«

Mohsin reichte ihm den Schlauch.

Wir arbeiteten länger als eine Stunde, zogen immer wieder an der Kordel, um den Motor zu starten. Wir überprüften die Zündkerze, den Vergaser – und konnten nichts entdecken. Wir bauten alles auseinander, wieder zusammen, reinigten die Schläuche zwischen Tank und Motor. JJ meinte, wir müssten einfach nur immer wieder ziehen. Irgendwann würde das verdammte alte Ding schon anspringen. Meine Logik sagte mir, wenn der Motor nicht ansprang, war er kaputt. Doch JJ wusste es besser. Er kannte das Geheimnis, und er brachte es uns beiden auf eine ganz wunderbare Weise bei. Da saßen wir in der Hölle der Sandmücken und arbeiteten so schnell, wie es nur ging. Wir zogen an der Kordel. Immer wieder. Jedes Mal beanspruchte das unsere ganze Kraft. Jedes Mal stotterte der Motor und verstummte dann erneut. Doch beim Versuch Nummer 137 klappte es aus irgendeinem Grund. Der Motor erwachte grollend zum Leben, und wir konnten losfahren.

Diese Zeit des Lernens vermittelte mir eine Perspektive, durch die ich begriff: Es ging nicht darum, den Dschungel zu bekämpfen. Der Motor würde immer wieder kaputtgehen. Auf den Pfaden würden immer wieder umgestürzte Bäume liegen. Der Wasserstand des Flusses würde immer wieder ansteigen und unsere Pläne durchkreuzen. Wenn man im Dschungel überleben will, darf man ihn nicht bekämpfen. Einen Fluss kann man nicht mit den Armen aufhalten, mit dem Ozean kein Streitgespräch beginnen. Man muss sich einfach lange genug treiben lassen, um zu überleben. Im Dschungel muss man alles loslassen, was man irgendwann mal gelernt hat, und die Kontrolle an die Dschungelgötter abgeben.

Auf unseren nächtlichen Wanderungen zeigten wir Mohsin die Höhepunkte unserer Führungen. Wir ließen die Menschen besonders gern erleben, wie dunkel die Nacht war: »Und jetzt schalten wir alle für eine Minute unsere Lampen aus.« Wenn man die eigene Hand nicht mehr vor Augen sehen kann, bringt das jeden Menschen aus dem Konzept.

Das erinnert einen daran, wie wichtig es ist, eine Taschenlampe bei sich zu haben. Und wie hilflos man ohne Taschenlampe ist.

Als wir campten, zeigten wir Mohsin den Trick, wie man ein Feuer entzünden kann, wenn jeder einzelne Stock im Urwald feucht ist.

Dann kamen die verschiedenen Tierarten an die Reihe. Er musste lernen, Sakis und Brüllaffen zu erkennen, Riesenmakifrösche, Amazonas-Peitschenschlangen, Geißelskorpione, Gelbbrust- und Grünflügelaras. Und die Bäume: Eisenholz, Mahagoni, Remo Caspi, Manzanillo, Kapok und ein paar weitere der insgesamt mehr als 1.500 Arten – was hin und wieder entmutigend sein konnte. Aber JJ ließ sich Zeit. Hin und wieder schnitt er ein Stück Rinde mit der Machete ab, leckte daran, roch daran und reichte uns das Holz mit der Ermutigung, es ihm nachzutun. So erschlossen wir uns eine multisensorische Bibliothek aus Dschungelweisheiten – direkt von den Tieren und Pflanzen.

Wenn JJ in der Stadt war, verbrachten Mohsin und ich ganze Wochen zusammen im Wald. Dann mussten wir uns selbst mit Wasser versorgen und kochen. Wir hatten nur sehr wenige Batterien und eine geringe Menge Benzin für die Kameras und unsere Lampen bei uns. Wir lebten von Bohnen und Reis und Eiern, kochten über offenem Feuer. Wir wurden mager. Und später ausgezehrt. Das war uns aber egal, denn wir lebten im Amazonasgebiet und bestanden Abenteuer, die zur Grundlage unseres Lebens werden sollten.

Das Fotografieren erhoben wir zur Kunst. Mohsin wollte unbedingt dokumentieren, wie ich reiste und im Dschungel überlebte. Wie mein Rucksackfloß im Licht meiner Stirnlampe leuchtete. Und wie surreal die Gesichter der Schlangen und Frösche in der Dschungelnacht im Close-up wirkten. Wir zogen los und machten uns auf die Suche nach den schönsten Lebewesen, die wir finden konnten. Dann verbrachten wir Stunden damit, sie zu fotografieren – und zwar so kreativ wie möglich. Es war gut, dass Mohsin mich begleitete. Er war ein neuer Freund, jemand, der den Dschungel sah wie ich.

Wir machten nachts Erkundungsgänge. Sehr oft entdeckten wir dann gar nichts. Und manchmal war es einfach nur magisch. Hin und wieder ging der Bootsmotor kaputt, und wir saßen stundenlang fest.

Wir machten viele Fehler, und wir lernten noch mehr. Das Leben im Dschungel war hart, aber wir wurden dafür belohnt. Nachts saßen wir in Ufernähe im Fluss, bis zum Hals im Wasser, beobachteten die Schwalben und die Spatzen und die Fledermäuse, wie sie über das Wasser segelten. Staunend schauten wir zu, wie das Blätterdach ausdünstete. Lange Nächte verbrachten wir im Schein einer einzigen Kerze unter dem Palmdach der Station, das inzwischen genug Löcher hatte, dass der Regen hereintropfte und wir die Sterne sehen konnten. Wir sprachen von der Zukunft und von allem, was wir schaffen konnten.

Was, wenn es uns gelingen würde, dass mehr Gruppen zu uns kämen? Was, wenn wir die Station ausbauen und Menschen dazu bringen könnten, uns beim Schutz des Flusses zu helfen? Was, wenn wir im Blätterdach das größte Baumhaus der Welt bauen würden, das dann alle besuchen wollten? Dann wären unsere Probleme doch gelöst! Was, wenn wir uns richtig registrieren lassen und irgendwann Austauschstudierende aufnehmen könnten? Was, wenn wir eines Tages zu Expeditionen in die tiefsten Tiefen des Amazonas aufbrechen und dann Fotos machen könnten, die die Welt begreifen ließen, welchen Verlust wir riskierten? Unsere Träume waren wie die Kerzenflamme: ein flackernder kleiner Lichtpunkt in einem Umkreis von tausend Kilometern verregneter Dunkelheit.

***

Eines Tages stellte ich draußen im Dschungel gerade einige Meter vom Pfad entfernt eine Kamerafalle auf, als ich Schritte hörte. Laute Schritte. Ich war stundenlang allein hier draußen gewesen und davon ausgegangen, dass sich daran nichts geändert hätte. Außer mir konnte es sowieso nur Mohsin sein. Ich wandte mich aus meiner knienden Position heraus um, eine Hand in der Luft, und wollte gerade »Mach doch einfach noch ein bisschen mehr Lärm« sagen, als ich plötzlich begriff, dass gar nicht Mohsin auf mich zukam.

Ein riesiger männlicher Jaguar stolzierte vorüber. Sein Maul stand offen, die Reißzähne waren zu sehen. Seine heiße, große Zunge war gut sichtbar, der Blick seiner Augen war leer und desinteressiert. Er schien mir zuzunicken, als wollte er »Hi« sagen. Dann setzte er seinen Weg fort, ohne auch nur ein bisschen langsamer zu werden.

Ich blieb, wo ich war, kniete wie erstarrt da, eine Hand in der Luft, durchflutet von reinem Adrenalin, das diese Begegnung in mir freigesetzt hatte. Wie gewaltig und schön, wie muskulös und Ehrfurcht gebietend. Diese riesigen Pfoten. Er war nicht mehr als zwei Meter von mir entfernt gewesen. So nah war ich noch keinem Jaguar gekommen. Mein Herz hatte nicht einmal die Zeit gehabt, wild zu klopfen. Ich gewöhnte mich wirklich an das Leben im Dschungel.

Zu einem der unglaublichsten Orte im Wald von Las Piedras gehörte die Stelle, die JJ einfach als *»colpa«* bezeichnete. Von ihnen gab es viele in den Wäldern Westamazoniens, doch die in unserer Nähe war die beeindruckendste, die wir kannten.

JJ erklärte uns, dass es dort Lehmvorkommen gab. Normalerweise fand man solche Stellen an Flüssen. Manchmal an einem gefallenen Baum, wenn die großen Brettwurzeln so aus dem Erdreich herausstanden, dass die Mineralien erreichbar waren. Unsere Stelle befand sich tief im Wald. Manchmal brauchten wir zwei Stunden, um sie zu erreichen. Wenn man sich vom Fluss entfernte und in den Wald ging, musste man sich den Weg gut merken. Denn wenn man sich dort verirrte, konnte es Tage, Wochen oder ewig dauern, bis man gefunden wurde. Der Pfad war die einzige Verbindung nach draußen.

Es lohnte sich aber, sich auf den Weg zur *colpa* zu machen. An dieser Stelle, die an einem Strom lag, war das Erdreich freigelegt. Der Boden war rötlich und es gab keine Pflanzen. Hier und da waren Spuren von Rehen, Nabelschweinen und einigen anderen Tieren zu sehen. Zumindest für JJ war es offensichtlich, dass dies ein besonders wichtiger Teil des Waldes war. Wie er uns erklärte, hatten die pflanzenfressenden Tiere Amazoniens wegen ihrer Ernährung oft ein Salzdefizit. Deswegen nahmen sie viel auf sich, um an dieses Mineral zu kommen, und suchten *colpas* auf. Das Salz im Lehm war für sie lebenswichtig. Nabelschweine gruben im Schlamm, und die von ihnen verursachten Mulden wurden vom Regen in Pfützen verwandelt. Rehe kamen und fraßen den Schlamm, um an Salz zu gelangen. In der Nacht ließen riesige Tapire mit ihren seltsamen Pfoten mit den drei Zehen den Boden erbeben und taten sich am salzigen Lehm der *colpa* gütlich. JJ sagte, die Jaguare patrouillierten hier besonders gern: Sie hofften auf eine Mahlzeit, weil sich so viele Beutetiere in der Nähe befanden.

Doch bei unseren Besuchen lag die *colpa* still da. Die Tiere des Dschungels konnten uns lange riechen und hören und sehen, bevor wir sie entdeckten. Darum fanden wir immer nur ihre Spuren vor und erhielten lediglich den kleinsten Einblick in ihre Welt.

Irgendwann im Dezember 2012 stellte ich dort zwei Kamerafallen auf. Kurz nach Weihnachten – nur ganz selten verpasste ich das Familienfest bei meiner Oma in Brooklyn – holte ich die Fallen aus dem Dschungel. Als ich die Speicherkarten überprüfte, entdeckte ich etwas Unglaubliches: Die Kamera hatte über 2.000 Videos erstellt und Dutzende verschiedener Tierarten aufgenommen. Vögel wie Amazonashokkos und Spixguane sowie Mazamas, Tapire, Ozelote, Affen, Pumas und sogar Jaguare. Wie JJ vorausgesagt hatte: Die *colpa* war eine verborgene Welt des Lebens in Amazonien. Auf einem Video war ich allein im Dschungel zu sehen, während ich die Kameras überprüfte. Ich hockte mit meiner Machete über der Stelle und suchte nach dem Infrarotlicht, hob dann den Daumen und verließ den Aufnahmebereich. Zwei Minuten später schlich sich ein Jaguar heran und schnüffelte genau dort, wo ich eben noch gestanden hatte.

Das Material war faszinierend. Für uns war es geradezu eine Offenbarung. Ich verbrachte die nächsten paar Wochen damit, daraus ein Video zusammenzuschneiden, in dem ich erklärte, was die *colpa* war und welche unterschiedlichen Tierarten diesen Ort aufsuchten. Ein kurzes Werk von nur etwa fünf Minuten, aber voller tierischer Action. Ich machte es allen zugänglich, die möglicherweise Interesse daran hatten. Ich schickte es an Mongabay.com, nahm damit an Kurzfilmwettbewerben teil, schaute es immer wieder selbst an. Ich konnte einfach nicht glauben, was ich da sah.

***

Als ich einige Monate später wieder in New York war, saß ich gerade mit meinem Vater und meiner Schwester im Wohnzimmer, als das Telefon klingelte. Mein Vater schaffte es am schnellsten zum Apparat und lachte, als er sah, was auf dem Display stand. »Die Vereinten Nationen«. Er schüttelte den Kopf, dachte, es sei eine Betrugsmasche, und setzte sich wieder hin. Ich stürmte zum Telefon. Es *waren* die Vereinten Nationen. Sie hatten das *colpa*-Video gesehen und wollten mit demjenigen sprechen, der es gedreht hatte.

DAS UNIVERSUM MELDET SICH

Mohsin und ich saßen am Flussufer fest. Wir hatten ein löchriges kleines Kanu mit einem knorrigen alten Peke-Peke-Motor, der wie üblich einfach nicht anspringen wollte. Bald würde die Sonne untergehen. Wir hatten den ganzen Tag Abenteuer erlebt. Der Regen am Nachmittag hatte dem Motor sehr zugesetzt. Jetzt musste es uns entweder gelingen, ihn zum Laufen zu bekommen, oder wir mussten die Nacht hier draußen verbringen. Wir hatten überhaupt keine Ausrüstung bei uns. Die Insekten waren grausam. Millionen von Sandmücken umschwirrten uns. Die Moskitos würden sich bald zu ihnen gesellen. Wir wurden buchstäblich ausgesaugt. Waren voller Blut. Wir mussten den Motor wirklich zum Laufen bringen.

Einen normalen Motor schaltet man ein, man zieht an einer Schnur, und er startet. Bei Peke-Peke-Motoren funktioniert es nicht so. Das sind Motoren in ihrer absolut simpelsten Form. Es gibt einen Benzintank, einen Verbindungsschlauch zum Motorblock, Zündkerzen, einen Vergaser (der normalerweise ungeschützt offen liegt). Peke-Peke-Motoren sind große, gefährliche Metallungeheuer. Und sie funktionieren nie richtig. Man bringt sie in Gang, indem man eine Schnur um die Kurbelwelle wickelt und daran zieht. Wenn der Motor keine Lust hat, muss man die Prozedur wiederholen. Bei jedem Versuch lässt man die Schnur los, und wenn der Motor weder beim ersten noch beim siebzigsten Ziehen anspringt, muss man die Kurbelwelle jedes Mal per Hand in die Ausgangsposition bringen und die Schnur wieder aufwickeln. Und dann seine ganze Kraft für den nächsten Versuch zusammennehmen.

Ich wünschte, JJ wäre hier, dachte ich. Der Druck, es allein schaffen zu müssen, lastete auf mir. JJ hatte sich sein ganzes Leben lang mit diesen Teufelsmaschinen befasst. Er wusste, was alles nicht funktionieren konnte. Wenn der Motor nicht ansprang, lag das meistens daran, dass Schmutz in den Schlauch geraten war, durch den das Benzin in den Motor floss. Manchmal war auch Wasser in den Treibstoff gekommen. Auf der Suche nach der möglichen Ursache musste man den Schlauch abmontieren und Sand, Schmutz und Feuchtigkeit entfernen, indem man durchpustete. Dann musste man das Benzin aus dem größeren Tank in den des Motors umfüllen. Dafür benötigte man einen weiteren Schlauch, und man musste den Treibstoff ansaugen. Falls du das noch nie gemacht hast: Probier's aus, es macht Spaß.

Während ich mich mit Mohsin auf dem Fluss befand, gab ich mir Mühe, alles umzusetzen, was ich von JJ gelernt hatte. Doch meine Zuversicht schwand bereits. Ich zog an der Schnur, der Motor stotterte. Als ich wieder daran zog, peitschte mir die Schnur in den Rücken. Ich trug kein Hemd. Der Schmerz war heftig. Ich bemerkte, dass die Sonne sich bereits den Baumwipfeln näherte. *Shit*. Ich brachte den Motor wieder in die Ausgangsposition und wickelte die Schnur auf. Beim nächsten Versuch bekam ich einen zweiten Peitschenhieb ab. Fast wäre ich vor Wut explodiert. Eine wahre Sisyphosaufgabe. Aber wir hatten keine andere Wahl: Aufgeben hätte bedeutet, von den Sandmücken aufgefressen zu werden. So läuft es in der Serengeti, so läuft es an der Börse, so lautet das Gesetz des Dschungels. Man schafft es, oder man schafft es nicht. Deswegen hatte ich mir das Hemd ausgezogen, mich am ganzen Körper mit Benzin eingerieben, weil mir das zehn Minuten Ruhe vor den Insektenangriffen verschaffte. Ich schwitzte und glühte und wurde ganz high von den Dämpfen. Ich blutete, und es brodelte in mir, und irgendwann schien mein Leben nur noch aus dem Motor zu bestehen. Wenn der nicht anspringen würde, müssten wir an Ort und Stelle übernachten, auf dem feuchten Bootsboden. Wenn wir den Blutsaugern nicht bald entkämen, würden wir in absehbarer Zeit leergelutscht. Das war das Leben. Das war alles. Nicht aufhören. Aufhören konnte ich nicht. Dann würden wir sterben.

Ich zog an der Schnur. Der Motor stotterte erneut. Mohsin versuchte es ein paarmal. Dann wieder ich.

»Wie oft haben wir jetzt schon an dieser verdammten Schnur gezogen?«, fragte mich Mohsin mit weit aufgerissenen Augen.

»Weiß ich nicht«, gab ich keuchend zurück. »Über dreißigmal bestimmt. Aber wir müssen einfach weitermachen.«

»Hör mal … Ich verstehe ein bisschen was von Motoren. Wenn es bis jetzt nicht geklappt hat, wird das auch nichts mehr.«

Ich lächelte. Weil er recht hatte. Und gleichzeitig auch nicht. Dieser Scheißmotor *würde* irgendwann anspringen. Das spürte ich. Während mir Mohsin dabei zusah, wie ich mich wie wild abschuftete, gab mir sein Gesichtsausdruck zu verstehen, dass ich mich an eine ganz bestimmte Art des Leidens gewöhnt hatte.

Die Sandmücken genossen das reichhaltige Angebot. Inzwischen lagen über sechzig Versuche hinter uns. Jedes Mal sprühten Funken, und der Motor gab ein Geräusch von sich. Jedes Mal glaubte ich, jetzt hätten wir es geschafft. Und jedes Mal stellte sich heraus, dass dem nicht so war. Manchmal legten wir eine kurze Pause ein und saßen in der erdrückenden Stille da, in der nur das schrille Summen der Insekten zu hören war, die sich an uns labten. Das reichte, um uns zu einem weiteren Versuch zu animieren. Wer aufhört, ist tot.

Über achtzig Versuche. Ich kam langsam ans Ende meiner Kräfte. *Noch mal. Nur noch einmal.* Ich bat Mohsin, den Motor in Position zu halten (das ganze Konstrukt war ziemlich wacklig). Dann sagte ich ihm, er solle ein wenig Benzin in den Vergaser träufeln. »Der braucht das jetzt!« Mohsin übertrieb es mit der Menge. Das war sehr gefährlich. Der Motor konnte explodieren.

Ich wickelte die Schnur erneut auf und warf mich mit dem ganzen Körper in die Zugbewegung. Der Zylinder drehte sich, und der Motor geriet in Brand, Flammen schossen hoch. Innerhalb von Sekunden verdampfte das letzte bisschen Wasser im System, und wir wussten, wir waren ganz dicht dran. Ich sprang auf und brachte die Schnur wie der an. Wir machten alles bereit, schütteten noch mehr Benzin in den offenen Vergaser und zogen an der Schnur. Der Motor erwachte zum Leben – ein wirbelndes, gefährliches Monster aus Metall und chemischen Reaktionen. Der Propeller drehte sich, das Boot machte einen Satz nach vorne. Wir sprangen hinein und schossen den Fluss hinauf.

Jetzt rasten wir plötzlich einfach so durch den kühlen Wind – ohne Insektenplage – und jauchzten vor Begeisterung. Das ganze Elend war vorbei, und der Erfolg machte uns übermütig. Wir gaben uns gegenseitig High Fives und riefen und lachten. Mohsin schüttelte lächelnd den Kopf: »Eins muss ich dir lassen: Du, mein Freund, gibst nie auf!«

***

Wenn man nie aufgibt, zahlt sich das manchmal aus. Im Jahr 2012 – nicht lange nach Lees Flyer-Aktion in New York City – kontaktierte uns eine Gruppe Yogastudio-Besitzer. Sie wollten eine Reise mit uns planen.

Eine aufregende neue Chance. JJ sagte, für eine Klientel mit solchen Ansprüchen bräuchten wir besseres Essen. Und so lernten wir Roy Riquelme kennen, der die erste Yoga-Tour als Koch begleitete. Roy hatte Erfahrung. Er war in Madre de Dios aufgewachsen und hatte sich seinen Lebensunterhalt mit Arbeit in den Lodges am Tambopata verdient. Außerdem hatte er auf Expeditionen Organisationen wie den World Wildlife Fund (WWF), Conservation International, die Zoologische Gesellschaft Frankfurt und viele andere versorgt. Er war durch und durch Profi, und das stellte er mit jeder seiner Mahlzeiten unter Beweis.

JJ, Mohsin und ich leiteten die Expedition mit der Yoga-Gruppe. Dass wir besseres Essen anbieten konnten als Reis und Bohnen, machte einen gewaltigen Unterschied. Die Gäste freuten sich sehr darüber, so erlesene Gerichte der peruanischen Küche kennenzulernen. Roy versorgte uns alle mit einem permanenten Lächeln im Gesicht. Er schnibbelte, hackte und kochte und verwöhnte uns mit Mahlzeiten, die uns alle vor Wonne aufstöhnen ließen.

Inzwischen hatte Mohsin sein Training als Dschungelführer abgeschlossen. Er, JJ und ich waren perfekt aufeinander abgestimmt.

Wir wussten genau, worauf es ankam. Und die Woche mit der Yoga-Gruppe aus New York lief perfekt. Wir kletterten auf Bäume, befuhren die Flüsse mit dem Floß, machten Nachtwanderungen und verdeutlichten unseren Gästen die unmittelbare Bedrohung, die von der Lucerna-Straße ausging.

Als sie uns verließen, waren sie beeindruckt.

So beeindruckt, dass sie auch *Junglekeeper* werden wollten. Sie fragten, wie sie helfen könnten. Wir erzählten ihnen, dass wir uns zunächst als peruanische Nichtregierungsorganisation registrieren lassen müssten, wenn wir eine Naturschutzorganisation gründen wollten.

Begeistert verkündeten sie, sie wollten uns dabei unterstützen.

Schon bald arbeitete ich am Entwurf eines Logos, brachte zahllose Ideen zu Papier und sprach mit Designern. In Puerto Maldonado setzten sich JJ und Roy mit Anwälten auseinander, um eine Geschäftsordnung und eine Organisationsstruktur zu erstellen. Als echte Naturschutzinitiative mussten wir unsere Mission in Worte fassen. Das war nicht schwer: Wir wollten den Fluss Las Piedras schützen. Wir bildeten einen Vorstand. Wir setzten einen Gesellschaftsvertrag auf. Wir stellten Ranger ein. Wir baten Freunde und Angehörige um Spenden, und unsere neuen Yoga-Freunde halfen uns bei den Kosten für Anwälte und offizielle Dokumente. Alles ging sehr schnell voran. Bald würden die *Junglekeepers* zur Realität werden.

Außerdem war mein Video mit dem Material aus den Kamerafallen, das inzwischen den Titel »An Unseen World« (»Eine verborgene Welt«) trug, auf dem Forum of Forest der Vereinten Nationen 2013 als bester Kurzfilm ausgezeichnet worden. In einem Telefonat fragte man mich, ob ich mir vorstellen könne, den Preis auf einer Veranstaltung in Istanbul entgegenzunehmen und eine Rede über meine Arbeit in Amazonien und die Zukunft des Dschungels zu halten.

Monate später stand ich plötzlich auf einer Bühne, trug einen Anzug und fragte mich, was ich mit meinem Haar anstellen sollte. Das waren immerhin die Vereinten Nationen. Unter den Anwesenden befanden sich indigene Menschen in Führungspositionen aus Brasilien und Filmemacher aus allen Ländern der Welt. Ich hielt den besten Vortrag, den ich damals halten konnte. Besonders toll war er wahrscheinlich nicht, aber die Tatsache, dass ich mit Lee nach Istanbul reisen konnte, um dort meinen Film auf einer großen Leinwand und gemeinsam mit einem internationalen Publikum zu sehen, war eine außergewöhnliche Erfahrung. Der Film ging auf einem bescheidenen Level viral, machte im Internet die Runde. Das Onlinemagazin *Yale Environment 360* berichtete darüber, und auf Mongabay.com gab es ein weiteres Interview mit mir – diesmal über den Film.

Was ich bei der ganzen Sache vor allem lernte, war ein einfacher und kurzer Grundsatz. Ich befolge ihn so hundertprozentig, dass ich ihn hier erwähnen muss: Immer ans Telefon gehen.

Wenn ich den Anruf der Vereinten Nationen damals lachend als Betrugsversuch abgetan hätte, hätte mich möglicherweise nie die Nachricht erreicht, die schließlich dazu führte, dass ich mich nun als »preisgekrönten Dokumentarfilmer« bezeichnen darf. Einfach so.

Deshalb meine Botschaft an alle: Immer ans Telefon gehen. Es lohnt sich trotz der ganzen Spam-Attacken, der Reklame-Anrufe und der »Verwählt«-Entschuldigungen. Denn es besteht immer die Möglichkeit, dass sich aus einem Anruf etwas ganz Wunderbares entwickelt. Meistens geht es um etwas Banales oder sogar Ärgerliches. Aber man kann nie wissen. Wenn das Telefon klingelt, ist vielleicht die Regierung dran, die mit einem sprechen möchte – oder das Universum.

Ein weiteres Beispiel für einen solchen lebensverändernden Anruf von einer unbekannten Nummer stammt aus der Zeit kurz nach meinem Besuch eines Vortrags von Jane Goodall in New York City. Ich war mit meiner Mom und meiner Frau Gowri dort gewesen, und wir hatten die Legende persönlich erlebt. In Fleisch und Blut. Sie hatte einen aufregenden Vortrag gehalten und sich hinterher hingesetzt, um ihre begeisterten Fans zu begrüßen und sich mit Hunderten und Aberhunderten von ihnen fotografieren zu lassen. Alle waren ganz versessen auf ein Bild mit einer lebenden Koryphäe gewesen.

Ich hatte inzwischen fast ein Jahr lang einzelne Kapitel für ein Buch verfasst. Meine Cousine Danielle, die ich sehr bewunderte, hatte mir mehr als einmal gesagt, ich solle doch eines schreiben. Deswegen hatte ich meine Lieblingsgeschichten aufgeschrieben und sie in der Familie und unter Freunden verteilt. Ich hatte Feedback erhalten. Und vor Jane Goodalls Vortrag hatte ich alles fein säuberlich ausgedruckt und einen Begleitbrief verfasst. Darin hatte ich erklärt, dass ich im Amazonas arbeitete, ein Buch zu schreiben hoffte und es unglaublich zu schätzen wüsste, gegebenenfalls Unterstützung von ihr zu erhalten. Es war einen Versuch wert.

In der Schlange mit den anderen Menschen aus dem Publikum wartete ich auf meinen Augenblick mit Jane. Es war ein wenig surreal, sie zu sehen. Obwohl sie gerade einen langen Vortrag hinter sich hatte und zahlreiche Menschen darauf warteten, sie zu treffen, begrüßte sie jeden Einzelnen mit überraschender Anmut. Sie sorgte für einen kurzen, aber bedeutungsvollen Augenblick, den wir alle für den Rest unseres Lebens nicht mehr vergessen würden.

Ich dankte ihr für ihre Arbeit und überreichte ihr einen A4-Umschlag mit zwei Kapiteln. Dann bat ich sie, den Text zu lesen, wenn es ihre Zeit ermögliche. Und ich erzählte ihr, wie unglaublich der Amazonas sei. Sie legte den Umschlag auf einen Seitentisch und bedankte sich. Wir machten ein Foto. Das war alles.

Wenigstens hatte ich es versucht. Mehr konnte ich nicht tun. Nach der Veranstaltung war mir allerdings klar: Es bestand nur eine verschwindend geringe Wahrscheinlichkeit, dass eine so berühmte und viel beschäftigte Persönlichkeit (und sprechen wir es ruhig aus: in diesem Alter!) die Zeit oder die Motivation hätte, alles zu lesen, was ihr irgendwelche eifrigen Fans überreichten.

Ich sollte mich täuschen.

Bereits am nächsten Abend erhielt ich eine E-Mail ihrer Assistentin. Jane Goodall selbst habe die Kapitel während einer Zugfahrt gelesen und sei begeistert. Sie werde mich mit Freuden unterstützen, wenn ich einen Verlag gefunden hätte.

Mom, Dad, Michelle, Gowri und ich feierten diesen so unglaublichen Erfolg.

Vor diesem Hintergrund verwandelte ich mich fast in einen Vollzeitautor. Ich strukturierte meine Kapitel, entwickelte einen Plot, besorgte mir im Buchladen Literatur zur Verlagswelt. Ich strengte mich sehr an, um ein sechzigseitiges Exposé mit Informationen zu meinem Buch zu erstellen – eine Mammutaufgabe. Das Ergebnis schickte ich an mehrere Literaturagenturen in New York City. Und kassierte sehr schnell Absagen von allen. Einige glaubten mir meine Geschichten nicht. Andere waren überhaupt nicht interessiert. Ein einziger angesehener Agent nahm sich die Zeit für ein ausführlicheres Ablehnungsschreiben. Er teilte mir mit, ich habe nichts Neues zum Thema Amazonas beizutragen, sei unqualifiziert und wenig mehr als ein orientierungsloser Kindskopf, jedenfalls kein richtiger Mann. Er meinte, die Welt brauche keinen begeisterten Typen, der zu jung und zu sehr von sich selbst überzeugt und zu ehrgeizig sei, um zu wissen, was gut für ihn sei. Wenn ich jemals etwas veröffentlichen sollte, so erklärte mir der Agent, würde das noch viele Jahre dauern. Ich sei einfach noch nicht so weit.

Die Wände, gegen die man prallt, sollen diejenigen aufhalten, die nicht genug für ihren Traum brennen.

Ich vertiefte mich wieder in die Fachliteratur. Die meisten dieser Bücher waren groß und schwer genug, um damit ein Fitness-Work-out durchzuführen. Hunderte von Seiten zur Verlagswelt. Unter anderem fand ich darin professionelle Lektorinnen und Lektoren, die irgendwann einmal in einer Agentur oder einem Verlag gearbeitet hatten und nun Menschen bei der Erstellung ihrer Exposés berieten. Ich rief mehrere von ihnen an. Manche teilten mir mit, die Kosten für ihren Service beliefen sich auf 10.000 Dollar. Andere verlangten sogar noch mehr. Alle äußerten sich skeptisch im Hinblick auf mein Alter. Wir schrieben ungefähr das Jahr 2013, und ich war immer noch Mitte zwanzig, nichts als ein Jungspund voller wilder Geschichten. Eine Frau – Linda Carbone – rief mich zurück.

Fast eine Stunde lang sprach sie mit mir über den Amazonas und über meine Art zu schreiben. Die gefiel ihr. Sie konnte allerdings nicht begreifen, warum sich mein Exposé so schlecht las. Sie erklärte mir, kein Verleger werde sich ein Exposé ansehen, das nicht professionell erstellt worden war. Meins war weit von diesem Niveau entfernt. Ich erzählte Linda von meiner extremen Lese-Rechtschreib-Schwäche. Ich könne zwar schreiben und eine Geschichte entwickeln, sagte ich ihr, ein Marketing-Dokument von mehr als sechzig Seiten überfordere mich jedoch, was die nötige Struktur und die Genauigkeit betreffe.

Linda erklärte mir, sie verlange in solchen Fällen üblicherweise ein Honorar von 5.000 Dollar. Ich hätte 1.300 Dollar auf dem Konto, entgegnete ich. Daraufhin erklärte sich Linda bereit, den Auftrag für 1.300 Dollar zu übernehmen. Sie mochte mich, meine Arbeit und den Dschungel. Wenig später schickte sie das Exposé an einige ihrer Kontakte. Die meisten lehnten es ab. Inzwischen hatte ich von fast allen Verlagen in New York City Absagen erhalten. Ich bereitete mich allmählich auf die Realität vor, in der einige freundliche Worte einer Heldin und der Glaube der eigenen Mutter an dein Talent nicht gleich bedeuten, dass du Erfolg haben wirst.

Dann kam die E-Mail von Lindsay Edgecombe. Lindsay war eine beeindruckende junge Agentin bei Levine Greenberg, die die ihr von mir zugesandten Kapitel gelesen hatte. Ihre Antwort klang sehr begeistert: »Lieber Paul, ich habe Ihre Unterlagen gestern Abend mit nach Hause genommen und konnte sie gar nicht mehr aus der Hand legen. Ich finde Ihr Projekt wirklich großartig und wäre sehr an einer Zusammenarbeit interessiert. Mein Bauchgefühl rät mir, dieses Buch unter Vertrag zu nehmen. Der Amazonasdschungel, den Sie da beschreiben, ist einfach nur magisch, und Sie vermitteln eine sehr wichtige Botschaft.«

Für mich ging ein Traum in Erfüllung! Sie war begeistert von den Kapiteln, in denen ich über den Schwimmenden Wald und meine Lieblingsameisenbärin Lulu geschrieben hatte. Wir wurden uns einig. Kurz darauf trafen wir uns in Manhattan, um am Pitch des Buches zu arbeiten. Ein paar Monate später besuchten wir zusammen alle großen Verlagshäuser der Stadt. Wir waren schließlich in New York. Die Türen der bis dahin unzugänglichen Wahrzeichen der Metropole, aus der ich stammte, öffneten sich plötzlich. Seite an Seite saßen Lindsay und ich da und machten Werbung für ein Buch, das die Menschen wie kein anderes vorher ins Amazonasgebiet führen würde. Nicht viel später erwarb HarperCollins die Rechte an dem Buch, das einmal »Mother of

God. An Extraordinary Journey into the Uncharted Tributaries of the Western Amazon« (»Mutter Gottes. Eine außergewöhnliche Reise auf den unerforschten Nebenflüssen des westlichen Amazonas«, nicht auf Deutsch erhältlich) heißen sollte.

Ich würde Autor werden.

***

Ich wusste nur zu gut, dass ich ganz außergewöhnliches Glück gehabt hatte, und in den kommenden Monaten arbeitete ich an diesem Buch, als hinge mein Leben davon ab. Ich machte Push-ups zum Soundtrack von »8 Mile«. Schrieb stundenlang Tagebuch. Rannte viele Kilometer. Plötzlich veränderte sich alles. Ich trainierte für das Leben. Die meisten Menschen bekommen keine solche Chance. Ich machte ganze Nächte durch. Blätterte durch sämtliche Dschungeltagebücher und schickte die neu entstandenen Kapitel meiner Schwester, der ich als literarische Autorität am meisten vertraute. Anschließend gingen sie an Lindsay und danach an HarperCollins. Als alles angenommen war, wurde es Zeit, Jane Goodall um ihr Geleitwort zu bitten.

Und in dieser Situation klingelte einmal mehr das Telefon.

Ich war zu Hause in New York und spazierte gerade mit Gowri und einigen Freunden den Hudson River entlang. Meine Mutter teilte mir mit, dass sie vor wenigen Augenblicken einen Anruf von einer ihr unbekannten Nummer erhalten hatte: Es war Janes Assistentin gewesen. Jane sei in New York City und wolle heute Abend mit mir essen gehen.

Wir rasten nach Hause, duschten schnell und machten uns sofort auf den Weg in die Innenstadt. Michelle, Gowri und ich trafen Jane in ihrem Hotelzimmer. Wir bestellten indisches Essen, und zwar vegetarisches.

»Was möchten Sie trinken?«, erkundigte sich Jane.

Ich wollte auf Nummer sicher gehen. »Wasser, denke ich.«

»Was für eine Enttäuschung«, erklärte sie mit einem sehr britisch anmutenden Schmollmund. »Dann werde ich mich wohl allein dem Alkohol widmen müssen. Dave Matthews hat mir diesen herrlichen Whisky zukommen lassen …«

»Okay, wunderbar! Das wäre perfekt!«, ruderte ich schnell zurück. Ich wollte nur zu gern Whisky mit ihr trinken.

Außerdem fand ich heraus, dass sie zwar fast achtzig war und sich für Friedensbemühungen und konkrete Umweltschutzmaßnahmen in Erdmutter-Manier einsetzte, jedoch noch längst nicht zum alten Eisen gehörte. Diese Frau brannte. Sie war eine Kriegerin, die den Status quo und das Schicksal der Natur schon länger bekämpfte, als die meisten von uns überhaupt auf der Welt waren.

Wir sprachen den ganzen Abend über Naturschutz. Irgendwann breiteten wir Karten und Laptops auf dem Bett aus. Sie erklärte uns ihre Strategie an Orten wie Borneo und im Kongo. Sie hob die Bedeutung der Regenwälder hervor, die sechs Prozent der Landmasse auf unserem Planeten ausmachten, zugleich jedoch die Hälfte der gesamten biologischen Vielfalt beheimateten. Sie hatten oberste Priorität. Dann ging es um die Bestände im völlig überfischten Ozean. Sie fragte mich nach meinem Plan. Nach meiner Strategie. Ganz geradeheraus, und dabei schaute sie mir direkt in die Augen, wartete auf Antwort. Wie ein General, der einen Bericht von der Front verlangt. In ihrem Pragmatismus ausstrahlenden, entschlossenen Blick erkannte ich das Gegenteil des ganzen dramatischen Umweltaktivismus, mit dem ich aufgewachsen war. Dabei kam mir das Zitat des Street-Art-Künstlers Banksy in den Sinn: »In diesem Augenblick endet die Verzweiflung, und die Taktik setzt ein.«

Ich erzählte Jane vom *Junglekeepers*-Projekt. Erklärte ihr, warum die *Transamazônica* eine so große Bedrohung hatte und dass wir die Rodungen beenden mussten, bevor sie die entscheidenden Gegenden erreichten. Ich gab ihr einen Überblick über die verschiedenen besonders geschützten Gegenden wie das Nationalreservat von Tambopata, den Nationalpark Alto Purús, den Manu-Nationalpark und die *Reserva Comunal Amarakaeri*, und fügte hinzu, dass Las Piedras völlig schutzlos inmitten der Landschaft liege. Wir beide stimmten darin überein, dass es in Afrika einfach war, die Menschen zum Einsatz für eine bestimmte Tierart zu bewegen, zum Beispiel für Elefanten oder Nashörner. Im Falle des Regenwaldes galt es jedoch, ein zusammenhängendes Ökosystem zu retten.

»Das müssen Sie den Menschen klarmachen: Der Wald an sich lebt und hat quasi ein Bewusstsein – das ist Ihre charismatische Megafauna. Ein Dschungel von der Größe eines Kontinents, unvorstellbar schön. Die Menschen müssen begreifen: Es geht um einen Schatz unserer Welt.«

»Darf ich Ihnen etwas zeigen?«

»Natürlich«, erwiderte sie mit einem Lächeln. In ihrem weisen Amüsement glich sie dem Zauberer Gandalf.

Auf ihrem Laptop spielte ich meinen Kurzfilm ab.

»Ach, wie herrlich!«, rief sie aus und klatschte vor Freude in die Hände. »Unglaublich, wie viele Tiere es dort gibt, wie lebendig dieser Wald ist. Etwas so Besonderes. So Besonderes. Und genau aus diesem Grund werde ich das Geleitwort für Sie schreiben, genau aus diesem Grund unterstütze ich Ihr Buch.« Sie schaute mich mit einer entwaffnenden Strenge an. »Sie müssen das, was Sie haben, so gut es nur geht nutzen, um alles zu schützen, was sich schützen lässt. Diese Chance bietet sich nie wieder. Entweder retten wir den Regenwald, oder wir verlieren ihn für immer. Sie verstehen das, glaube ich. Darum vertraue ich Ihnen.«

Ich nickte und bestätigte es.

Nun zeigte mir Jane ihrerseits ein Video. Darin sah ich sie, wie sie eine Schimpansin an einer Stelle im Wald auswilderte, wo das Tier in Sicherheit sein würde. Sie hatte das Weibchen noch nie zuvor gesehen, doch bevor es im Dschungel verschwand, hielt es inne, wandte sich Jane zu und umarmte sie eine Minute lang ganz fest.

»Unglaublich, oder?« Janes Augen strahlten.

Sie wirkte gleichzeitig überwältigt und stolz. Ihre aufgeregte Freude war ansteckend. Wir hatten Spaß zusammen. Tranken Whisky und überlegten uns dabei, mit welcher Strategie sich die Welt retten ließe. Außerdem erzählten wir uns gegenseitig von unseren schönsten Erlebnissen aus unseren Einsatzgebieten.

»Ich muss Sie etwas fragen …«, setzte sie mit einem teuflischen Grinsen an. »Schwimmen Sie im Amazonas?«

»Jeden Tag!«

»Sind Sie dabei jemals nackt?«

»Niemals.«

»Das würde ich als Mann auch so handhaben. Wenn man sich überlegt, wie viele Fische und andere Lebewesen dort herumschwimmen, ist es wahrscheinlich keine gute Idee, eine große fette Made vor ihnen herumbaumeln zu lassen, nicht wahr?«

Wir brachen alle in Gelächter aus, und ich erwiderte, dass JJ und ich aus genau diesem Grund nie nackt im Amazonas schwimmen würden.

Beim Abschied umarmten wir uns, und Jane wiederholte, dass ich nicht vergessen dürfe, was sie mir Wichtiges gesagt hatte. Alles schien wie ein Traum.

Als wir unten auf der dunstigen Straße zwischen den gelben Taxis angekommen waren, hatte ich das Gefühl, etwas Magisches sei geschehen. Nichts war mehr wie zuvor. Wir mussten diesen Fluss schützen. Wir *würden* diesen Fluss schützen. Ich würde ein Geleitwort von Jane Goodall für mein Buch erhalten. Es war, als hätte mir jemand das Zauberschwert Excalibur überreicht. Plötzlich spürte ich neue Hoffnung in mir aufkeimen – und die war eine Waffe, die mir Türen öffnen und den Weg erhellen und die Kompassnadel so ausrichten würde, dass ich stets wusste, wo Norden war. Wenn die Rettung des Flusses die Mission meines Lebens war, hatte ich jetzt etwas, mit dem ich wirklich kämpfen konnte. Und was noch wichtiger war: Ich glaubte jetzt ohne jeden Zweifel daran, mich auf der Reise zu befinden, die für mich bestimmt war.

Ich musste JJ anrufen.

Nachdem ich die Arbeit am Manuskript für *Mother of God* beendet hatte, schickte ich es Jane und bekam im Gegenzug ihr Geleitwort. Sie hatte Folgendes geschrieben:

> *Vor Ihnen liegt ein auf jeder einzelnen Seite fesselndes, manchmal verstörendes und immer überzeugendes Buch. Teile davon werden Sie verfolgen, manche Szenen werden Sie nie wieder vergessen. Und mit jedem Wort werden Sie die wachsende Sorge des Autors*

um die Zukunft des Regenwaldes spüren. Seinen Wunsch, diesen Garten Eden in seiner ganzen Schönheit und Wildheit zu bewahren.

Jane Goodall
PhD und UN-Friedensbotschafterin

DIE KÖNIGIN DES AMAZONAS

Anakondas sind lebend gebärend, ihre Jungen schlüpfen also nicht aus Eiern. Sie verlassen ihre Mutter in einem Dottersack, umhüllt von einer durchsichtigen Membran – als würden sie in einem Baby-Starterpack geliefert.

Zu Beginn ihres Lebens sind sie kleiner, als man annehmen würde, etwa sechzig Zentimeter lang. Führt man sich das vor Augen, erscheint es fast unglaublich, dass sie irgendwann einmal eine so enorme Länge und ein immenses Gewicht erreichen können. Wegen dieser drastischen Größenveränderung nimmt die Anakonda viele verschiedene Rollen in der Nahrungskette ein. Von kleinen Schlangen im Wasser, die von Reihern, Kaimanen und Fischen verschlungen werden, entwickeln sie sich zum Spitzenräuber – zum Apexprädator – an den Ufern des Amazonas.

Der Fachbegriff für die verschiedenen Ebenen im Nahrungsnetz eines Ökosystems lautet »Trophieniveaus«. Sie repräsentieren den Energie- und Nährstofffluss innerhalb dieses Systems. Es beginnt mit den Primärproduzenten wie Pflanzen und Algen, die Sonnenlicht in Energie umwandeln und damit die Grundlage der Nahrungskette bilden. Alle Bäume und Lianen im Dschungel kämpfen sich aufwärts, alles im Wald will nach oben, zum Sonnenlicht. Viele Bäume investieren ihre gespeicherte Energie in die Entwicklung riesiger Stämme mit starken Ästen, um ihre Blätter ins Licht strecken zu können. Viele Pflanzen fokussieren sich auf chemische Abwehrstoffe und Dornen, um sich gegen die Primärkonsumenten des Ökosystems zu verteidigen: Insekten und Pflanzenfresser. Blattschneiderameisen, die Blattteile in unterirdische »Städte« bringen, wo aus ihnen essbare Pilze wachsen. Rehe, die junge Triebe fressen. Die Sekundärkonsumenten sind Schlangen und Vögel und Frösche, die Insekten und kleine Tiere verschlingen. Ganz oben folgen die Tertiärkonsumenten oder Spitzenräuber: Jaguare, Harpyien, Schwarze Kaimane, Riesenottern – und die Titanin unter ihnen: die Anakonda.

Die Energieübertragung von einem Trophieniveau in ein anderes ist nicht effizient, denn jedes Mal geht ein Teil verloren. Das ist übrigens auch einer der Gründe, warum eine pflanzenbasierte Ernährung im Allgemeinen als nachhaltiger für die Menschheit betrachtet wird. Und der Grund, warum es viele Bäume und wenige Jaguare gibt. Warum wir weite Grasflächen mit Millionen von Eichhörnchen und Vögeln und Fröschen, mit Tausenden von Rehen oder Elchen haben, in denen es aber nur ein paar Wölfe gibt. Ökosysteme sind energieökonomisch. Und interessanterweise gelten dieselben Regeln, die in diesem Rahmen des chemisch-physikalischen Austauschs das Gleichgewicht und die Möglichkeiten bestimmen, auch mehr oder weniger für die globale kapitalistische Geldwirtschaft. Waldrodungen und die sich daraus ergebenden unzureichenden Regenfälle verursachen beispielsweise eine Dürre, die zehn Millionen Bauern in Indien betrifft. Auf diese Weise entsteht eine Hungersnot, und die Wirtschaft wird beeinflusst.

Als Spitzenräuber sind Anakondas besonders anfällig für die Biomagnifikation von Giften wie Quecksilber. Die Schlangen nehmen das sich ansammelnde Quecksilber wahrscheinlich aus den niedrigeren Ebenen der Nahrungskette auf. Auf diese Weise werden Anakondas zu wichtigen Indikatoren für das Gesundheitsniveau ihrer Gemeinschaft, und natürlich birgt das ein Risiko für die Tiere. Durch das Fressen von Beutetieren und die Übertragung durch die Mutter nehmen diese Schlangen möglicherweise nach und nach so viele kontaminierte Stoffe auf, dass ihre neuromuskulären Funktionen ernsthaft in Mitleidenschaft gezogen werden können. Nicht gut für eine Schlange, die Koordination und Kraft benötigt, um in der am stärksten umkämpften Biowirtschaft der Welt zu überleben.

Im Jahr 2014 gab es immer noch keine verlässlichen Angaben zur Anzahl der Anakondas im Amazonasgebiet von Peru. Dadurch war man außerstande, grundlegende Schätzungen vorzunehmen. Und es ließ sich unmöglich sagen, ob sich die Tiere vermehrten oder weniger wurden. Zu Aras oder Jaguaren oder Harpyien gab es Daten. Für die meisten Spezies liegt eine Einteilung gemäß dem Washingtoner Artenschutzübereinkommen vor, dem Übereinkommen über den internationalen Handel mit gefährdeten Arten frei lebender Tiere und Pflanzen. Diese Einteilung gibt an, ob ein Tier etwa als »weniger gefährdet«, »gefährdet«, »auf kritischem Level gefährdet« oder »ausgestorben« gilt. Es handelt sich um eine weltweit geltende Vereinbarung zwischen Regierungen, in der es darum geht, den internationalen Handel mit bedrohten Tierarten zu regulieren oder zu unterbinden. Zu den Anakondas in den Niederungen des tropischen Amazoniens fand sich lange nur eine einzige Zeile ganz unten in den wissenschaftlichen Berichten über Populationsdynamik oder ihren Erhaltungsstatus: *Daten nicht ausreichend*. Es hätte also vermutlich keine Überraschung sein sollen, dass die ökotoxikologischen Informationen für diese Riesenschlangen quasi nicht existierten.

Seit der Nacht, in der JJ und ich dem Monster begegnet waren, das ich im Schwimmenden Wald zu reiten versucht hatte, träumten wir davon, eine Studie durchzuführen, und im Jahr 2014 wurden unsere Gebete erhört. Eine Fernsehgesellschaft bot an, einige Millionen Dollar in das Projekt zu investieren. Sie würde uns bei der Logistik, der Finanzierung und den Genehmigungen helfen und auf diese Weise dafür sorgen, dass unsere Studie zu Anakondas und Quecksilberkontaminierung Wirklichkeit würde. Allerdings war dies an eine Bedingung geknüpft, die starke Bedenken in mir erregte: Für das Ende der Sendung würde ich einen speziellen festen Taucheranzug anziehen müssen, damit die Mitarbeitenden der Fernsehgesellschaft beobachten konnten, ob die Schlange versuchen würde, mich zu fressen.

Eine völlig absurde Idee, aber ich kam zum Schluss, dass es das Risiko wert wäre, wenn wir dafür alles bekämen, was wir wollten. Wenn wir diese Expedition und diese Studie durchführen könnten und es uns gelingen würde, eine Sendung zu produzieren, die in der Welt Anklang finden würde, könnten wir einen riesengroßen Teil des Urwalds schützen. Ich unterschrieb also den Vertrag.

Der nächste Schritt bestand darin, ein Team aufzustellen.

JJ, Mohsin und ich wählten einige der Menschen aus, denen wir am meisten vertrauten. Zu ihnen gehörte Lee Rando, denn als mein ältester Freund hatte er mich quasi schon als Baby gekannt. Patrick Champagne war ein junger kanadischer Biologe, der bereits als Führer für uns gearbeitet und dabei sein außergewöhnliches Talent für Herpatologie unter Beweis gestellt hatte. Er konnte uns bei Erkenntnissen über die inneren Organe der Tiere unterstützen. Außerdem gab es da Lucy Dablin, eine britische Wissenschaftlerin. Meine Frau Gowri. Joonas Hesso, ein guter Freund, hatte den finnischen Special Forces angehört und war außerdem einer der widerstandsfähigsten Menschen, die mir je begegnet waren. Er und ich hatten im Jahr zuvor eine etwa sechs Meter lange Anakonda im Griff gehabt, und er wusste, worauf es ankam, wenn man mit einem Drachen rang.

***

Jetzt hatten wir also unser perfektes Team zusammengestellt. JJ leitete die Expedition, Pico war für die Boote zuständig. Weil er sich wegen seiner Beinverletzung immer Sorgen um seine wirtschaftliche Situation machen musste, freute sich Pico besonders über die regelmäßige Arbeit. Die Expedition sollte sechs Wochen dauern. Für die Fernsehproduktion würden wir mit einer Crew aus Los Angeles zusammenarbeiten, also quasi mit Hollywood. Diese Leute standen für das Projekt beim Discovery Channel unter Vertrag. Ich teilte ihnen mit, dass Bootsführer für gewöhnlich hundertfünfzig Dollar pro Tag bekämen, obwohl es in Wirklichkeit dreißig Dollar waren. Als Pico erfuhr, wie viel er verdienen würde, kippte er fast um. Er fluchte und schluckte und umarmte mich fest. So viel Geld hatte er noch nie in seinem Leben gesehen. Am Ende des Projekts konnte er den Lehmboden in seinem Haus durch einen neu gegossenen Betonboden ersetzen.

Für die ersten paar Wochen der Expedition hatten wir unsere Basis am Rand des Schwimmenden Waldes eingerichtet. Wir entdeckten einige Anakondas, aber keine, die groß genug gewesen wären, um in Filmaufnahmen beeindruckend zu wirken. Wir fanden vor allem junge Tiere, erfassten sie und begannen, Daten für unsere Studie zu sammeln. Dabei machten wir einiges durch. Jeden Tag mussten wir in die Sümpfe. Jeden Tag standen wir bis zum Hals im Wasser. Den ganzen Tag, die ganze Nacht in den Sümpfen. Am Ende der ersten Woche waren wir völlig fertig. Doch wir glaubten uns auf einem guten Weg.

Die Produzenten waren allerdings anderer Ansicht. Das Fangen einiger Babyschlangen und das Erfassen ihrer DNA und ihrer Quecksilberwerte reichten nicht fürs Fernsehen: nicht sexy genug. Die Wissenschaft im Amazonasgebiet lieferte einfach nicht ab.

In der zweiten Woche erhielten wir einen Anruf. Am Apparat war ein älterer Studiochef, der sich aus einem klimatisierten Büro in Los Angeles meldete – ohne jede Vorstellung davon, wie sich unsere Arbeitsbedingungen gestalteten. Ihn interessierte nur, was für ihn dabei rauskam. »Hören Sie mir gut zu«, sagte er. »Wir brauchen was richtig Gefährliches. Das Publikum muss mitfiebern.«

Ich erklärte ihm, dass wir dafür keine Zeit hätten.

»Keine Zeit?!« Er führte in drastischen Worten aus, wie man dem ganzen Unternehmen ein Ende bereiten und mich für den Verlust von drei Millionen Dollar verantwortlich machen würde, wenn ich seine Bedingungen nicht erfüllte.

Tatsache war: Wir hatten keine Angst vor dem Dschungel. Und wir waren keine Schauspieler und Schauspielerinnen. Die Angelegenheit fürs Fernsehen gefährlich wirken zu lassen, erschien uns unehrlich. Also kamen wir alle zusammen und besprachen, was wir tun könnten. Zudem ließ uns die Fernsehgesellschaft eine Liste potenzieller »Gefahrenszenarien« zukommen:

1. *Paul kämpft mit einem Bullenhai.*
2. *Jemand wird von einer Giftschlange gebissen.*
3. *Piranhas und ein Eimer voller Blut!*

Zu Punkt eins musste ich den Produzenten erklären, dass Suchmaschinen möglicherweise den Eindruck erweckten, in Amazonien gäbe es Bullenhaie. Dieses Phänomen trete jedoch lediglich in Iquitos auf und sei auch dort sehr selten. Ich musste sie daran erinnern, dass das Amazonasgebiet in seiner Größe den Festlandstaaten der USA entsprach. Die Gegebenheiten waren also nicht überall gleich. Blieb die Frage, wie genau ich einen Hai bekämpfen sollte. Sie erklärten, sie würden einen Hai einfliegen lassen. Das Publikum würde den Trick nicht bemerken. Ich weigerte mich.

Was die Idee mit der Giftschlange betraf, waren nicht viele Erklärungen nötig. Es endete damit, dass ich die Leute anschrie.

Der Vorschlag mit dem Blut und den Piranhas war der lächerlichste. Die Idee dahinter war, dass wir eine Szene nachstellen sollten, in der wir den Fluss hinabfuhren. »Dann hält Paul plötzlich das Boot an, weil er gefährliche Schwarze Piranhas entdeckt hat. Heldenhaft schüttet er zwei Eimer Blut in den Fluss, um die Tiere abzulenken. Es gelingt ihm, das Team sicher an dem Schwarm mordlustiger Fische vorbeizuführen.«

Ich sollte also *heldenhaft* Blut in den Fluss schütten. Alles klar. Aber wie zum Teufel sollten Piranhas im Wasser irgendeine Bedrohung für uns darstellen, wenn wir in einem Boot saßen? Begriffen diese Leute denn nicht, dass wir jeden Tag in diesen Flüssen *schwammen?* Und wo in aller Welt sollten wir nicht einen, sondern sogar zwei Eimer Blut herbekommen? Das Ganze war völlig absurd. Meine Auseinandersetzungen mit der Fernsehgesellschaft gestalteten sich immer schlimmer. Die Verhandlungen mit diesen mächtigen Männern, die mich dazu bringen wollten, meine Seele den Dämonen des Entertainments zu verkaufen, setzten mich unter Stress und machten mir Angst.

***

Allmählich verbreitete sich die Neuigkeit, dass wir auf der Jagd nach der größten Schlange aller Zeiten waren, und irgendwann meldete sich der Freund eines Freundes, der in einer Forschungsstation weiter oben am Madre de Dios arbeitete. Er teilte uns mit, er habe in einem Sumpf in der Nähe der Station eine Schlange von beeindruckender Größe entdeckt. Wir schauten uns die Bilder an. Er hatte nicht übertrieben. Die Schlange auf der Aufnahme war größer als alle, die wir bisher auf Fotos gesehen hatten. Sie schien oft in dem Sumpfgebiet in der Sonne zu liegen. Wir änderten unsere Taktik, beluden die Boote und fuhren den Fluss hinauf.

Wir besuchten die *Los Amigos Biological Station*, die ihren Namen ihrer Lage beim Zusammenfluss der Ströme Los Amigos und Madre de Dios verdankte. Wir erfuhren, dass in den Achtzigerjahren ein Biologe namens Adrian Forsyth mit finanzieller Unterstützung der Intel-Gründer (der Stiftung Gordon and Betty Moore Foundation) die Gegend erforscht hatte. Ihm war es gelungen, das gesamte Mündungsgebiet des Los Amigos zum Schutzgebiet erklären zu lassen. Er hatte dafür gesorgt, dass dort kein Gold mehr gefördert wurde, und eine der hochqualifiziertesten und renommiertesten Forschungseinrichtungen geschaffen. Forsyth war eine Legende.

Wir waren auf das, was wir in Los Amigos vorfinden sollten, in keiner Weise vorbereitet. Bis zu diesem Punkt hatten meine sämtlichen Aktivitäten im Dschungel nur JJ und mich selbst einbezogen, manchmal auch Pico und in jüngster Zeit Mohsin. Hier gab es jedoch ein ganzes soziales Gefüge, einen großen Betrieb mit mehreren Gruppen aus Wissenschaftlerinnen und Wissenschaftlern und Forschenden. Wir betraten eine ganz neue Welt. Hier galten wir nicht als die »Cool Kids«. Eine der leitenden Forscherinnen bekam mit, dass unsere wilde Gang von einer aus zehn Leuten bestehenden Filmcrew begleitet wurde. Sie beschwerte sich bei ihren Vorgesetzten, weil sie keine eigene Filmcrew hatte. Die verblüfften Direktoren versuchten ihr zu erklären, dass sie keine Lösung für dieses Problem hätten. Das Wetter war schrecklich, es herrschten kalte Temperaturen, und es regnete ständig. Unser Team wirkte in der Einrichtung wie eine Gruppe ausgebrochener Zootiere.

Wir hatten den Dschungel aus der Perspektive der indigenen Menschen erfahren. Wir *waren* wild. Die Forschenden hingegen folgten ganz bestimmten Protokollen. Sie trugen Gummistiefel – die großen, schweren aus Kautschuk, die ich in meiner Kindheit und Jugend als »Regenschuhe« kennengelernt hatte. Sie nutzten befestigte Wege. Sie hielten sich an Regeln. Und vor allem schwammen sie nie im Fluss.

Wir begannen, das Sumpfgebiet zu erkunden und die Orte zu bestimmen, an denen es am wahrscheinlichsten war, einer Anakonda zu begegnen. Ein Kontaktmann zeigte uns einen Ort namens Pozo Don Pedro, an dem schon mehrfach eine »besonders große Anakonda« gesichtet worden war. Pozo Don Pedro wies eine auffallende Ähnlichkeit mit dem Schwimmenden Wald auf. Es handelte sich um einen tiefen Teich im Dschungel, der sich in der Mitte eines riesigen Sumpfsystems befand. Wie im Schwimmenden Wald gab es dort überall auf dem Wasser treibende Vegetation. Das Gebiet war von Aguaje-Palmen umgeben. Und weil Pozo Don Pedro zum Komplex der Station von Los Amigos gehörte, gab es am Ende des Trails sechs Meter lange Kanu-Einbäume aus Holz. Perfekt, um herumzupaddeln und sich auf die Suche nach Anzeichen für die Anwesenheit von Anakondas zu machen. Die ersten Tage verbrachten wir im wahrsten Sinne des Wortes bis zum Hals im Wasser. Wir durchkämmten den großen Sumpf, fanden jedoch keine ermutigenden Hinweise. Während meiner Expeditionen mit JJ und Pico hatte ich vor allem eins gelernt: Bei kaltem Wetter entdeckte man besonders häufig Anakondas, die nach einer Stelle suchten, an der sie sich sonnen konnten. Darum suchten wir auch immer im Juni nach ihnen, denn dann waren wir in Madre de Dios Kälteperioden ausgesetzt. An den ersten drei Tagen entdeckten wir allerdings gar nichts.

Unser Pech beschränkte sich nicht nur darauf, dass wir keine Anakondas fanden. Es kam noch dazu, dass die Mitarbeitenden in der Verwaltung der Forschungsstation uns absolut nicht leiden konnten. Es gab eine Forscherin, die ich hier »Biggie« nennen möchte. Sie war eine kleine indische Frau mit tyrannischem Blick. Im Rahmen ihrer Forschung fing sie Affen, rasierte ihnen bestimmte Körperstellen und klebte ihnen Transmitter auf die Haut. Außerdem sprühte sie ihre Schwänze mit rosa Farbe ein. Alles im Namen der Wissenschaft, nicht wahr? Biggie war einfach nur angewidert von uns. Und sie muss ziemlich viel Zeit damit verbracht haben, sich bei der Leitung über uns zu beschweren. Wir rauchten Zigaretten. Wir trugen nicht immer Schuhe. Und wenn wir nach langen Tagen aus den Sümpfen zurückkehrten, reichte uns eine tröpfelnde Dusche im Haus nicht aus. Wir wollten im Fluss baden, schwimmen und Spaß haben. Als Leiter meines Teams wurde ich oft ins Verwaltungsbüro zitiert, was bei mir Flashbacks an meine Highschool-Zeit und die Termine im Büro des Rektors auslöste. Dann erklärte man mir die Regeln, und ich erklärte wiederum, warum wir diese Regeln nicht befolgen konnten.

Mindestens einmal marschierte ich theatralisch ins Verwaltungsbüro und führte aus, dass ich es für unmenschlich hielt, wenn man Affen mit Farbe besprühte und ihnen Hautstellen rasierte.

Biggie war außer sich vor Wut.

Sie konfrontierte mich vor dem Team und in Anwesenheit mehrerer örtlicher Helfer. »Woher nehmen Sie das Recht, sich über mich zu äußern? Wer *sind* Sie überhaupt? Haben Sie einen Doktortitel? Nein. Haben Sie irgendwelche wissenschaftlichen Veröffentlichungen vorzuweisen? Nein. Sie haben kein Recht, sich an einem Ort wie diesem hier aufzuhalten, und Sie sind eine Schande für echte Forschende, die wirklich arbeiten. Waren Sie überhaupt am *College?*«

Kleinlaut erwiderte ich, ich hätte einen Bachelor in Umweltwissenschaften.

Sie lachte mich mit zusammengepressten Lippen aus. Ihre Knopfaugen sprühten vor Hass. »Halten Sie sich von mir fern«, warnte sie mich und erstach mich dabei fast mit einem ausgestreckten Finger.

Dann wandte sie sich um und wollte gehen. Ein alter Peruaner trug allerdings gerade Steigen voller Obst herein und ruinierte auf diese Weise ihren dramatischen Abgang.

Biggie warf beide Arme in die Luft. »José, was habe ich Ihnen über das Herumtragen von Waren gesagt? Dieser Weg ist für die Wissenschaftlerinnen und Wissenschaftler reserviert.«

Zum einen hieß dieser Mann nicht einfach nur José. Sein Name lautete Don José. Es handelte sich um einen alten Mann. Zum anderen trug er zwei Steigen mit Obst. Schwere Steigen. So schwer, dass er sie abstellte, als Biggie mit ihrer an ihn gerichteten Tirade begann. Er musste ihr zuhören, denn sie gehörte zu denjenigen, die hier das Sagen hatten. Aber solange sie sprach, konnte er das schwere Gewicht nicht in den Armen halten.

»*Lo siento*«, erwiderte er unterwürfig. »Es tut mir leid. Wenn es Ihnen lieber ist, werde ich beim nächsten Mal den anderen Weg benutzen. Heute hat der Lastwagen jedoch so dicht an diesem Weg gehalten, dass ich dachte, ich könnte –«

Sie unterbrach ihn sofort. »Nein«, rief sie, den Finger wieder ausgestreckt. »Sie machen das *jetzt*. Nehmen Sie den anderen Weg.«

Der alte Don José, der in seiner Arbeit unterbrochen und dessen Würde massiv verletzt worden war, gab sich geschlagen und hob die Steigen mit großer Mühe wieder auf. Dann wandte er sich um und ging in die entgegengesetzte Richtung davon.

Biggie stand da und beobachtete ihn, um sicher sein zu können, dass Don José ihr auch wirklich gehorchte. Dann warf sie uns einen letzten Blick zu. Wir sollten auf keinen Fall verpassen, welches Exempel sie gerade statuiert hatte. Wie eine Giftschlange, die überprüfte, ob es noch jemanden gab, den sie beißen musste.

Die Zeit in der Forschungsstation lehrte mich etwas ganz besonders Wertvolles über meine Zeit in Amazonien. Ich hatte Glück gehabt, weil ich den Urwald mithilfe der indigenen Menschen kennengelernt hatte. Hier fand ich nur eine Gruppe Doktorandinnen und Doktoranden vor, die aus verschiedenen Ländern hergekommen waren und eine Reihe festgelegter Protokolle und die Vorgaben der Lehrenden erfüllten, die sie unterrichtet hatten. Sie benutzten befestigte Wege, trugen Stiefel – der Urwald war für sie eine fremde Umgebung. Sie lernten den Wald nicht auf die Art und Weise kennen, wie er mir von JJ nahegebracht worden war. Es handelte sich lediglich um Beobachtende, die sich ein Trophieniveau von der Quelle der ungeahnten Magie entfernt befanden, die diesen Ort zu etwas Besonderem machte.

Die Mahlzeiten wurden auf der Station in einer Cafeteria serviert. Während der ersten paar Tage hielten sich dort unsere Crew und die hausinternen Forschenden auf. Außerdem gab es eine Gruppe von zwölf oder dreizehn Studierenden, die an einem Austauschprogramm teilnahmen, und ihre Professorinnen und Professoren. Wir waren Aussätzige. Die anderen warfen uns misstrauische Blicke zu, es wurde geflüstert. Sie urteilten über uns. Der Verwalter hatte sich beschwert und behauptet, wir wären wie Tiere und respektierten keine Regeln. Wir wären laut und ekelhaft, einfach irgendwelche ausgeflippten Fernsehleute. Über mich wusste man bereits, dass es in den sozialen Medien Bilder von mir ohne Hemd gab. Was für ein Angeber. Kein Biologe. Einfach ein Typ, der Aufsehen erregen wollte.

Wir nahmen unsere Mahlzeiten mit gesenkten Köpfen zu uns und machten uns danach so schnell es ging aus dem Staub. Es war eine toxische und stressige Erfahrung, von Menschen umgeben zu sein, die uns hassten.

Einige Tage später hatte dann die Hauptperson ihren großen Auftritt. Während des Abendessens betrat Adrian Forsyth den Raum. Er setzte sich in eine Ecke und hielt Hof. Wann immer er die Gabel hinlegte und den Mund aufmachte, um etwas zu sagen, beugten sich alle zu ihm hin. Der Fluss stand unter Naturschutz, weil er dafür gesorgt hatte. Die Forschungsstation war erbaut worden, weil er dafür gesorgt hatte. Er hatte die Finanzierung gesichert. Soweit wir das beurteilen konnten, war er der Wissenschaftler mit der meisten Erfahrung und dem größten Wissensschatz in dieser Region, dem wir jemals begegnet waren. Er verfügte über die Anziehungskraft eines kleinen Planeten und erzeugte, wo immer er auftauchte, sein eigenes Wettersystem. Ein solches Ansehen hatte ich nie genossen. Er war wie ein Hai unter den Fischen: Jede seiner Bewegungen löste eine Wellenbewegung aus, eine Reaktion.

In meiner Freizeit stellte ich Recherchen über ihn an und fand heraus, dass er außerhalb seiner Feldstudien in Gummistiefeln, bei denen er Käfer erforschte, den Andes Amazon Fund betrieb. Dabei handelte es sich um eine außergewöhnliche Organisation, die darauf ausgerichtet war, innovative Lösungen für Herausforderungen beim Schutz der Umwelt zu finden. Ich hörte, wie er erzählte, dass eine Ölförderungsgesellschaft sich Zutritt zum Gelände der Reserva Comunal Amarakaeri verschaffen wolle. Eigentlich würde man diese Gesellschaft für den Bösewicht halten und davon ausgehen, dass es zu Auseinandersetzungen mit der indigenen Bevölkerung kommen würde. Doch Forsyth sah die Sache anders.

Normalerweise würde das Ganze so ablaufen: Die Hunt Oil würde vor Ort auftauchen, eine Straße errichten und auf dem Gelände dann alles mit ihren Bohrungen zerstören. Forsyth ging jedoch hin und traf sich mit den Menschen, denn er hatte eine bessere Idee. Er teilte ihnen mit, dass sie innerhalb des Schutzgebiets tatsächlich nach Öl suchen könnten – allerdings seien daran einige Bedingungen geknüpft. Am wichtigsten war, dass keine Straße entstand. Über Straßen kommen viele Menschen in die Regenwälder, und das löst das Sterben dieser Regenwälder aus. Zur Lösung der logistischen Probleme, die sich ergaben, weil eben *keine* Straße gebaut wurde, entwickelte er einen Plan. In dessen Rahmen sollten das ganze Equipment und die Arbeiter mit Helikoptern eingeflogen und an die Bohrstellen gebracht werden, damit dort die Arbeit erledigt werden konnte. Auf diese Weise würde das Herzstück des Reservats weiterhin geschützt. Die zweite Bedingung hatte mit Unterstützung zu tun. Die Ölgesellschaft sollte zu einem Verbündeten werden, wenn es um den Schutz des restlichen Reservats und seiner indigenen Völker ging – egal, ob Öl gefunden wurde oder nicht. Indem er auf Zusammenarbeit beruhende Lösungen vorschlug, veränderte Forsyth das Narrativ, laut dem Umweltschützende die Energiegesellschaften bekämpften. Er vertrat die Meinung, die entsprechenden Firmen würden die Ressourcen sowieso ausbeuten. Aus diesem Grund war es seiner Ansicht nach am besten, sie sich zu Freunden zu machen. Er hatte recht.

Keine einzige Person auf der Station ließ die Gelegenheit aus, uns vor Augen zu führen, dass wir in der Hackordnung ganz unten standen. Und das, obwohl wir eine Forschungserlaubnis vorweisen konnten. Obwohl angesehene Wissenschaftlerinnen und Wissenschaftler zu unserer Gruppe gehörten. Es lag an der Filmcrew. Für mein Team tat es mir sehr leid. Wir waren nicht nur Menschen, die nicht ganz reinpassten, sondern richtige Außenseiter. Und zwar nicht im positiven Sinne. Wir waren das *»Dirty Dozen«* – Gäste, die die Regeln einfach nicht befolgen konnten und es nicht besser wussten. Damals fehlte uns das Selbstvertrauen, das nötig gewesen wäre, um uns durchzusetzen und den anderen begreiflich zu machen, dass wir bahnbrechende Arbeit verrichteten, die zum Studium der Ökologie der Großen Anakonda in den Niederungen Amazoniens Entscheidendes beitragen würde.

Das alles sollte sich eines Abends beim Essen ändern.

Ich war einmal mehr in die Verwaltung zitiert und zusammengestaucht worden. Deswegen aßen mein Team und ich erneut mit gesenkten Köpfen. Schon seit mehreren Tagen hatten wir keine einzige Anakonda gesichtet. Die Zeit in den Sümpfen, bis zum Hals im Wasser, war anstrengend. Die Fernsehgesellschaft setzte mich weiterhin täglich unter Druck, auch wenn ich das vor dem Team verschwieg. Mohsin war von einer Kugelameise gebissen worden. JJ hatte einen entzündeten Fuß. Jeder und jede von uns konnte Schnitte und Kratzer und größere Wunden aufweisen. Infektionen und Erschöpfung setzten uns allmählich zu.

Wir waren alle mit uns selbst beschäftigt, als Adrian Forsyth plötzlich eine Geste quer durch den Raum machte.

»*Sie*«, sagte er und schaute mich durch seine Brillengläser direkt an.

Ich erhob mich, ging zu ihm hin und stellte mich vor. Mein Name sei Paul, sagte ich, und ich arbeitete drüben am Fluss Las Piedras …

»Ich weiß, wer Sie sind und was Sie tun. Sie sind die *Junglekeeper*. Ich habe Ihr Video gesehen. Das mit den Kamerafallen. Von den Vereinten Nationen. Einfach nur großartig. So etwas habe ich noch nie gesehen. Ich bin völlig begeistert. Ich zeige es ständig allen möglichen Leuten!« Dann wandte er sich seinen Studierenden und Ergebenen zu, unter denen sich auch Biggie befand. »So setzt man traditionelle Technologie innovativ ein!«

»Vielen Dank«, erwiderte ich. »Was Sie hier erreicht haben, ist einfach nur unglaublich.«

Mit einem Nicken entließ er mich. Ich holte mir mehr Reis und versuchte, mir nicht anmerken zu lassen, dass ich auf Wolken schwebte.

***

Tagelang war es kalt gewesen. Doch am nächsten Morgen um sechs Uhr konnten wir erkennen, dass die Wolkendecke aufbrechen würde. Die Luft war wärmer. Heute würde die Sonne scheinen.

JJ kam zu mir, als wir uns anzogen. »*Hoy día es*«, verkündete er. »Der Tag ist gekommen.«

Als sich die ersten Sonnenstrahlen ihren Weg durch die Wolken bahnten und auf den Wald trafen, gingen wir schneller. Ich schaute JJ an, und er nickte. All diese Tage während so vieler Jahre der Expeditionen in der regnerischen Kälte des wilden Dschungels hatten uns die Dinge aus der Perspektive der Tiere zu sehen gelehrt. Wir wussten Bescheid. Wenn es überhaupt geschehen würde, dann heute. Die Anakondas hatten jetzt fast eine Woche gefroren, und sie würden beim ersten Anzeichen von Sonne hervorgekrochen kommen, um in ihren warmen Strahlen zu baden. Ich spürte, wie sich mein Blick erhellte, wie meine Knochen vibrierten. Ich fühlte mich bereit.

Doch schon innerhalb der ersten fünf Minuten in den Booten spürte ich die Aufregung in mir aufflackern. Es schien ein Tag wie jeder andere zu sein. Die Filmcrew wollte ein paar Szenen mit Walkie-Talkies drehen. JJ befand sich mit seinem Fernglas ganz vorne. Alle wurden unruhig und begannen, sich zu unterhalten. Vielleicht waren wir nur wegen der Sonne so aufgeregt. *Verdammt.* Drei Wochen lang hatten wir jeden einzelnen Tag mit dem Team gearbeitet, und jetzt würde auch der heutige zu einem Misserfolg werden. Ich strengte mich sehr an, nicht so beschissen auszusehen, wie ich mich fühlte.

Dann passierte es.

JJ kniff die Augen zusammen, hob das Fernglas. Er flüsterte: »Paul, schau.«

In meinen Ohren ertönte das zunächst leise, dann immer lauter werdende Geräusch eines kochenden Teekessels, das Adrenalin bei mir verursachte. Die Boote brachten sich in Position. Wir brauchten eine bessere Sicht.

JJ war mit seinem Fernglas bestens ausgerüstet. »Die ist *richtig* groß.«

Ich ging in den vordersten Teil meines Bootes und schaute zu der Stelle, auf die JJ den Blick gerichtet hatte. Schuppen. Monsterschuppen. »Ich brauche dich jetzt draußen«, sagte ich zu Dave, einem der Kameraleute. Vorne im Boot erhaschte ich den ersten wirklich guten Blick auf das Tier. Mir fiel die Kinnlade runter. Die Schlange war fast schwarz und Furcht einflößend. Ich bedeutete den anderen, mich näher ranzubringen. Für Tiere in dieser Dimension hatten wir keinen Plan. Ich hatte entsetzliche Angst.

Als das Boot näher heranfuhr, knackte ich mit den Fingerknöcheln und versuchte, nicht daran zu denken, wie tief das dunkle Wasser unter mir war. Versuchte, mir nicht vorzustellen, wie sich der Schlangenkörper um mich wand, während ich auf den Grund sank, zehn Meter nach unten. *Von so was hast du immer geträumt. Jetzt passiert es, vergiss deine Angst.* Ich holte tief Luft und versuchte, mich zu beruhigen. Wenn man weiß, es könnte der letzte sein, zählt jeder Atemzug. Die Schlange hatte solche Dimensionen, dass ich komplett von Ehrfurcht erfüllt war. Und plötzlich spürte ich, wie es geschah: Die Gedanken verschwanden, der Lärm um mich herum verstummte. Alles wurde still und friedlich und sehr hell. Ich atmete aus und schloss die Augen. Als ich sie wieder öffnete, befand ich mich in der ruhigen Zone geschärfter Sinne. Keine Gedanken, nur Instinkt.

Das Boot schob sich weiter in die Insel aus Pflanzen vor, und ich sprang ins grasbedeckte Wasser. Die Schlange streckte sich und floh. Mit zwei großen Sätzen holte ich sie ein und packte sie am Schwanz.

Das restliche Team sprang aus dem Boot, und mit lautem Getöse kamen alle auf mich zu, während das Wasser um sie herumspritzte. Der Kampf hatte begonnen. Ein Kampf zwischen zehn Menschen und einer Riesenschlange, und ich habe nur meine Erinnerungsfetzen und das Material des Kameramanns, um mich an die wichtigsten Augenblicke zu erinnern.

Sicher kann ich nur Folgendes sagen: Ich hatte den Schwanz gepackt, aber das Tier war dabei, mir zu entkommen. Die Kraft der Schlange war unglaublich, wie die eines Traktors oder eines Baggers. Sie hatte irgendwo unter uns Halt gefunden und nutzte jetzt ihre 15.000 Muskeln und mehrere Hundert Kilo Gewicht, um mich mit sich in die Tiefe zu ziehen. Es drohte wieder zu geschehen. Wenn uns diese Schlange entkam, wäre alles vorbei. Jetzt oder nie. Die nächsten Augenblicke glichen den biblischen Szenen auf Gemälden der Renaissance: kämpfen, keuchen, festhalten, schreien. Ich wusste, ich hatte nur eine einzige Aufgabe: nicht loszulassen. Wenn es mir gelänge, die Schlange festzuhalten, bis sie müde war, hätten wir vielleicht eine Chance. Wir hatten den Heiligen Gral gefunden, aber er konnte uns jederzeit aus den Händen gleiten. Plötzlich spürte ich, wie mich Joonas mit einer Hand an der Schulter packte. Er drängte sich an mir vorbei und warf mir einen bedeutungsvollen Blick zu, holte dann tief Luft und glitt ins Wasser hinein. Seine Füße ragten heraus, während er sich an der Schlange hinabzog und sich auf die Suche nach ihrem Kopf machte. Was zum Teufel?!

Ehe ich michs versah, stand Lee neben mir und half mir, damit mir der Schwanz nicht durch die Finger rutschte. Und Mohsin war auf einmal an meiner anderen Seite. Plötzlich kam JJ an die Oberfläche, holte tief Luft und verschwand wieder unter Wasser. Er suchte offenbar ebenfalls nach dem Kopf der Schlange. In solchen Augenblicken schockierte mich sein Mut besonders. Wenn ihn die Schlange dort unten biss, würde er nie wieder das Tageslicht erblicken. Er riskierte – wie auch Joonas – sein Leben.

Als ich kurz über die Schulter sah, konnte ich lediglich um sich schlagende Windungen erkennen. Das Wasser spritzte. Die Kanus näherten sich, während wir mit einem Seeungeheuer kämpften. Der massive Körper der Anakonda gelangte an die Oberfläche, wand sich hektisch und verschwand wieder, kam dann fünf Meter in der entgegengesetzten Richtung erneut zum Vorschein, riss uns mit jedem Schlag den grasigen Boden unter den Füßen weg.

Joonas tauchte auf, sein Blick war wild. Er schaute mir bis in die Seele. Worte waren überflüssig. Ich wusste es. Er wusste es. Er holte tief

Luft und verschwand wieder im dunklen Wasser. Als Letztes sah ich seine Füße, während er sich mit den Händen tiefer nach unten vortastete, den Leib der Riesenschlange entlang, in den Abgrund.

Dann konnte ich den Schwanz nicht mehr halten. Er glitt mir einfach aus den Händen. Ich fluchte heftig. »Ich habe sie verloren!«

Neben mir tauchte JJ aus dem Wasser auf. »Ich habe ihn!« Mohsin und Lee hechteten vorwärts, um JJ beizustehen. Sie hielten die letzten anderthalb Meter der Schlange fest, und jetzt waren auch endlich die Boote da. Lee kletterte in eines der Kanus, nutzte seinen Auftrieb als Widerstand und zog mit beiden Händen. Mohsin leitete die Operation. »ALLES HÖRT AUF MEIN KOMMANDO! EINS! ZWEI! DREI! LOOOS!« Mit vereinten Kräften zerrten wir das Tier nach oben. Die Schlange wehrte sich und machte einen so heftigen Satz, dass sich der Bug des Bootes nach unten senkte und das Heck aus dem Wasser ragte. Lucy und Gowri wurden nach vorne geschleudert. Wieder brüllte Mohsin: »EINS! ZWEI! DREI!« Alle zogen gleichzeitig. Die Schlange wehrte sich weiterhin heftig.

Dann entdeckte Gowri etwas, das nun über einen Meter in die Luft ragte: »DA IST DER KOPF!«

Ich folgte ihrem Finger. Der Kopf der Schlange befand sich überraschend weit entfernt von der Stelle *entfernt*, an der wir mit ihrem Schwanz kämpften. Die Anakonda hatte keinen Sauerstoff mehr und musste zum Atmen an die Oberfläche kommen. Ich arbeitete mich über das Gras vor und erreichte die Stelle, an der ihr Furcht einflößendes Gesicht auf dem Wasser trieb. Einen Augenblick lang gab es nur mich und die Anakonda. Meine Hände waren bereit, jede Zelle meines Körpers flehte mich an, es nicht zu tun. Ich bekreuzigte mich. Keine Zeit. Voller Entsetzen packte ich zu.

»ICH HABE DEN KOPF! ICH HABE DEN KOPF!«

Meine Stimme zitterte hörbar vor Angst. Die Windungen des Kolosses setzten sich in Bewegung. Wenn es der Anakonda gelänge, mich jetzt zu umschlingen, würden meine Rippen innerhalb von Sekunden nachgeben und mir die Augen aus dem Kopf quellen. Mein Leben lag in den Händen meines Teams. Und die Anakonda umschlang mich tatsächlich. Aber mein Team zerrte uns zu sich heran. Ich umklammerte den Hals der Schlange, als hinge mein Leben davon ab. Und es *hing* davon ab. Bald spürte ich, wie Hände mich packten. Die anderen zogen mich auf das Boot zu. Windungen, so dick wie meine Taille, vor meinem Gesicht. Das Boot neigte sich zur Seite, Wasser floss hinein, während meine Leute versuchten, mich und die Schlange einzuholen. In einer Lawine sich aufrollender Windungen fielen das Tier und ich ins Boot. Wir jubelten und grölten und umarmten uns.

Schnell brachten wir die Boote ans Ufer. Dort bildeten wir eine Reihe und hielten die Schlange sanft in den Armen. Sie bewegte sich immer noch und war zwar kraftvoll, gleichzeitig jedoch durch den Kampf ermüdet. Wir legten sie hin und vermaßen sie. Vom Maul bis zum Schwanz war sie etwa sechs Meter lang. JJ und ich warfen uns Blicke zu und formten mit den Lippen den Satz: »Oh mein Gott!« Als Nächstes wogen wir sie: knapp hundert Kilogramm. Außerdem hatten wir einen Radiotransmitter dabei, den wir ihr ins Maul schoben und mit Massagebewegungen ihren Schlund hinunterbeförderten. Jetzt würden wir sie aufspüren können, bis sie das Gerät wieder ausschied.

Die Kameras waren direkt auf mein Gesicht gerichtet, während ich das Tier bewunderte. »Schaut euch ihre Narben an! Schaut euch an, wie groß dieses Tier ist. Sie muss in all den Jahren so viele Junge gehabt haben. Das ist eines der unglaublichsten Lebewesen auf unserem Planeten. Sie! Sie ist die Königin des Amazonas!« Ich war ganz außer mir. Die Dimensionen, die Größe, die Kraft. So etwas Wunderschönes hatte ich noch nie gesehen, und das sagte ich auch in die Kamera. Ich versuchte, das Erstaunen, die Ehrfurcht, den Respekt zu vermitteln, den ich für diese Schlange empfand, für diesen unglaublichen Drachen.

»Alles gut und schön«, sagte der Produzent. »Aber was würde passieren, wenn sie Sie jetzt beißt?«

»Nun, dazu hatte sie die Gelegenheit, aber sie hat es nicht getan. Sie ist ein sanfter Riese«, erwiderte ich liebevoll und küsste die Schlange auf den Kopf.

»Gut. Aber mal angenommen, sie *würde* Sie beißen. Wie würde das ablaufen?«

Ich gab ihm, was er wollte. »Nun, wenn mich die Schlange *tatsächlich* beißen würde, mit einem Maul dieser Größe, würden ihre Zähne auf meine Knochen treffen. Mit allergrößter Wahrscheinlichkeit würden meine Arterien durchtrennt, und ich würde sehr bald zerquetscht werden. Wenn sie mich erwischen würde, wäre es sicher aus mit mir.« Etwas in der Art sagte ich. Ein großer Fehler.

Zeit zum Nachdenken hatte ich nicht gehabt.

Trotz der großen zu überwindenden Entfernung näherte sich Pico auf seinen Krücken. Als er die Schlange entdeckte, quollen ihm beinahe die Augen aus dem Kopf. Bei mir angekommen, ließ er die Krücken fallen und warf sich auf mich, um mir eine kräftige Umarmung zu verpassen. Dabei fluchte er wie ein Seemann. Er drückte mich ganz fest an sich, berührte mit der Nase quasi meine und legte mir einen Finger auf die Stirn: »Du bist wirklich ein verrückter *cachero*, du *Gringo Loco. LOCO!*« Er schüttelte lächelnd den Kopf und humpelte davon, um zusammen mit den Ortskräften einen Käfig zu bauen, dessen Dimensionen ausreichten, um die Schlange festzuhalten, bevor wir mit den richtigen Filmarbeiten beginnen konnten. Doch zuerst brauchten wir alle eine Pause.

Wir kamen schmutzig und voller Blut und mit wackligen Beinen zurück in die Forschungsstation. Es gab sehr viel zu tun. Wir mussten die Filmarbeiten planen. Die Kameraleute starrten uns mit weit aufgerissenen Augen an und waren ganz still. JJ lächelte nonstop, und Joonas' blaue Augen strahlten. Mohsin und ich umarmten uns ganz fest, und Gowri grinste wie ein Honigkuchenpferd.

Bevor wir auch nur duschen konnten, erschien ein *cargero*, ein dreirädriger Geländewagen mit einer Ladefläche hinten. Gefahren wurde er von Don José, den Biggie vor wenigen Tagen so sehr gedemütigt hatte. Er winkte mir zu und schenkte mir ein breites Lächeln.

Jemand hatte den Parkrangern in Los Amigos erzählt, dass wir nach Anakondas suchten, und die Männer gebeten, uns Bescheid zu geben, wenn sie welche entdeckten. Aber ganz bestimmt hatte ihnen niemand gesagt, dass sie diese Tiere *fangen* sollten. Doch das hatten sie getan. Auf der Ladefläche des Gefährts befanden sich mehrere große Säcke. Einer enthielt eine Anakonda von einem Meter Länge. Ein weiterer eine doppelt so lange. Und die größeren Säcke eine von über vier und eine von über fünf Metern.

Wir konnten unser Glück kaum fassen und begannen, die Tiere zu messen, zu wiegen und zu untersuchen. Einer der Professoren des Austauschprogramms fragte, ob seine Studierenden helfen dürften. Ich wusste, dass das eine einmalige Gelegenheit für sie war. Wir ließen sie mitmachen und erlaubten jedem von ihnen, die mächtigen Windungen der größten Anakonda zu halten. Mit der Unterstützung eines Tierarztes nahmen wir mit einem Skalpell Gewebeproben und hielten Details wie das Geschlecht, die Länge, das Gewicht und den Fundort der Schlangen fest.

An diesem Abend befanden wir uns in einem Zustand des Erstaunens und versuchten, all das, was wir gesehen hatten, zu verarbeiten. Hinter uns lag der wildeste Tag, den wir uns je hätten vorstellen können. Wir hatten mehr Anakondas, als wir je zu hoffen gewagt hatten. Unsere Studie würde ein Erfolg werden. Während ich an die Schuppen der Schlange dachte, an ihre Kraft, empfand ich ein surreales Gefühl der Ehrfurcht. Und als ich mir die selbstlose Tapferkeit und Hingabe meines Teams, meiner Freundinnen und Freunde, vor Augen führte, spürte ich einen Kloß im Hals. Alles war so schön gewesen. Ich wusste, dass nur sehr wenige Menschen einen solchen Tag erleben konnten, und in mir breitete sich die Empfindung einer beinahe göttlichen Gnade aus. Wir blieben an diesem Abend lange auf, tranken Bier, rauchten Zigaretten und erzählten uns wieder und wieder unsere Geschichten. Denn niemand von uns konnte fassen, was heute geschehen war, und niemand von uns wollte, dass dieser perfekte Tag ein Ende fand.

Die gigantische Schlange der Sümpfe, das Seeungeheuer, mit dem wir gerungen und das wir gefangen hatten, erwies sich als längstes jemals wissenschaftlich erfasstes Exemplar der *Eunectes murinus*. Mit einer Länge von fünfhundertvierundsechzig Zentimetern stellte sie einen Weltrekord auf.

Wir nannten sie Eleanor. Nach meiner Großmutter.

DIE LETZTE JAGD

Wir hatten die größte wissenschaftlich erfasste Anakonda gefangen und noch so viele andere wilde Abenteuer erlebt. Mein erstes Buch konnte man überall im Land im Laden kaufen. Über Tamandua kamen immer mehr Gäste zu uns. Trotzdem war etwas aus dem Gleichgewicht geraten.

JJ war aus dem Gleichgewicht geraten. Als Emma ihn verlassen und ihren gemeinsamen Sohn Joseph mit nach Großbritannien genommen hatte, hatte ihm das einen so großen Teil seines Herzens aus der Brust gerissen, dass man den Schmerz in seinen Augen lesen konnte.

Spätnachts lag JJ in einer Hängematte und betrachtete vergrößerte Fotos seines Sohnes. Nicht nur manchmal. Die ganze Zeit. Einmal sah ich, wie er dort lag und das Licht des Handydisplays sein Gesicht in der Dunkelheit erhellte. Er schaute sich ein Fotoalbum von Joseph an. Ich ging den ganzen Weg zum Fluss und zurück. Als ich fast eine Stunde später zurückkehrte, hatte sich JJ keinen Zentimeter bewegt, und er schien tausend Kilometer entfernt, während er auf die Bilder des Menschen starrte, den er am meisten auf der ganzen Welt liebte. Das sollte in den folgenden Jahren zu einer seiner Routinen werden, zu einer Konstante in seinem Leben: Er verbrachte Zeit allein, um sich seinen Sohn als Kleinkind anzuschauen, dann als Jungen, als Teenager und als jungen Mann. Sehnsuchtsvoll blickte er in die von Sternen beleuchtete Ferne.

Während JJ gewaltig unter dem Verlust seines Sohnes litt, verdunkelte sich auch meine Welt, weil meine Ehe ihre Endphase erreichte.

Während der Wochen der Filmexpedition rund um die Anakondas war etwas kaputtgegangen. Gowri und ich waren nicht so füreinander da gewesen, wie wir das einmal gehofft hatten. Der Rumpf unseres Schiffs hatte einen Riss abbekommen, und es lief langsam voll. Irgendwann wurde mir klar, dass wir es vielleicht nicht schaffen würden – und dass ich vielleicht auch gar nicht *wollte*, dass wir es schafften. Wir sprachen nun öfter darüber, dass wir möglicherweise keine andere Möglichkeit hatten, als das Schiff unserer Ehe aufzugeben.

»Was ist los?«, fragte mich JJ eines Tages, als er mich dabei erwischte, wie ich einfach nur ins Nichts starrte. »Glauben die Leute nicht, dass du ein Biologo bist?«

»*Biologe*, JJ, es heißt *Biologe.*«

»Ach«, gab er zurück. »Auf Spanisch sagt man *biólogo*. Ich bringe das manchmal durcheinander.«

Ich nickte.

»Hm. Und *qué pasa, cachero*, zwischen dir und Gowri? Ist was nicht in Ordnung?«

»Stimmt«, entgegnete ich. »Ich glaube, zwischen uns ist etwas nicht in Ordnung. Vielleicht fangen wir bald an, uns mit anderen Leuten zu treffen.«

Das weckte JJs Interesse. »Du meinst andere Frauen, *otras damas?*«

»*Sí.*«

Er lächelte wissend. »*Muchas chicas. Tu no eres biólogo, eres cachero-logo*. Du bist wohl eher cachero-loge als Biologe.«

Ich warf ihm ein halbherziges Lächeln zu.

Wir saßen am Flussufer, jeder von uns an seinem eigenen Scheideweg, und in der Ferne stieg Rauch aus dem Wald auf. An der Straße, die wir damals mit Paul entdeckt hatten, war inzwischen eine Stadt entstanden. Alle paar Monate wurde ein neues Haus gebaut, und mit jedem Haus wurden noch ein paar mehr Hektar abgefackelt. Was einmal tiefer Dschungel, geheiligte Wildnis gewesen war, war nun brandgerodete Öde.

»*Ay*, Paul, glaubst du, wir können irgendwas dagegen unternehmen?« Er deutete in die Richtung der Zerstörung am Horizont.

»Ich weiß es wirklich nicht«, lautete meine ehrliche Antwort. Mir fiel nichts ein, was wir hätten tun können.

»Manchmal frage ich mich, ob ein Fluch darauf liegt.« JJ warf einen Stock in den Fluss.

»Worauf?«

»Auf dem Dschungel«, antwortete er. »Irgendwelche Leute schneiden ständig Teile heraus, töten alles, was ihnen in die Finger kommt. Und wir müssen einfach dabei zuschauen.«

In der Ferne hörten wir das Dröhnen der Kettensägen, immer und immer wieder. Manchmal auch, wie mächtige Eisenholzbäume fielen. Es gab immer mehr Holzfäller auf dem Fluss. Sie strömten über die Straße in die Region. Die Baumstämme trieben davon, die uralten Säulen des Waldes, abgeschlachtet und aufgestapelt, weggeschleppt, um auf der anderen Seite der Welt zu Möbelstücken zu werden. Wo wir einmal im Paradies gelebt hatten, sahen wir nun immer mehr Straßen, immer mehr Holzfällertrupps tauchten auf. Die Leute kamen aus anderen Teilen Perus hierher, weil ein Eisenholzbaum-Boom ausgebrochen war. Wir konnten die Veränderungen im Lebensraum der Tiere erkennen. Am Horizont lauerte ein Schatten, den wir nicht hinnehmen konnten, weil uns dafür das Verständnis fehlte.

***

Was kann man angesichts so unverantwortlicher Verluste tun? In meiner Kindheit und Jugend hieß es oft, die Nashörner würden aussterben. In Afrika und Asien brach die Elefantenpopulation ein. Im Jahr 1900 hatte es auf der Erde mehr als 100.000 Tiger gegeben, inzwischen waren weniger als 5.000 übrig. Die Lachsfischerei. Das Schicksal der Fische der Ozeane. Die Umweltverschmutzung, die schamlose Zerstörung. Laut dem *Living Planet Index* haben wir seit 1970 siebzig Prozent des Tierbestandes auf unserem Planeten verloren. Als ich das las, weinte ich. Ich glaubte, die Nachrichtensprechenden würden ihre Kopfhörer absetzen, der Verkehr würde zum Erliegen kommen, führende Politikerinnen und Politiker der Welt würden zu den Vereinten

Nationen eilen, um eine Lösung zu finden. Doch nichts geschah. Die großen grünen Wälder, die reichhaltigen blauen Ozeane, sie wurden leerer, schmutziger, stiller. Und niemanden schien es zu interessieren.

Zum Teil war das auf eine generationsbedingte Amnesie zurückzuführen. Jede Generation akzeptiert ihre Welt so, wie sie ist, und dann erzählen die Großeltern ihren Enkelinnen und Enkeln, wie viel grüner und wilder in ihrer Jugend alles einmal war. In New York hatte ich so viele ältere Menschen sagen hören: »Diese Gebäude stehen auf ehemaligem Farmland.« In Indien hatten Grundbesitzer mir mehr als einmal berichtet, dass es noch vor einer Generation Tiger in den Hügeln gegeben hätte. Diese Stille. In der *Unendlichen Geschichte* der Erde sind wir das Nichts.

Jahrelang hatte ich versucht, an Jane Goodalls Botschaft zu glauben, dass es Hoffnung gäbe. Ihr ganzes Mantra besteht in der Überzeugung, dass es Hoffnung gibt, dass es noch nicht zu spät ist. Doch als ich die Welt bereiste und sah, was sich in Amazonien abspielte, fiel es mir immer schwerer, diese Art des Optimismus aufzubringen. Er begann sich falsch anzufühlen. Und was ich in ganz Amazonien sah, entwickelte sich von besorgniserregend zu völlig apokalyptisch. Dadurch veränderten sich meine Überzeugungen. Etwa gleichzeitig befasste ich mich sehr intensiv mit der Arbeit des Künstlers Peter Beard. Wenn Jane Goodall das helle Licht im Umweltschutz darstellt, repräsentiert Peter Beard die Dunkelheit.

Peter Beard wurde 1938 in den USA geboren und machte 1961 seinen Abschluss in Yale. Dann reiste er mit einer Kamera nach Kenia, um die Keulung von über 40.000 Elefanten im Tsavo-Nationalpark zu dokumentieren. Es waren »Umweltschützende«, die diese Tötung durchführten. Beard fotografierte den Massenmord an den Tieren, ohne mit der Wimper zu zucken. Er war dort, um das Ausmaß der Zerstörung mit eigenen Augen zu sehen. Er dokumentierte auch die Ausrottung der Nilkrokodile am Tanganjikasee. Er freundete sich eng mit Karen Blixen *(Jenseits von Afrika)* an. Beard gehörte zu den Umweltschützenden, die diesen Begriff neu definierten. Er scheute nicht davor zurück, die Dinge beim Namen zu nennen und sie so zu zeigen, wie sie waren – ohne Filter. Als Künstler besaß er die Fähigkeit, die wilde Essenz des Magischen und Romantischen zwischen Mensch und Natur einzufangen. Seine Fotografien und Bücher sind ein Schatz unmittelbarer Schönheit, ein Fiebertraum des menschlichen Sündenfalls, der ungeschönten Vernichtung der Natur.

Sein epochales Buch *The End of the Game* (übersetzt: »Die letzte Jagd«) (1965) ist ein so monumentales Werk, dass es Tische zum Zusammenbrechen bringen könnte. Eine dunkle Erzählung, in der dargestellt wird, wie aus Afrika – einem wilden Ort voller Tierarten und Ressourcen – die von Kriegen gezeichnete, verwüstete Manifestation einer sich entfaltenden Apokalypse wurde. Beard dokumentierte das Ende einer Ära – sowohl im Hinblick auf überreiche Artenvielfalt als auch auf den Kolonialismus.

Eine seiner bekanntesten Fotografien, die ich auch aufgehängt habe, zeigt ihn, wie er auf dem Bauch liegt und seine Beine gerade von einem riesigen Krokodil verschlungen werden. Sein Torso schaut aus dem Maul des toten Krokodils heraus. Beards Gesichtsausdruck ist ruhig, er nimmt gerade eine Eintragung in sein Tagebuch vor. Auf einem weiteren Bild ist ein Elefant zu sehen, der einen flachen Fluss durchschreitet. Daneben steht in Beards Handschrift ein Zitat aus *Der große Gatsby* von F. Scott Fitzgerald: »[E]inen flüchtigen, verzauberten Moment lang musste jener Mensch angesichts dieses Kontinents den Atem angehalten haben, sah er sich doch zu einer ästhetischen Einkehr gedrängt, die er weder verstand noch zu machen begehrt hatte, und zum letzten Mal in der Geschichte sah er sich einem Etwas gegenüber, das seiner Fähigkeit zum Staunen angemessen war.«

Beards Ästhetik übte eine tiefe hypnotische Kraft auf mich aus, die mich anzog wie die Schwerkraft. Er war ein Freigeist, der die Wildnis liebte. Als er sein eigenes Land erwarb – ganz in der Nähe von Karen Blixen –, machte er sich auch einige Feinde. Zu diesen gehörte David Sheldrick, ein Wächter aus Kenias Nationalparks. Der verbannte Beard aus dem Tsavo-Nationalpark, weil Beard oft allein loszog, Tiere zu Fuß verfolgte und sich dann verirrte. Das brachte mich zum Lächeln, denn genau das passierte auch mir ständig. Peter Beard schien

Ausschau nach den Ecken, Regeln, Grenzen und Bräuchen der Gesellschaft zu halten und sie dann mit Absicht zu ignorieren.

Wenn er sich nicht gerade in Afrika aufhielt, lebte Peter Beard im östlichen Teil von Long Island, in Montauk. In der Gesellschaft der Hamptons war er bekannt und schmiss Partys mit Gästen wie Jackie Onassis und Mick Jagger. Er sah aus wie der Hauptdarsteller eines Films, besaß diese typisch US-amerikanische, überwältigende Attraktivität. Wie Robert Redford – nur besser. Ein Freund beschrieb ihn als den intelligentesten und attraktivsten Mann in jedem Raum, den er betrat.

Ein aus einem Flugzeug aufgenommenes Bild von Peter Beard zeigt eine Herde von siebenhundertsechsundfünfzig Elefanten, die sich über die Flächen von Ostafrika bewegt. So ist Afrika am wildesten und schönsten. Man erhascht einen Blick in die Vergangenheit. Er beschrieb die Aufnahme in einem berühmten Ausspruch als »ausgestorbenes Bild«: etwas, das man auf der Erde nicht mehr sehen kann. Die Reduzierung des Elefantenbestands setzt sich fort, aufs Aussterben zu. Deswegen gibt es keine Herden dieser Größe mehr. Das Foto ist wie ein Fenster in das Pleistozän. Ein Foto des – erst vor Kurzem – Verlorengegangenen. Innerhalb des Lebens eines einzigen Menschen ist es Peter Beard gelungen, den drastischen Rückgang der unfassbaren Schönheit der Natur festzuhalten. Und die ernüchternde Dimension ihres nahenden Untergangs.

Einmal habe ich ein Video des älteren Peter Beard gesehen, der in einem Stuhl in seinem Haus auf den Klippen hoch über dem Meer in Montauk saß. Darin beschrieb er eine Zeit, in der er mit Elefantenjägern unterwegs gewesen war und ihm ein Elefantenbulle direkt in die Augen geschaut hatte. Damals töteten diese Jäger ganze Familiengruppen. Man könne nicht nur die Matriarchinnen umbringen, erklärte Peter Beard, sondern müsse sie alle töten. »Man kann innerhalb einer halben Minute fünfundzwanzig Elefanten auslöschen. Mit Schüssen ins Gehirn. Mit einer .375 Holland & Holland Magnum.« Elefanten sind allerdings so emotional, dass sie ein Trauma erleiden, wenn sie den Tod ihrer Artgenossen miterleben. Dann verwandeln sie sich selbst in Killer und jagen Menschen.

Im Jahr 1996 war Beard gerade mit Freunden unterwegs, als ihn ein Elefant angriff. Das Tier jagte ihn und fiel in seiner ganzen Wucht über ihn her. Peter Beard rannte davon, stolperte aber irgendwann über einen Ameisenhaufen, und dann trampelte der Elefant auf ihm herum und verletzte ihn. Das Tier zertrümmerte Beards Hüfte und durchstieß seinen Oberschenkel mit einem Stoßzahn. Der Elefant hob ihn vier Meter in die Luft und wirbelte ihn herum, um ihn dann zu Boden zu schleudern. Durch den Überfall wurde Peter Beards Sehnerv beschädigt, und er war eine Zeit lang blind. Als er dort lag, immer wieder ohne Bewusstsein, bemerkte er, dass die gesamte Herde auf ihn zukam. Die Tiere berührten mit ihren Rüsseln seine Haut und sein Haar, untersuchten seinen fast leblosen Körper.

Freunde brachten ihn so schnell es ging ins nächstgelegene Krankenhaus (vier Stunden entfernt – und es heißt, er sei auf dem Weg dem Blutverlust erlegen). Man konnte ihn wiederbeleben. Das schwere physische Trauma, das er erlitten hatte, hinderte den Künstler nicht daran, im Rollstuhl zu seiner Kunstausstellung in Paris zu erscheinen. Der interessanteste Mann der Welt. Ein Künstler und Entdecker. Ein Beobachter der Dunkelheit. Ein Freigeist und Sensationssüchtiger. Ein Mann, der die Entropie und das Chaos der Natur als etwas betrachtete, dem man sich hingeben und das man feiern sollte.

Er war cool und dunkel und exzentrisch – und bereits sehr alt, als ich ihm begegnete.

An diesem Tag in Manhattan hatten Lee, Gowri und ich keine besonderen Pläne. Ich schlug vor, wir könnten uns doch Peter Beards Studio in der 57th Street anschauen.

Als Gowri und ich wenig später auf dem Weg zum Studio waren, rief mich Lee an und sagte etwas, das für mich keinen Sinn ergab. Er behauptete, er sitze bereits neben Beard, und beide würden auf mich warten. Das konnte doch nicht stimmen!

Ich betrat die wunderschön gestaltete Lobby eines unglaublich alten Gebäudes. Und dort saß tatsächlich Peter Beard, mit weisem Blick, auffällig großen Händen und – selbst mit Ende siebzig – unglaublich attraktiv.

»Wo haben Sie denn gesteckt? Wir warten hier schon eine Ewigkeit!«, begrüßte er mich, cool wie ein Filmstar.

Ich fiel fast in Ohnmacht. Dann lachte er lässig und winkte mich heran. Er erklärte, Lee sei früher bei ihm angekommen und habe ihm gesagt, ich sei ein großer Fan von ihm, und Gowri und ich würden gleich ebenfalls eintreffen.

Schon bald führten wir eine lebhafte Diskussion über den Zustand der Natur.

»Wissen Sie«, sagte er, »was Sie dort am Amazonas sehen, diese Zerstörung, ähnelt sehr dem, was ich in Afrika gesehen habe. Es ist wirklich die letzte Jagd. Der Mensch ist eine Plage auf dieser Erde. Wenn es irgendeine Chance gibt, etwas zu retten, dann sind wir die letzte Generation, die diese Chance noch hat.« Er schüttelte den Kopf. »Ich weiß nicht, wie das Ganze enden soll.«

Ich berichtete ihm detailliert davon, was JJ und ich taten und was wir beobachteten. Ich zeigte ihm Fotos auf meinem Handy. Ich wollte, dass er die indigenen Stämme und die verkohlten Affen und die *Transamazônica* und die verbrannte Erde sah. Ich wollte, dass er wusste, dass ich mich mittendrin befand. Dass ich wirklich da draußen war. Wir redeten uns in Rage. Es war wie die Begegnung mit einem guten Freund, mit dem ich mich im bisherigen Leben einfach noch nie richtig unterhalten hatte. Dann wurde er still.

»Da ist noch etwas«, sagte er und wirkte auf einmal sehr verletzlich. »Ich hatte vor nicht allzu langer Zeit einen Schlaganfall. Deswegen muss ich mich entschuldigen, falls ich plötzlich verwaschen rede oder wenn das, was ich sage, überhaupt keinen Sinn mehr ergibt.« Er lachte auf eine unbeschwerte Art und Weise. Wie ein Mensch, der sein Leben bestmöglich geführt hat.

Ich versicherte ihm, er wäre genauso scharfsinnig wie immer. Dass er einen Schlaganfall gehabt hatte, würde man ihm überhaupt nicht anmerken.

»Okay, gut«, sagte er. »Dann zeigen Sie mir jetzt mehr.«

Das tat ich nur zu gern. Ich rief die Bilder der Zerstörung durch die Holzfäller auf.

Er schüttelte den Kopf, und sein Blick verdunkelte sich. »Sie müssen weitermachen«, sagte er zu mir. »Ich glaube nicht, dass man das Ganze irgendwie stoppen kann, aber Sie müssen alles versuchen. Ich habe auch alles versucht. Und alles war umsonst. Afrika war einmal ein Paradies. Jetzt ist es ruiniert. Die Überbevölkerung ist eine Krankheit. Das einzige Lebewesen, das dazu in der Lage ist, das Wunder und die Schönheit des Ganzen zu erfassen, vermehrt sich, bis es alles in Scheiße verwandelt. Wir essen die Erde im wahrsten Sinne des Wortes auf, verbrennen sie und verwandeln sie in unsere eigene Scheiße. Wir sind eine Plage dieses Planeten. Jetzt gibt es nur noch Stress und Schicksal.«

Nachdem wir uns etwa anderthalb Stunden unterhalten hatten, schlug Peter vor, nach oben zu gehen, weil er uns das Studio zeigen wollte. Doch etwa zu dieser Zeit tauchte eine Pflegerin auf.

Sie war außer sich. »Peter, Sie wissen doch, dass Sie keine Gäste empfangen sollen! Erinnern Sie sich nicht mehr, was wir wegen solcher Gespräche vereinbart haben?«

Der Künstler schaute verblüfft drein, gab sich betont unschuldig. »Ach, wir haben uns doch nur unterhalten. Meine neuen Freunde sind so nett. Wir … Wir …«

Plötzlich merkte man ihm den erlittenen Schlaganfall doch an. Die Pflegerin gab mir mit dem Blick zu verstehen, dass es Zeit war zu gehen.

Peter und ich verabschiedeten uns überstürzt, aber herzlich voneinander. Es fühlte sich an, als gäbe es noch viel mehr, worüber wir sprechen sollten. Aber er musste jetzt eine Behandlung bekommen.

»Hören Sie bloß nicht auf«, sagte er zu mir und schaute mir dabei bis tief in die Seele.

Das würde ich nicht, versicherte ich ihm. Ich sagte, wir würden uns wiedersehen. Dazu ist es nicht mehr gekommen.

***

Die Jagd auf die Anakonda und die Sendung, die daraus gemacht wurde, waren eine der schlimmsten Erfahrungen meines Lebens. Zumindest glaubte ich das damals. Mir fehlten die Erfahrung und die richtige Perspektive, um wirklich begreifen zu können, wie wichtig es ist zu scheitern. Wenn man mit Unternehmern oder Künstlerinnen oder Schauspielern oder Athletinnen spricht, werden sie einem raten: Mach dir die Niederlage zum Freund. Churchill hat einmal gesagt, der Schlüssel zum Erfolg liege darin, sich von einer Niederlage zur nächsten zu bewegen, ohne dabei die Begeisterung zu verlieren. Doch die Größenordnung und die Intensität der Katastrophe des Anakonda-Specials im Discovery Channel haute mich förmlich um. Ich war am Boden zerstört.

Während der gesamten Dreharbeiten hatte der Titel der Sendung *EA* gelautet. Die Abkürzung, so hatte man mir damals erklärt, stehe für *Expedition Anakonda*.

Als die Sendung ausgestrahlt werden sollte, hieß sie plötzlich *Eaten Alive* (übersetzt: »Lebendig verschlungen«). Noch mehr als der Titel entsetzte mich, wie man mit dem Filmmaterial umgegangen war. Alles Wissenschaftliche war rausgeschnitten worden, meine ganze Wertschätzung der Tiere und des Urwalds und unsere Botschaft im Hinblick auf den Umweltschutz. Der Moment, in dem ich Eleanor im Sumpf gehalten und über ihre Schönheit und ihre Bedeutung gesprochen hatte, fehlte komplett. Stattdessen wurde gezeigt, wie ich das Risiko eines Bisses erklärte. Verlogen und unecht, wie ein beliebiger TV-Prominenter, der die Menschen zu überzeugen versuchte, wie gefährlich Tiere sind. Das genaue Gegenteil von allem, was ich jemals hatte erreichen wollen.

Ich flehte die Verantwortlichen beim Discovery Channel an, diese Version nicht zu senden, und erklärte ihnen, ich könnte mich auf keinen Fall mit etwas einverstanden erklären, das so wenig meiner eigentlichen Absicht entsprach. Daraufhin ließen sie spätabends einen Rechtsanwalt bei mir anrufen, der mir erklärte, man könne mich auf so viel Schadensersatz verklagen, dass noch meine Enkel arm sein würden. Ich hatte einen Vertrag unterzeichnet. Die Leute beim Sender glaubten, den Film gemacht zu haben, den sie mir versprochen hatten. Jetzt war es meine Aufgabe, diesen Film zu bewerben. So stand es im Vertrag. Ich musste also für die Kameras lächeln und meine Seele verkaufen. Ich saß in der *Today Show* bei Matt Lauer auf der Couch. Das

Anakonda-Special selbst wurde von allen genüsslich verrissen – von Jimmy Kimmel über Stephen Colbert bis hin zu Conan O'Brien. Alle hatten vernichtende Bemerkungen für mich übrig. »Was für eine Enttäuschung.« »Was für ein Dreck.« »Wer ist der Kerl überhaupt?« »So ein Blödmann.«

Ungefähr zu dieser Zeit begann ich, meine Frau zu betrügen. Vielleicht lag es an der Depression, die die öffentliche Demütigung vor der ganzen Nation in mir ausgelöst hatte. Vielleicht gab es viele verschiedene Ursachen. So einfach und gut sich das Fremdgehen an sich zunächst anfühlte, so groß war mein Selbsthass wenig später. Ich versuchte, mein Verhalten zu rechtfertigen, und konstruierte ein ganzes Ethos: dass manche Menschen einfach wild wären und frei sein müssten, um sich auszudrücken und Entdeckungen zu machen. Ich erfand alle möglichen absurden Euphemismen für die Tatsache, dass ich ein Ehebrecher war. Es geschah immer wieder und wurde immer schlimmer. Während sich die Geheimnisse und Lügen häuften, fühlte sich meine Seele mehr und mehr wie ein verfaulender Apfel an. Ich entfernte mich Schritt für Schritt von den Werten meiner Familie. Wie sich herausstellte, werden wir mit einem eingebauten Kompass geboren, der uns Richtig und Falsch zeigt: unser Gewissen. In dieser Zeit drehte sich die Nadel meines Kompasses wie wild. Alles drehte sich wie wild.

Außerdem quälte mich die Enttäuschung, weil mein Buch *Mother of God* kein so großer Erfolg war, wie ich mir das erhofft hatte. Und das, obwohl es von Barnes and Noble als besondere Empfehlung beworben wurde, fast alle Rezensionen großartig waren und die Leserinnen und Leser das Buch liebten. Es erreichte damals einfach nicht genug Medienpräsenz. Ich wurde das Gefühl nicht los, dass man mir nicht alle Geschichten abnahm, die ich in dem Buch erzählte. Das konnte ich spüren. Der Schwimmende Wald, die Stämme, die nie mit der Außenwelt in Berührung gekommen waren. Das alles klang völlig unglaublich, wenn man mit einer Tasse Tee und einem Buch in einer gemütlichen Wohnung saß. Wie auch immer … Ich hatte mein ganzes Herzblut in dieses Buch gesteckt, bis zum letzten Tropfen, und jetzt war der Erfolg nicht mehr als mittelmäßig.

Im Amazonasgebiet arbeiteten die Yogis wie versprochen eifrig daran, den Prozess rund um die *Junglekeepers*-Gründung in Lima voranzutreiben. Doch ich war so sehr mit der Fernsehsendung und meiner Verwandlung in einen dreckigen Ehebrecher beschäftigt gewesen, dass ich viele der Meetings, in denen es um die Geschäftsordnung und die festgelegten Abläufe gegangen war, verpasst hatte. Das nutzten die Leute nun aus und nahmen irgendwann keine Anweisungen von mir und JJ mehr an. Sie gestalteten Dinge zu ihrem eigenen Vorteil um. Langsam wurde die Organisation zu ihrer. Ich verlor die Kontrolle über meinen Traum. Es ging mir nicht gut, und das spürte ich am ganzen Leib. Allmählich schmerzte mich mein ganzes Leben sehr.

Um alles noch schlimmer zu machen, befand sich die Zerstörung rund um die *Transamazônica* in dieser Zeit auf einem entsetzlichen historischen Hoch. Wald brannte. Im Sommer 2015 sah ich Brände, die mir die Hoffnung förmlich aus dem Leib sogen. Die uralten Bäume fielen, Kilometer um Kilometer des Ökosystems machte man dem Erdboden gleich. Ich erkannte die Dimensionen des Kampfes, und ich musste an Peter Beards attraktives faltiges Gesicht denken: »Es ist wirklich die letzte Jagd.«

Vielleicht hatte er ja recht – alles war umsonst. Vielleicht bestand die Mission meines Lebens gar nicht darin, den Amazonas zu schützen. Vielleicht war ich nichts weiter als ein größenwahnsinniger Möchtegern. Vielleicht gab es auch einfach keine Chance, den entropischen Vormarsch der Zivilisation zu verhindern. Vielleicht war meine Aufgabe dieselbe wie die von Peter Beard: die Zerstörung mitanzusehen und sich ihr hinzugeben. Einfach lächelnd zuzuschauen, während sich die Erde selbst auffraß. Die Elefanten sterben, die Baumriesen gefällt zu sehen, und dabei einfach Erstaunen darüber zu empfinden, wie sich die Menschheit selbst zerstörte. Ich zündete mir eine Zigarette nach der anderen an. Ich wurde von der Last von so viel Schuld und Schmerz erdrückt und war so schwach, dass ich mich kaum noch auf den Beinen halten konnte.

Ich hatte doch nur den Urwald schützen wollen, und jetzt hatte sich das Ganze zu einer Katastrophe entwickelt, die brannte und immer wei-

Die Wildnis der peruanischen Region Madre de Dios –
die Quellgebiete des Amazonasbeckens

JJs Vater Don Santiago
mit seinem Sohn Elias

JJ und Joseph während der zweitägigen Reise in den Dschungel auf dem Weg zur Forschungsstation

Pico, der legendäre Bootsführer

Der Schamane Don Ignacio bereitet sich auf die Leitung einer Ayahuasca-Zeremonie vor.

JJ und ich mit unserer ersten »großen« Anakonda, die Santiago als Anacondita bezeichnete.

Mit 5,64 Metern war Eleanor die größte bis dahin je gemessene Schlange.

Nahaufnahme von Eleanors riesigem Kopf (Foto: Mohsin Kazmi)

Unvergessen: Dharma in Indien

Ich versuche, *The Girl and the Tiger* zu schreiben, während Dharma meine Aufmerksamkeit einfordert und nach meinem Stift greift.

Ich wandere mit meinem Elefantenfreund durch den indischen Urwald.

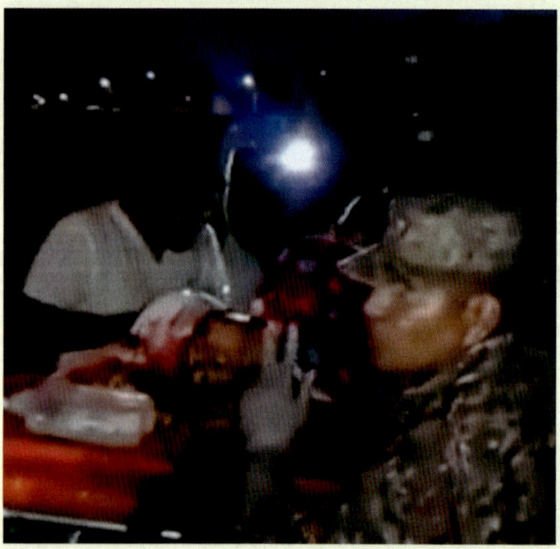

Ignacio auf dem Weg ins Krankenhaus. Nachdem ihn ein Pfeil der Mashco Piro in den Kopf getroffen hatte, wurde Ignacio mit dem Hubschrauber (im Hintergrund zu sehen) ausgeflogen.

Ignacios Narbe von dem knapp 2 Meter langen Pfeil, der ihn beinahe getötet hätte

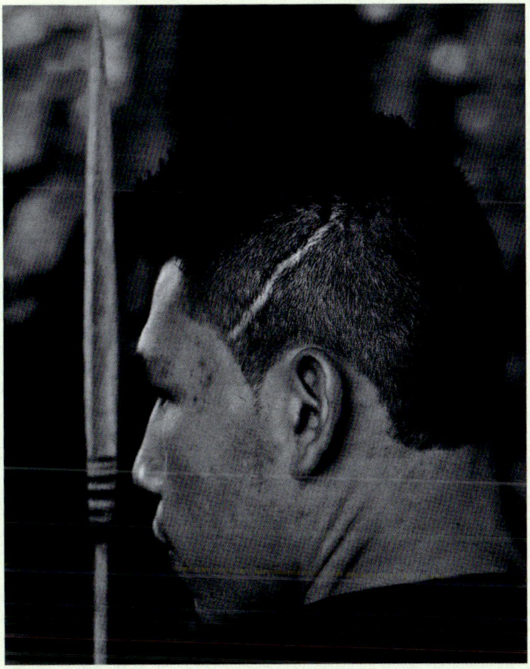

Uralte Riesen des Waldes, aufgestapelt in einem Sägewerk am Transamazônica-Highway

Brandrodung: Urwald wird zu Asche

(Foto: Mohsin Kazmi)

Ein indigenes Mädchen am Las Piedras verspeist zum Mittagessen einen Affen.

Roy, JJ, Dina Tsouluhas und ich planen, wie wir den Fluss schützen können.

Im Niedrigflug über dem Dschungel: bei der wissenschaftlichen Vermessung des unermesslichen Las-Piedras-Wassereinzugsgebiets

Das kleine Klammeraffenmädchen, das mir seine Sprache beibrachte

Früh am Morgen hoch oben in den Ästen eines Kapokbaums: Ich fühle mich winzig wie ein Insekt in einer riesigen Welt und kann den normalerweise unsichtbaren Nebelfluss erkennen, der sich über Amazonien ergießt.

Mashco-Piro-Krieger, die sich von der anderen Seite des Flusses nähern – Bogen und Pfeile bereit (Foto: Stéphane Thomas)

Auge in Auge mit den Mashco Piro. Dieser spezielle Stamm hatte zuvor noch nie bewusst friedlich Kontakt aufgenommen.

(Foto: Mohsin Kazmi)

Das Boot voller Kochbananen aus unserer Welt wird in ihre hinübergestoßen – und sie stürmen herbei.

Ein Mashco Piro im Regen, er versucht, durch Rufe mit uns zu kommunizieren – mit dem Stamm jenseits des Flusses.

Ein Mann schießt in einer trotzigen Geste einen Pfeil in unsere Richtung und schaut zu, wie er auf unsere Seite des Flusses hinüberfliegt. Als der Pfeil im Boden stecken bleibt, wendet sich der Mann lächelnd von uns ab.

Ein sehr geheimnisvolles Objekt – eine seltsame Halskette, die aus Ton zu bestehen scheint und mit Tierzähnen verziert ist. Zwei der Mashco-Piro-Männer tragen solche Ketten um den Hals.

(Foto: Mohsin Kazmi)

Der lächelnde JJ auf einer unserer vielen Expeditionen. Dieses Foto erscheint im Zusammenhang mit seiner Auszeichnung als einer der 100 Klima-Vordenker des Jahres 2024 im *Time Magazine*.
(Foto: Mohsin Kazmi)

In ein winziges Kanu gepfercht erkunden JJ, Roy, Stéphane, Mohsin und ich Nebenflüsse und suchen entlang des Flusses Las Piedras nach Anzeichen von Eindringlingen.

Das Alta-Sanctuary-Baumhaus – in der Ferne sieht man den Nebelfluss über dem geschützten *Junglekeepers*-Reservat.

Das Gesicht eines indigenen Mädchens – eines der vielen Kinder, die fernab im Dschungel nach indigener Lebensweise leben. Sie sind die Zukunft des Flusses.

Verwüstung in ihrer reinsten Form: die durch den Goldabbau entlang des Transamazônica-Highways verursachte Vernichtung.

Die Linie der *Junglekeepers*: Eine Drohnenaufnahme zeigt den Unterschied zwischen Uraltem Wald – geschützt von den *Junglekeepers* – und dem Wald, den wir nicht retten konnten. Mit diesem Bild wächst das Verständnis für die Verantwortung, mit der wir uns konfrontiert sehen.

ter brannte. Meine Mission war zu einer großen hässlichen öffentlichen Niederlage geworden. Ich hatte gründlich verschissen. Eine Depression umhüllte mich wie der Schatten schwarzer Wolken. Ich war verloren, und ich wusste es. Alles Gute, alle positiven richtungsweisenden Ereignisse der Anfangsphase: verschwunden. Ich fühlte mich, als hätte ich nichts mehr zu geben. Als wäre ich mit dem Kopf an die Decke gestoßen. Als würden mich alle hassen, wirklich alle. Und dazu hatten sie auch allen Grund, denn ich war nichts weiter als ein Stück Scheiße. Ich fühlte mich wertlos und nutzlos und wollte mich der Welt entziehen.

Ich wollte weg von allem und allen.

Zeit, ins Exil zu gehen.

DHARMA

Es gibt Ecken auf diesem Planeten, die sich vor der Zeit versteckt und sich ihr entzogen haben.

Ich öffnete in der Morgenkühle die Augen. In einiger Entfernung bewegte sich ein Elefant über das Feld unter dem Großen Dschungel. Die Stoßzähne des Giganten hingen hinab, lang und gekrümmt wie bei einem Mammut. Sie schwangen hin und her, während er seine Schritte machte, schnitten wie Sensen durch das von Spinnweben und mit Tau bedeckte Gras. Auf dem Rücken des Tieres klammerten sich mehrere Jungen aneinander fest. Ich stützte mich auf einem Ellbogen ab, kniff die Augen zusammen, um in die Ferne schauen zu können. Dann rieb ich sie mir, noch halb im Traum. Die Sonne ging gerade erst auf. Immer noch schwebte ein blauer Nebel wie eine Decke über den Feldern, weit hinten erhob sich wild der dunkle Dschungel. Der Elefant bewegte sich vorwärts wie ein Ozeanriese, mit Ohren wie Segel, in seinem Kielwasser weiße Vögel. Die indigenen Jungen auf seinem Rücken waren in Decken gehüllt. Sie umarmten einander ganz fest, um sich vor der Kälte zu schützen, schliefen halb übereinander und wiegten sich im Schritt des Giganten hin und her.

Ich war nach Südindien gekommen und von Mangaluru aus mit dem Motorrad weitergereist – vorbei an Ziegen und Kühen, an Dorfbewohnerinnen, die Wassereimer auf den Köpfen trugen. Zuerst hatte ich unter dem Helm Kopfhörer in den Ohren gehabt, und manchmal lag der Helm auch einfach hinten auf dem Motorrad. Die Welt verschmolz sanft zu einer Montage von einer Schönheit, die ins Kino gehört hätte. Die riesigen Wasserfälle des Westghats-Gebirges und der alles durchdringende, berauschende Duft der Kaffeefelder von Coorg. Ich fuhr stundenlang und hielt nur an, um aus Kokosnüssen zu trinken oder Fotos zu machen. Die Wayfarer-Sonnenbrille auf der Nase, den Wind im Haar, die Hände am Lenker – so gelangte ich immer tiefer und tiefer in einen Traum.

Ich war auf Bitten meiner Freundin Neeti hierhergekommen. Sie war auch mit Gowri eng befreundet, und das schon seit Jahren. Weil es in diesem Buch um den Amazonas geht, gab es bisher keinen Grund, auf die elementare Rolle Indiens in meinem Leben einzugehen. Zwischen meinen Aufenthalten am Amazonas hatten meine Frau und ich jedes Jahr ein paar Monate in Indien verbracht. Sie hat eine wunderbare Familie, und bei diesen Menschen führten wir ein ganz anderes Leben. Ursprünglich war ich als Austauschstudent nach Indien gekommen, doch nach unserer Begegnung und der Hochzeit wurde Indien zu einer zweiten Heimat für mich. Und dann zu meiner Heimat. Ich fühlte mich in Indien nicht länger wie ein Ausländer. Ich fühlte mich wie jemand aus Südindien, und durch meine Heirat *war* ich auch ein Südinder. Ich liebte das Essen, ich beherrschte die Sprache ein wenig und fühlte mich dort mehr zu Hause als irgendwo sonst. Für diese Reise hatte ich Gowri jedoch in den USA zurückgelassen und war allein nach Indien gekommen. Ich befand mich im Exil, und ich musste im Dschungel sein. Weit weg von allem.

Neeti zeigte mir den Weg in eine so wundersame Welt, dass ich ihre Existenz nur glauben konnte, weil ich sie mit meinen eigenen Augen sah. Das Ganze war so unglaublich – im wahrsten Sinne des Wortes –, dass ich fast überhaupt nicht hingefahren wäre. Was sie mir in den Wochen vor meiner Ankunft erzählt hatte, klang wie eine einzige Fantasie.

Ich stürzte mich, ohne viel nachzudenken, in diese Erfahrung, und erst im Nachhinein begriff ich, dass sie mir einen mächtigen, motivierenden Kontrast zu meinem Leben im Amazonasgebiet vor Augen geführt hatte. Amazonien, wo ich mich an riesige Wälder und an den Kampf für die Rettung einer fast unendlichen Wildnis gewöhnt hatte, war ganz anders als Indien. In Indien stellen die Tiere und die Wälder Inseln in einem Meer aus Menschengewimmel dar.

Das Gelände, auf dem Neeti und ich uns aufhielten, befand sich genau genommen innerhalb des Waldreservats, und man brauchte eine Genehmigung, um dorthin zu reisen. Neeti arbeitete schon seit Jahren mit dem *Indian Forest Service* und verschiedenen Umweltorganisationen zusammen. Sie ist eine der engagiertesten Umweltschützerinnen, die ich kenne, und sie arbeitet unglaublich hart. Damals konzentrierte sie ihre Anstrengungen auf die Erhaltung des Lebens am Ufer des Flusses Kaveri, vor allem auf die Tor-tor-Population. Der Tor tor ist ein großer Karpfenfisch. Zufällig lebte Neeti genau zu der Zeit in einem verborgenen Wunderland, als ich nach einer Zuflucht suchte.

Die Sache ist so: Die meisten Menschen haben nie die Gelegenheit, Elefanten in der Natur zu erleben. Stattdessen kommen sie mit diesen Tieren auf Safaris in Kontakt. Man fährt nah an sie heran und sieht, wie sie grasen. Die Elefanten werden mit Autos und Geräuschen und seltsamen Gerüchen konfrontiert, die Menschen begaffen sie wie Paparazzi-Primaten. Selbst den Elefanten, für die das zur Normalität geworden ist, wäre es lieber, wenn man sie einfach in Ruhe ließe. Eine noch weniger authentische Erfahrung ist ein Zoobesuch bei einem Elefanten in Gefangenschaft.

Elefanten in der Wildnis bekommen die Menschen jedoch kaum zu sehen. Das hat mich aber immer am meisten fasziniert. Damit meine ich die Situation, in der eine Herde die Anwesenheit der Menschen überhaupt nicht bemerkt und nicht mitbekommt, dass sie beobachtet wird. Wir alle glauben zu wissen, wie klug Elefanten sind, und wir alle täuschen uns.

***

Neeti war offiziell als Betreuerin einer Stelle eingesetzt, an der eine Legende entstanden war. Vor vielen Jahren hatte eine Frau zwei junge weibliche Elefanten aus Nordindien gerettet und sie in den Süden gebracht. Dort waren sie aufgewachsen und durften sich frei im Wald bewegen. Keine Zäune, keine Ketten. Die Natur hatte sie ausgebildet, und beim Aufwachsen hatten sie sich unter die männlichen Elefanten gemischt, die im Dschungel lebten. Daraus war eine Familiengruppe aus halbwilden Elefanten entstanden, denen die Menschen vertraut genug waren, um mit ihnen zu interagieren. Gleichzeitig waren die Tiere wild genug, um eine Gefahr darzustellen.

Die Jungen, die ich auf dem Rücken des Elefanten gesehen hatte, gehörten zu der Gemeinschaft aus der Umgebung. Die Lebensrealität der Stämme in Südindien ist hart. Viele der Menschen leben in Lehmhütten mit grasgedeckten Dächern. Und viele von ihnen arbeiten immer noch als sogenannte Mahuts, als Elefantenführer.

In Südindien erstreckt sich die Geschichte der Interaktion zwischen Menschen und Elefanten über Tausende von Jahren. Und während es bei westlichen Menschen möglicherweise spontane Empörung auslöst, dass Elefanten geritten und trainiert werden, besteht die Realität in Südindien darin, dass Menschen und Elefanten eine Möglichkeit der Koexistenz finden müssen. Das bedeutet in den meisten Fällen, dass den Elefanten die alten, festen Routen abgeschnitten werden, auf denen sie sich normalerweise bewegen würden.

Hier jedoch – im Waldschutzgebiet entlang des Flussufers, in den Dörfern der Stämme – leben Elefanten und Tiger und Bären versteckt im Dickicht des Dschungels, zwischen uralten Ruinen.

In den Dörfern der Jenu-Kuruba-Stammesgruppe muss man noch mit Elefanten arbeiten und sie reiten. Das geschieht in Zusammenarbeit mit dem offiziellen *Indian Forest Service*. Wenn ein Tiger auftaucht, der den Menschen gefährlich werden könnte, kann man ihn nur auf dem Rücken eines Elefanten durch den Dschungel verfolgen. Dafür benötigt man ausgebildete Elefantenführer und Tiere, die die Ruhe bewahren und Kommandos befolgen können.

Die halbwilde Herde, um die sich Neeti kümmerte, kam manchmal in unser Camp. Dann gaben wir den Tieren Wasser. Genau wie Menschen schätzten es Elefanten, wenn dieses Wasser kalt und sauber war. Im größten Teil unserer Umgebung herrschte zu dieser Jahreszeit eine Dürre. Das Wasser in den meisten Teichen stand und war grün. In unserem Lager gab es jedoch einen Brunnen. Einen idyllischen, kleinen Brunnen mit einer Steinmauer und einem Dach, mit einem Eimer und einer Winde und einem gelben Seil. Ich hielt mich seit einigen Tagen im Camp auf, saß auf der Veranda und schaute zu, wie die Jungen und ihre Elefanten vorbeizogen. Wir kochten Chai und Kaffee, und ich las eines der Bücher von F. Scott Fitzgerald, die ich damals am liebsten mochte, *Zärtlich ist die Nacht*. An einem solchen sonnigen Nachmittag kamen Kunti und Kalpana, die beiden Matriarchinnen, mit ihren Familien zu uns ins Camp.

Neeti war beschäftigt, denn sie telefonierte gerade mit einem wichtigen Leiter ihres Projekts. »Paul! Geh du hin! Du weißt ja, worauf du achten musst! Sorg dafür, dass sie den Brunnen nicht kaputt machen!« Dann streckte sie den Kopf aus der Tür und rief: »Und lass sie ja nicht die Rüssel direkt ins Wasser stecken. Sonst rotzen sie uns alles voll!«

Ich sprang auf und rannte los, barfuß über das Gras. Vom Waldrand aus erschienen die Elefanten wie die großen Wagen einer Parade. Kunti und Kalpana waren von beeindruckender Größe. Ihre sich bewegenden Muskeln, ihre Haut und die überwältigende Dimension ihres Körperbaus reichten aus, um mich instinktiv in Panik geraten zu lassen. Ich sah Monster vor mir. Sie bewegten sich wiegend auf mich zu, wie Elefanten das eben tun: mit aufgeklappten Ohren und erhobenen Rüsseln. Sie freuten sich auf das frische Wasser.

Wenn jetzt niemand auf den Brunnen achtgab, würden sie möglicherweise die Steinmauer einreißen oder den Eimer von der Winde zerren. Ich musste also als Erster dort sein. Daher rannte ich zum Brunnen, ließ den Eimer an dem gelben Seil ins Wasser hinunter und zog ihn gerade in dem Augenblick hoch, als eine der Matriarchinnen erschien und ihren Rüssel hineintauchte. Sie trank den ganzen Eimer leer.

Plötzlich war ich von Rüsseln umgeben. Sie stießen mich an und griffen nach mir. Einer erwischte mein Ohr, und ich musste mich losreißen. Ein anderer schnappte sich das Seil, und ich musste es ihm entwinden. Ich sprach ruhig und freundlich und ermutigend mit den Tieren, doch mein Herz klopfte wie wild. Ein Elefant trat mir auf den Fuß, und ich bemühte mich, einen Schrei zu unterdrücken. Ich ließ den Eimer erneut ins Wasser hinunter und zog ihn wieder hoch, und wieder steckte eines der Tiere den Rüssel hinein. Während die Matriarchinnen meinen Eimer leerten, schubsten und stießen mich die anderen Elefanten herum. Ich versuchte, auf meiner strategisch guten Position an der Seite des Brunnens zu bleiben, während ich mich umwandte, um noch mehr Wasser heraufzuholen. Ich warf den Eimer in den Brunnen, bediente die Winde, beeilte mich sehr, um eine weitere Portion hochzuholen, von den Tieren umringt. *Bitte sehr, bitte sehr, bitte sehr!*

Jeder dieser Rüssel wiegt so viel wie ein erwachsener Mensch. Deswegen warf es mich jedes Mal fast um, wenn einer den Eimer traf. Ich füllte einen Eimer nach dem anderen, bis zur Erschöpfung.

Mir quollen fast die Augen aus dem Kopf, als noch ein Elefant seinen Fuß auf meinen stellte. Mitten in dem ganzen Chaos wand sich ein Rüssel um meine Taille und riss mich zurück auf das Gras. Dort saß ich keuchend und starrte auf eine Reihe Elefantenärsche, während die gesamte Herde die Rüssel in den Brunnen tauchte und genüsslich trank. Der Elefant, der mich weggerissen hatte, wandte sich zu mir um, und es schien, als schenkte er mir ein freches Grinsen. Er war offenbar sehr angetan davon, mich so weit weggeschleudert zu haben. Während er mit tiefen Zügen trank, behielt er mich die ganze Zeit im Blick. Dann öffnete er das Maul zu einem langen Rülpserstakkato. Eine Ladung Elefantenrotz landete in unserem Trinkwasser – und zwar so viel, dass man damit mühelos eine Badewanne hätte füllen können.

Endlich kam Neeti zum Brunnen.

Sie schüttelte lächelnd den Kopf, während sie in der Herde verschwand. Ihr Verhalten hatte überhaupt nichts Gehetztes. Sie bewegte sich barfuß zwischen den Bergen aus runzliger Haut, schwingenden Schwänzen, begrüßte jedes Tier mit seinem Namen. Sanft fischte sie Rüssel aus dem Wasser, einen nach dem anderen. Ihre Hand glich der einer Malerin oder Geigerin oder eines Shaolin-Mönchs, der im Morgengrauen seine Übungen durchführte. Ruhige Sicherheit. Sie sprach die Sprache dieser Tiere, wandte sich den Matriarchinnen in einem Tonfall zu, der ihrem Rang entsprach, und mit den jungen Kälbchen redete sie wie eine Kindergärtnerin, die ihre ungezogene Gruppe ermahnt.

»Komm schon, Kalpana, komm schon«, rief sie und lachte, als die Rüsselspitze ihr Gesicht umfasste. »Ja, ja, ich wünsche dir auch einen guten Morgen, Ma. Jetzt geh aber ein Stück zurück, Ma.«

Durch eine Lücke in der Mauer aus Elefanten erhaschte sie meinen Blick und bedeutete mir mit einem Nicken, zu ihr zu kommen. Wir arbeiteten nebeneinander. Neeti sprach mit den Tieren, beruhigte sie und verteidigte mich gegen die vielen durstigen Rüssel, während ich einen Eimer Wasser nach dem anderen aus dem Brunnen holte. Die ganze Zeit über hielt jemand zärtlich seinen Rüssel an mein Ohr.

»Oh, shit«, kommentierte Neeti mit einem Grinsen. »Ich glaube, du hast einen neuen Freund.«

Der Elefant, der mich vom Brunnen weggeschleudert hatte, hieß Dharma. In den kommenden Wochen sollten Dharma und ich tatsächlich dicke Freunde werden. Wann immer er auftauchte, ließ ich alles stehen und liegen und widmete ihm meine gesamte Aufmerksamkeit. Oft kam er allein, denn anders als die anderen Tiere in seiner Herde mochte er menschliche Gesellschaft. Dann las ich in meinem Buch, Dharma graste neben mir, und für mich blieb einfach die Zeit stehen. Mit ungläubigem Stirnrunzeln saß ich da, denn egal, wie viel Zeit ich in seiner Gegenwart verbrachte: Ich konnte einfach nicht fassen, was ich da sah. Diesen Berg aus grauem Fleisch, Muskeln und Knochen, mit riesigen Schmetterlingsohren und einem seltsamen Tintenfischgesicht. Gleichzeitig war sein Intellekt, sein Verhalten so clever, dass ich zuweilen den Eindruck hatte, eine menschliche Seele in einem Elefantenkörper vor mir zu haben. Manchmal war er ruhig, an anderen Tagen gestresst und immer voller Botschaften, die er mir nicht mitteilen konnte. Wenn er Neeti und mir Fragen stellte, fuhr er uns mit dem Rüssel durchs Haar oder berührte uns am Bauch. So lernte er Dinge, von denen wir nichts wussten. Das Ganze war surreal, es war wunderschön, und ich kann überhaupt nicht beschreiben, wie unglaublich außergewöhnlich es war.

Dharma lebte weder in Gefangenschaft noch wild. Als Kuntis Sohn war er als Teil einer halbwilden Herde zwischen den Welten aufgewachsen. Die Matriarchinnen trugen Halsbänder mit Sendern, sodass man sie immer aufspüren konnte. Und sie kamen fast jeden Tag zu unserem Camp, um aus dem Brunnen zu trinken. In ihrem Leben gab es also viel Kontakt zu Menschen. Beim Aufwachsen machte Dharma Bekanntschaft mit Waldhütern aus den indigenen Stämmen, mit Biologinnen und Biologen, mit Kindern und weiteren Menschen. Doch wenn die Herde den Dunstkreis der Forschungsstation verließ, waren die Tiere so wild wie alle anderen. Draußen im Dschungel suchten sie an den Stellen nach Nahrung, an die die Matriarchinnen sie führten. Sie achteten darauf, nicht auf eine Königskobra zu treten oder einem Tiger zu nahe zu kommen. Sie nahmen auch Kontakt zu den wirklich wilden Elefantenherden auf. Mit gigantisch großen Bullen, die Narben von Kämpfen mit Bauern auf der Haut trugen. Manche von ihnen hatten Menschen getötet.

Was Dharmas Rolle als einziger Bewohner des Niemandslandes zwischen Menschen und Elefanten außerdem festigte, zeigte sich, als er die sexuelle Reife erlangte: Wie sich herausstellte, war er ein *makhna*, ein Bulle ohne Stoßzähne. Das bedeutete, dass er im Erwachsenenalter aus der weiblichen Herde verstoßen werden konnte, jedoch nicht in der Lage war, mit den größeren, mit mehr männlichen Attributen ausgestatteten Bullen mitzuhalten. Deren Stoßzähne stellten bei Kämpfen einen Vorteil dar. Die alltäglichen Spaßkämpfe liefen also für den armen Dharma jedes Mal auf eine Tracht Prügel hinaus. Die anderen Bullen waren einfach größer und ihm dadurch überlegen. Für Dharma gab es daher von Anfang an keinen Ort, an dem er so richtig dazugehörte.

Das machte Dharma das Leben schwer – und für Menschen wurde es manchmal gefährlich. Es kostete Neeti sehr viel Zeit, Dharma immer wieder aus der Patsche zu helfen. Zu seinen Lieblingshobbys gehörte zum Beispiel das Bestehlen der ansässigen Obstwagenfahrer. Coorg ist eine Art Flickenteppich aus geschütztem Wald, wildem Buschgebiet, Farmen, Dörfern und mehr. Viele der langen Straßen winden sich durch wunderschöne Wälder in verschiedenen Formen. Dort wartete Dharma dann.

Außer den ortsansässigen Arbeiterinnen und Arbeitern, die Obst auf den Markt brachten, gab es kaum Verkehr. Dharma wusste, welche

Route diese Leute wählten und wann sie kamen. Manchmal nahm er einen anderen Bullen zur Unterstützung mit. Dann warteten die beiden stundenlang an einer bestimmten Stelle. Wenn sie Motorengeräusche hörten, nahmen sie ihre Position ein: einer auf der Straße, einer im Busch versteckt, immer noch wartend. Aus irgendeinem Grund stelle ich mir vor, dass sie mit Maschinenpistolen und Zigarren in den Mäulern den Trucks in den Weg sprangen. »Hände hoch, das ist ein Überfall! Her mit den Bananen, dann passiert niemandem was!«

Auf einer engen Straße hat man keine Möglichkeit, einen Elefanten zu umfahren. Wenn das kleine Fahrzeug anhielt, setzte Dharma sich in Bewegung. Dann verbrachten beide Elefanten einige Zeit damit, dem Fahrer Angst einzujagen. Erst, indem sie die Schultern gegen das Fahrzeug rammten und es so umzuwerfen drohten. Manchmal wand auch einer der Elefanten seinen Rüssel um einen der Seitenspiegel und brach ihn ab. Irgendwann widmeten sie sich dann der Ladefläche und nahmen sich so viele Bananen, wie sie wollten, während der arme Obstfahrer darum betete, mit dem Leben davonzukommen.

Als sich die Nachricht von den beiden Räubern in der Region verbreitete, versuchten es einige Fahrer damit, einfach laut hupend weiterzufahren. Das machte Dharma wütend und jagte ihm Angst ein, und das Ergebnis war viel schlimmer. Ein wütender Elefant ist problemlos in der Lage, ein Auto umzukippen. Und ein einziger seiner Füße kann einen menschlichen Körper so schlimm verletzen, dass die Eingeweide explosionsartig hervorspritzen, sodass am Ende nur eine Hülle aus Haut übrig bleibt. Zum Glück hatte Dharma noch niemanden getötet. Jedenfalls *noch* nicht.

Er war schon mehrfach festgenommen worden. Angehörige der Stämme, die als Elefantenführer beim *Forest Service* angestellt waren, kamen auf den Rücken ihrer eigenen Elefanten angeritten. Dann umzingelten sie Dharma, schlugen ihn mit Stöcken und zwangen ihn mit den größeren Elefanten, die Stelle zu verlassen. Außerdem versuchten sie es mit Fußketten, damit er zu langsam war, um die Fahrzeuge einzuholen. Deswegen hörten wir am Rasseln der Ketten, wenn er sich näherte.

Manchmal hing er auch einfach allein im Dschungel rum. Verbrachte einige Zeit damit, auf einen Baumstumpf einzutreten, graste ein paar Stunden und stellte dann fest, dass er Durst hatte. *Ich könnte ja mal zum Brunnen gehen!*

Neetis Hauptaufgabe war ihre Fisch-Forschung, doch ihre Verpflichtungen den Elefanten gegenüber lenkten sie oft ab. Weil sie über GPS sehen konnte, wo sich die Tiere befanden, rief der *Forest Service* sie zu Hilfe, wenn die Elefanten in Schwierigkeiten steckten, was oft passierte.

Eines Tages raste ein Jeep mit einem Beamten des *Forest Service* heran. »Neeti *amma*!«, begrüßte er Neeti respektvoll. »Die Herde …« Die Elefanten waren in eine Farm eingedrungen. Während Neeti davoneilte, um die Tiere zu retten, blieb ich dem *Forest Service* überlassen.

An jenem Tag kam Dharma zu uns ins Lager. Mir war aufgetragen worden, ihn zum Weggehen zu bewegen, falls das passieren sollte. Wenn niemand vor Ort wäre, um ihn zu kontrollieren, könnte er Dinge umwerfen, den Brunnen zerstören oder irgendein anderes kreatives Chaos anrichten.

Deswegen sollte ich ihn in einem solchen Fall mindestens einen Kilometer von unserer Station wegführen. Man hatte mir einen Pfad gezeigt, mir einen Stab und einen mit Bananen gefüllten Rucksack gegeben. Jetzt sagte ich also: »Auf geht's, Dharma.«

Der Elefant und ich machten uns auf den Weg in den Dschungel. Etwa eine Stunde lang marschierten wir Seite an Seite. Dharma blieb immer wieder stehen, um Pflanzen zu inspizieren. Er benutzte seinen Rüssel, den er um Blätter wand, um diese abzureißen und sie sich in den Mund zu stopfen. Wenn er zum Grasen anhielt, holte ich eine Banane aus dem Rucksack und brachte ihn so dazu weiterzugehen. Ich wollte nicht hetzen. Man darf nicht jeden Tag mit seinem eigenen Elefantenfreund durch den Dschungel spazieren.

Ich dachte darüber nach, was der Mann vom *Forest Service* zu Neeti gesagt hatte. »Neeti *amma*«, hatte er sie genannt. Eine große Respektsbezeugung. Das widersprach allem, was ich in den Monaten vor meinem Besuch von Neeti gehört hatte. Sie hatte sehr oft darüber geklagt, welche Außenseiterrolle ihr hier als Frau zukam, und mir erzählt, wie schlimm man sie behandelt hatte. Als Außenseiterin. Als Stadtmädchen. Als Frau. Man hatte ihr die eigene Position sehr deutlich gemacht. Einmal hatte ich sogar selbst einen fetten *Forest-Service*-Beamten mit lockigem Schnurrbart sagen hören: »Der Dschungel ist einfach kein Ort für eine Frau.« Als Neeti von derartigen ungerechten Behandlungen berichtet hatte, hatte ich die Tränen in ihrer Stimme gehört.

Ich fragte mich, was sich geändert hatte.

Diese und andere Dinge hielt ich in meinem Tagebuch fest, während ich unter einem Baum saß. Neben mir stand Dharma wie ein großer grauer Berg. Im Haar auf seinem Kopf hatte er Blütenblätter. Er bekam Angst, wenn Schmetterlinge zu dicht an seinen Augen vorbeiflogen. Er war groß und tough und stark, gleichzeitig aber auch superlieb. Was ich sah, verzauberte mich, und diese Beobachtungen aus der Realität flossen durch meinen Stift direkt auf das Papier.

Über eine Stunde später begannen mein Schreiben und Nachdenken Dharma zu langweilen. Er hatte sich in der Zwischenzeit damit befasst, mit dem Rüssel Grasklumpen zu packen und sie dann loszutreten. Nun forderte er Aufmerksamkeit und Stimulation. Deswegen versuchte er, mir den Stift wegzunehmen. Ich schob seinen Rüssel weg. Doch jedes Mal kam der Rüssel zurück. Dharma schnappte sich den Stift erneut, und wieder schubste ich den Rüssel weg. Beim dritten Versuch hob ich einen mahnenden Zeigefinger. »Hör auf damit! Hör sofort auf!« Dharma bewegte die Ohren und steckte sich den Rüssel ins Maul, wie ein Kind, das aus Frustration auf der eigenen Faust herumkaut. Beleidigt stapfte er davon. Ich ging ihm nach. Küsste ihn auf die Stirn und kraulte ihn zwischen den Augen. Seine Lider mit den langen Wimpern schlossen sich vor Wonne und Genuss. Das gefiel ihm.

Seite an Seite spazierten mein riesiger Elefantenfreund und ich wenig später weiter durch den goldenen Wald. Sonnenstrahlen ließen eine besonders magische Atmosphäre entstehen und brachten die Blätter zum Leuchten. Libellen umschwirrten uns, aus den Zweigen über uns riefen die Bartvögel und die Nashornvögel. Als ich dachte, wir hätten uns weit genug von der Forschungsstation entfernt, verteilte ich die Bananen in der ganzen Umgebung, damit Dharma eine Weile brauchen würde, um jede einzelne zu finden. Dann umarmte ich seinen Rüssel und beeilte mich, den Rückweg anzutreten, um es vor Einbruch der Dunkelheit ins Camp zu schaffen.

Einmal wachte ich mitten in der Nacht auf, weil ein Tiger brüllte. Nicht lange danach tauchte Dharma bei uns auf. Er war aufgewühlt. Der Ruf des Tigers hatte ihm Angst eingejagt. Weil er weder zu den weiblichen noch zu den männlichen Elefanten gehen konnte, war er allein im Dschungel. In dieser Nacht blieb ich auf. Es gab nur uns beide, und ich sprach stundenlang mit ihm. Mir wurde klar, dass er in seinem riesigen Herzen eine Tiefe mit sich trug, die ich überhaupt nicht zu erfassen vermochte.

***

Mein mehrwöchiges Exil in Indien hatte ich damit gerechtfertigt, an meinem Buch *The Girl and the Tiger* arbeiten zu wollen. Du erinnerst dich bestimmt an die indische Familie, die 2012 mit JJ und mir eine Expedition im Amazonas gemacht hatte, in dem Jahr, in dem wir die Forschungsstation zurückbekommen hatten. Bald darauf hatte mir Isha eine E-Mail geschickt und mir erzählt, dass man in den Kaffeeplantagen in der Nähe ihrer Heimatstadt zwei Tigerjunge gefunden hatte. Sie wollte die beiden retten. Isha liebte Tiere und hatte sich bis über beide Ohren in den Amazonas verliebt. Als sie von ihrem Rettungsplan berichtete, wusste ich jedoch, dass ein junges Mädchen so etwas auf keinen Fall schaffen konnte. Aber Ishas Entschlossenheit entzündete einen Funken in meinem Gehirn, der immer weiter glühte. Er entwickelte sich zu einer eigenen Version des *Dschungelbuchs*. Die Hauptperson sollte Isha heißen, und sie würde ein Tigerjunges aus einem indischen Dorf retten. Der Tiger war damit das Opfer und nicht der Bösewicht. In diesem Buch wollte ich die Geschichte der Tiere in Indien erzählen, von ihrem Lebensraum und dessen Zerstörung berichten. Es sollte ein Abenteuerroman in der Art und Weise werden, wie man sie von früher kannte: voller Action und mit realistischen Einsichten in die Welt der Tiger und Elefanten in unserer Zeit.

Das Projekt wirkte wie eine neue Droge auf mich. Ich träumte davon, fertigte Zeichnungen der Schlüsselszenen an, lebte in der fiktiven Welt. Und hier, auf diesem Boden, genau in der Welt, über die ich schrieb, gab es keine bessere Beraterin und Redakteurin als Neeti – sowohl was die naturgeschichtlichen Elemente als auch was die Verortung des Textes in Südindien betraf. Neeti war die Verkörperung der archetypischen Umweltschützerin: voller unerschöpflicher Hingabe, völlig unterbezahlt und ganz der Aufgabe gewidmet, die Natur zu bewahren.

Während wir an einem kühlen Morgen kochend heißen Kaffee tranken und Zigaretten rauchten, fragte ich Neeti nach dem *Forest Service:* Was hatte die Haltung der Männer ihr gegenüber so grundlegend verändert? »Vor ein paar Monaten hast du erzählt, dass sie dich schrecklich behandeln. Seit ich hier bin, sehe ich sie nur, wie sie dir praktisch die Füße küssen.«

Neeti nickte. »Ach ja, das.«

»Was ist denn passiert?«

»Die Elefanten stecken dahinter. Die ganze Herde war am Fluss, und wir haben uns alle Sorgen gemacht, sie würden aus dem Reservatsgebiet auf die Felder des Bauern wandern. Die Herde hat im Bambusdickicht geschlafen. Elefanten darf man nicht hetzen. Dann kam dieser große Bulle mit den riesigen Stoßzähnen, ein ganz wilder Kerl. Er hat sich vor allen aufgebaut und extrem defensiv verhalten. Da haben sich die ganzen Typen vom *Forest Service* dann vor *ihm* aufgebaut und ihn bedrängt. Fast wäre die Sache eskaliert. Dieser gigantische Bulle hätte alle töten können. Die Männer haben gerufen, geschrien, versucht, ihn zu verscheuchen. Aber der Bulle wurde immer wütender, hat die Ohren aufgeklappt und stand kurz vor dem Angriff. Er hätte alle niedergetrampelt.«

Doch dann, als die Situation zwischen dem riesigen Elefantenbullen und den Angestellten vom *Forest Service* gerade gedroht hatte, völlig außer Kontrolle zu geraten, hatte Neeti Kalpana und Kunti zu Hilfe gerufen. Die waren aus dem Bambusdickicht aufgetaucht und hatten sich zwischen Neeti und den Bullen gestellt. Die Herde hatte begonnen, mit dem Bullen zu kommunizieren, ihn zu beruhigen, und seinen Zugang zu den Menschen blockiert. Es war ihnen gelungen, die Situation lange genug zu deeskalieren, dass sich alle anwesenden Menschen in Sicherheit hatten bringen können.

Neeti lächelte. »Das hat alles verändert.«

Von solchen Ereignissen hatte ich schon gehört: dass Elefanten Männer mit Gewehren und Feuer und Konflikten in Verbindung brachten, Frauen jedoch ganz anders wahrnahmen. Fast wie eine andere Spezies. Als wären sie sanfter und vorsichtiger und reflektierter. In diesem Fall war es Neetis Gegenwart gewesen, die die Herde zusammengeführt und eine Katastrophe verhindert hatte. Vielleicht sogar Leben gerettet hatte.

Nicht lange danach erreichte uns die Nachricht, dass unsere Herde in eine Farm eingedrungen war und einen Konflikt mit dem Bauern verursacht hatte. Der *Forest Service* rief Neeti zu Hilfe, um die Situation zu regeln, und erlaubte mir, sie zu begleiten. Es war niemandem gelungen, die Elefanten von der Farm wegzulotsen und die wütenden Bauern zu besänftigen. Neeti jedoch schaffte es. Sobald wir die Herde gefunden und beruhigt hatten, schickte der *Forest Service* einige Mitarbeiter aus seinem Team vor Ort, die die Elefanten mehrere Kilometer durch den Dschungel zurück zu unserer Station führen sollten. Neeti musste schnell zurück an ihren Laptop, um einen Termin im Zusammenhang mit ihrer Forschung wahrzunehmen. Ich jedoch fragte die Männer vom *Forest Service*, ob ich sie auf dem Marsch mit den Elefanten nach Hause begleiten dürfe. Das durfte ich.

Und so liefen wir durch Dörfer und über Waldstraßen. Irgendwann durchquerten wir sogar eine Stadt, wo Kinder auf Fahrrädern auf dem Heimweg von der Schule waren. Alle blieben stehen, um die Elefantenparade zu bewundern. Frauen trugen Wassereimer auf dem Kopf. Motorräder tuckerten vorbei. Dann gab es plötzlich Unruhe. Ich schaute mich um und sah, dass unsere größte Matriarchin eine junge Frau gegen eine Wand gedrängt hatte. *Oh nein.*

Die Elefantenkuh ragte bedrohlich über der schlanken Frau empor. Den Rüssel bewegte sie über deren Mund, um ihren Atem zu riechen. Anschließend berührte sie ihren Hals, die Schultern und das Gesicht, dann den Bauch. Niemand bewegte sich. Die Frau hatte ganz offensichtlich Angst, blieb aber ruhig. Alle standen wie angewurzelt da und warteten ab, was als Nächstes geschehen würde. Langsam näherten sich die anderen weiblichen Elefanten. Sie bauten sich ebenfalls vor der verängstigten jungen Frau auf und berührten mit den Rüsseln ihren Bauch.

Ein schnurrbärtiger Mann vom *Forest Service* stellte sich neben mich. Er deutete mit einer Geste etwas an. Durch sein Zeichen machte er mir begreiflich: Die junge Frau war schwanger. Das wussten die Elefantenkühe, und sie unterhielten sich angeregt darüber.

Diesen und viele andere Tage verbrachte ich damit, die Herde zu begleiten.

Gegen Ende meines Aufenthalts in Indien kamen eines Tages die auf dem Elefanten reitenden Jungen durch unser Lager. Ich folgte ihnen. Neeti war ganz in die redaktionelle Bearbeitung eines Textes vertieft, und niemand vom *Forest Service* hielt sich in der Gegend auf. Dharma trieb sich irgendwo im Dschungel herum. Ich musste daran denken, dass Peter Beard immer Ärger bekommen hatte, weil er in Afrika einfach herumgelaufen war. Obwohl ich wusste, dass ich es nicht tun sollte, folgte ich den Jungen auf ihrem Elefanten.

Ich schnappte mir meine Kameratasche und rannte hinter dem Elefanten her. Es handelte sich um ein großes altes Tier, das auf einem Auge blind war und riesige Stoßzähne hatte. Wir durchwanderten Gebiete mit üppigem Wald. Einer der Jungen zeigte vom Rücken des Elefanten aus auf eine Stelle am Boden, wo Tigerspuren über die Straße verliefen.

Als wir uns tief im Dschungel befanden, stiegen die Jungen vom Rücken des Elefanten ab und kletterten eine große Würgefeige hinauf. An den Gürteln hatten sie Macheten mit gebogenen Klingen. Ich schaute zu, wie drei der Jungen – alle zwischen neun und zwölf Jahren alt – die Baumwipfel erklommen, mehr als dreißig Meter über dem Boden. Schon bald befanden sie sich im Blätterdach des Dschungels, liefen auf den Ästen herum, die Macheten zwischen den Zähnen. Sie balancierten bis ganz an die Enden der Äste. Ich wand mich vor Sorge und hatte große Angst, sie würden herunterfallen. Sie ernteten Ficusfrüchte.

Bei jedem Schnitt ließen sie Zweige auf die Erde fallen. Unter ihnen graste der Elefant friedlich. Selbst für ein Exemplar seiner Gattung war er wirklich riesig. Wann immer ein Ast zu Boden fiel, hob ihn der Elefant auf und hielt ihn in Richtung seines Rückens, wo das jüngste der Kinder noch saß. Der Junge nahm den Ast entgegen und legte ihn sorgfältig auf eine Schutzdecke. Stunden vergingen, und die älteren Jungen bahnten sich weiter den Weg durch das Blätterdach, bewegten sich sogar von einem Baum zum anderen, ernteten Früchte und ließen Äste fallen. Der Elefant setzte seine Arbeit in aller Ruhe fort, hob die Äste auf, damit das Kind auf seinem Rücken sie ordentlich stapeln und mit einem Seil zusammenbinden konnte.

Als es Abend wurde und sie nach Hause gingen, folgte ich dem Elefanten, der hoch mit Ästen beladen war. Obendrauf saßen die vier Jungen. Kinder. Sie hatten den ganzen Tag im Dschungel verbracht und mit einem erwachsenen Elefantenbullen zusammengearbeitet. Das war wirklich wie eine Szene bei Kipling. Ein Teil einer Welt, die in der Zeit verloren war. Ein Anblick, den mir zu Hause in New York niemand glauben würde. Ich empfand ein warmes Erstaunen, das ich gar nicht richtig in Worte fassen konnte. An diesem magischen Ort ritten Kinder auf Elefanten, und immer noch schlichen Tiger durch die Schatten des Dschungels.

Die Zeit, in der ich an *The Girl and the Tiger* arbeitete und mit Dharma und der Elefantenherde zusammenlebte, schenkte mir einen tiefen Einblick in den Zustand der Tierwelt Südindiens. Die Nationalparks quellen förmlich über vor Leben. Dazwischen gibt es Straßen und Städte und Dörfer und Dutzende Millionen Menschen. In Indien leben Menschen und Tiere seit Tausenden von Jahren zusammen. Trotzdem verliert die Tierwelt ihren Raum – und das mehr als je zuvor.

Die Elefanten kannten ihre alten Pfade. Die Routen, die frühere Generationen mit den eigenen Füßen geschaffen hatten. Die Wege zu den Wasserlöchern. Doch diese alten Wege und Gewohnheiten und Routen wurden von Autobahnen und Betonbauten und Geschäften und Einkaufszentren durchschnitten. Bauern haben die Bäume des Waldes gefällt.

Elefanten sind große Tiere mit großem Appetit, und wie Menschen üben sie einen massiven Einfluss auf ihre Umgebung aus. Sie gestalten sie. Ihr Dung enthält Samen und sorgt so dafür, dass Pilze wachsen und Nährstoffe entstehen. Wenn der Wald gerodet wird, müssen die Elefanten hungern. Farmen voller Ananasfrüchte und andere Erträge der Landwirtschaft sind zu verführerisch, als dass die Elefanten sie ignorieren könnten. Sie schlagen nachts zu und vernichten manchmal innerhalb von Stunden die Lebensgrundlage eines Menschen. Eines Tages begegnete mir ein Mann, der Bananen im Wert von 25.000 Dollar aufgrund der nächtlichen Plünderung durch einen einzigen Elefantenbullen verloren hatte.

Ich habe Filmmaterial von Dorfbewohnern gesehen, die mit Fackeln und Mistgabeln auszogen, die Feuerbälle und Feuerwerkskörper und Steine auf Elefanten warfen. Außerdem setzen die Bauern Gift ein. Sie ziehen elektrische Zäune, deren Ladung ausreicht, um einen Dickhäuter zu töten. In vielerlei Hinsicht herrscht ein heftiger Krieg zwischen Menschen und Elefanten. Ganz zu schweigen von den Millionen weiteren Tieren, die sich den Lebensraum mit den Dickhäutern teilen, dieses unglaublich grüne und vielfältige Panorama Südindiens.

Elefanten haben sensorische Fähigkeiten in Dimensionen, die wir uns nicht einmal vorstellen können. Über ihre Füße können sie Gewitter wahrnehmen, die in über hundert Kilometern Entfernung niedergehen. Sie sind mithilfe von seismischen Vokalisierungen selbst dann in der Lage zu kommunizieren, wenn sie sich zwanzig Kilometer voneinander entfernt befinden. Ihr Geruchssinn ist fünfmal besser als unserer. Ihre Gehirne sind viermal so groß wie die menschlichen, und sie haben ein Langzeitgedächtnis, ein Bewusstsein für Raum und Zeit und ein soziales Gedächtnis, das seinesgleichen sucht. Elefanten sind sich zudem ihres eigenen Selbst bewusst. Sie erkennen sich im Spiegel, schaffen komplexe soziale Bindungen, begreifen den Tod als Phänomen, erfahren Trauer und weinen sogar. Wie bei uns Menschen sind ihre Jungen jahrelang von ihren Müttern abhängig. Der Großteil der Kommunikation zwischen Elefanten erfolgt über Klangvibrationen auf einer sehr niedrigen Frequenz, zwischen einem und zwanzig Hertz. Das meiste davon liegt außerhalb unseres Hörvermögens, wird jedoch häufig von grollenden Geräuschen begleitet, die wir hören können. Die außergewöhnlichen Elefantenohren können sogar Vogelgesang mit Frequenzen von bis zu 10.500 Hertz wahrnehmen.

Ich habe oft mit Dharma geredet. »Was weißt du?« »Was bewegst du in deinem großen Herzen?« Er neigte den Kopf, sodass unsere Stirnen sich berührten. Ich rieb ihm mit den Handflächen über die Augen. Ich sprach lange mit ihm, und er hörte mir lange zu. Als ich ihn das letzte Mal sah, umarmte ich seinen Rüssel, und er umschlang meine Taille. Ich küsste ihn auf die Nase, auf diese große, breite, weiche Stelle, an der sich der Rüssel mit dem Schädel verbindet. »Ich liebe dich. Ich liebe dich. Mein lieber großer Junge. Pass gut auf dich auf da draußen, ja?« An seiner Reaktion konnte ich ganz ohne Zweifel erkennen, dass er wusste, wir sagten einander gerade Adieu.

Dharma hatte mir einen Einblick in die Herzen der Tiere geschenkt. Genau wie damals die Ameisenbärin Lulu. Ich hatte seinen unglaublichen Intellekt erkannt. Seinen Sinn für Humor. Dass er auf verblüffende Art und Weise Dinge wusste, die ich dachte, bevor ich sie überhaupt dachte. Dass den Matriarchinnen klar gewesen war, dass die Frau in der Stadt schwanger gewesen war. Dharma hatte mir Dinge über den Wald beigebracht, die ich sonst nie gelernt hätte. Er hatte mich Dinge gelehrt, die sich in mir verankern und meine Beziehung zur Wildnis und dem Leben darin stärken sollten. Außerdem hatte er mir etwas beigebracht, das mir später ganz konkret das Leben retten sollte. Dinge, die ich nie von einem Menschen hätte lernen können. Ich hatte geglaubt, die Seelen der Tiere zu kennen. Dharma jedoch hatte mir vor Augen geführt, dass ich noch nicht einmal an der Oberfläche gekratzt hatte.

Zu seinem Namen möchte ich auch noch ein paar Worte verlieren. Der *dharma* eines Menschen ist sein Pfad. Der Pfad der Rechtschaffenheit und der Ordnung in Natur und Gesellschaft – der persönliche höchste, ethische Pfad. *Dharma* steht für das Konzept, *dass* es einen solchen Pfad gibt, dass die Natur in Gut und Böse, Richtig und Falsch eingeteilt ist und dass es so etwas gibt wie Schicksal. Wie hätte ich denn nicht an die Tausende von Hektar Land denken können, die meinen

Fluss in Peru umgaben? An die Jaguare und die Aras und die Klammeraffen. Die Ameisenbären und die Anakondas. Die Blattschneiderameisen und die Milliarden anderer wilder Herzen, die im unerforschten, unberührten Dschungel schlugen. Was für eine unglaubliche und historische Gelegenheit, so viele Leben zu retten. Wie jeder gute Exilant spürte ich, dass sich meine Perspektive während der Zeit mit den Elefanten verändert hatte. Nun schaute ich wieder voller Sehnsucht auf das Leben, das ich hinter mir gelassen hatte. Mit einem neu gefundenen, von Neugier geprägten Fokus. Und ich wurde zurück in die Richtung gewiesen, aus der ich gekommen war. Mit einer neuen, klaren Vision.

Ich wusste, was ich zu tun hatte.

EIN LICHT IM WALD

Pico steuerte das Boot durch den Morgennebel. Wir trugen beide Jacken und mit dem Schirm nach hinten gedrehte Kappen auf dem Kopf, um unser Haar vor dem kühlen Morgenwind zu schützen.

Ich würde gleich etwas Verrücktes tun.

Ich war mit frischem Blick nach Amazonien zurückgekehrt. Als ich die Station von Las Piedras erreicht hatte, hatte ich alle meine Lieblingsbäume besucht – meine alten Freunde. Ich hatte meine Hand an die Rinde gelegt. Mit den Klammeraffen gesprochen. War durch den Wald geklettert und gewandert, im Fluss geschwommen. Ich sehnte mich danach, aus der Welt zu verschwinden, tief in den Wald hinein, weit entfernt von allem Menschlichen.

Da gab es diesen Ort, den ich jetzt kannte und liebte. Diesen Ort, der innerhalb eines Hundelebens verschwunden sein könnte. Ich verspürte eine Liebe zum Dschungel, ein Gefühl, *jetzt* handeln zu müssen. In mir entstand der Wunsch, seine Tiefen zu Fuß zu erforschen, ihn zu sehen, wie ihn noch nie zuvor ein Mensch gesehen hatte. Ich wollte zu einem Teil des Dschungels werden.

Dafür würde ich mich auf eine Solo-Expedition begeben müssen, mich einmal mehr ganz allein auf den Weg machen. Einen Rucksack packen. Eine Machete schärfen. Eine Stirnlampe und einige Batterien mitnehmen, einen Topf und was sonst noch an einfachem Proviant in meinen Rucksack passte. Ich würde mich ein paar Tage in der Wildnis aufhalten.

Unser winziges Kanu unter dem Großen Dschungel. Pico zeigte mir, wo die Kaimane waren, und brachte mir Dinge über den Fluss bei. Pico war ein Mann, der damit umzugehen gelernt hatte, dass er nicht gut laufen konnte, und er hatte aus sich einen Bootslenker mit geradezu künstlerischem Geschick gemacht. Ich passte sehr gut auf und merkte mir, was ich nur konnte, während die Stunden vergingen. Wenn Picos Blick langsam müde wurde, hielt ich mir zwei Zigaretten an die Lippen, zündete sie unter meinem Hemd an, um sie vor dem Wind zu schützen, und reichte ihm eine.

Wir fuhren zwei Tage lang den Fluss hinauf, bevor mich Pico an einer ganz bestimmten Stelle absetzte. Er hatte mir gesagt, dass ich etwas Magisches vorfinden würde, wenn ich mich vom Fluss abwenden und zwei Tage lang in westlicher Richtung gehen würde. Ich glaubte ihm.

»*¡Cuidado, cachero!* Pass gut auf!«

Ich winkte ihm zu und machte mich dann auf den Weg in den Dschungel. Allein.

Dass ich mein Leben riskierte, war mir egal. Ich wanderte stundenlang in den wilden Dschungel hinein. In meinem Kopf wirbelten noch immer die Gedanken an Dharma und all die Elefanten herum, die in dem kleinen Rest Wald festsaßen, der noch übrig geblieben war. Immer wieder dachte ich an die New Yorker Wälder, in denen ich aufgewachsen war und mit meinem Golden Retriever so viele Erkundungstouren unternommen hatte. Beim Großteil der Bäume dort handelt es sich um sekundäres Wachstum. Nicht um Urwald. Das hier war jedoch echter Urwald. Der Zenit irdischer biologischer Komplexität. Der letzte endlose Wald. Ich wanderte weiter, als wäre ich auf der Flucht – und vielleicht war ich das auch. Ich hatte begriffen, dass ich irgendwann bestimmte Entscheidungen würde treffen müssen. Und ich musste mir bewusst machen, wer ich war.

Während meiner Kindheit und Jugend war Autorität das lauernde Monster in meinem Leben gewesen. Ich musste daran denken, dass die Mutter meines Freundes gesagt hatte, ich würde so oder so an einem Schreibtisch enden. Diese Prophezeiung verfolgte mich seitdem. Sie hatte mich in die Wildnis hinausgetrieben. Mir große Angst eingejagt.

Langsam wurde mir klar, dass alles, was ich tat, in irgendeiner Form die Suche nach ultimativer Freiheit war. Diese Wildnis hat für mich immer die ultimative Freiheit dargestellt. Dort kommt es nicht darauf an, wer du bist: Im Dschungel oder in den Bergen oder auf See sind wir alle gleich anonym.

In Amazonien gelangt man bald, nachdem man den Fluss hinter sich gelassen hat, in Gegenden, in die erst wenige Menschen einen Fuß gesetzt haben. Sobald man etwa zwanzig Kilometer zurückgelegt hat, befindet man sich weit hinter der Stelle, wo die Wege enden. Mitten in der authentischen Wildnis. Im unberührten Traumland. In einem von Horizont zu Horizont reichenden Wald. Er ragt über einem empor. Er verschlingt einen. Die alten Hartholzbäume stehen als hohe Hüter Wache. In den Schatten wuselt das verborgene Leben herum. Eine schwere Stille senkt sich über das Ganze, und es herrscht eine besondere Stimmung, wie in einer riesengroßen Kirche.

Ich wanderte einen Tag lang. Schlief. Und wanderte dann weiter. Bald hatte ich mich in den namenlosen Orten verirrt. Ich suchte nach dem Rand der Welt, um den Platz zu finden, an dem ich mit dem Dschungel und dem Fluss und Gott allein sein könnte.

Das Leben ist simpel, wenn man allein unterwegs ist. Man läuft einfach immer weiter. Schärft seine Machete. Macht ein Feuer. Kocht Flusswasser. Nach einigen Tagen wurde die Zivilisation zu etwas Entferntem und Verschwommenem, befand sich auf einer Ebene mit den Träumen der letzten Nacht. Die Realität wurde kristallklar. Wenn in einem Wald ein Baum umstürzt, und niemand ist da, der es hört – macht der Baum dann ein Geräusch? Existiert das Universum, wenn wir nicht da sind, um es zu beobachten?

Am dritten Tag dieser Wanderung ins Ungewisse ging ich gerade einen Fluss entlang, als ich ein Platschen hörte. Ich blieb stehen und wartete ab – die Machete gezückt, um zu begrüßen, was auch immer da kommen mochte.

Ein Riesenotter – ein Weibchen – mit großen schwarzen Augen und einem buschigen Schnurrbart sprang mit einigen Sätzen um die Biegung des Flusses herum. Das Tier war vom Schwanz bis zum Kopf über anderthalb Meter lang. Es schaute mich ohne jedes Zögern und ohne jede Überraschung an.

»Hey«, sagte ich. Das erste Geräusch, das ich an jenem Tag von mir gab.

Das Otterweibchen wandte sich um, machte einige ermutigende Schritte und schaute dann zu mir zurück. Ich folgte ihm. Denn das sollte ich ja ganz offensichtlich.

Bald fingen wir an zu rennen. Ich war langsamer als meine Führerin. An manchen Biegungen tauchte sie ins Wasser und glitt wie ein Torpedo davon. Doch sie kam immer wieder an die Oberfläche und warf mir einen Blick zu, wartete auf mich.

Als wir die letzte Biegung des Flusses hinter uns ließen, wurde mir klar, dass wir uns dem Rand eines Sees näherten. Etwas außergewöhnlich Lautes spielte sich in der Richtung ab, in die wir unterwegs waren. Das Otterweibchen hielt inne, sah mich erneut an und stürzte sich dann in den See.

Dort tobte der Rest der Riesenotterfamilie blitzschnell durchs Wasser. Alle verständigten sich in den seltsamen Lauten ihrer Gattung. Menschliche Stimmbänder können sie nicht nachahmen. Fasziniert hockte ich mich hin. Die Otter waren aufgeregt, unruhig, sie bewegten sich mit ihrer schwimmhäutigen Wasserakrobatik so schnell, dass ich mit dem Schauen kaum hinterherkam.

Plötzlich brach die Oberfläche des Sees auf. Ein über fünf Meter langes Schwarzes Kaimanweibchen hob seinen Tyrannosauruskopf heraus und drehte seinen ganzen Körper mit einer wütenden Wucht, die den Dschungel erbeben ließ.

Die Otter zeigten weder Angst noch Gnade. Sie durchpflügten das Wasser und bissen das Kaimanweibchen, quälten und piesackten und bespritzten es. Ihr Opfer hob den gewaltigen Schwanz – ein bewährtes Stück Reptilienkonstruktion, das länger war als ich – und schlug damit um sich. Dann verschwand das Tier mit sich windenden Bewegungen in den Tiefen des Sees.

Ich stand da und hielt mich an den Bäumen fest, während die gesamte Otterfamilie ihr Treiben wieder genoss. Das einzige Weibchen –

meine Freundin – kam aus dem See zu mir, als wollte es mich fragen: *Und? Wie fandest du das?*

Ich lächelte.

Ich verbrachte eine ganze Woche auf dieser kurzen Solo-Expedition, schlug mein Lager jede Nacht woanders auf. Ich durchwanderte den Dschungel in einem großen Kreis, bis ich an die wie ein Rinnsal wirkende Quelle eines großen Flusses kam. Wie mir Pico vorausgesagt hatte, erlebte ich etwas Magisches. Tagelang wanderte ich an diesem Fluss entlang. Ich schlief in meiner Hängematte – die Stirnlampe eingeschaltet, die Machete neben mir, falls ich nachts plötzlich sehr schnell würde aufstehen müssen.

In dieser Zeit machte ich keine Fotos. Ich lebte einfach, wie ein Tier. Ich war mit mir allein. Ich brauchte Zeit, um meinen Gedanken freien Lauf zu lassen. Dort draußen kann man nachdenken, ohne dass die Gesellschaft einen taub werden lässt und die Gedanken beeinflusst. Ich wusste als einziger Mensch auf diesem Planeten, wo ich gerade war.

Als Kind und Jugendlicher in den Wäldern des Nordostens der USA hatte ich nie bestimmte Wege benutzt. JJ und Santiago hatten mir den Dschungel beigebracht, ohne sich auf Wege zu verlassen. Wie so viel anderes können Wege entweder nach Hause oder sehr rasch in die Irre führen. Irgendwann hatte ich aufgehört, einfach so herumzulaufen. Vielleicht, weil ich mich so sehr nach dem Wald gesehnt oder das vage Gefühl verspürt hatte, irgendeinen Erfolg erleben zu müssen. Und prompt den falschen Weg genommen hatte. Ich hatte mir eingebildet, rasch vorwärtskommen zu müssen, und erst lernen müssen, in welche gefährlichen Richtungen Wege einen führen können. Doch jetzt fühlte ich mich, als hätte ich den Weg zurück zur Wahrheit des Waldes gefunden, in die unstrukturierte, ruhige Landschaft, die ich immer gekannt und geliebt hatte. Ich hatte den Weg in meine Heimat gefunden. Ich hatte diesen Ort als Teenager mit meinem Hund gekannt. Und während der Zeit des Barfußlaufens mit Macheten und JJ. Er war das friedliche Gefühl, sich der Wildnis hinzugeben, ganz und gar und ohne Ablenkung. Irgendeiner Wildnis.

Man findet diese Wildnis in den Wäldern oder in der Wüste oder in einem staatlich verwalteten Park, indem man sich einfach Kilometer um Kilometer vorwärtsbewegt. Indem man hinnimmt, dass der Regen kommt und geht. Und indem man lange Phasen nur mit sich allein verbringt. Ich wusste immer noch nicht, wie ich mein Leben leben sollte. Einerseits gab es da diese Liebe zur puren, unberührten Wildnis und das große Bedürfnis, sie zu beschützen. Andererseits – tief drinnen – stellte ich mir die Frage, ob ich jemals ein normales Leben führen würde. Ob ich es tun sollte oder sogar könnte. Dieses Problem hatte ich immer mit mir herumgetragen wie einen schweren Felsbrocken. Genauso wie die Erkenntnis, dass wir andere manchmal im Stich lassen – egal, wie sehr wir uns anstrengen. Es gab eine Menge Dinge, die ich mit mir herumtrug und die mit der Welt, mit Angst und mit den Menschen, die ich kannte, zu tun hatten. Hier draußen jedoch wurde das alles unwichtig. Hier draußen war ich nur ein Tier unter anderen Tieren.

***

Als ich ein Kind war, spielte mein Dad immer mit uns, wenn er von der Arbeit nach Hause kam. Unter der Eiche, bei der Schaukel mit dem dicken Seil. Am Abendbrottisch zitierte er oft Dostojewski.

»Ich bin ein kranker Mensch … Ich bin ein schlechter Mensch. Ich besitze nichts Anziehendes.«

Dann lachten wir alle.

Manchmal bat ich meinen Vater vor dem Schlafengehen, mir von den Drachenkreaturen zu erzählen.

»Von den Tralfamadorianern?«

»Nein, von den papierdrachenförmigen Kreaturen in der Höhle!«

»Wie hießen die noch mal?« Jetzt testete er mich.

»Harmoniums.«

»Harmoniums. Genau. Diese Geschichte kennt ihr schon, aber ich erzähle sie euch noch mal.«

Dann kuschelten meine Schwester und ich uns unter die Decken und machten uns bereit für eine Fantasiereise, während unser Dad uns die Geschichte von einem seiner Lieblingsautoren erzählte, Kurt Vonnegut.

»Da waren diese beiden Weltraumfahrer, Boaz und Onkelchen, die mit ihrem Raumschiff auf einem seltsamen Planeten strandeten. Sie waren in dieser riesigen Höhle. Und die Wände dieser Höhle waren ganz und gar mit diesen stillen, papierdrachenförmigen blauen Kreaturen bedeckt, mit den Harmoniums. Sie jagten nicht, und sie taten einander auch nicht weh. Sie sprachen nicht. Sie bewegten sich nur über die Höhlenwände und ernährten sich von den Vibrationen des Planeten. Während der Jahre, in denen Onkelchen und Boaz in der Höhle festsaßen, spielte Boaz manchmal Musik. Dann wurden die Harmoniums ganz aufgeregt und kamen näher, um die Vibrationen der Musik aufzunehmen. Es machte Boaz große Freude, für diese friedlichen aquamarinfarbenen Kreaturen Konzerte zu geben. Onkelchen dagegen verbrachte seine Zeit in ständiger Rastlosigkeit, suchte immer nach einem Weg, das Raumschiff zu reparieren, aus der Höhle zu entkommen und nach Hause zurückzukehren. Jahre vergingen so. Irgendwann fand Onkelchen tatsächlich eine Möglichkeit, alles instand zu setzen und aufzubrechen. Als das Raumschiff zum Abflug bereit war, forderte Onkelchen seinen Freund Boaz auf, schnell einzusteigen. Sie konnten endlich nach Hause zurück! Doch Boaz wusste nicht, was er tun sollte. Er war einfach nicht in der Lage, sich zu entscheiden. Sein Freund bat und bettelte, er solle doch Vernunft annehmen und auf die Erde zurückkehren. Doch letzten Endes weigerte sich Boaz, die Höhle zu verlassen. Er entschied sich dafür, auf dem einsamen Planeten zu bleiben, und sagte zu seinem Freund: ›Ich habe hier einen Ort gefunden, an dem ich Gutes tun kann, ohne irgendjemandem zu schaden, und ich kann sehen, dass ich Gutes tue, und diejenigen, denen ich Gutes tue, wissen, dass ich es tue. Und sie lieben mich, Onkelchen, so gut sie können. Ich habe ein Zuhause für mich gefunden.‹«

Mein Dad sagte, bei dieser Geschichte müsse er immer an mich denken. Weil ich jedes Mal die Hand in den sprudelnden Fluss halten wollte. Weil ich Babysalamander von der Straße aufhob und in Sicherheit brachte. Seit ich laufen konnte, zogen mich die kleinen Dinge an, die schönen, friedlichen Lebewesen, und wann immer es nötig war, schloss ich die Hände um sie und rettete sie.

Im Sommer machten wir oft Urlaub am Strand. Draußen in den Hamptons – nicht weit von Peter Beards Wohnsitz in Montauk – besaßen die Strände eine stille, traumähnliche Wildheit. Die Grasflächen und die Bucht waren voller bedrohter Vogelarten. Der Ozean schien so unendlich wie das Universum selbst. In der Ferne glitzerte das Wasser mit wundersamen Lebewesen wie Walen und Delfinherden und Pfeilschwanzkrabben.

Eines Tages machten wir uns alle zum Strand auf: Mom, Dad, Michelle, ich und unser Golden Retriever Bugsy. Es wehte ein relativ starker Wind. Wir bauten Sandburgen. Es war herrlich. Wir befanden uns in dieser unbestimmten Phase, in der ein junger Geist sich noch entwickelt. Ich erinnere mich, dass meine Mutter ein Sandwich für meine Schwester auspackte – ein nach ihr benanntes »Lenore Special« (Pitabrot, Schweizer Käse, grüner Salat und Mayonnaise – mit Liebe gemacht!) –, als etwas, das sich ein Stück entfernt von uns befand, die Aufmerksamkeit meines Vaters weckte. Er war tief fasziniert und wie gebannt.

Er stand auf und ging darauf zu. Meine Schwester und ich folgten ihm rasch. Der Wind setzte uns zu, und wir mussten rennen, um den Anschluss nicht zu verlieren. Die Möwen stiegen zum Himmel auf, während wir uns über den Sand bewegten. Die Wellen krachten ans Ufer, als wir einen alten Mann mit wilden Locken und einem dicken, buschigen Schnurrbart erreichten. Er sah nach oben, hielt eine Spule mit einer Schnur in der einen Hand, lenkte mit der anderen die Schnur, und hoch über ihm flog ein blauer Drachen. Eine Weile standen wir einfach so im Wind und im Lärm der Wellen, schauten dem Drachen beim Fliegen zu.

»Sind Sie Kurt Vonnegut?«, erkundigte sich mein Dad.

»Ja. Und wer sind Sie?«

Da stand er vor uns, der Mann, den mein Vater so oft zitiert hatte und der die Geschichten geschrieben hatte, die uns unser Dad immer erzählte. Von den friedliebenden papierdrachenförmigen Harmoniums, die sich von den Vibrationen ernährten. Mein Dad und der Schriftsteller unterhielten sich. Der Drachen über uns tanzte und drehte sich im Wind wie ein flinkes Harmonium der Lüfte. Und die ganze Zeit hielt Vonnegut die Schnur in der Hand, spürte die Vibrationen.

***

Nach Tagen des Alleinseins in einer nur schwer zu beschreibenden Wildnis kehrte ich mit vielen Schnitten und blutend ans Ufer des Flusses zurück. Ich hatte über fünf Kilo durch Schwitzen verloren. Ich war am Verhungern. Ich schlug mein Lager auf und angelte. Kochte Flusswasser in einem kleinen Topf. Ehe es am nächsten Morgen hell wurde, entfaltete ich mein Floß. Ich machte die Paddel bereit.

Nach Tagen des Wanderns in einer Gegend mit kleinen Flüssen erschien mir der Las Piedras in all seiner grandiosen Weite wie ein Wunder. Das ganze Wasser vom Himmel, das aus so vielen kleinen Strömen im Wald floss – hier fand es seine Bestimmung. Das war der Weg. Ich stieg auf das Floß und legte mir meinen Rucksack über die Füße. Ich trieb auf der grollenden, nebligen Strömung davon. Langsam – es dauerte mehrere Tage – fand ich meinen Kurs über Land und Wasser, in die Richtung, in der meine eigentliche Bestimmung lag.

DER BLUTMERIDIAN

Wenn wir weitergehen, töten sie uns«, sagte Victor, der zu unserem Team gehörte. Er zog eine Grimasse, während er den Körper eines Klammeraffen mit einem Strang aus Balsarinde an ein Holzkreuz band. Ich schaute ihn prüfend an und stellte fest, dass er es ernst meinte.

Wir waren gezwungen gewesen, an einer einsamen Biegung weit oben am Flusslauf anzuhalten.

Die hochofenähnliche Hitze des Tages war langsam abgeebbt, und schwere eisengraue Wolken trieben niedrig über dem Blätterdach des Regenwaldes. Das Boot lag vertäut am Ufer, und die Vorbereitungen zum Abendessen liefen. Die Steißhühner ließen ihr unheimliches Lied hören, die Hymne Amazoniens. Die Frösche und Zikaden stimmten ihre Instrumente in einem munteren Vorspiel zum bald einsetzenden Crescendo des Gesangs im nächtlichen Dschungel. Die Farbe der Wolken hatte etwas Besorgniserregendes. Der Dschungel wirkte an dieser Stelle größer, gefährlicher. Vielleicht lag es an dem beklemmenden Bewusstsein, dass es im Umkreis von Hunderten von Kilometern nichts als uralte Bäume in ihrer kolossalen Vielfalt gab. Sie ragten über dem Fluss empor, breiteten kraftvoll ihre Äste aus, durch die sich mit Orchideen und Moosen bewachsene Lianen woben. Für einen tausend Jahre alten Baum ist das Leben im Schatten seiner Äste nicht mehr als ein Augenblick des Innehaltens angesichts der Gewissheit des Todes, auf den wir uns alle zubewegen. Heute Abend würde es ein heftiges Gewitter geben – das konnte man spüren.

Ich saß da und schrieb in mein Tagebuch, während mein armseliges kleines Feuer flackerte und den Lebenswillen zu verlieren schien. Wir brauchten ein größeres, wenn wir diesen Affen zubereiten wollten. Den hatten wir nicht selbst erlegt. Heute Morgen waren wir zufällig drei Jägern begegnet, und die hatten ihn uns geschenkt. Alle *nativos* aßen Affenfleisch. Doch hier draußen – ohne Kühlungsmöglichkeiten – konnten sie nicht alle geschossenen Tiere aufbewahren. Das Fleisch würde verderben, wenn man es nicht verbrauchte.

Aus der Nähe sind Klammeraffen größer, als sie auf den Bäumen wirken. Victor machte sich sofort daran, das Tier auszunehmen. Ein Schnitt am Bauch, und er entsorgte die Eingeweide am Flussufer. Dann band er zwei Stöcke zu einem Kreuz zusammen, während wir anderen dafür sorgten, dass das Feuer vergrößert wurde. Nun befestigte er den langen schwarzen Affen an Hand- und Fußgelenken an dem Kreuz. Der Schwanz wurde um den Stock gewunden und befestigt. Schließlich legte er das gekreuzigte Tier in die Flammen.

Der Affe war nicht das einzige Geschenk der indigenen Jäger gewesen, die sich auf dem Heimweg befanden. Sie hatten auch Neuigkeiten für uns. Die Stämme befanden sich auf Wanderung. Die Jäger hatten uns nachdrücklich davor gewarnt, unsere Expedition fortzusetzen, aber wir hatten uns davon nicht abhalten lassen. Als nun allerdings die Nacht hereinbrach, spürten wir eine Angst in uns emporkriechen, die unsere Entschlossenheit ins Wanken brachte.

Am Flussufer des Las Piedras leben mehrere indigene Gemeinschaften. Diese Menschen stammen aus den Wäldern, und ihre Herkunft lässt sich über Generationen zurückverfolgen. Die einzigen beiden oberhalb der Station sind die von Monte Salvado und Puerto Nuevo. Die Stämme sind allerdings eine ganz andere Art der Gruppe. Es handelt sich um mysteriöse Jäger und Sammler, die in kleinen Gruppen leben, nackt herumlaufen und ein völliges Nomadendasein führen. Man nennt sie »Mashco Piro«. Die berühmt-berüchtigten »isolierten« Stämme. Die Gemeinschaften und die Stämme mischen sich fast nie. Es kommt höchstens zu zufälligen Begegnungen, zu vorsichtigem Handel mit Macheten und Nahrung, in seltenen Fällen auch zu Gewalteskalationen.

Das Wissen, dass sich ein Mashco-Piro-Stamm in der Gegend aufhielt, veränderte alles. Die ganze Truppe war schweigsamer als gewöhnlich. Aufgrund der gewaltigen Kulisse um uns herum spürten wir das ernüchternde Gefühl unserer Winzigkeit als Menschen. Wir waren hier der Gnade von Gesetzen unterworfen, deren zeitliche Dimension wir mit dem Verstand nicht erfassen konnten.

»*¿Que pasa para mañana, Gringo Loco?*«, erkundigte sich Victor. Der verrückte Amerikaner sollte den Plan für den morgigen Tag bekannt geben.

»Wenn wir von hier aus weitergehen und ihnen begegnen … Kommen wir dann an ihnen vorbei? Wäre es besser, wenn wir es auf der anderen Seite des Flusses versuchen? Wie weit reichen denn ihre Pfeile?«

»JJ, hast du sie jemals zu Gesicht bekommen?«, wollte Victor wissen.

»Die *hermanos*? Die Brüder? Nein.« JJ nahm sich ein Stück Holz und trat ans Feuer heran.

»*Gringo Loco*, dieser Fluss ist nicht breit genug.«

Ich kniff die Augen zusammen. *Was sollte das denn heißen?*

»*Es así*, die Sache ist so«, fuhr Victor in wissendem Tonfall fort. »Mit einem Gewehr kann man … na ja … ungefähr dreißig Meter weit schießen, oder? Ein Pfeil schafft ohne weiteres hundert Meter oder mehr.«

JJ mischte sich ein – und zwar auf Englisch, damit ich auch wirklich alles verstand. »Der Fluss ist nicht breit genug. Sie können dich vom anderen Ufer aus töten.«

»Haben sie dich nicht beschossen, als du sie getroffen hast?«, fragte mich Victor mit einer hochgezogenen Augenbraue.

»Nein«, erwiderte ich.

Ich versuchte bewusst, die Erinnerung an diese Begegnung zu verdrängen.

Victors Erlebnis im Jahr 2004 war allerdings viel schlimmer gewesen.

Damals herrschte gerade Trockenzeit, und der Fluss floss langsamer und ruhiger. Ein Holzfällertrupp und er beförderten ein Boot mit frisch geschnittenem Mahagoniholz mit einem Boot flussabwärts. An diesem Morgen waren der Koch und seine Frau in einem kleineren Boot vorneweg gefahren, um eine Stelle am Ufer zu finden, wo sie die Mahlzeiten würden zubereiten können.

Als Victor und die anderen etwa eine Stunde später um eine Kurve fuhren, fanden sie einen blutrot gefärbten Strand vor. Der Koch lag ausgestreckt im Sand. Sein Körper war von vielen Pfeilen durchbohrt, die Speeren glichen. Man hatte ihn ausgeweidet, geköpft und zerlegt. Victor und die anderen feuerten ihre Gewehre in die Luft ab und fuhren von Grauen und Fassungslosigkeit erfüllt weiter. Sie passierten den Strand, ohne anzuhalten.

Hatten die Stämme die Frau mitgenommen? Sie umgebracht? Die Männer waren aufgrund des Anblicks der entstellten Leiche ihres Freundes noch außer sich und mussten sich gleichzeitig vor Augen führen, dass der Frau des Kochs wahrscheinlich gerade ein noch schlimmeres Schicksal widerfuhr.

Doch bald darauf entdeckte sie einer der Holzfäller. Sie klammerte sich an ein Stück Holz am Flussufer, im Delirium und weinend. Die Männer holten die Frau ins Boot und stellten fest, dass sie keine Verletzungen hatte. Sie war erschöpft und traumatisiert, körperlich jedoch unversehrt. Nach und nach erzählte sie ihnen, was ihr und ihrem Mann am Strand zugestoßen war.

Nachdem sie eine Stelle am Flussufer gefunden und dort angelegt hatten, waren sie gerade dabei, eine Mahlzeit vorzubereiten, als das Kriegsgebrüll der Stämme ertönte. Schrille Schreie. Dazu Alarmrufe der Klammeraffen. Während die beiden um ihr Leben rannten, setzte ein Pfeilregen ein. Einer der Pfeile erwischte ihren Mann am Oberschenkel, ein Durchschuss. Er stürzte, und sie wandte sich um, wollte ihm helfen. In diesem Moment brachen allerdings bereits die nackten Krieger zwischen den Bäumen hervor. Ihr Mann konnte nicht mehr weglaufen, es blieb keine Zeit. Er sagte ihr, sie solle rennen, um ihr Leben rennen.

Das tat sie. Und sie warf sich in den Fluss, tauchte so tief wie möglich unter. Sie hielt den Atem so lange an, wie es ging, während um sie herum Pfeile die Wasseroberfläche durchstießen. Sie schwamm und schwamm, ohne sich umzusehen, ließ sich von der Strömung mitreißen. Ihren Mann sah sie nie wieder.

Das Feuer knackte inzwischen. Flammen versengten das Fell des Affen, lösten es von seinem Körper und ließen es in die Luft aufsteigen. Funken vergingen im dunklen Himmel. Nach dem Ende der Geschichte starrten wir alle stumm in die Flammen, jeder von uns stellte sich die Szene vor. Der Koch war ganz bestimmt am Leben gewesen, als ihn die Krieger erreicht hatten. Hatte er um sein Leben gefleht? Wie hatten sie es beendet? Wie sahen sie aus? Manchmal waren sie von Kopf bis Fuß rot eingefärbt. Manchmal schwarz. Manchmal nutzten sie die blaue Farbe der Jenipapo-Frucht, um ihre Haut mit Flecken zu versehen. Sie besaßen die Fähigkeit und den Willen, ohne Zögern und ohne Gewissensbisse zu töten. Die Vorstellung, blutend dazuliegen, umgeben von diesen Killern in ihrer Kriegsbemalung … Was dieser Mann in den letzten Augenblicken seines Lebens gesehen haben musste …

JJ schüttelte den Kopf und lachte, rieb sich das Gesicht. »Okay … Heute rauche ich dann wohl eine Zigarette.«

»Mach das, *cachero*, mach das«, erwiderte Victor. »Hier draußen bringen dich andere Dinge viel schneller um.«

Zigaretten machten die Runde. Wir rauchten und hingen unseren Gedanken nach.

»*Ay*, Paul«, wandte sich JJ an mich, und im Schein des Feuers glänzten seine Augen schelmisch. »Weißt du noch, was mein Dad über die Geräusche gesagt hat?«

Wie hatte ich das vergessen können? Santiagos Worte verfolgten mich bis zum heutigen Tag.

Wir berichteten den anderen, was Santiago uns vor so langer Zeit erzählt hatte. Wie er draußen im Wald gewesen war und die Tiere plötzlich seltsam geklungen hatten. Im Gesang der Steißhühner hatte es eine leichte Disharmonie gegeben, und die Kapuzineraffen schienen einen anderen Dialekt zu sprechen als gewöhnlich. Und wenn jemand die Details und Variationen im Tempo und in der Tonlage des Waldes wahrnehmen konnte, war das schließlich Santiago. Wir dachten an den Gruselmoment zurück, als er gespürt hatte, dass ihn jemand beobachtete. Dass er umzingelt war. Er hatte seine Sachen von sich geworfen, sich versteckt, war wie ein Krokodil den Strom hinabgeglitten und gerade so mit dem Leben davongekommen. Jahrzehnte später hatte er uns lachend gewarnt, unsere Herzen mit dem Grauen seiner Worte vergiftet. Es hatte eine Zeit gegeben, in der wir geglaubt hatten, es handele sich einfach um Gruselgeschichte. Selbst dort im Dschungel, so weit von den längsten Ausläufern der Gesellschaft entfernt, wirkte es sehr unwahrscheinlich, dass es immer noch gewaltbereite Stämme geben sollte, die sich – wie in der Steinzeit – nackt in den Schatten des Waldes verbargen.

***

Um die Brutalität der nomadischen isolierten Stämme und ihre komplizierte Interaktion mit den abgeschiedener lebenden Gemeinschaften Amazoniens zu verstehen, muss man etwa hundert Jahre in der Geschichte zurückgehen.

Von den Siebzigerjahren des neunzehnten Jahrhunderts bis ins frühe zwanzigste Jahrhundert suchte der Kautschuk-Boom den Westen Amazoniens heim. Einige Jahrzehnte zuvor hatte Charles Goodyear der Welt eine monumentale Erfindung präsentiert: die Vulkanisation. In diesem Prozess führte man dem Milchsaft des Kautschukbaums – natürlichem Latex – Schwefel zu, wodurch der Saft in ein elastisches Material umgewandelt wurde. Dieses Verfahren veränderte das Gesicht der industrialisierten Welt. Der Bedarf an Gummi für Reifen, Schuhsohlen, Maschinen und Tausende andere Dinge, die für die industrielle Revolution in den Vereinigten Staaten und Europa benötigt wurden, löste einen wahren Rausch aus. In seinem Buch *Tree of Rivers* schreibt John Hemming: »So ließen sich die besten Dichtungen für Dampfmaschinen herstellen. Gummi wurde in Pumpen, Maschinengurten, Schlauchmaterial, Eisenbahnstoßdämpfern und später zur Ummantelung von Telegrafenkabeln verwendet.« Um die Jahrhundertwende veränderte das Fahrrad die Welt, es gab die ersten Automobile. Beide benötigen Reifen.

Das alles resultierte unweigerlich in einer Massenwanderung zum einzigen Ort auf dem amerikanischen Doppelkontinent, an dem man

Bäumen den so wertvollen Kautschuk abzapfen konnte: das Amazonasgebiet.

Im Eifer des Gefechts erklärte die brasilianische Regierung den Amazonasfluss zur internationalen Wasserstraße und öffnete ihn damit für Schiffe aller Industrienationen. Zum ersten Mal in der Geschichte wurde aus dem Amazonas eine belebte Route, auf der Hunderte von Schiffen aus der ganzen Welt unterwegs waren. Die Menschen auf diesen Schiffen waren gekommen, um die Kautschukvorkommen der Region auszubeuten. Die Gummilieferanten standen allerdings zwischen Millionen anderer Bäume, mitten in der unberührten Wildnis Amazoniens. Man konnte sie nur erreichen, indem man von morgens bis abends von einem Baum zum anderen ging und ihnen den Latex abzapfte. Natürlich betrachteten die Kautschukbarone die Arbeitskraft der Einheimischen als effektivste Methode, um an diesen so wertvollen Saft zu gelangen. Dadurch kam es zu einer Phase des Genozids und so entsetzlicher Grausamkeiten, dass der Kautschuk-Boom inzwischen zu den dunkelsten Kapiteln der Menschheitsgeschichte zählt.

Genauer betrachtet stellte der Kautschuk-Boom allerdings bereits die zweite Welle der Zerstörung dar, ein Nachbeben der ersten Phase der Massenzerstörung im Amazonasgebiet. Ob es nun um Gewürze, Metalle, Sklaven, Holz, Öle oder Medizin ging – die historisch grausamsten Taten haben sich seit jeher im Schatten der Dschungel ereignet. Es waren die Weißen, die das Herz der Finsternis nach Afrika brachten, und in der Amazonasregion breiteten sich die Spanier und Portugiesen in einem tödlichen Vormarsch über das Becken aus. Sie schlachteten Menschen ab, brannten alles nieder, was ihnen im Weg stand, und schleppten Krankheiten ein. Bei John Hemming findet man eine Abwandlung der Worte Winston Churchills: »Nur selten in der Menschheitsgeschichte haben so wenige so großen Schaden bei so vielen eingerichtet. Tausend Kolonisten vernichteten nach und nach fast jedes einzelne menschliche Wesen entlang Tausender Kilometer der Haupt- und Nebenflüsse.« Ein gewisser Pater Daniel, entsetzt über das Gesehene, beurteilte die Europäer folgendermaßen: »Sie töten Indianer, als wären sie Moskitos … Und sie benutzen oder missbrauchen

Menschen weiblichen Geschlechts brutal und lasziv, wie Monster und ohne jede Moral, ohne Gottesfurcht und ohne Scham gegenüber [ihren Mit]menschen.«

Trotz des großen Abschlachtens, das im sechzehnten Jahrhundert im gesamten Amazonasbecken begann, blieben einige Stämme übrig, die sich einfach nicht versklaven ließen. Während ausländische Firmen sich während des Kautschuk-Booms ihren Weg durch Amazonien bahnten, zogen sich viele Stämme tiefer in den Dschungel zurück. Bereits isolierte Stämme zerfielen und flohen in die entferntesten und unzugänglichsten Flussgebiete. An Orte, an die die weißen Männer nicht vordringen konnten. Nach dem Ende des Kautschuk-Booms blieben diese Stämme isoliert, der Rest der Welt sah sie nicht und vergaß sie. Sie wurden zu Legenden unter den Holzfällern, den einzigen Menschen, denen sie manchmal begegneten. Wie JJs Vater.

Als Santiago Durand im Juli 1922 das Licht der Welt erblickte, ritt der Guerilla-Kommandant Pancho Villa noch auf einem Pferd durch die Berge Nordmexikos. In Tasmanien hatte man die Beutelwölfe noch nicht ausgerottet, und in den Great Smoky Mountains der USA gab es noch Östliche Pumas. Bis zur Geburt von Anne Frank sollten nur noch wenige Jahre vergehen. Man kann sich irgendwie leichter vorstellen, dass damals zahlreiche isolierte Stämme im Amazonasgebiet lebten. Doch schon zu dieser Zeit hatten sich diese Menschen ganz und gar von allen anderen abgeschieden lebenden Gemeinschaften entfernt, mit denen sie früher einmal Handel getrieben oder gekämpft hatten. Die Geschichten der Ältesten sorgten für eine Radikalisierung der Kinder, und mit jeder Generation wuchs die Überzeugung: Die Welt da draußen war gefährlich und grausam und gewaltbereit. Besser, man schoss zuerst.

Fast hundert Jahre wurde nur wenig über die Stämme in der Region Madre de Dios berichtet. Bis zum Beginn der Neunzigerjahre hatten sich die meisten von Santiagos Kindern – JJs Brüder – der mit dem Goldrausch vergleichbaren Mahagonigewinnung am Fluss Las Piedras angeschlossen. Ihr Vater diente ihnen als Vorbild. JJ und seine Brüder lernten, wie man im Dschungel leben konnte, lebten jedoch gleichzeitig als Teil der kapitalistischen Gesellschaft. Sie verdienten Geld, besaßen Motorräder, schauten Nachrichten, feierten Partys. Ihnen gehörten Boote, sie setzten Motoren ein und hatten geregelte Jobs, auch wenn es sich dabei vor allem um Holzfällertätigkeiten handelte. In dieser Zeit wurde die regionale Folklore von einem plötzlichen Anstieg der gewaltsamen Zusammenstöße angefacht. Da es mehr Holzfäller gab, stießen mehr Menschen in ehemals nicht zugängliche Gegenden vor. Und das wiederum bedeutete, dass die Holzfällermafia Geld für Expeditionen zur Verfügung stellte. Sie bezahlte das Benzin, das benötigt wurde, um tiefer in den Wald eindringen und die größten der uralten Baumriesen fällen zu können.

Die indigenen Stämme sahen sich durch diese Entwicklung einmal mehr der Bedrohung durch gefährliche Eindringlinge ausgesetzt. Während der gesamten Neunzigerjahre hatte man einander mit Pfeilen und Kugeln beschossen, es gab große Verluste auf beiden Seiten. Eine Geschichte der Gewalt zog sich von den Konquistadoren über die Kautschukbarone bis hin zu den Holzfällern. Ich habe mich immer gefragt, warum wir das nicht deutlicher erkennen: dass Menschen Traumata vererben, und zwar seit dem Augenblick, in dem Kain seinen Bruder Abel erschlagen hatte. Das Grauen der Vergangenheit hat dafür gesorgt, dass selbst in einer Welt, in der es Flugzeuge und Mobiltelefone gibt, Herztransplantationen und Mondmissionen durchgeführt werden können, immer noch Menschen in den letzten Gegenden Amazoniens leben, die man als »wild« im ursprünglichen Sinne bezeichnen kann.

Und trotz allem – trotz Santiagos Geschichten und der von Victor bezeugten Tragödie, trotz der von Angehörigen der indigenen Gemeinschaften an den Flussufern gefundenen Pfeile –, und obwohl ich die Stämme mit eigenen Augen gesehen hatte: Im Jahr 2019 kamen sie mir allmählich wie eine Illusion vor, eine Ausgeburt einer historischen Fantasie, ein Albtraum. Nichts, was uns erreichen und sogar berühren könnte.

Bis es zum Angriff kam.

***

Eines Tages Anfang 2019 erreichte unser Boot eine abgeschieden lebende Gemeinschaft weit oben am Fluss Las Piedras. Wenn man in Monte Salvado ankommt, ist das sozusagen die letzte Haltestelle. Danach gibt es nichts mehr. Der Fluss setzt seinen Weg fort, schlängelt sich in die unkartierten, unerforschten Tiefen seines eigenen Bettes. Boote mit Menschen dürfen jedoch nicht weiterfahren, weil Monte Salvado die Grenze des Reservats von Madre de Dios markiert. Ein sich weit erstreckendes Gelände von über 800.000 Hektar, bestimmt für die freiwillig isoliert lebenden nomadischen Stämme.

Monte Salvado liegt auf einer Landzunge, von der aus man eine großartige Aussicht auf das hat, was dahinterliegt. Hierher verschlägt es nicht viele Besucherinnen und Besucher. Deswegen wird man von allen begrüßt. Bei unserer Ankunft standen die Kinder in einer Reihe auf dem hohen Sandfelsen. Die Häuser hatten zum Großteil gedeckte Dächer, einige allerdings auch solche aus Wellblech, das man auf dem Wasserweg aus Puerto Maldonado hertransportiert hatte. Überall gab es Hühner und Hunde.

An diesem Tag trafen wir Ignacio Piño Diaz. Er war damals zweiundzwanzig Jahre alt und nicht nur bemerkenswert, weil auf seinem Hut *MINISTERIO DE CULTURA* stand, sondern auch wegen der Art und Weise, wie er uns betrachtete. Irgendwann hatte Ignacio die einwöchige Reise nach Puerto Maldonado angetreten und eine Ausbildung absolviert. Anschließend war er von der Gemeinschaft und von der peruanischen Regierung mit der Aufgabe betraut worden, die Interaktion der Gemeinschaften mit den isolierten Stämmen zu regeln, wenn diese auftauchen sollten. Von dem Augenblick unserer Landung in Monte Salvado an verfolgte er uns wie ein Geheimagent, behielt jede unserer Bewegungen im Blick. Selbst beim Händeschütteln lächelte er nie.

Ignacios Gesichtszüge entsprechen stark denen eines indigenen amerikanischen Mannes: schön, intensiv, entschlossen. Er ist der Typ, den Fotografen lieben, weil er gut aussieht und alles mit einem Selbstbewusstsein tut, hinter dem sehr viel Erfahrung und Wissen stehen. Das ist eigentlich auch nicht erstaunlich: Er ist damit aufgewachsen, zu jagen, zu fischen und Boote am Rand der Welt zu steuern. Während unseres Gesprächs mit dem Dorfvorsteher stand Ignacio dabei und beobachtete uns mit einer Ernsthaftigkeit, die ihn älter wirken ließ, als er war.

Bei einem Aufenthalt in Monte Salvado spricht man über Themen wie das Wetter, ob die Fische gut anbeißen, den Wasserstand im Fluss. Irgendwann aber läuft das Gespräch unweigerlich auf eine bestimmte Frage hinaus: Was gibt es Neues von den Stämmen?

Am Tag unserer Ankunft war alles ruhig. JJ und Victor schüttelten lächelnd denen die Hände, die sie kannten. Alle hatten auch JJs Vater gekannt. Santiago Durand war damals schon einige Jahre tot, doch die Erwähnung seines Namens brachte immer noch viele Menschen zum Lächeln. Und Victor war eine lebende Legende. Er nahm Kinder auf den Arm und bellte wie ein Hund, ließ sie dann davonrennen, damit sie mit ihren Freundinnen und Freunden spielen konnten. Er konnte zupacken, war ein bekannter Holzfäller und flirtete gern mit den Damen. Wie Pico hatte er ein geschädigtes Bein, eine große Persönlichkeit und den Ruf, ein erfahrener Steuermann zu sein. Er absolvierte hinkend seinen Weg durch die Gemeinschaft, verteilte ein paar High Fives, verbeugte sich vor ihnen, umarmte sie, lächelte.

Ignacio lächelte nie. Kein einziges Mal. Als wir ihn fragten, ob wir den Fluss weiter hochfahren dürften, erklärte er uns sehr streng und ausführlich, dass das überhaupt nicht infrage komme. Wir würden getötet werden. JJ versuchte, ihn zu überreden, doch an Ignacio war kein Vorbeikommen. Er erlaubte es einfach nicht. Damit wir das auch wirklich begriffen, lud er uns in ein Haus der Gemeinschaft ein, das sich am Rand eines Felsens befand. Dort zeigte er uns Pfeile der Stämme, die Angehörige der Gemeinschaft gefunden und mitgebracht hatten.

Diese Pfeile waren über zwei Meter lang, handwerklich geschickt gearbeitet und unglaublich scharf. Die für die Affenjagd bestimmten hatten einen sechzig Zentimeter langen Bambuskopf. Als Befiederung wurden dicke schwarze Geier- oder Spixguanfedern verwendet. Die Schnürung bestand aus dünnen Pflanzenranken. Der Schaft aus Flussrohr. Alles zusammen wog fast nichts. Die Pfeile waren empfindlich, wenn man sie bog, aber wenn man sie mit einem Bogen abschoss, konnten sie enorme Entfernungen überwinden, und die sechzig Zentimeter lange Spitze fügte ihrem Ziel verheerende Verletzungen zu. Als würde man mit großer Geschwindigkeit von einer Kombination aus einem Steakmesser und einem Schwert getroffen.

Diese Dinge wusste Ignacio, weil er sich im Wald aufgehalten hatte, während sich der Gesang der Steißhühner verändert hatte. Er hatte gesehen, wie Holzfäller von Pfeilen getroffen worden waren. Er wusste, dass einen die Stämme töten würden, ohne zu zögern – jetzt, in diesem Moment.

»Meistens kommen die *hermanos* aber her und bitten um Werkzeuge oder Nahrung«, berichtete er uns. »Wenn man ihnen ein wenig helfen kann, sind sie üblicherweise friedlich und gehen einfach wieder. Wenn wir mit ihnen kommunizieren können, können wir ihnen helfen und ihre Situation ein wenig verbessern. Sie haben ein sehr hartes Leben.«

Victor hörte sich das an und verdrehte die Augen. »Genau, manchmal kommen sie in friedlicher Absicht und manchmal auch nicht.« Er zuckte theatralisch mit den Schultern.

»Normalerweise verhalten sie sich friedlich«, gab Ignacio ungerührt zurück.

»Und wenn sie das nicht tun, kommen sie und umzingeln das Dorf und versuchen, die Frauen zu entführen und die Tiere zu töten und alle Töpfe und Macheten zu stehlen. Das ist zumindest in meiner Gemeinschaft passiert.«

»Ich weiß«, gab Ignacio zurück.

JJ hielt einen der großen Pfeile in der Hand und bekam nichts von diesem Gespräch mit. Sein Blick glitt über den Bambus, über die Schnürung, die Federn. Er wog den Pfeil in den Händen und ermittelte seinen Schwerpunkt. Er versuchte ganz offensichtlich, sich viele geheimnisvolle Dinge vorzustellen. Seine Gedanken flogen umher, drangen tiefer und tiefer in die Materie ein, versuchten zu begreifen, was in den Köpfen der Menschen vorgegangen war, die den Pfeil angefertigt hatten, den er nun in Händen hielt.

»Wie machen sie denn Feuer?«, fragte er dann.

»Da haben sie so ihre Methoden«, antwortete Ignacio.

»Sie wissen es also genau genommen nicht.«

Ignacio zuckte mit den Schultern und lud uns zu sich nach Hause ein. Seine Frau Carla und ihre Kinder begrüßten uns. Das Haus war nicht mehr als ein Dach auf Säulen mit einem separaten Schlafraum. Der Wohnbereich befand sich draußen: ein Trödellager voller Töpfe, Hunde, Hühner, Kinder, Hämmer, Macheten und diversen anderen Notwendigkeiten für das Leben im Dschungel. Zwei junge Frauen mit dunklen Augen und schwarzem Haar waren eifrig damit beschäftigt, Fisch in Würfel zu schneiden, zu salzen und im Qualm eines schwelenden Feuers zu räuchern. Ein Klammeraffe schwang sich vom Dach zu uns herab und kletterte mir auf die Schulter.

In Monte Salvado tranken wir *masato* (zerstoßenen Maniok). Das Abendessen bestand aus verschiedenen Tieren. Man reichte mir eine Schüssel mit Reis und einem Stück Tapir, einem ganzen Piranha, der Hand eines Klammeraffen, dem schuppigen Fuß einer Waldschildkröte. Letzterer diente bei Bedarf als Löffel, denn er war breit und hart. Ignacio und die anderen schauten uns beim Essen zu. Danach rauchten wir gemeinsam, saßen am Feuer und unterhielten uns bis tief in die Nacht. Während sich die Milchstraße am Himmel ausbreitete und wir immer betrunkener und die Geschichten immer brutaler wurden, zeigte sich auf Ignacios Gesicht nie auch nur die Andeutung eines Lächelns. Er war immer auf der Hut, immer bereit zu reagieren. Es schien, als würde er instinktiv nur darauf warten, dass etwas geschah.

Wie sich herausstellte, sollte er recht behalten. Am 23. Oktober desselben Jahres – nur wenige Monate nach unserem Besuch – wurde Ignacio von Lärm geweckt und rannte barfuß aus dem Haus, seine Frau unmittelbar hinter ihm. Der Rest seiner Gemeinschaft befand sich bereits am Rand der Landzunge, und alle schauten über den Fluss. Ignacio lief zu den anderen und sah, was sie sahen: Das gegenüberliegende Ufer war dunkel vor Menschengewimmel. Die Angehörigen des isolierten Stammes. Nackt. Mit wilden Haaren und Kriegsbemalung. Die Bogen in der Hand. Sie gestikulierten und schrien, wirkten aufgewühlt.

Die Frauen schnappten sich ihre Kinder und zogen sich in die Häuser zurück. Die Männer griffen nach ihren Schusswaffen und bereiteten sich auf eine Auseinandersetzung vor. Die Dorfältesten versuchten es mit den wenigen ihnen bekannten Wörtern im Dialekt der Mashco Piro, vor allem mit *»nomolé«*, was »Bruder« bedeutet, aber im Allgemeinen als Synonym für »Nicht schießen!« zum Einsatz kommt. Es war offensichtlich, dass der Stamm ein Anliegen hatte, doch seine Angehörigen sprachen Kapuzineraffendialekt. Sie zwitscherten und pfiffen. Wer ein Smartphone besaß, drehte Videos. Es gibt entsprechende Aufnahmen.

Die Konfrontation zog sich über einige Zeit hin. Dann fiel die Entscheidung, der gegenüberliegenden Seite ein Angebot zu machen. Ignacio und sein Schwager begannen damit, Kochbananen in einen Einbaum zu laden. Der Wasserstand des Flusses war niedrig, deswegen wateten sie vorsichtig hinaus. Niemand sonst aus ihrer Gemeinschaft wollte das Risiko auf sich nehmen.

Die beiden Männer stießen das Boot weiter nach vorne, und die Stammesangehörigen machten sich eifrig an das Abladen der Bananen. Sie nahmen sie mit und reichten die schweren Früchte unsichtbaren Händen im Dickicht des Waldes. Immer noch kommunizierten sie nur über Affenlaute miteinander. Ganz offensichtlich hatten sie den Code so sehr verfeinert, dass eine komplexe Verständigung möglich war. Eine Verteidigungstaktik, um sicherzustellen, dass sich Außenstehende nicht ihrer Sprache bemächtigen konnten.

Ignacio stand in der Mitte des Flusses und versuchte, der gegenüberliegenden Seite durch Gesten zu vermitteln, man möge das Kanu zurückgeben. Seine Handzeichen waren sanft, seine Haltung wirkte unterwürfig und zugleich entschieden. Er wusste, dass er Jahrhunderte des Schmerzes wiedergutmachen konnte, wenn er es schaffen würde, eine Verbindung zu diesen Menschen zu knüpfen, ihnen Freundschaft und Brüderlichkeit zu erweisen. Er wusste, wenn sie nur weniger Angst hätten, würde die Gewalt von ihrer Seite abnehmen, und dann könnte Ignacios Gemeinschaft ihnen helfen. Es wäre möglich, Dinge zu teilen. Von diesen Stämmen zu lernen. Ignacio begriff, dass dies ein für alle Anwesenden entscheidender Moment war.

Er setzte seine Arme ein, um die Rückgabe des Einbaums so geduldig und ruhig wie möglich zu erbitten. Doch plötzlich stieg die Anspannung unter den Kriegern erneut. *Gebt es zurück*, bedeutete Ignacio ihnen. *Schiebt das Boot auf mich zu*. Die Männer auf der anderen Seite sprachen nun in raschem Tempo miteinander. Sie gingen auf und ab, wirkten dabei noch aufgewühlter als zuvor. Ignacio blieb an Ort und Stelle, sein Schwager zog sich jedoch zurück. Da ging etwas vor sich. Der Stamm schien Ignacio mitzuteilen, er solle näher kommen.

Ignacio wandte sich mit finsterem Blick zu seinen Leuten um und bemerkte, dass er sich inzwischen allein in der Mitte des Flusses befand. Zwischen den Menschen seiner Gemeinschaft und den Angehörigen des isolierten Stammes, unter denen die Aufregung mit jeder Minute wuchs. Es schien eine Meinungsverschiedenheit zwischen ihnen zu geben. Er spürte, dass ihm seine Frau, seine Freunde und die ganze Gemeinschaft zusahen, doch er wandte den Blick nicht mehr von den Stammesangehörigen ab. *Schiebt das Boot zurück in meine Richtung*, bedeutete er ihnen erneut durch eine Geste. Doch die Männer, die dort in Kriegsbemalung im Sand standen, schienen zu wollen, dass er zu ihnen kam. Ignacio schüttelte den Kopf. Mittlerweise war ganz offensichtlich, dass die Männer am Ufer miteinander stritten, und es war ebenso offensichtlich, dass sich im Dickicht des Dschungels weitere Menschen verbargen. Ihre Stimmen erfüllten die Luft. Einer der Männer kniete sich hin und versetzte dem Kanu einen Stoß. Es rutschte von der Sandbank und trieb langsam den Fluss hinunter.

Das ärgerte Ignacio. Er schwamm zum Boot und kletterte hinein. Hob das schwere Holzpaddel und lenkte das Kanu langsam ans andere Ufer.

In diesem Augenblick setzte der Angriff ein.

Einer der Mashco-Männer rief Ignacio etwas zu, und als er sich umdrehte, war ein Pfeil auf ihn gerichtet. Er zielte direkt auf seine Brust und bewegte sich mit ihm mit.

Ignacio sah, wie der Pfeil abgeschossen wurde, und konnte sich gerade noch rechtzeitig seitwärts aus dem Boot fallen lassen. Da schwirrte der Pfeil auch schon an ihm vorbei. Er schwamm unter der Wasseroberfläche, wusste jedoch, dass seine Hose ihm das Unterfangen erschweren würde. Deswegen zog er sie mit einigen schnellen Beinbewegungen aus. Bei jedem Auftauchen hatte er gerade genug Zeit, um kurz Luft zu holen und einen weiteren Pfeil auf sich zukommen zu sehen. Er wich allen Angriffen aus, tauchte wieder unter, schwamm um sein Leben.

Als er zum letzten Mal nach Luft schnappte, wandte er sich um, weil er die erreichte Distanz abschätzen wollte. Genau in diesem Augenblick traf ihn ein Pfeil ins Gesicht. Eigentlich hätte der sein linkes Auge durchbohren und im hinteren Teil seines Schädels landen sollen. Nur durch Ignacios instinktive Reaktion, bei der sich sein Gesicht einige Millimeter zur Seite bewegte, traf die Spitze die Seite seines Schädels, riss die Haut weg und schleuderte ihn nach hinten.

Als er ans sandige Ufer kroch, quoll Blut aus einer Wunde. Er berührte seinen Kopf und ertastete Knochen, wo sich Haare hätten befinden sollen. Das war seine letzte Wahrnehmung, bevor er zusammenbrach.

Über Satellitentelefone setzte man Notrufe an Regierungsvertreter ab, und nur wenige Stunden später donnerte das heftige Stakkato von Armeehubschraubern über den Dschungel. Die Bananenblätter und Palmwedel peitschten im Luftzug, als die Rotoren sich dem Boden näherten. Männer in Kampfanzügen sprangen aus den Hubschraubern – bewaffnet und bereit. Die Menschen von Monte Salvado eilten auf die Hubschrauber zu. Frauen trugen Babys, Männer die Älteren der Gemeinschaft. Ignacio war inzwischen in eine tiefe Ohnmacht gefallen. Sein Kopf war dick mit Gaze verbunden, die Blutung ließ sich jedoch nicht stoppen. Man schnallte ihn auf eine Trage, während sich medizinisches Personal beeilte, ihm Flüssigkeit zuzuführen. Jemand betastete Ignacios Hals und suchte nach einem Puls.

DER WENDEPUNKT

»Schau doch! Da!« JJ deutete nach Westen, wo mehr als dreihundert Meter über dem Dschungel schwarzer Rauch hing. Ich saß am Steuer, lenkte den Hilux von der unbefestigten Straße runter, sodass wir jetzt übers Gras holperten. Wir fuhren über vor einem Jahr gerodetes Farmland. Doch die Feuersbrunst in der Ferne ereignete sich genau jetzt. Der Pick-up kam mit rutschenden Reifen zum Stehen, und wir stürzten nach draußen.

Meine Erinnerung daran, wie wir über das Feld rannten, ist mit dem *Interstellar*-Soundtrack unterlegt. Die Filmmusik passt zu dem Gefühl, dass es um Leben und Tod ging. Die Bauern rodeten das Land, und wegen der Trockenheit hatte das Feuer den Rand des Dschungels erfasst. Baumriesen und Palmen und Lianen zuckten im Aufwind des Infernos. Eine Horde Klammeraffen sprang auf der Flucht durch die Zweige. Eine kaleidoskopartige Explosion aus Aras verließ kreischend die Äste. Wir rannten, bis wir gegen die Hitze des Feuers prallten, gegen Temperaturen wie in einem Hochofen. Da blieben wir wie angewurzelt stehen. Schock und Entsetzen über den Anblick nahmen uns den Atem. Selbst aus einer Entfernung von hundert Metern war die Hitze so groß, dass uns die Kleidung am Körper wegschmolz. Der Boden glich einem Hindernisparcours aus umgestürzten Bäumen und einem Gewirr aus Zweigen. Der Große Dschungel lag im Sterben.

In der Asche schwelten die Leichen von Fröschen und Schlangen und kleinen Säugetieren. Viele andere Lebewesen waren bestimmt Schutz suchend in die Bäume geflüchtet, in ihre Löcher und Bauten –

nur um dort lebendig gekocht zu werden. Der verkohlte Arm eines Brüllaffen ragte aus einem Schutthaufen in den Himmel. Wir drangen so tief in den Wald vor, wie wir konnten. Wollten retten, was noch lebte. Doch die Flammen hatten bereits alles vernichtet. Am Rand waren sie weit über zwanzig Meter hoch, loderten unter einem Knacken und Brüllen biblischen Ausmaßes nach oben. Das Ganze wirkte wie der Bombenangriff auf Dresden im Zweiten Weltkrieg. Damals ließ der Feuersturm Winde entstehen, die stark genug waren, um Bäume zu entwurzeln und Menschen einzusaugen. Auch wir spürten, wie die mächtige Kraft an uns riss.

JJs Augen waren rot und voller Tränen, voller Rauch und vor allem voller Verzweiflung. »Das kann doch einfach nicht sein! Was tun sie da nur?«

Er schützte sein Gesicht vor der heißen Luft und wischte sich die Tränen aus den Augen. Schrie in wilder Wut, während eine Eruption aus Asche und ein Windstoß aus Flammen alle Geräusche übertönten. Bei seinem Anblick konnte ich nur weinen. Die Erinnerung an ihn, wie er da in den unbezähmbaren Flammen stand, mit verdrehtem Körper und verzerrtem Gesicht voller Spuren von Asche und Tränen, wird mich für immer und ewig verfolgen. Ich erkannte den Schmerz eines ganzen Lebens, die Dimension seiner Frustration, als vor seinen Augen brannte, was er liebte. Die Einsicht, dass wir uns als Spezies wie Schlafwandelnde auf den Rand der Auslöschung zubewegen, kann einen den Verstand kosten. Wenn die anderen Menschen nur begreifen würden, dass wir eine Weltgemeinschaft sind, dass wir Krieg gegen uns selbst und unsere Zukunft führen … Vor mir lag JJs Herz offen da: Er ist ein Krieger, ein Beschützer, ein Mensch, der nicht weiß, wie er die Flammen löschen soll, die seine Seele verzehren.

Mit jedem Baum gingen möglicherweise Tausende von Tierarten verloren. Außerdem war uns bewusst: Das extreme Ausmaß und die gigantische Höhe dieser einzelnen Feuersbrunst verblassten vor der Tatsache, dass überall im Amazonasgebiet genau jetzt Brände wie dieser weitere Teile des Dschungels in Schutt und Asche legten. Es ging nicht nur um unseren Fluss, sondern um das ganze Amazonasbecken.

Der Amazonas brannte. Es geschah vor unseren Augen. Und egal, wie nahe es uns ging – wenn wir uns auch nur ein kleines Stück weiter heranwagten, würden wir im Feuer sterben. Der Wind fachte die Flammen an, bis sie uns umgaben, und ganz kurz rannten wir Seite an Seite. Wir rannten um unser Leben. Ringsherum explodierten Bäume. Es gab Detonationen wie von Kanonenschüssen, die Holzsplitter in den Wirbel aus Asche und Rauch jagten. Wir fielen beide hin, hustend und mit Brandwunden. Wir standen auf und rannten weiter. Unsere Hosen hatten Löcher, die Sohlen unserer Schuhe schmolzen. Irgendwie schafften wir es zurück auf die Grasfläche.

JJ ging noch ein Stück weiter, er fluchte auf Spanisch. Ich richtete meine Kamera auf mich selbst und fing an zu filmen. Mein Gesicht war gerötet, meine Augen standen voller Tränen. Asche wirbelte durch die Luft wie Schnee. In der herzzerreißenden Tragödie dieses Augenblicks erklärte ich vor der Kamera, was wir da vor uns sahen: »Wir verlieren den Amazonasregenwald. Jeden Tag mehr.«

***

An einem Sommertag – nur wenige Monate, bevor Ignacio einen Pfeil der Mashco Piro in den Kopf bekommen würde, und etwa sechs Wochen, nachdem JJ und ich diesen Buschbrand erlebt hatten – schreckte ich früher als gewöhnlich aus dem Schlaf hoch. Ich war zu Hause in Upstate New York, in meiner kleinen Mietwohnung in Kingston. Das Klingeln meines Handys hörte ich sogar aus dem Nebenzimmer. Ich stolperte aus dem Bett, wankte zum Kühlschrank und tastete auf der Oberfläche herum. Jeden Abend legte ich mein Smartphone dort hin, doch befand es sich nicht an der üblichen Stelle. Das Klingeln kam vom Fußboden. Ich hob das Handy auf und sah eine mir unbekannte Nummer. Außerdem stellte ich fest, dass die Batterie, die gestern Abend ganz aufgeladen gewesen war, nun aus irgendeinem Grund nur noch zwei Prozent anzeigte. Seltsam. Seltsam war auch, dass es aussah, als wären 30.000 Nachrichten auf dem Smartphone eingegangen. Das konnte ja wohl nicht richtig sein … Ich hatte allerdings keine Zeit, darüber nachzudenken. Die Stimme am anderen Ende der Leitung stellte mir in rascher Folge mehrere Fragen.

»Sind Sie Paul Rosolie? Und sind Sie derjenige, der das Video über die Brände im Amazonasregenwald eingestellt hat, das viral gegangen ist?«

»Wer spricht denn da?«, fragte ich und fiel dabei fast über die Couch.

Es war jemand vom Sender MSNBC. Er wollte wissen, ob ich es innerhalb von ein paar Stunden ins Studio schaffen könnte. Ich war immer noch völlig verwirrt. Mit einem geöffneten Auge versuchte ich mitzukommen, so gut es ging.

»Entschuldigen Sie, aber können Sie mir vielleicht im Detail erklären, was passiert ist? Und was genau Sie von mir wollen?«

»Natürlich. Das Video von den Bränden im Amazonas, das Sie gestern Abend hochgeladen haben, ist komplett viral gegangen. Weltweit. Einfach nur entsetzlich, was da passiert! Außerdem haben Sie das bei Weitem persönlichste Material über die Katastrophe da im Amazonas geliefert. Wenn Sie sich gerade irgendwo im Staat New York aufhalten, möchten wir Sie bitten, so schnell wie möglich zu uns ins Studio zu kommen. Dann schaffen Sie es noch in unser Frühstücksprogramm. Sind Sie denn in der Nähe?«

Mir blieb keine Zeit zum Antworten, denn in dem Moment ging bereits der nächste Anruf ein. Ich unterbrach den ersten. »Hallo?« Ein weiterer Nachrichtensender, mit derselben Frage. Unter viel Gefummel und noch mehr Augenreiben begriff ich langsam, was da vor sich ging.

Am Vorabend hatten mich Freundinnen und Freunde aus der ganzen Welt mit Links zu Artikeln bombardiert: Hatte ich die Nachrichten schon gesehen? Der Amazonasregenwald brannte.

Brände im Amazonas schafften es normalerweise nicht in die Informationsmedien. Dieses Jahr – 2019 – war das jedoch anders.

Bei manchen Wäldern gehören Brände zum natürlichen Kreislauf. Die Wälder Kaliforniens zum Beispiel – die mit den Mammutbäumen – erleben immer wieder Phasen mit natürlichen Waldbränden, die einen Teil des Ökosystems ausmachen. Doch in Amazonien gehören Brände einfach nicht dazu. Der Regenwald fängt Feuer, weil Menschen ihn roden, die Bäume in der Tropensonne heiß werden lassen und dann alles anzünden. Brände im Amazonas sind der Grund, warum wir fast zwanzig Prozent des Beckens verloren haben, warum Kohlendioxid in großen Mengen in die Atmosphäre gerät, warum sich das Artensterben rascher vollzieht als jemals zuvor.

Und im Jahr 2019 geschah noch etwas anderes. Etwas Neues. Zu der Zeit ermutigte die brasilianische Regierung die Menschen zum Umzug und zur Besiedlung Amazoniens. Sie sollten dort nicht nur wohnen, sondern ihren Lebensraum erweitern. Das hieß: alles zerstören und weitere Straßen in einige der unkartierten Gebiete bauen, die einen so großen Teil des brasilianischen Territoriums bedecken. Das Niederbrennen und Abholzen und die Zerstörung nahmen so stark zu, dass die Brände enorme Dimensionen annahmen. Inzwischen hatte diese Entwicklung einen neuen grausamen Höhepunkt erreicht. Aber selbst unter diesen Umständen waren von Menschen verursachte Brände im Amazonas normalerweise keine Nachricht wert. Dafür kommen sie zu häufig vor. Jährlich – und manche Jahre sind eben schlimmer als andere. Doch im Jahr 2019 wurde auf der ganzen Welt über die Brände berichtet, weil die Menschen sie sehen konnten.

Rauch, der sich wegen eines riesigen Brandes entwickelt hatte, war nach Osten geweht worden, über São Paulo und Rio de Janeiro, und die Menschen hatten angefangen, den Himmel zu fotografieren. Das Ganze wirkte wie ein postapokalyptischer Albtraum in Lila und Schwarz. Man stellte Bilder online und erklärte, der Amazonasregenwald befände sich in einem katastrophalen Zustand. Diese Fotos schafften es aus den sozialen Medien auf Nachrichtenplattformen. Umweltorganisationen berichteten über das Tempo der Abholzung und den Anstieg bei den Bränden innerhalb einer Woche. Und eine Nachrichtenagentur nach der anderen veröffentlichte Artikel zu dem Thema. Plötzlich war es, als würde auf der Welt nur noch über »die Brände im Amazonas« gesprochen.

Deswegen hatte ich nach der Lektüre sämtlicher Artikel, die ich von meinen FreundInnen und Freunden erhalten hatte, zum Smartphone gegriffen. In Kingston im Staat New York in meiner kleinen Wohnung auf der Couch, auf der ich mit Gowri saß. Ich hatte zu einem Video gescrollt, das ich nur anderthalb Monate zuvor aufgenommen hatte. Zu Beginn der Buschbrandsaison. Da stand ich in den Flammen, mit Tränen in den Augen, und flehte um Hilfe: »Wir verlieren den Amazonasregenwald!« Es endete mit dem inzwischen berühmten Satz: »Willkommen im fucking Anthropozän.«

Jetzt, um sieben Uhr morgens, mit dem Smartphone in der Hand, fiel mir das alles wieder ein. Auch, dass ich das Video ja hochgeladen hatte. So etwas Unbearbeitetes hatte ich noch nie gepostet, und ich hatte auf Instagram noch nie das Wort »fucking« in den Mund genommen. Schon am Vorabend war ich mir nicht sicher gewesen, ob es eine gute Idee wäre, das Video für alle sichtbar einzustellen. Doch ich war so emotional und aufgewühlt gewesen, so wütend über die vielen Laber- und Schwafelartikel, dass ich irgendwann entschieden hatte, die Öffentlichkeit müsse das Video sehen. Es hatte seinen Weg hinaus in die Welt angetreten, und kurz darauf hatte ich mein Handy für die Nacht auf den Kühlschrank und mich selbst ins Bett gelegt.

Meine Batterie war immer noch bei zwei Prozent. Ich suchte nach dem Ladegerät, rannte jedoch ständig gegen irgendetwas, weil ich den Blick nicht von den immer weiter eingehenden Benachrichtigungen abwenden konnte. Mein Smartphone klingelte und zirpte und surrte und ratterte wie nie zuvor. Zum ersten Mal in meinem Leben hatte ich einen unzensierten Beitrag voller Wut und Ehrlichkeit und voller Flüche eingestellt – und wie es aussah, war dieser Beitrag viral gegangen.

Den Rest des Morgens nahm ich nur verschwommen wahr. Ich rief meine Eltern an und stellte fest, dass ich keinen Anzug besaß, der mir passte. Während ich mir vor dem Badezimmerspiegel die Zähne putzte, versetzte mich die Vorstellung in Panik, gleich mit einer so desaströsen Frisur im Fernsehen aufzutreten. Doch Zeit zum Nachdenken blieb mir nicht. Innerhalb einer Stunde fuhr ein großer schwarzer Escalade vor meiner Wohnung vor. Ich rannte nach unten und stieg ein.

Der Eingangsbereich des Gebäudes 30 Rockefeller Plaza in Manhattan – unter Insidern: »30 Rock« – fühlte sich wie das Zentrum der Welt an. Von der Eisbahn aus, die von Flaggen aus allen möglichen Ländern umgeben war, betrat ich die imposante Kathedrale im Art-déco-Stil durch goldene Türen. Mit meinem schlecht sitzenden Anzug, den ich am Kleiderbügel über der Schulter trug, schaute ich zu den prachtvollen Bildern in der Lobby des 30 Rock hinauf.

Das Kunstwerk wirkt beeindruckend und schockierend, genau wie das Gebäude selbst. Beim Aufblicken sieht man zweidimensionale Spiralen und riesige Stücke Holz, die muskulöse Männer irgendwo auf der Erde der Natur entrissen haben. Es gibt Ketten und Lokomotiven, Felsen und Arbeiter und Sklaven. Alles ist geheimnisvoll und riesig in seinen Ausmaßen, die großzügigen Decken und sich weit erstreckenden Wände des Gebäudes sind damit übersät. Das Ganze ist das Werk des spanischen Künstlers Josep Maria Sert: ein knapp sechs Meter hohes und fast vierzehn Meter langes Wandkunstwerk mit dem Titel *American Progress*, »Amerikanischer Fortschritt«. Ein Meisterstück mit starken allegorischen Szenen, das einen an eine Mischung aus einem Kunstwerk Leonardo da Vincis mit einer Art »Manifest Destiny«-Motto des imperialistischen Staates denken lässt. Der Kampf des Menschen mit der Natur, mit Gott und mit sich selbst, die rohen Materialien, aus denen das Leben und die Gesellschaft und unsere Welt bestehen. Bäume und Tiere, menschliche Formen, Muskeln und Macht, Abraham Lincoln, Sklaven und Herren, und die Dimensionen des Zusammenspiels der Kräfte.

Ich konnte mich diesem Anblick jedoch nur wenige Augenblicke widmen. Da erschien bereits ein Praktikant, besorgte mir eine Schlüsselkarte für Besucher und führte mich an den Sicherheitsleuten vorbei zu einem Aufzug. Ich wurde in die Maske geschickt, wo zwei große Schwarze Frauen über mich herfielen, um mich präsentabel zu machen. Ich versuchte, ihnen zu verdeutlichen, dass ich so natürlich wie möglich aussehen wolle.

»Ach … Aber man sieht Ihre Tränensäcke so sehr, mein Lieber«, sagte die eine.

Die andere lachte und wollte mir Rouge aufs Gesicht schmieren. Das Überdecken der Tränensäcke ließ ich zu, doch zu der Dame mit dem Rouge sagte ich, es müsse ohne gehen.

»Und Ihr Haar soll so bleiben oder wie?«

Schon sehr bald fand ich mich in einem Nachrichtenstudio wieder. Ein weiterer Gast war Bill McKibben. Seine Bücher hatte ich während meiner Collegezeit gelesen. Er ist eine der führenden Personen im Umweltschutz unserer Generation. Jemand mit einem Klemmbrett und Kopfhörern startete den Countdown, und plötzlich waren wir auf Sendung. Die nächsten drei Wochen würde ich in Studios überall in den USA verbringen. Lokalnachrichten, diverse andere Sendungen. Bei CBS, ABC, NBC, CNN – bei so ziemlich allen größeren Sendern.

Einige Wochen lang gehörte das unglaubliche Gebäude mit der Adresse 30 Rock zu den Orten, die ich häufig aufsuchte. Allmählich kannte ich die Portiers. Und ich bekam meine eigene Schlüsselkarte. Ich fand heraus, wie alles funktionierte. Eine aufregende Erfahrung. Es war spannend mitzuerleben, wie Nachrichten entstehen. Eigentlich nur in einem schwarzen Raum mit sehr vielen Kabeln auf dem Boden und einer einzigen hell erleuchteten Bühne mit einem großen Tisch und einigen Menschen, die sich sehr stark darauf konzentrieren, was als Nächstes kommt. Während der Werbepausen haben sie kurz Zeit, ihr Make-up aufzufrischen, ein paar Bemerkungen auszutauschen und einen Schluck Kaffee zu trinken. Dann tupfen sie sich die Zähne sauber, um sicherzugehen, dass die keine Flecken abbekommen haben. Und dann schauen sie wieder auf ihre Moderationskarten, um herauszufinden, was gleich ansteht. Das ist anstrengend, alles vollzieht sich in raschem Tempo, und das ganze Land schaut zu. Dort entstand alles. Es fühlte sich an wie das Hauptquartier.

Manchmal verließ ich das Studio erst um ein Uhr nachts. Manhattan in der Dunkelheit. Die Reinigungskräfte und die Müllwagen. Der dunkle Atem der Nacht. Die Lichter und die Menschen. Die Stadt, aus der ich stammte. So anders als der Dschungel. Und so sehr ein Teil meiner Knochen und meiner DNA.

Am nächsten Morgen stand ich normalerweise um fünf Uhr auf, absolvierte als Erstes ein Work-out, damit ich auf Sendung nicht müde aussah. Dann versuchte ich, mein Haar unter Kontrolle zu bringen und mir die Make-up-Damen vom Hals zu halten, mit denen ich inzwischen befreundet war. Und bald hatte ich auch immer meine Gesprächsthemen und Statements vorbereitet. Es gab keinen Grund, nervös zu sein. Wenn mir jemand eine Frage stellte, beantwortete ich sie einfach. Und ich merkte, dass ich diese Antwort jedes Mal mit derselben Begeisterung und ohne Fehler geben konnte, solange ich mich nur darauf konzentrierte. Eine neue Fertigkeit, die ich mir rasch angeeignet hatte.

Ich fand heraus, wie ich Aspekte vermeiden konnte, über die ich nichts wusste. Wenn mich ein Nachrichtenmensch nach der Entspannungspolitik des brasilianischen Präsidenten in den Neunzigern fragte, antwortete ich, mein Arbeitsgebiet sei Peru und meine Expertise begrenzt, doch das ganze Amazonasbecken von Bedeutung. Es lief ab wie in einem Boxkampf. Die Menschen wollten mich vom Thema abbringen. Ich musste das verhindern und sie mitziehen. Auf das mir Bekannte zurückkommen, um die Kontrolle wiederzuerlangen. Außerdem lernte ich, auf meinen vertrauten Pfaden zu bleiben. Ich bin kein Experte für Geopolitik. Ich weiß nichts über die Strategien der diversen südamerikanischen Präsidenten. Aber ich weiß, dass ich jahrelang mit indigenen Völkern zusammengearbeitet habe, dass sie ihren Lebensraum verlieren und er niedergebrannt wird, und dass das nicht nachhaltig ist. Dass wir die Tiere und den Wald unbedingt für das Leben auf der Erde brauchen.

Immer wieder zitierte ich Carl Sagan: »Nichts von dem, was Sie interessiert, wird sich realisieren lassen, wenn Sie weder die Luft atmen noch das Wasser trinken können.«

New York. Dann Los Angeles. Einige weitere Städte dazwischen. Ein kurzes Nickerchen in einem Warteraum. Ich sprang auf, machte die Sendung, schlief dann wieder ein. Hotelzimmer. Abendessen aus Snackautomaten. Die ganze Publicity war aufregend, aber ich sah keinen Cent dafür. Im Gegenteil: Ich musste einiges investieren, um das durchziehen zu können.

In Seattle führte ich an einer Hotelbar ein langes Gespräch mit einer Frau. Der Mann neben uns hatte eine Zeitung vor sich liegen – *USA Today* –, und auf der Titelseite stand ein von mir verfasster Artikel mit der Schlagzeile: »Ich habe die Brände im Amazonasregenwald gesehen. Sie sind eine Warnung vom Geist unserer Klimazukunft«.

An meinem letzten Nachmittag in 30 Rock funktionierte einer der Aufzüge nicht, und deswegen benutzte ich einen für Reinigungskräfte. Obwohl ich den Knopf für die Lobby gedrückt hatte, fuhr der Lift nach oben, immer weiter nach oben. Die Türen öffneten sich, und ich landete in einem einsamen Flur. Ich verließ die Kabine, und die Türen schlossen sich hinter mir. Mit meiner Schlüsselkarte versuchte ich, sie wieder zu öffnen, um nach unten zu fahren. Aber es erschien nur die Mitteilung »Kein Zutritt«. Ich machte mich auf die Suche nach anderen Aufzügen, doch die ganze Etage wirkte wie ausgestorben. Also ging ich zurück zum Aufzug, aus dem ich zuvor gestiegen war. Diesmal leuchteten rote Warnlampen auf. »Kein Zutritt«.

Vor lauter Müdigkeit und Erschöpfung wusste ich gar nicht mehr, was ich tun sollte. Ich lief einfach ziellos durch die Gegend. In irgendeinem großen Konferenzraum fand ich einen alten Mann mit einer altmodischen Ballonmütze auf dem Kopf. Er pfiff vor sich hin: Bob Dylans *The Times They Are A-Changin'*.

Als ich ihm von meinem Problem mit dem Aufzug und der Schlüsselkarte erzählte, schaute er nicht einmal von seinem Putzeimer auf. »Gehen Sie einfach den Flur entlang, immer weiter, dann kommen Sie schon hin.«

Ich sagte zu ihm, ich hätte den Flur runtergeschaut: Alles sei stockdunkel, und ich wollte keinen Ärger bekommen.

»Machen Sie einfach, was ich sage. Gehen Sie immer weiter. Keine Sorge, irgendwann kommen Sie schon hin.«

Am Ende des langen dunklen Flurs fiel ein heller Lichtstrahl durch einen Türspalt. Als ich die Tür erreichte und öffnete, musste ich mir schützend eine Hand vor die Augen halten. Ich befand mich in einem riesigen leeren Raum mit Fenstern, die auf einer Seite vom Boden bis zur Decke reichten. Der Ausblick über Manhattan war atemberaubend, die Strahlen der Nachmittagssonne fluteten herein. Mit meinem Sakko über dem Arm ging ich langsam auf die Glasscheibe zu. Ich wusste, ich sollte eigentlich gar nicht hier sein, doch aus irgendeinem Grund war niemand in der Nähe. Einen Augenblick lang fühlte es sich so an, als gäbe es überhaupt keine anderen Menschen mehr auf diesem Planeten. Es war, als stünde ich über allem. Ich schaute auf die Stadt hinunter, in der ich zur Welt gekommen war. Alles war golden und hell. Ich fühlte die warme Sonne auf der Haut. Und ich spürte etwas Besonderes. Irgendetwas war anders. Hatte sich verändert. Ohne es zu merken, ohne dass ich Zeit gehabt hätte, darüber nachzudenken, war ich im Laufe der vergangenen paar Wochen zum Sprachrohr des Amazonasregenwaldes in den USA geworden. Ein überwältigendes und zugleich erfüllendes Gefühl der Zuversicht überkam mich: Alles würde sich zum Guten wenden. Plötzlich und zum ersten Mal im Leben hatte ich meinen Weg gefunden.

Es fühlte sich an wie eine Umarmung von Gott.

***

In diesen paar Wochen trugen die Medien viel dazu bei, den durch die Katastrophe von 2014 entstandenen Schaden wiedergutzumachen. Ich hatte den Eindruck, als könnte ich mich endlich häuten und wäre mit Kopf und Herz bereit für einen Neuanfang. Zeit, wieder in die richtige Spur zu kommen. Mein Video erfuhr eine ganz unglaubliche virale Verbreitung. Menschen auf der ganzen Welt sahen es. In Europa, Südamerika, Asien, auf dem ganzen Planeten. Ich konnte kaum fassen, wie viele Menschen das Video geteilt hatten – mehrere Millionen. Viele von ihnen waren mir namentlich bekannt – weil sie berühmt waren. Ich saß gerade im Auto, als mich mein Cousin Michael mit einer Neuigkeit anrief, die ich gar nicht fassen konnte: Der Podcaster und Comedian Joe Rogan hatte das Video in seinem persönlichen Instagram-Feed geteilt. Eine Sache wollte mir allerdings so gar nicht in den Kopf gehen: Ich hatte so viele Videos produziert, so viele Wörter zu Papier gebracht. Aber es war ein Augenblick der schmutzigen, verzweifelten Realität gewesen, aufgenommen mit einer Smartphone-Kamera, der die Aufmerksamkeit der Welt auf sich gezogen hatte. Nachdem Joe Rogan mein Video geteilt hatte, explodierten die Zuschauerzahlen, als würde das ewig so weitergehen.

Jane Goodall und ich hatten über die Jahre Kontakt gehalten, und ihre Worte waren immer besonders hilfreich und ermutigend. Wir schrieben uns E-Mails, und ich sorgte dafür, dass sie stets auf dem neuesten Stand war, was die Brände und die Entwicklungen bei *Junglekeepers* anging. Zur Kontroverse um die Anakonda-Sendung vor einigen Jahren hatte sie Folgendes geschrieben: »Ich war nicht böse, nur enttäuscht. Ich kann nachvollziehen, wie es dazu gekommen ist. Und vielleicht hatte das Ganze ja auch sein Gutes. Wenigstens wurden dadurch Millionen Menschen auf das Thema aufmerksam – auch wenn die Dokumentation nicht dem entsprach, was Sie sich erhofft hatten. Ich hatte Sie zwar gewarnt, aber es hätte auch keinen Unterschied gemacht, wenn ich nachdrücklicher gewesen wäre. Damals waren Sie sicher, dass alles nach Ihren Vorstellungen laufen würde. Außerdem hatten Sie den Vertrag zu dem Zeitpunkt schon unterschrieben! Jetzt fühle ich mich also fast wie eine Mutter, deren Kind heimgekehrt ist!!!«

In den Wochen nach diesem Tornado der Ereignisse nahmen viele Menschen Kontakt zu mir auf. Die meisten machten mir großartige Angebote, wollten aber eigentlich nur etwas von mir. Ein Mann versprach mir fünfstellige Spendensummen, wenn ich für ihn den Kontakt zu JJ herstellte. Ein anderer – ein Erfinder und Unternehmer mit Millionen auf dem Konto – wollte eine gigantische Sprinkleranlage finanzieren und so Brände im gesamten Amazonasgebiet löschen. Diese Leute begriffen einfach nicht, worum es ging. Sie interessierte nur egoistischer Profit. Der Mann, der Kontakt zu JJ aufnehmen wollte, hatte Lust auf Abenteuer. Der mit der Sprinkler-Idee (der Kerl hatte einen völligen Lattenschuss) wollte Industrieverträge (und schien auch nicht zu verstehen, dass man den Dschungel aufgraben müsste, um darunter auf dem ganzen Kontinent Rohre zu verlegen). Manchmal meldeten sich Menschen, die bei der Wiederbewaldung helfen wollten. Viele boten mir auch Feuerwehrausrüstung und Schläuche an. Wieder und wieder musste ich erklären – wie damals in den Fernsehstudios –, dass es im Amazonas keine natürlichen Brände gibt. Zu diskutieren, wie man in Amazonien Feuer löscht, ist in etwa so, als würde man darüber reden, wie man Lymphome mit einem winzigen Pflaster behandelt. Der einzige Weg, die Krankheit zu heilen und das Problem zu lösen, besteht darin, den Wald gar nicht erst zu roden.

Damals kümmerte ich mich selbst um meine gesamte Korrespondenz. Es gab nur mich. Ich hatte mein E-Mail-Postfach und mein Smartphone. Nicht einmal eine funktionierende Website. Weil ich über einige Wochen ständig in den Nachrichten zu sehen gewesen war, wurde mir sehr viel Aufmerksamkeit zuteil. Ich verbrauchte mehr Energie, als mir zur Verfügung stand. Den ganzen Tag war ich unterwegs oder hing am Handy. Mohsin und ich versuchten, uns die Aufgaben zu teilen, die mit Kommunikation zusammenhingen, doch uns fehlten die Systeme dafür. Wir wussten einfach nicht, wie wir damit umgehen sollten. Wir waren Fischer in einem kleinen Boot mitten auf dem Ozean, mit hundert Angelschnüren im Wasser, und an jeder hing entweder ein geheimnisvoller Fisch oder ein Stück Abfall. Aber wie sollten wir all diese Schnüre einholen? Wie verhindern, dass sie sich verhedderten? Und wie um alles in der Welt dafür sorgen, dass unser Boot nicht kenterte? Wenn man um Regen betet, muss man mit dem Schlamm fertigwerden können, und wenn einen eine ganze Lawine an Angeboten überrollt, wird man manchmal darunter begraben.

Doch zwischen all dem Müll, den meine Medienpräsenz heranspülte, befand sich etwas Wertvolles, dessen Potenzial wir zuerst gar nicht richtig erkannten. Eine Frau wandte sich an uns und führte ein sehr gutes Interview für eine kleine Publikation namens *Never Apart* mit mir. Ihr Beitrag war gut durchdacht und sorgfältig recherchiert. Sie erzählte mir, sie arbeite mit jemandem zusammen, mit dem ich unbedingt würde reden müssen. Ihr Chef sei Milliardär, erklärte sie mir, und außerdem Geschäftsführer einer Firma namens Lightspeed. Es liege ihm sehr am Herzen, wirkliche Veränderungen zu schaffen und Umweltinitiativen zu unterstützen. Ich erwiderte, ich würde ihn gern kennenlernen. Der Mann hieß Dax Dasilva, und eines Abends lud er mich zu einem Videoanruf ein.

Zufällig war ich gerade bei Mohsin. Wir hielten uns beide immer wieder wochen- und monatelang im Amazonas auf und führten allerlei Expeditionen durch. Dennoch war es Mohsin gelungen, die Frau seines Lebens kennenzulernen und zu heiraten. Sie hieß Katlin. Die Hoffnung, er würde einmal Arzt werden, hatten seine Eltern schon vor langer Zeit begraben müssen. Mohsin widmete sich mit vollem Einsatz dem Plan, den wir zusammen entwickelt hatten. Er und Katlin hatten 2015 geheiratet, als er und ich nur unsere Träume mit JJ und ein erstes Konzept für den Aufbau der *Junglekeepers* gehabt hatten, jedoch überhaupt kein Einkommen. Für Katlin kein Hinderungsgrund. Sie teilte unsere Zukunftsvision. Also waren Mohsin und sie aufs Ganze gegangen und zusammen durchgebrannt. Seitdem verbrachte ich sehr viel Zeit in ihrem Haus in Virginia, wenn ich mich in den USA aufhielt. Und während eines dieser langen Besuche machte ich es mir mit meinem Laptop im Kaminzimmer bequem und bereitete mich auf mein erstes Gespräch mit Dax vor.

Wir schauten uns alle erwartungsvoll an. Katlin und Mohsin sahen mir von der Tür aus beim Einwählen zu. Neben Dax saß eine Freundin – die Frau, die mich interviewt hatte. Er schlug vor, wir sollten uns alle einen Drink genehmigen. Ich weiß noch, wie ich über den Bildschirm hinweg Mohsins Blick einfing: noch mehr Bullshit. Dieser Typ wollte sich einfach nur unterhalten. Er wollte alles über *Junglekeepers* wissen. Ich redete immer weiter, trank immer weiter. Spielte mit, auch wenn das Ganze wahrscheinlich zu nichts führen würde. Katlin und Mohsin verdrehten die Augen, weil sie sich allmählich langweilten. Ich blieb bis tief in die Nacht am Laptop sitzen und war davon überzeugt, meine Zeit zu verschwenden.

Dax verkündete, er werde bald von sich hören lassen.

DIE LAST DER TRÄUME

Hör mal«, sagte mein Vater eines Tages zu mir, als er mich irgendwo absetzte. »Egal, ob die Dinge jetzt irgendwann besser werden oder es weiter so läuft wie bisher oder du irgendwann aufgeben und dir … na ja … einen richtigen Job suchen musst … Wir lieben dich – egal, was kommt.«

Ich kniff die Augen ganz fest zu, um mich vor diesem albtraumhaften Moment zu schützen. Unerwartet kam diese Bemerkung nicht. Meine Eltern waren vorsichtig geworden, wenn sie mich fragten, wie es lief. Es gab Gerede über mich, das spürte ich. Bei einem Zweiundzwanzigjährigen finden es die Menschen romantisch, dass er seinen Träumen nachjagt. Wenn er dann über dreißig und pleite ist, machen sie sich langsam Sorgen. Ich machte mir ja selbst auch langsam Sorgen. Was mir einmal mutig vorgekommen war, erschien mir jetzt unvernünftig.

Churchill nannte sie den Schwarzen Hund. Im Roman *Ein wenig Leben* von Hanya Yanagihara tauchen sie in der Gestalt von Hyänen auf, die den Protagonisten Jude unerbittlich jagen. Ein Rudel raubtierartiger Gedanken, die einen verfolgen – immer auf den Fersen, immer bereit, einen gierig hinab in die Hölle zu ziehen, hinein in die Sümpfe der Traurigkeit. Es heißt, der Zweifel habe mehr Träume auf dem Gewissen als jede Niederlage. So viele Jahre lang hatte ich trotz meiner Angst gekämpft und mich mit Büchern und Zitaten und Liedern und einer Vision umgeben, die nun alle verbraucht und alt wirkten, wie ein schlechter Witz. Doch inzwischen spürte und wusste ich: Ich musste mein Leben überdenken.

Wie bereits erwähnt, hatte man uns Hilfe bei der Gründung von *Junglekeepers* angeboten. Die war in gewissem Sinne auch erfolgt – selbst wenn diese Leute dann alles Erreichte für sich beanspruchten. Jedenfalls war es aufgrunddessen möglich gewesen, *Junglekeepers* über einige Jahre hinweg und mit nur wenig finanzieller Unterstützung und einigen Rangern am Laufen zu halten. Wir hatten unser erstes Land gekauft und waren nun offiziell Urwaldschützer. Aber etwas stimmte nicht.

Irgendwann im Laufe des Prozesses hatten sich die Unterstützenden unauffällig Positionen im Vorstand gesichert, was bedeutete, dass die Entscheidungsgewalt nun bei ihnen lag. Und es waren keine guten Menschen, die unsere Träume Realität werden lassen wollten. Vielmehr ging es ihnen um das Erlangen von Machtpositionen. Nach und nach nahmen sie JJ und mir alles aus der Hand. Lauschten unserer mühselig erlangten Weisheit und Erfahrung und setzten die entsprechenden Pläne dann in die Tat um, während wir völlig außen vor gelassen wurden. Da wir zahlenmäßig unterlegen waren, konnten wir nichts dagegen unternehmen, hatten keine Kontrolle. JJ, Mohsin und ich sowie unser ehemaliger Expeditions-Koch und Administrator Roy Riquelme – alles Männer der ersten Stunde – wurden langsam ins Abseits gedrängt, während Menschen aus anderen Ländern Anerkennung für die Arbeit beanspruchten, für die *wir* unser Leben aufs Spiel gesetzt hatten.

Die Ungerechtigkeit war beinahe unerträglich. Der wütende JJ gab mir die Schuld an der Situation. So hätte es nicht laufen dürfen. Ich hatte alles falsch gemacht. Aber es fand sich kein Ausweg, wir mussten es hinnehmen. Das hätte uns fast unsere Freundschaft gekostet. Aus irgendeinem Grund war ich davon ausgegangen, dass jeder, der sich an unserem Projekt beteiligen wollte, automatisch ein guter Mensch wäre. Ich hatte darauf vertraut, dass das Universum demjenigen helfen würde, der sich dafür engagierte, den Wald und den Fluss und die Tiere zu retten. Doch einmal mehr entwickelten sich die Dinge nicht so, wie ich es mir so sehnlichst erhofft hatte.

Jeden Tag wurde unseren Erfahrungen und unseren Jahren harter Arbeit die Bedeutung geraubt. Die Welt erschien mir wie ein böser, ungerechter Ort, an dem sich Menschen tatsächlich wie des Menschen Wolf verhielten.

Zigaretten wurden für mich zu einer großen Stütze. Ich hätte Gedichte darüber verfassen können, so lieb gewann ich die kleinen Funken ihres wärmenden Trostes. Während die Welt um mich herum dunkler und kälter wurde, merkte ich, dass ich beim Rauchen immer tiefer inhalierte, jede einzelne Zigarette immer mehr genoss – wie einen kleinen Selbstmord, wie eine Pistole an der Schläfe. Mit geschlossenen Augen. Mit einem rauchumflorten Seufzer der Erleichterung, als wäre alles vorbei.

Aber es war nicht vorbei. Ich befand mich immer noch auf der Welt, und die Dinge entwickelten sich für mich mit jedem Tag mehr zu einem Albtraum. Meine Depression glich einer dunklen Flutwelle. Meine ganze Widerstandskraft wurde mir durch den Schock der schwarzen Tiefen entrissen, in die ich hinabsank.

Als Corona über die Welt hereinbrach, war ich gerade mit Gowri und ihrer Familie in Indien. Ich war sowohl körperlich als auch mental ausgelaugt. Dass ich eine Beziehung fortsetzen musste, von der ich wusste, sie war vorbei, löste in mir eine Dissonanz aus, die mich innerlich zerriss. Ich würde nicht nur Gowri verlieren, sondern darüber hinaus unsere ganzen Freundinnen und Freunde, ihre wunderbare Familie. Und ich würde das Indien verlieren, das zu meiner Heimat geworden war. Ich besuchte Orte, die mir ans Herz gewachsen waren, verbrachte Zeit mit Menschen, die ich liebte, mit meiner Familie, und gleichzeitig fühlte ich mich wie ein Verräter, ein Versager und Lügner. Ich war Abschaum. Ich würde sie alle enttäuschen, alles verlieren. Ich wusste, dass es so kommen würde. Gowri und ich befanden uns in der kalten Endphase einer Beziehung, die zwar schon seit langer Zeit vorbei, aber noch nicht beendet worden war. Allmählich entwickelten wir ebenso subtile wie wirksame Methoden, um uns gegenseitig zu verletzen.

Als die Pandemie zum ersten Mal in den Nachrichten thematisiert wurde, rief ich meinen Dad an und verkündete, ich würde das Ganze in Indien durchstehen. Als Mitte März 2020 die NBA-Saison abgebrochen wurde und die Achse der Welt erst langsam und dann immer schneller in eine Schieflage geriet, rief er mich an. *Komm nach Hause. Sieh zu, dass du nach Hause kommst.* »Du weißt doch, wie das in Filmen wie *Independence Day* immer losgeht. Genauso fühlt sich die Situation jetzt an. Diese Sache geht nicht schnell vorbei. Komm nach Hause, solange du noch kannst.«

Ich schaffte es ganz knapp.

Zu Hause befanden wir uns wie alle anderen in einem Schwebezustand. Aus New Yorker Perspektive war die Situation extrem. Es gab Berichte über Leichenberge vor den Krankenhäusern. Für alle galt der Lockdown. Sehr bald folgten Nachrichten über brutales Vorgehen der Polizei, und rassistische Auseinandersetzungen häuften sich. Alle saßen fest.

In Peru machten JJ und alle anderen Schlimmes durch. Roys Mutter, Ehefrau und Tochter bekamen Corona, und in Puerto rief man den Notstand aus. Schon sehr bald sollte Peru zu einem der am schwersten betroffenen Länder werden. Es gab sehr viele Todesfälle. Für JJ und Roy war es, als würden alle geliebten Menschen um sie herum sterben. Der Schamane Don Ignacio überlebte die Krankheit nicht. Ich verständigte Lee und Mohsin, und wir schickten das Geld vom Tamandua-Konto nach Peru. Es gab zu wenige Sauerstofftanks für den riesigen Bedarf, und unsere Freunde brauchten sie für ihre Familien. An einem bestimmten Punkt waren Roys Mutter, Ehefrau und Tochter in einem so kritischen Zustand, dass alle drei Sauerstoff benötigten. Die örtlichen Anbieter hatten die Preise um tausend Prozent angehoben, sodass ein einziger Tank manchmal Hunderte von Dollar kostete. Später sogar Tausende.

Mohsin, Lee und ich waren uns einig: Jetzt mussten wir alles geben, es ging um unsere Familie. Ich schickte ihnen unser gesamtes Geld.

Erst später sollten wir erfahren: Während in den Städten die Menschen starben, setzten die Holzfäller und die anderen Eindringlinge ihre Touren in den Dschungel fort, um dort so viele Bäume wegzuholen und Land niederzubrennen, wie sie nur konnten. Selbst an guten Tagen ist das westliche Amazonasgebiet ein gesetzloser Ort, doch in dieser frühen Phase der Pandemie, als die Welt abgelenkt und die Gesellschaft in die Knie gegangen war, flogen die räuberischen Zerstörer nur so in den Wald. Riesige Bagger, die *forrestals*, fuhren wie Bulldozer in den Dschungel, kerbten mit Gewalt neue Straßen ins Gesicht Amazoniens. Ich erinnere mich an Picos Beschreibung seiner ersten Begegnung mit einer solchen Höllenmaschine.

»*Es un demonio*«, hatte er erzählt, während die Erinnerung seinen Blick verdunkelte. »Der *forrestal* ist wie ein Dämon. Er kann einen ganzen Wald niederwalzen, die Bäume mühelos plattmachen. Er fährt einfach durch und macht alles kaputt.«

Ich war von Peru abgeschnitten. Die Gedanken an das bevorstehende offizielle Ende meiner Ehe erfüllten mich mit Grauen. Ich hatte Angst angesichts des Verlusts so vieler geliebter Menschen. Und wie alle anderen war ich im rasch schrumpfenden Orbit der ersten Pandemiephase gefangen. Ich wohnte wieder bei meinen Eltern. Im Alter von dreiunddreißig Jahren hatte ich keinen Job, kein Geld, keinen Lebensplan, keine Hoffnung.

Ich bin das Kind einer italienisch-US-amerikanischen katholischen Familie: Bei uns lässt man sich nicht scheiden. Das tun andere. Wir nicht. Ich liebte G. und ihre Familie so sehr, aber ich wusste, unsere Zeit war längst abgelaufen. Ich hatte versagt. Die anderen hatten damals recht gehabt – wir waren zu jung gewesen. Ich war zum Bösewicht in G.s Leben geworden, zum nutzlosen Ehemann. Zum Peter Pan des Dschungels. Zu dem Jungen, der nicht erwachsen werden konnte. Nicht besser als irgendein vierzigjähriger Idiot, der immer noch versuchte, irgendwie zum Indiana Jones zu werden. Ich *konnte* meinen Kindheitstraum jedoch einfach nicht aufgeben. Und deshalb war ich nicht in der Lage gewesen, uns eine eigene Wohnung zu besorgen. Dass wir immer bei unseren Eltern und immer aus Rucksäcken gelebt hatten, hatte seinen Tribut gefordert. Genau wie die Monate der räumlichen Trennung. Meine Untreue, die Streitigkeiten, die gegenseitige Ablehnung. Und das nur, weil ich nicht konnte, was alle anderen taten: mich den Umständen fügen und einfach arbeiten, Geld verdienen und Gutes tun.

Und jetzt, da ich wusste, dass es nur noch eine Frage der Zeit wäre, bis ich entweder den Mut fassen oder meinen Verstand verlieren und es dann aussprechen würde, würde ich G.s Leben ebenfalls ganz offiziell ruinieren.

Ich versank im Selbsthass.

Tagelang lag ich im Bett, in absoluter, allumfassender Agonie. Ich wand mich in einem Schmerz, den ich weder zuordnen noch beschreiben konnte, der mir jedoch bis in die Knochen ging, bis in die Augäpfel, bis in meine tiefste Seele.

Am Tag, an dem meine Ehe endete, schien die Sonne. Ich saß im Auto und telefonierte mit G., die immer noch in Indien war. Ich saß einfach nur da und weinte. Wieder und wieder sagte ich ihr, ich könne einfach nicht mehr. Mir brach das Herz wegen uns, wegen unserer Mütter, wegen all unserer Freundinnen und Freunde. Der Gedanken daran, wie sie auf unserer Hochzeit gelächelt hatten, tat weh. Der Schmerz war unbeschreiblich und fraß mich auf. Schrecklicher habe ich mich nie im Leben gefühlt.

Da ich nicht mehr die Möglichkeit hatte, im Dschungel zu leben, musste ich mich in den kommenden Wochen mit der Tatsache abfinden, dass ich einen Job brauchte. Ich hatte kein Geld. Überhaupt keins. Ich ging online auf Jobsuche. Was kam für mich infrage? Meine Lage war erbärmlich. Ich war am Tiefpunkt meines Lebens angekommen. Zeit, die Zeche zu zahlen. Früher hatte es mich immer beflügelt, wenn Menschen gesagt hatten, sie wären so stolz auf mich, weil ich »meinen Traum lebte«. Ich hatte mich selbst getäuscht, indem ich mir vorgemacht hatte, jemand zu sein, der ich nicht war. Wenn man lange genug so tut als ob, seine Ziele aber nicht in die Realität umsetzen kann, ist man einfach nur ein Loser.

W. Somerset Maugham hat in seinem Roman *Auf Messers Schneide* einen verstörenden kleinen Erzählstrang eingebaut. Es geht um einen Mann, der sich sein Leben lang um Erfolg als Schriftsteller bemüht. Nur kommt es nie dazu. Seine Familie ist arm, und er stirbt als Versager. »Viele sind berufen, aber nur wenige sind auserwählt«, lautet der geistreiche Kommentar einer weiteren Figur. Diese Worte verfolgten mich. Ich war so naiv gewesen. Es stimmte, es stimmte einfach. Wie viele gescheiterte Rockstars arbeiten heute in Coffeeshops? Ist es uns keine Warnung, dass all die tiefgefrorenen Leichen am Mount Everest einmal hoch motivierte, wohlhabende Menschen waren, ganz und gar erfüllt von der Vision ihres eigenen Erfolgs? Jetzt sind sie nichts als Leichen in teuren Outdoorjacken. Nicht alles im Leben gelingt, und je länger man sich auf dem falschen Dampfer befindet, desto teurer wird später das Rückfahrticket.

Ich fuhr auf den trostlosen Parkplatz eines Donut-Ladens, denn nur mein Auto bot mir so etwas wie Privatsphäre. Als ich Mohsin anrief, fühlte ich mich wie Judas. Wie sollte ich ihm beibringen, dass die Eigenschaften, die er in mir gesehen hatte, nichts als Show gewesen waren? Dass ich nicht vorankam. Dass das vielleicht einmal so gewesen war. Aber jetzt steckte ich fest. Und das Urteil war gesprochen: Ich konnte den Amazonas nicht retten, ich konnte kein guter Ehemann sein, ich konnte das Team nicht zusammenhalten. Ich war kein *Junglekeeper*. Ich war einfach nur ein Typ, der nicht clever genug gewesen war, um zu kapieren, was alle anderen längst begriffen hatten.

Voller Scham rief ich Mohsin an und redete eine Weile um den heißen Brei herum. »Hey! Hast du schon das von Pico gehört? Der ist richtig mies drauf.«

Nein, hatte er nicht, erwiderte Mohsin.

»*Shit*«, sagte ich. »Ich mache mir Sorgen um ihn.«

»Ich mir auch«, entgegnete Mohsin.

Dann sprachen wir über JJ und Roy und darüber, was wir ihnen noch schicken könnten, um sie zu unterstützen. Wir hatten kein Geld mehr. Das Konto war leer. Unser »Business« lebte von den Touren, doch in absehbarer Zeit würde niemand irgendwo hinreisen, und die Menschen, die wir liebten, brauchten das Geld nötiger als wir. Der Zustand in Peru war eine einzige Katastrophe. Panik lag in der Luft, die Welt veränderte sich. Es würde vermutlich Jahre dauern, bis wir nach Peru würden zurückkehren können. Wenn das überhaupt je wieder möglich wäre.

»Hör zu«, fing ich mit geschlossenen Augen an. »Ich muss dir was sagen.« Ich kann mich nicht einmal erinnern, was genau ich von mir gegeben habe. Ich wusste nur zu gut, dass Mohsin alles auf unseren Traum gesetzt hatte. Er hatte alles für Tamandua und *Junglekeepers* gegeben. Hatte Freundinnen und Freunden und Familienangehörigen stolz erzählt, dass wir daran arbeiteten, einen Fluss zu retten. Hatte sogar Katlin gefunden und sie geheiratet – mit nichts als dem Versprechen dessen, was wir uns aufbauen wollten. Ich würde ihn gleich entsetzlich enttäuschen. Ich erzählte ihm, ich sei nicht der, für den er mich hielt. Dass es mich in Todesangst versetzte, keinen Lebensplan und keinen erkennbaren Weg zu haben, dass mich die Belastung durch die Scheidung einfach überforderte. Dass alles umsonst gewesen sei.

Er hörte zu wie ein guter Freund.

Hin und wieder warf er ein »Jepp« oder ein stoisches »Okay« ein. Manchmal auch – und das war dann am schlimmsten – ein »Sicher«.

Ich sagte ihm, ich würde alles an den Nagel hängen, mein Leben umkrempeln und mir einen Job suchen.

Am anderen Ende der Leitung wurde es still.

Dann legte er los. »Du hörst mir jetzt ganz genau zu«, begann er.

Ich verzog das Gesicht.

»Was immer du da gerade abgelassen hast – es war völliger Quatsch. So eine Scheiße will ich in meinem ganzen Leben nie wieder hören. Ich tue jetzt einfach das, was du immer machst, und sage es dir klar und deutlich. Auch wenn es dir gerade so beschissen geht, dass du dich am liebsten einfach nur hinlegen und sterben möchtest: Es gibt zu viele Menschen, die sich auf dich verlassen. Man kann nicht einfach sterben, nur weil man Lust dazu hat. Steh auf! Und zwar zack, zack! Weißt du nicht mehr, wie du damals den Motor zum Laufen gebracht hast? Du erinnerst dich jetzt sofort wieder daran, wer du wirklich bist, und hörst auf mit dem Scheiß. Ich meine das ernst. Ich weigere mich, den pathetischen Bullshit, in den du dich gerade verrannt hast, anzuerkennen, und betrachte die letzten paar Minuten als ungeschehen. Die gab es einfach nicht. Ich bin dein bester Freund, Mann, deswegen werde ich über die ganze Angelegenheit Stillschweigen bewahren und nie irgendwem von diesem Anruf erzählen. Das wäre sonst nämlich etwas peinlich für dich. Aber wage es nicht, mir jemals wieder mit so einer Scheiße zu kommen.«

Er beendete das Gespräch.

Viele Menschen unterschätzen die verführerische Behaglichkeit, die es mit sich bringt, ganz unten zu sein. Ich kämpfte nicht mehr. Ich lag noch ein paar Tage im Bett. Ich war an meiner Endstation angekommen. Ich weiß noch, dass ich die ganze Nacht hellwach dasaß, mit Tränen in den Augen, dass ich an einem Lagerfeuer im Wald ins Dunkel starrte und mir eine Zigarette nach der anderen anzündete.

Dann klingelte das Telefon.

Es war Dax Dasilva. »Hey, Paul!« Er klang aufgeregt.

Er sagte mir, er habe lange und gründlich nachgedacht und alles gelesen, was ich ihm geschickt hatte, und jetzt wolle er es tun.

»Was denn tun?«, fragte ich mit tonloser Stimme.

»Ich will das Projekt umsetzen. Lass uns zusammen den Fluss retten!«

Mayday! Mayday!

Ich hatte mich an einem solchen Tiefpunkt befunden, dass dieses Telefonat einfach nur surreal wirkte. Dax' Energie war zu viel für mich, und das plötzliche Hochgefühl, das mich jetzt durchflutete, haute mich fast um.

Dax und ich sprachen über eine Stunde miteinander.

Mir war eines nicht bewusst gewesen: Seine Lebensgeschichte, die sich so sehr von meiner unterschied, hatte ihn an einen Punkt im Leben geführt, an dem er sich inspiriert fühlte. In der Lage und dazu berufen, etwas Großes und durch und durch Gutes für die Erde zu tun.

Er war zu einigen grundlegenden Erkenntnissen gelangt. Eine war die, dass die Rettung des Flusses einen Wettlauf gegen die Zeit bedeutete. Wenn wir den Amazonas jetzt nicht beschützten, würden wir ihn für immer verlieren. Die uralten Bäume und die komplexen Ökosysteme wären nie wieder zu ersetzen. Die zweite grundlegende Erkenntnis war, dass JJ, Roy, Mohsin und ich unsere Arbeit während des größten Teils unseres Lebens ohne Bezahlung verrichtet hatten. Wir waren nicht nur arm, sondern bettelarm, und diese Armut vervielfachte sich mit den investierten Jahren, und manchmal hatten wir nicht einmal Geld für die notigsten Einkäufe gehabt. Dax entwickelte einen Geschäftsplan für *Junglekeepers:* die Bezahlung der Ranger, ein Budget für den Erwerb von Land und sogar Gehälter für uns. In meinem Kopf drehte sich alles. Ein Gehalt hatte ich noch nie bekommen. Das von mir gewählte Leben hatte keine einzige Garantie mit sich gebracht, keine Gehaltsschecks und auch keine Krankenversicherung. Der Gedanke, genug zum Leben zu haben, überstieg fast meine Vorstellungskraft. Nichts von all dem, was ich da hörte, konnte ich wirklich fassen. Im Rahmen dieses Telefonats, das einem Wunder glich, erklärte sich Dax zu einer zehnjährigen Verpflichtung uns gegenüber bereit.

Er erzählte mir, er sei als Naturschützer aufgewachsen. Er hatte in Kanada entsetzlichen Kahlschlag gesehen, und jetzt, da er ein eigenes Vermögen angehäuft hatte, wollte er dieses Geld einsetzen, um Naturschützenden überall auf der Welt zu helfen. Und *Junglekeepers* hatte er für seine erste Partnerschaft ausgewählt. Er wollte eine neue Organisation namens Age of Union (übersetzt: »Zeitalter des Zusammenstehens«) gründen und für diese eine Art Superheldenteam aus Naturschützenden zusammenstellen. Er wusste, dass er mit seinen finanziellen Mitteln gefährdeten Projekten über die entscheidenden Hürden helfen und ihnen ein effektives Arbeiten ermöglichen konnte. Sie dabei unterstützen konnte, sich aus Start-ups in richtige Initiativen zu verwandeln, aus der Defensive in die Offensive zu gehen, es aus der Traumwelt in die Realität zu schaffen. Er sagte, er hätte auch die Sea Shepherd Conservation Society im Blick und außerdem inspirierende Projekte zur Rettung der Orang-Utans in Borneo und anderswo. Er wollte Kontakt zu Jane Goodall aufnehmen und etwas zu ihrem so entscheidenden weltweiten Engagement für den Naturschutz beitragen. Kurzum, Dax wollte die Tatsache, dass er im Kapitalismus gewonnen hatte, dafür nutzen, was man sich von allen Milliardären wünscht: sein Vermögen einsetzen, um die Welt zu einem besseren Ort zu machen. Er war dabei, die *X-Men* unter den Umweltschützenden zusammenzustellen, und ich war der erste Rekrut. Als ich aufgelegt hatte, drehte sich alles um mich herum.

Ich rieb mir die Augen. Wenn ich gerade richtig gehört hatte, hatte mir Dax Millionen Dollar für *Junglekeepers* zugesagt. Ich hatte einen Job. Wir hatten eine Zukunft. Gerade hatte sich alles verändert.

Mein einziger Gedanke war: *Ich muss JJ anrufen!*

Als ich das tat und ihm von meinem Gespräch mit Dax berichtete, glaubte er mir kein Wort. Ich vermutete, die letzten Jahre hatten ihn gelehrt, nichts mehr einfach so zu glauben. Vor allem keine Neuigkeiten wie diese. Das Ganze klang einfach zu gut, um wahr zu sein, und deswegen ließ er den Gedanken erst gar nicht an sich heran. Außerdem gab es momentan etwas viel Wichtigeres zu tun.

Wochenlang hatte niemand etwas von Pico gehört, und endlich erfuhren wir auch, wieso. Er hatte sich vor einigen Monaten ein Bein gebrochen. Das rechte, das in seiner Jugend von einem umstürzenden Baum zerschmettert worden war. Im unzureichend ausgestatteten Krankenhaus von Puerto Maldonado hatte man seine Knochen mit einer Stahlplatte und einigen Schrauben fixiert. Auf dem Röntgenbild sah das aus wie Material aus einem Technikbaukasten für Kinder. Seitdem war es Pico immer schlechter gegangen. Eine Infektion war dazugekommen, und das Bein hatte sich mit der Zeit grün verfärbt. Monatelang hatte Pico unter höllischen Schmerzen gelitten. Er hatte gefleht, man möge ihm das Bein abnehmen. Sonst werde es ihn umbringen. Dessen war er sich sicher gewesen. Und ich erinnere mich, dass ich vor Schreck aufstöhnte und mich an der Wand abstützen musste, als JJ mir ein Foto von Picos Bein zuschickte. Unterhalb des Knies hatte sich Picos Bein schwarz verfärbt, eitrige Wunden überzogen die Haut. Das Bein war quasi abgestorben. Wenn überhaupt noch Blut hindurchfloss, dann nur ganz wenig.

Dass ich mich in den letzten Jahren so intensiv in den Medien herumgetrieben hatte, brachte einen entscheidenden Vorteil mit sich: sehr viele Followerinnen und Follower auf Instagram. Mohsin, Lee und ich organisierten eine Fundraising-Aktion und machten Reklame in den sozialen Medien. Wir brauchten etwa 17.000 Dollar, damit Pico für eine Notoperation nach Lima fahren konnte. Es war unglaublich: Schon nach den ersten Postings meldeten sich Menschen aus der ganzen Welt. Alle kannten Pico aus meinem Buch *Mother of God*.

Die Resonanz war überwältigend. Die Situation erinnerte mich an den Film *Ist das Leben nicht schön?*. Jede Spende begleitete ein persönlicher Gruß: »Hoffentlich geht es Pico bald besser!« – »*Viva the Mad Motorista!!*« – »*WE LOVE PICO!*« – »Ihr alle seid eine solche Inspiration!« – »Ich freue mich, dass ich helfen kann!«

Es dauerte einen Monat, in dem wir unaufhörlich Postings einstellten und Kommentare schrieben, um das Geld zusammenzubekommen, mit dem sich Picos Kosten würden decken lassen.

Gleichzeitig arbeitete ich mit Dax an den weiteren Formalitäten für das Budget, den Geschäftsplan und die Mission von *Junglekeepers*. Wir entwickelten ein System, in dessen Rahmen Holzfäller und Goldsucher sich zu Rangern ausbilden lassen könnten, und auch dafür wurde ein Budget angesetzt. Unser Ansatz bestand darin, diesen Menschen nicht die Lebensgrundlage wegzunehmen, sondern ihnen stattdessen eine bessere, sicherere und finanziell ergiebigere Lebensgrundlage zu bieten. So konnten sie sich eine Zukunft aufbauen. Wir würden diesen Rangern ein gutes und klar geregeltes Gehalt samt einer Krankenversicherung anbieten und das Ganze natürlich offiziell regeln. Außerdem brauchten wir ein Strategiekonzept für die zur Rettung vorgesehenen Waldgebiete, die zurzeit brannten. Ich erklärte Dax, dass JJ – unser Mann vor Ort – am besten und umfassendsten wusste, wie sich dieser Teil gestalten ließ. Und was am wichtigsten war: Dax machte das Unvorstellbare möglich und hielt sein Versprechen, auch uns ein Gehalt auszuzahlen. Außerdem sorgte er gleich am Anfang für ein Notbudget, damit Mohsin und ich die neue Welle von Buschbränden dokumentieren konnten, die sich in diesem Jahr in rasender Geschwindigkeit im Amazonas ausbreiteten. Wir vereinbarten, dass Mohsin und ich im ersten Flieger nach Peru sitzen würden.

Sobald wir die benötigte Summe für Pico zusammenhatten, wurde er nach Lima gebracht, wo das ärztliche Fachpersonal die Amputation vornahm. Pico wirkte sofort wie verwandelt. Er fühlte sich direkt nach dem Eingriff viel besser und wurde gesund. Hätte die Operation nur ein paar Tage später stattgefunden, so teilte uns der behandelnde Arzt mit, wäre Pico mit Sicherheit gestorben.

Welche Schmerzen er durchlitten haben muss, vermag ich mir gar nicht vorzustellen. Und ich kann nur voller Dankbarkeit an all die Menschen auf der ganzen Welt denken, die mein Buch gelesen hatten, so Fans von Pico geworden und deswegen zu helfen bereit gewesen waren. Sie haben ihm das Leben gerettet.

Dax hatte nicht übertrieben. Er wusste, wie man große Unternehmen leitete. Es gab Bilder von ihm, wie er in New York den Börsengang seiner Firma feierte. Er wollte mich und Mohsin vor Ort haben, wenn im November ganz ohne Zweifel neue Brände ausbrechen würden. Aber wie hieß es doch so schön? »Aus den Augen, aus dem Sinn.« Wir schrieben das Jahr 2020, und die große Selbstläufer-Newskampagne des Jahres 2019 war längst vergessen. Der Dschungel brannte einmal mehr, doch diesmal schenkte die Welt der Katastrophe keine Beachtung. Wir befanden uns mitten in der Coronapandemie. Immerhin wurde uns während dieser Zeit klar, dass Dax tatsächlich mit uns auf einer Wellenlänge lag: Er wollte der Welt zeigen, was im Dschungel vor sich ging – egal, was gerade sonst noch in der Welt passierte. Also setzten wir Masken auf, fälschten einige Coronatests (anders ließ sich unser Plan damals nicht umsetzen) und reisten als quasi einzige Passagiere unserer Maschine nach Peru. Der Flughafen von Lima war menschenleer. Es fühlte sich an, als wären wir auf dem Weg in eine bizarre Version des Peru, das wir einmal gekannt hatten. Eines war allerdings sicher: Zum ersten Mal tat sich wirklich etwas!

DIE AUGEN DES JAGUARS

Mohsin und ich stürmten aus dem Flughafen und raus auf die Straße, nahmen unsere diversen Gesichtsbedeckungen ab und sogen die warme Dschungelluft ein. Wir trafen Roy und JJ in der Stadt, wo wir uns alle fest umarmten. Roy hatte sehr stark abgenommen. JJ hatte sich noch drastischer verändert. Sein früher pechschwarzes Haar war inzwischen von Grau durchsetzt. Die Falten um seine Augen hatten sich vertieft, und seine Wangen waren eingesunken. Er trug eine Brille.

Wir warfen uns in eine Vier-Mann-Umarmung, schauten einander tief in die Augen, lächelten uns an und berührten die Körperteile der anderen, die sich verändert hatten. Ich fuhr JJ mit der Hand durchs Haar. Mohsin tätschelte Roys geschrumpften Bauch. In diesem Augenblick empfanden wir ein überwältigendes Gefühl der Zusammengehörigkeit und Brüderlichkeit. Die Jahre der Corona-Pandemie hatten unsere Freunde bis an den Rand der Existenz getrieben, doch ihre Familien lebten, und wir hatten getan, was wir konnten, um ihnen zu helfen.

Zum ersten Mal seit fast einem Jahr kehrten wir in die Forschungsstation in Las Piedras zurück. Nicht einmal JJ war dort gewesen. Alle hatten den Lockdown einhalten müssen. Es hatte sogar eine von der Polizei durchgesetzte Ausgangssperre gegeben, und er hatte nicht gewagt, seine Familie zu verlassen. Wir wirkten alle geradezu grotesk blass, blinzelten im Sonnenlicht und waren überglücklich, wieder auf unserem Fluss zu sein.

In der Station erklärte ich allen, welche finanzielle Unterstützung uns Dax zuteilwerden ließ und wie wir das Geld verwenden würden. Wir redeten fast die ganze Nacht. Wir würden eine Station für die Ranger bauen und weitere Ranger einstellen müssen, und wir brauchten einen detaillierten Plan. Zum ersten Mal endeten die Träume – die Taktik setzte ein.

Bei Sonnenaufgang fuhren wir flussaufwärts. Wir wussten genau, wo die Rangerstation errichtet werden sollte.

Wir vertäuten das Boot an der Mündung des Loretillo. Das war der erste Strom, den JJ und ich jemals zusammen erforscht hatten. Immer noch unberührt. Wenn ich an den grünen Dschungel denke, an wilde Orte, stehen mir solche Stellen vor Augen. Ein kristallklarer Fluss, der sich durch endlose Kilometer Dschungellandschaft ohne irgendwelche Pfade windet. Lianen und Baumwipfel verbinden sich über ihm, und so entsteht ein Tunnel, wunderschön smaragdgrün leuchtend. Wir wussten, das hier würde das Prunkstück dessen sein, was wir beschützten. Die Basis für unsere gesamte Operation.

An jenem Tag unternahmen wir eine Wanderung in den Wald, und mit Maßbändern und roten Stoffen markierten wir die Stelle, an der die Rangerstation entstehen sollte. Eine aufgeregte Energie lag in der Luft. JJ wirkte mit seiner ausgemergelten Gestalt und den grau melierten Haaren attraktiver als je zuvor. Gealtert, aber gut gealtert. Er war glücklich, widmete sich voller Leidenschaft seiner Arbeit, und ich konnte sehen, dass es keinen Groll in seinem Herzen gab. Vor einigen Jahren hatte er mit einer Frau namens Julie eine neue Familie gegründet, und die beiden hatten einen Sohn namens Tristan. Der Lockdown hatte ihnen die Zeit geschenkt, ihre Beziehung zu festigen und zu vertiefen. Sie hatten alles als Familie überstanden und waren gestärkt daraus hervorgegangen. JJ führte nun ein neues Leben. Den Dschungel hatte er trotzdem vermisst. Für ihn war es Folter gewesen, nicht in den Wald zu dürfen und in der Stadt festzusitzen. Während wir arbeiteten, strahlte er die ganze Zeit. Er war so glücklich, wieder mit seinen Jungs zusammen zu sein. Mir schwoll das Herz vor Freude, als ich ihn so sah.

Als Nächstes zogen wir los, um uns ein Bild von der Entwaldung zu machen, die ganz in der Nähe stattgefunden hatte. Wir hatten sie fast ein Jahr lang über Satellit verfolgt. Wenn man den Bildern glauben durfte, würde sich uns gleich ein Bild der absoluten Zerstörung bieten. Wir folgten dem Hauptfluss und liefen dann in nördlicher Richtung weiter in den Wald hinein.

Was wir bei unserer Ankunft vorfanden, riss uns förmlich die Herzen aus der Brust. Der Primärwald war in schwarze Asche verwandelt worden. Riesige Bäume lagen auf dem Boden. Bäume, die wir liebten. Kapokbäume. Mahagonibäume. Große alte Würgefeigen und Paranussbäume. Den Eindringlingen war es nicht einmal um das teure Holz gegangen. Sie wollten sich nur das Land erschließen. Für sie bedeuteten der Dschungel und seine ganze biologische Vielfalt nichts als Fläche. Fläche, die man roden musste. Und sobald das erledigt war, konnte man dort Anbau betreiben und armselige Feldfrüchte anpflanzen. Yucca. Papaya. Wertloses Obst, das auf dem Markt quasi nichts einbrachte. Diese Leute waren hergekommen und hatten etwas Unersetzliches zerstört. Wir gingen weiter und weiter, und Mohsin schoss ein Foto nach dem anderen. Inzwischen wussten wir: Es kam darauf an, den Menschen die Realität der Bedrohungen zu zeigen, mit denen wir konfrontiert wurden. Deswegen hielten wir alles fest – auch wenn es sich so anfühlte, als würden uns Messer in unsere Herzen gerammt.

Wir gingen durch ein zerstörtes Waldstück nach dem anderen. Wo ein vernichteter Bereich endete, gab es einen kurzen Abschnitt mit Dschungelpflanzen, gefolgt vom nächsten verwüsteten Areal. Wir verbrachten den Großteil des Tages mit einer Bestandsaufnahme der Katastrophe, und bei Sonnenuntergang stellten wir fest, dass wir uns verirrt hatten. Wir versuchten, den Rückweg zu finden, doch im Labyrinth der Zerstörung erwies sich das als unmöglich. Der Urwald war nicht wiederzuerkennen.

Irgendwann schüttelte JJ den Kopf, blieb stehen und schaute auf den noch qualmenden Boden. »Sie verbrennen also wirklich alles? Das ist so traurig. Wir konnten nichts dagegen tun. Unsere Familien haben uns doch gebraucht.«

Mohsin legte JJ einen Arm um die Schultern. »Alles gut«, sagte er. »Wir kümmern uns darum. Ich habe immer gewusst, dir wird etwas ganz Besonderes gelingen, und darum geht es jetzt. Heute fängt es an. Wir sind jetzt *Junglekeeper*, Hüter des Dschungels.«

Das brachte JJ zum Lächeln.

Mohsin hatte eine Drohne dabei, und wir versuchten, mit ihrer Hilfe aus dem Wald zu finden, doch es war schon zu dunkel für einen Flug.

Da schaute mich JJ mit einem schelmischen Grinsen an. Er wusste, was er zu tun hatte. Er zog sein Hemd aus und steckte es sich in die Shorts. »Okay«, verkündete er. »*Vamos, Junglekeepers.*«

Während der nächsten drei Stunden ließ er sich von seinem Instinkt leiten. Es gelang ihm, den Strom zu finden. Nach Einbruch der Dunkelheit blieben nur noch unsere Handylampen zur Orientierung. Am meisten musste Mohsin auf seine Kamera aufpassen: eine teure Canon DSLR, die er sich bei hohem Wasserstand über den Kopf hielt. Hin und wieder standen wir bis zum Hals im Wasser. Dann wieder sprangen wir durch Wasserfälle. Wir liefen über Stachelrochen und rutschten auf Felsen ab.

Während unserer Wanderung an diesem wilden Strom sahen wir trotz all der ihn umgebenden Zerstörung Schwärme von Fischen, einen Schwimmbeutler, Schlangen, einen Ozelot, etwa tausend Fledermäuse, einen Tagschläfer-Vogel und mehrere Pakas. Eine Nacht voller Abenteuer. Und endlich führten uns JJ und sein unglaublicher Dschungelsinn zur Flussmündung, und wir brachen in lauten Jubel aus. Wenig später erreichte uns Roy, der mit dem Motorboot flussaufwärts gefahren kam. »Was zum Teufel ist euch denn passiert?«

Während wir ihm erklärten, was wir durchgemacht hatten, übernahm JJ das Steuer. Er füllte den Tank und lenkte das Boot mit dem Peke-Peke-Motor den Fluss hinunter. Inzwischen war es Nacht, und wir rasten durch den Dschungel. Mohsin und ich klopften uns gegenseitig auf die Schulter und warfen uns schweigend Blicke zu. Zwischen uns herrschte ein Einverständnis, das ohne Worte auskam. Heute begann die Realität, von der wir immer geträumt hatten. Aus »eines Tages« war gerade »Tag eins« geworden. Endlich verrichteten wir die Arbeit, die wir immer hatten in Angriff nehmen wollen. Wir hatten das Ausmaß der Zerstörung erfasst und einen Plan erstellt, wie wir verhindern würden, dass sie sich ausbreitete.

Ich schaute zum Heck des Bootes, in dem JJ am Steuer stand. Aufrecht im Mondlicht, die Augen zusammengekniffen, die Zähne fest aufeinandergepresst. Weil ich ihn beobachtete, entging mir nicht, dass etwas seine Aufmerksamkeit weckte. Er bückte sich und bedeutete mir, ich solle zu ihm kommen. Er fixierte einen Punkt in der Ferne, bewegte jedoch gleichzeitig die Finger übers Gesicht und deutete Streifen oder Flecken an. Ich begriff sofort, was er da entdeckt hatte.

JJ stellte den Motor ab, und das Boot trieb ans Ufer. Wir legten lautlos an. JJ und ich rannten barfuß los, geräuschlos über den Sand. Er packte mich an der Schulter – wie früher, als ich noch ein Neuling im Dschungel gewesen war und er mir dadurch vermittelt hatte, wo ich hatte hinschauen müssen.

Der Jaguar stand am Flussufer. Wir näherten uns dem Tier so rasch und so leise und getarnt durch unsere grellen Stirnlampen, dass ihm nicht einmal die Zeit zur Flucht blieb. Wir befanden uns in etwa drei Metern Entfernung von einem ausgewachsenen Jaguarweibchen. Einen Augenblick schien es, als wolle die Raubkatze weglaufen. Dann jedoch setzte sie sich hin. Bewegte den Kopf von rechts nach links, kniff die Augen zusammen und versuchte, trotz der Stirnlampen etwas zu erkennen. Wir standen reglos da. Holten nicht einmal Luft. Über eine Minute lang. Das Jaguarweibchen schätzte die Situation ein. Was für eine großartige Minute. Der Anblick dieses zauberhaften Lebewesens: das schimmernde weiß-gelbe Fell, die leuchtenden Augen, die riesigen Pfoten, die langen Barthaare. JJ umklammerte meine Schulter, völlig außer sich vor grenzenloser Begeisterung.

Irgendwann hatte das Weibchen offensichtlich genug davon, sich zu fragen, was hier wohl vor sich ging. Es wandte uns den Rücken zu und schritt zwischen den Bäumen davon.

Wir setzten unsere Rückfahrt über den Fluss fort. Ich drehte mich zu JJ um und lächelte ihn im Mondlicht an. Er erwiderte das Lächeln. Ich schüttelte den Kopf. Er hatte mich so sehr beeindruckt. Ohne ihn hätten wir im Dschungel übernachten müssen – ohne Zelt, ohne Schutz und ohne Licht. Stattdessen rasten wir nun den Fluss hinunter, zusammen, als Familie. Und gerade hatten wir das Unglaublichste gesehen, was jemals ein Mensch erblicken würde. Alles seinetwegen. Alles nur seinetwegen.

***

JJ, Mohsin und ich verbrachten eine Woche damit, den Auftrag für Dax und Age of Union zu erfüllen. JJ erzählte einer Holzfällerfirma einfach, Mohsin und ich wären Kollegen aus den USA, die sich gern einen Eindruck von ihrer Arbeit verschaffen würden. So erhielten wir einen einmaligen Einblick in den ganzen Betrieb. Wir sahen die entsetzlichen Stapel der Eisenholzbäume in der Anlage. Die hohen Wände der Fabrik schützten alles vor öffentlichen Blicken, doch jetzt hatten wir uneingeschränkten Zugang. Mohsins Kamera feuerte wahre Maschinengewehrsalven im Namen des Naturschutzes ab. Währenddessen tat ich, was ich immer machte: Ich filmte mich und demonstrierte das Ausmaß des Verlusts an Bäumen.

Wenige Tage später landete JJ einen weiteren Volltreffer. Wir sollten den brennenden Wald filmen, und das taten wir. JJ, der ja alle in Madre de Dios kannte, hatte einen Freund aufgetrieben, der ein Waldgebiet an der Wasserscheide des Las Piedras roden wollte. Verhindern konnten wir das nicht mehr. Die Bäume waren bereits gefällt worden, und das Holz hatte einen Monat in der heißen Sonne gelegen, alles war trocken. JJ, Mohsin und ich fuhren an einem Nachmittag hin und kamen genau in dem Augenblick an, als der Bauer ein Feuerzeug an den Boden hielt. Mehr war nicht notwendig. Mohsin und ich tauschten einen entsetzten Blick, während wir beobachteten, wie rasch die Flammen emporschlugen.

»Bleib in der Nähe!«, sagte ich.

»Keine Sorge! Pass du auch auf.«

Wir trennten uns und filmten systematisch alles. Die Flammen loderten wild. Wir liefen durch ein Gebiet, das einmal zum Regenwald Amazoniens gehört hatte. Jahrtausendealte Bäume lagen im schmutzigen Sonnenlicht im Sterben. An einigen Stellen erreichten die riesigen Flammen eine Höhe von weit über zwanzig Metern, und die Luft verwandelte sich in ein Schneegestöber aus Asche. Bambus explodierte, es klang wie Kanonenschüsse. Es roch nach versengtem Fell und unendlicher Qual. Die letzten Tiere verließen ihre Verstecke und flohen. Der Himmel war voller Vögel. Der Wald rund um die Lichtung füllte sich mit fliehenden Tieren, die durch die Blätter hetzten. Was seit Urzeiten laute, warme, dunkelgrüne Schönheit gewesen war, verwandelte sich vor unseren Augen in Schutt und Asche. Wir filmten Entsetzliches.

Auf meiner Flucht vor den Flammen verlor ich Mohsin irgendwann aus den Augen. Ich rannte im ohrenbetäubenden Gebrüll des Feuers um mein Leben. Aber irgendetwas – ein Geräusch oder ein Schrei, vielleicht auch nur mein Bauchgefühl – brachte mich dazu, mich umzuwenden und nach Mohsin zu rufen. Keine Antwort. Ich rannte zu der Stelle zurück, an der ich ihn zuletzt gesehen hatte, doch die hatte sich bereits in eine Flammenhölle verwandelt. Als ich in der Asche seine Kamera entdeckte, befürchtete ich das Schlimmste. Ich hob das Gerät auf und schrie nach JJ. Er versuchte, zu mir zu gelangen, und sprang über die verkohlte Erde. »HIER!«, rief ich. Unter lauten Rufen machten wir uns auf die Suche nach Mohsin.

Wir fanden ihn mit dem Gesicht nach unten auf dem Boden des Dschungels, knapp neben der brennenden Fläche. Er hatte eine feuchte Stelle gefunden und war kaum noch bei Bewusstsein. JJ und ich stürzten zu ihm hin. Er atmete noch, doch sein Blick war unstet, und er hustete heftig. JJ zog sein Hemd aus und presste es in die sumpfige Erde, damit es sich mit Wasser füllte. Dann wrang er den Stoff über Mohsins Kopf aus. Mohsin stöhnte vor Erleichterung, als das Wasser über ihn lief. Wir sagten ihm immer wieder, er solle atmen, die Augen geschlossen halten, während wir versuchten, ihn so schnell wie möglich mit Wasser herunterzukühlen. Er glühte förmlich. Wir hoben immer wieder das Hemd über ihn, ließen Wasser über ihn rieseln, fächelten ihm Luft zu, und allmählich erholte er sich. Er war gerade so davongekommen. Wäre er irgendwo mitten in der Flammenhölle zusammengebrochen, wäre er erstickt, bevor wir ihn hätten finden können.

Wir kehrten nach Puerto zurück, duschten uns den Ruß vom Körper und verbrachten ein paar Tage im Bett.

Dann kehrte Pico aus Lima zurück, wo er nach seiner Amputation einige Wochen in einem Rehabilitations- und Therapieprogramm verbracht hatte. Die Familie Durand organisierte eine Willkommensparty in seinem Haus. Seine Frau und seine Kinder und Enkel waren dort, außerdem fast alle der neunzehn Brüder. Die Anwesenden sprachen reihum. Es gab Bier und Huhn und Ente und Fisch und Reis.

Pico und ich umarmten uns heftig. Er zog mich zu sich in die Hängematte, wir schaukelten zusammen. Er hatte Tränen in den Augen. »*Gracias, hermano. Gracias, mi hermano.* Danke, Bruder. Danke, mein Bruder.«

Picos und JJs Bruder Jesús hielt eine lange Rede, in der er mir dankte, weil ich Teil der Familie war. Er sprach über Santiago und die gute alte Zeit. Und darüber, wie viele Jahre inzwischen vergangen waren. Darüber, dass die echte Familie die Menschen sind, auf die man sich verlassen kann.

Als Pico erzählte, dass die Ärzte ihm mitgeteilt hatten, er wäre gestorben, wenn die Operation auch nur einige Tage später durchgeführt worden wäre, brach seine Stimme, und er musste innehalten. Alle applaudierten und sprachen ihm ermutigend zu, doch die Gefühle überwältigten ihn.

Pico schaukelte in seiner Hängematte, und seine Augen glänzten. Er hatte keine Schmerzen mehr. Er war glücklich. Ihm war ein neues Leben geschenkt worden. Ich beobachtete ihn, wie er lachte und sich die Tränen aus den Augen wischte und alle umarmte, die den Raum betraten. Er war seit seiner frühen Jugend behindert gewesen und hatte ein schweres Leben gehabt. Während des letzten Jahres hatte sich der Zustand seines Beins immer weiter verschlimmert, und irgendwann war die Blutvergiftung so weit fortgeschritten, dass er monatelang nicht hatte schlafen können. Er war krank und verzweifelt gewesen und hatte an der Schwelle des Todes gestanden. Und jetzt? Jetzt strahlte er. Seine Frau Melissa ging zu ihm hin und küsste ihn, und er umarmte sie. Sein Sohn Diego half beim Tragen von Limonade und Bier. Seine Tochter Kiara servierte Getränke. Pico war ein guter Mensch, mit einem reinen Herzen, einer tollen Familie, und jetzt fand er sich umringt von den Menschen, die sich zusammengeschlossen hatten, um ihn zu retten.

Die gesamte Familie Durand war anwesend, die meisten der Brüder und Schwestern sowie all ihre Partnerinnen und Partner, Kinder und Enkelinnen und Enkel. Wir aßen und tranken und sangen. Mohsin sang sogar a cappella, und alle hörten zu. An diesem Abend entwickelten wir einen Plan für eine zweite Fundraising-Aktion, um eine Beinprothese für Pico zu organisieren. Das würde seine Zeit dauern, doch wir waren überzeugt, wir könnten es schaffen. Als ich an der Reihe war, versuchte ich zu erklären, dass Menschen auf der ganzen Welt an Picos Geschichte Anteil nahmen. Er war berühmt. Er hatte uns auf einige unserer wildesten Abenteuer mitgenommen, auf Expeditionen, die mein Leben verändert, mir Türen geöffnet hatten. Sie haben mich zu dem Menschen gemacht, der ich heute bin. Menschen in anderen Ländern, die noch nie in Peru gewesen waren, kannten jetzt Picos Namen, und allmählich auch den der *Junglekeepers*.

Es wurde viel gelächelt und geweint. Als sich Picos Bein so schlimm entzündet hatte, hätten wir fast einen der besten Menschen verloren, den wir kannten. Ich saß in der Hängematte, hielt die Tränen zurück und spürte Picos Arm fest um meine Schultern. Er fuhr mir durchs Haar, küsste mir die Stirn, in seiner liebevollen, taktilen, animalischen Art. »*Mi hermano*«, sagte er immer wieder. Als uns Jesús mit breitem Lächeln zuprostete, erklärte er, Santiago habe Alex damals als neunzehnten Bruder in den Durand-Clan aufgenommen. Jetzt zeigte er auf mich und verkündete, ich sei *hermano número veinte* – Bruder Nummer zwanzig.

***

Auch darüber hinaus erlebten wir Brüderlichkeit und dass die Welt auch ein guter Ort sein konnte, dass es vielleicht so etwas wie Fügung gab, denn ungefähr zu dieser Zeit entschied sich das Schicksal, auf besonders raffinierte und geschickte Weise einzugreifen. Den Anfang nahm diese Entwicklung weit entfernt vom Amazonasregenwald, und sie hatte mit etwas zu tun, das schon viele Jahre zuvor angestoßen worden war. Was JJ und ich schon damals im Auge gehabt hatten, erwies sich allmählich als richtig. All die Jahre, in denen wir Gruppen durch den Regenwald geführt, unsere Fertigkeiten verfeinert, uns auf langen Expeditionen alles abverlangt hatten – all die Jahre der Sisyphosarbeit, in denen wir den Felsbrocken immer wieder den Berg hinaufgerollt hatten, ohne einen Plan zu haben. Damals war Mohsin zu uns gestoßen, und er hatte die Verbindung zum Austauschprogramm für uns hergestellt und uns beim Ausbau von Tamandua geholfen, bei der Instandhaltung der Forschungsstation und bei der weiteren Durchführung ambitionierter Dschungeltouren. Außerdem gab es da das Buch. Bei seinem Erscheinen hatte ich den Eindruck gehabt, *Mother of God* sei nicht gerade ein Erfolgstitel, doch inzwischen hatte das Buch seinen Platz in der Welt gefunden, und die Menschen lasen es auch immer noch.

Eins hatte mir JJ von Anfang an gesagt: Wenn wir die Menschen dazu bringen könnten, sich den Regenwald anzuschauen, wenn wir ihnen die Geschichte des Regenwaldes erzählen und vermitteln könnten, dass er noch zu retten war, dann würden sie uns helfen, den Regenwald zu schützen. Es war vergleichbar mit einer langen Wanderung, bei der es viele Tage bewölkt ist: Immer wieder regnet es, und man kann sich nicht vorstellen, dass sich in der Zukunft irgendetwas ändern wird. Gleichzeitig wirft man aber Samen auf die Erde, wohin man auch kommt, und dann findet man sich eines Tages im Sonnenlicht wieder, und die Hügel erstrahlen in den Farben von einer Million Wildblumen.

Eine der ersten Blumen, die wir auf diese Weise erblühen sahen, trat 2018 in unser Leben, und zwar in Gestalt von Stéphane Thomas. Stéphane war in Frankreich aufgewachsen, in einem so kleinen Dorf, dass es kaum als winziger Punkt auf der Landkarte zu erkennen war – nur sechzig Bewohnerinnen und Bewohner, die zwischen Feldern und Wäldern leben. Also einer der Orte, an dem es mehr Kühe als Menschen gibt. Der junge Stéphane führte ein ruhiges und oft einsames Leben. Seine Eltern arbeiteten ständig, damit sich die Familie über Wasser halten konnte. Stéphanes Vater war Zimmermann, arbeitete allein, sieben Tage die Woche. Zeit für seine Familie blieb ihm nur am Sonntagnachmittag. Stéphanes Mutter verbrachte ihre Tage damit, ihrem Mann zu helfen oder sich um die drei Kinder zu kümmern.

Stéphanes jüngerer Bruder wurde mit Duchenne-Muskeldystrophie geboren, einer grausamen Krankheit, die einen Schatten über die Familie werfen sollte. Während seiner ersten beiden Lebensjahre musste der Junge an beiden Beinen eine Gipsschale tragen. Und auch danach brauchte er zweimal wöchentlich Krankengymnastik – eine Routine, die er aufrechterhielt, bis er achtzehn wurde. Das Leben zu Hause war schwer, und um seine nächsten Freunde zu besuchen, musste Stéphane über zehn Kilometer mit dem Fahrrad zurücklegen.

Später studierte Stéphane Mathematik und Computerwissenschaften und gab Nachhilfeunterricht, um sich ein bisschen Geld dazuzuverdienen. Danach folgte er einer ihm damals großartig erscheinenden Idee und nahm eine Stelle in einer Bank in Luxemburg an. Ein beeindruckender, erwachsener Schritt in die reale Welt – mit schickem Titel und einem Gehaltsscheck, der seine Freunde zu Hause in Frankreich vor Neid erblassen ließ.

Die Arbeit in der Bank hatte viele Facetten, aber von tiefster Seele ergriffen war er nicht. Zu seinen Aufgaben gehörten die Datenanalyse, das Verfassen von Berichten und das Überwachen aller Vorgänge für die Vorgesetzten. Die Situation war folgende: Stéphane beherrschte alles schneller als die meisten seiner Mitarbeitenden. Schon sehr bald automatisierte er einige Schritte in den Prozessen, sodass sich ganze Stunden langweiliger Arbeit auf Minuten reduzieren ließen. Während seine Mitarbeitenden manuell Spreadsheets ausfüllten und dabei oft verzweifelten, fand er Wege, den Computer in einem Bruchteil dieser Zeit komplexe Aufgaben übernehmen zu lassen. Effizient, ja. Aber erfüllend? Nicht wirklich.

Das Problem lag nicht einmal in der Arbeit selbst. Stéphane war gut darin, und er empfand auch eine gewisse Befriedigung, wenn es ihm gelang, Prozesse zu optimieren. Das wahre Problem lag in dem, was die Arbeit repräsentierte. Wie Stéphane herausfand, bedeutete der Eintritt in die Welt der Banken, dass er nun Teil einer Meisterklasse im Rechtfertigen des nicht zu Rechtfertigenden war. Das hielt er für falsch. Er verbrachte seine Zeit damit, ein System der Gier zu unterstützen, hinter dem er nicht stand, und zwar für Leute, zu denen er keine Verbindung hatte. Aber die Gehaltsschecks kamen jeden Monat, und er ging weiterhin zur Arbeit, während er sich fragte, wie er dort gelandet war.

Stéphane hat das einmal so beschrieben: »Diese Jahre waren eine Lektion über die Grenzen des Pragmatismus. Nur weil etwas lukrativ ist, bedeutet es noch lange nicht, dass es die Sache auch wert ist, und nur weil man etwas gut beherrscht, bedeutet es noch lange nicht, dass man es auch weiterhin tun sollte. Diese Lektion hat mir später sehr geholfen. Im Bankwesen habe ich gelernt, dass man sich manchmal am schnellsten verliert, wenn man Erfolg bei etwas hat, woran man nicht glaubt.«

Allmählich wurde Stéphane bewusst, dass er sich nach der Arbeit zurücksehnte, der er in den Jahren vor seiner Tätigkeit in der Bank nachgegangen war. Damals hatte er Sommercamps für Kinder geleitet. Die Planung der Tagesaktivitäten, die Logistik, das Kalkulieren der Camp-Budgets – all das hatte ihn gelehrt, Herausforderungen vorauszusehen, Ressourcen zusammenzuführen und dafür zu sorgen, dass alles gut lief. Durch die kleinsten Herausforderungen wie ein verlorener Schuh oder Heimweh bei einem Kind bis hin zu den großen wie Geldknappheit oder der Besuch der Notaufnahme mit einem Fünfjährigen oder eine plötzlich entstehende Krise hatte er gelernt, sich Situationen anzupassen und spontan die Führung zu übernehmen. Im Rückblick wurde ihm die Bedeutung dieser sinnvolleren Arbeit und der Problemlösefähigkeiten, die er im Umgang mit Menschen erworben hatte, bewusst. Sie wurden das Fundament des unerschöpflichen Optimismus und der pragmatischen strategischen Kraft, denen er einige seiner größten Talente verdankte.

Was diesen Teil seines Lebens so außergewöhnlich gemacht hatte, war das Engagement, das nötig gewesen war: Stéphane hatte zehn Jahre lang nie normalen Urlaub gemacht. Jede freie Minute außerhalb der Schule oder der Arbeit war in diese Welt geflossen, in den Versuch, etwas Bedeutsames für Kinder zu schaffen und eine Tradition zu unterstützen, die ihm lieb und teuer geworden war. Die gewonnenen Erfahrungen, die Veränderungen, die er im Leben anderer bewirken konnte, und die gelernten Lektionen hatten ihm sehr viel zurückgegeben. Genau genommen hatte er diese Sommercamps nicht als Arbeit empfunden. Sie waren eine Berufung, eine Phase tiefen persönlichen und professionellen Wachstums gewesen, das den Menschen prägte, der er einmal werden sollte.

Doch nun war das Bankwesen seine neue Realität. Als das Jahr 2011 anbrach, hatte er allerdings genug. Er verkaufte seine Wohnung und seinen Porsche. Übrig blieben nur 10.000 Dollar, eine Kompakt-Videokamera, ein Rucksack und ein einfaches Ticket nach Nepal. Dort wartete kein Job auf ihn. Er hatte nicht einmal einen konkreten Plan, wollte einfach einer imaginären Strecke auf der Landkarte folgen: von Nepal über China durch Südostasien nach Australien und dann auf den amerikanischen Doppelkontinent. Bestenfalls eine vage Idee, aber er erhoffte sich davon die Art der Freiheit, die gleichzeitig Furcht einflößend und wunderbar aufregend ist.

Während des ersten Jahres erlebte er eine Reihe von Dingen, die ohne Weiteres für das Drehbuch eines Films à la *Sieben Jahre in Tibet* hätten herhalten können: Stéphane in den stürmischen, sauerstoffarmen Höhen des Mount-Everest-Basislagers. Er wanderte die Chinesische Mauer entlang und übernachtete auf abgelegenen Abschnitten, während Nebel über die alten Steine wirbelte. Er schwamm am Great Barrier Reef durch kaleidoskopisch bunte Fischschwärme. Dieses Jahr erinnerte ihn daran, dass man keinen gut bezahlten Job und auch kein schickes Auto brauchte, um sich lebendig zu fühlen. Zum ersten Mal seit langer Zeit war für Stéphane jeder Tag ein neues Abenteuer – unvorhersehbar und voller Geschichten, die er sich im Büro niemals hätte vorstellen können und auch einfach nur unglaublich gefunden hätte.

Irgendwann holte ihn jedoch die Realität ein. Nach Monaten der großartigen Erkundungen schmolzen seine Ersparnisse immer weiter dahin, und er musste sich eingestehen, dass ein Leben aus dem Rucksack auf Dauer nicht durchzuhalten war. Wenn er mit diesem Abenteuer weitermachen wollte, brauchte er eine Möglichkeit, seinen Lebensunterhalt zu verdienen. Und dafür musste er etwas von dem, was er unterwegs wiederentdeckt hatte, in die Praxis umsetzen. Das war das erste Kapitel beim Aufbau einer Zukunft, in der er keinen Anzug tragen würde. Es begann damit, dass er die Webseite eines Luxusresorts in Thailand umgestaltete.

Die Besitzer waren so beeindruckt, dass sie ihm einen dreiwöchigen Gratisaufenthalt anboten. Jetzt hatte er vorübergehend eine Bleibe und konnte sich darauf konzentrieren, über alles nachzudenken und seinen nächsten Schritt zu planen. Mit seinen Programmierfertigkeiten würde er Geld verdienen können. Dafür musste er ins Mekka der IT- und Hightechfirmen: in die Gegend um die San Francisco Bay, ins *Silicon Valley*.

Zuerst hatte Stéphane allerdings für die nötige finanzielle Grundlage zu sorgen. Das erledigte er in Australien, der nächsten Station seiner abenteuerlichen Reise. Dorthin hatten ihn Bekannte eingeladen, die er Monate zuvor in Nepal kennengelernt hatte. Er stellte für ein halbes Jahr seinen Rucksack ab und suchte sich einen Job in einer Zementfabrik. Seine Aufgabe bestand im Aktualisieren von Spreadsheets, auf deren Grundlage Trucktouren in den Norden des Landes geplant wurden. Genau genommen nicht mehr als ein Dateneingabejob. Nach zwei Tagen des Herumprobierens hatte Stéphane das gesamte System automatisiert. Als er seinem Chef das Resultat zeigte, lehnte sich der Mann in seinem Sessel zurück und sagte mit einem Nicken: »Wunderbar, danke.« Mehr nicht. Da Stéphanes Arbeit in der Konsequenz nur noch aus »Komm pünktlich, und sei einfach anwesend« bestand, hatte er viel Freizeit, und die nutzte er optimal aus, indem er mit neuen Freundinnen und Freunden die Westküste Australiens erkundete.

Als er finanziell wieder auf festen Füßen stand, buchte er ein Programmier-Bootcamp in San Francisco. Dieses Bootcamp fand erst zum dritten Mal statt, und Teilnehmende konnten damit rechnen, anschließend schnell in die Tech-Welt einzusteigen. Er flog nach San Francisco, um sich in drei Monate intensives Programmieren in einem der ersten Lehrangebote dieser Art zu stürzen.

Die Zeit verging wie im Flug – ein Nebel aus langen Tagen, noch längeren Nächten und einem Lehrplan, den man nur mit Koffein und starkem Durchhaltewillen überstand. Doch am Ende hatte Stéphane nicht nur überlebt, sondern war regelrecht aufgeblüht. Der Tag X brach an, und er präsentierte sein Abschlussprojekt vor einem Raum voller Headhunterinnen und Headhunter und potenzieller Arbeitgebenden.

Als Junior Developer arbeitete Stéphane unermüdlich, achtzig bis neunzig Stunden in der Woche. Innerhalb eines halben Jahres war er zum Hauptkontakt für die Kundinnen und Kunden seiner ersten Firma geworden. Im kommenden Jahr musste er einen zweiten Developer anstellen, weil es so viel zu tun gab. Und über die nächsten zweieinhalb Jahre stieg er die Karriereleiter hoch: vom Junior Developer bis zum Leiter eines siebzehnköpfigen Teams und schließlich zum stellvertretenden Direktor. Er generierte mit einem Drittel des Personals die Hälfte des Umsatzes. Kann hier jemand ein Muster erkennen?

Die Leute bei Apple konnten das jedenfalls, und irgendwann kamen sie mit einem äußerst attraktiven Angebot auf Stéphane zu.

In den nun folgenden sieben Jahren entwickelte sich Stéphane ständig weiter. Er fing als Manager eines sechsköpfigen Teams an, das er allmählich auf dreißig Mitglieder erweiterte. Damit erreichte er die obere Grenze des Möglichen für ein Tech-Team der kreativen Abteilungen der Firma. Weil er nach neuen Herausforderungen suchte, ließ er sich in das Team für Gesundheitssoftware versetzen, und dort tat er, was er immer tat: Aus seinem vierköpfigen Team machte er eines mit mehr als zwei Dutzend Mitgliedern.

Die Arbeit an der Gesundheitssoftware von Apple fühlte sich zweckbestimmt an – und auf eine Art und Weise bedeutsam, die Stéphane bisher nicht gekannt hatte. Er wusste, dass die Tools, die er und sein Team entwickelten, das Potenzial besaßen, das Leben von Menschen zu verändern. Selbst als kleines – oder vielleicht mittelgroßes – Rädchen in einer riesigen Maschine machte er ganz eindeutig einen Unterschied. Aber mit der Zeit spürte er auch die Grenzen seiner Funktion. Je weiter er sich hocharbeitete, desto deutlicher wurde ihm bewusst, wie wenig Einfluss er auf die größere Vision hatte. Entscheidungen erreichten ihn nur gefiltert – nämlich aus der Führungsetage und den verschiedenen Ebenen einer riesigen Firma. Er sehnte sich jedoch immer stärker nach etwas Unmittelbarem, Persönlicherem. An ihm nagte der Wunsch nach Autonomie, nach Einfluss, und das belastete ihn immer stärker.

Während dieser ganzen Zeit war Stéphane die Liebe zum Reisen nicht verloren gegangen. Jede Minute, die er nicht mit Arbeit verbrachte, nutzte er für weitere Entdeckungstouren. Südamerika wurde zu seinem bevorzugten Zufluchtsort. Chile, Argentinien, Peru. Mehr und mehr Länder auf der Karte konnte er als »besucht« markieren. Und als er zum ersten Mal in Iquitos (nördlich von Madre de Dios) den peruanischen Regenwald erlebte, veränderte sich etwas. Es gab so viel Wildnis, so viel ungezähmte Schönheit – es war geradezu berauschend. Im Anschluss zog ihn jede Reise weiter in die Landschaft, die ihn am meisten ansprach: in den Dschungel. Er erforschte Bolivien, Ecuador, Brasilien, kam jedoch immer in irgendeiner Lodge unter. Die besaßen ihre eigene Schönheit, doch der Trommelschlag des Dschungels – das pure Abenteuer – hatte in Stéphane einen Erlebnisdurst geweckt, den er als Tourist nicht würde löschen können.

Zur Vorbereitung auf eine Reise nach Brasilien besorgte er sich mehrere Bücher über den Amazonas. Eines davon trug den Titel *Mother of God*, der Autor war irgendein merkwürdiger Typ namens Paul Rosolie. Bei seiner Ankunft in Peru erzählte mir Stéphane, nach der Lektüre habe er vermutet, dass der Verfasser mit fünfzigprozentiger Wahrscheinlichkeit tot sei. Als wir uns zur Begrüßung die Hände schüttelten, sagte er mit einem Lächeln, er sei froh, mich lebendig anzutreffen.

Ich mochte biologisch betrachtet am Leben sein, war jedoch völlig erschöpft. Stéphanes erste Reise mit uns fiel in die Zeit weit vor der großen Wende, also vor der medialen Aufmerksamkeit für die Buschbrände von 2019 und vor unserer Rettung durch Dax ein Jahr später. Als ich Stéphane begegnete, war er einfach irgendjemand, ein Kunde, und ich selbst war verbittert, müde, deprimiert und gestresst. Und ich hatte Angst vor neuen Menschen. Daher wimmelte ich ihn ab, als er fragte, ob wir Hilfe brauchten. Aber du ahnst es wahrscheinlich schon: Ein Nein ließ Stéphane als Antwort nicht gelten.

Ich war zu niedergeschlagen, um die Entschlossenheit in Stéphanes Blick zu erkennen. In dem Augenblick, in dem er den Rand der Gesellschaft verließ und in die Wildnis ging, in den riesigen Dschungel von Las Piedras, fand er das flüchtige Etwas, nach dem er überall auf der Welt gesucht hatte. Die Forschungsstation, der Ort, die unberührte Wildnis – alles strahlte eine warme Sicherheit aus. Genau wie für mich vor so vielen Jahren.

Als Stéphane bei uns auftauchte, hatte ich keine Ahnung von der beeindruckenden Reise, die er zurückgelegt hatte. Auch von den unglaublichen Fähigkeiten, die sich in seiner schlanken Gestalt verbargen, wusste ich nichts.

Zunächst erschien mir Stéphanes Bedürfnis, alles optimieren zu wollen, sehr pedantisch. Er fragte, warum wir alte Kameras benutzten, die uns nur körnige Aufnahmen der Pflanzen und Tiere lieferten. Lachend erklärte ich ihm, dass ich gern ein paar professionelle DSLR-Geräte einsetzen würde, wenn ich das finanzieren könnte. Im Augenblick mussten wir uns jedoch mit Bushnell-Modellen für hundertfünfzig Dollar das Stück begnügen. Und die Aufmerksamkeit der Vereinten Nationen hatte ich mir schließlich auch mit denen gesichert.

»Okay«, gab er zurück, blinzelte frustriert und rückte seine Brille zurecht. »Aber wollt ihr denn keine besseren Bilder?«

Ich schaute ihm in die Augen. »Natürlich, unbedingt. Das wäre traumhaft. Aber weißt du, was ich hier alles am Hals habe?«

»Erzähl doch mal. Ich bin ganz Ohr«, erwiderte er.

Und dann tat Stéphane etwas ganz Erstaunliches: Er hörte mir stundenlang zu. Vielleicht sogar tagelang. Er hatte so viele Fragen. Der Mann, der seinen Job in der Zementfabrik automatisiert, der Mittel und Wege gefunden hatte, alles, was ihm unter die Finger gekommen war, zu optimieren und zu verbessern, konnte nur mit Mühe seine Überraschung verbergen, als ich ihm von einigen der Strapazen erzählte, die erforderlich waren, um die Station am Leben zu erhalten. Wie oft wir sozusagen an der Schnur ziehen mussten, um den Motor zu starten, damit dieser Traum überlebte.

Am Ende seiner ersten Reise mit uns bot sich Stéphane als Executive Producer des Kurzfilms an, an dem JJ, Roy und ich zu diesem Zeitpunkt arbeiteten, *Dark Green*. Außerdem, so sagte er, habe er eine Idee wegen der Kamerafallen. Zu seiner zweiten Reise erschien er mit einer selbst gebauten professionellen DSLR-Kamerafalle als Mitbringsel.

Als ich die Schachtel öffnete, war ich verblüfft. »Wie hast du das denn hingekriegt?«

»Na ja … Ich bin ins Geschäft gegangen und habe mir eine wasserdichte Box besorgt, dann eine Kamera aus zweiter Hand. Ich habe die Sensoren mit dem Blitz verbunden und für beide separate Hüllen hergestellt, und dann …«

Richtiggehend gezaubert hatte er. Auf diesem Level hatte ich so etwas noch nie erlebt. Und nicht lange danach bekamen wir unsere ersten Bilder aus der Wildnis: einen Jaguar in all seiner HD-Schönheit, der nachts über die Pfade im Dschungel schlich. Wir wussten sofort, dass wir hier etwas ganz Großartiges in Händen hielten. Dieses neue Fenster zur Welt des Dschungels fühlte sich wie eine Offenbarung an. Was jedoch wirklich alles ändern sollte und mir damals überhaupt nicht klar war: Stéphane hatte seine Berufung gefunden.

Die Konsequenzen seiner Entscheidung, sich uns anzuschließen, kann ich nur mit einer Analogie angemessen beschreiben: Für die Gründung von *Junglekeepers* mussten JJ und ich die eigentlich unmögliche Aufgabe bewältigen, einen großen Felsbrocken einen Berg hinaufzurollen. Und das jahrelang. Es gab nur uns beide. Wir kämpften und warfen uns mit unserer ganzen Körperkraft gegen dieses riesige Ding. Kamen Zentimeter vorwärts, um dann wieder Meter zurückgeworfen zu werden. Aber wir versuchten es immer wieder. Im Regen, im Schlamm, in dem wir ausrutschten und hinfielen. Wir stemmten uns gegen den Stein und drückten und pressten. Unerbittlich. Jahrelang. Und ich habe einen über drei Meter großen, schweren Felsen vor Augen. Sehr früh hatte sich Mohsin zu uns gesellt und dafür gesorgt, dass wir dranblieben, indem er uns immer wieder sagte, er glaube an uns. Und indem er uns half, der Welt zu zeigen, was wir taten. Dann – in unserer dunkelsten Stunde, als wir gerade aufgeben wollten, als ich schon aufgegeben *hatte* – war Dax auf der Bildfläche erschienen. Mit der Wucht eines Titanen. Seinetwegen war Schwung in die Sache gekommen. Dank ihm und seiner finanziellen Förderung entwickelten sich die Dinge, wir machten Fortschritte, doch es kostete uns immer noch sehr große Mühe und verlangte weiterhin immensen persönlichen Einsatz. Und trotz all unserer Stärke konnte uns niemand garantieren, dass wir es irgendwann wirklich schaffen würden.

Stéphane kam sozusagen mit einem Traktor aus dem Nichts: Seine Fertigkeiten wurden für uns zum Gamechanger.

Mit seiner Hilfe würden wir den Felsbrocken auf den Berg manövrieren.

DER GEHEIME FLUSS (DIE *JUNGLEKEEPER*)

In der guten alten Zeit, in der wir noch barfuß mit Macheten herumgelaufen waren, hatte es auf dem Fluss so gut wie keine Boote gegeben. Wochen konnten vergehen, bevor man einem anderen Menschen begegnete. Inzwischen sah man drei oder mehr Holzfällerboote pro Tag. Sie trieben den Fluss hinunter. Männer lenkten große Stämme mit Stangen die kaffeefarbene Strömung hinab. Sie fuhren mit Motorbooten in die abgelegeneren Gegenden der Flusslandschaft, fällten die Bäume und begleiteten dann das Holz tage- oder sogar wochenlang den Strom hinunter.

Die Straße. Diese verdammte Straße hatte alles verändert. Und Lucerna – diese schreckliche, kleine, an der Straße entstandene Stadt – war Jahr um Jahr gewachsen. Früher hatte sie sich nur auf ein paar armselige Hütten beschränkt. Inzwischen gab es dort außer den Häusern mehr als ein Dutzend Boote. Und Arbeiter aus ganz Peru. Viele von ihnen Holzfäller aus anderen Regionen, in denen die Hartholzbäume bereits alle geschlagen und die Tageslöhne für Arbeiter daher extrem niedrig geworden waren. Viele von ihnen waren Verwandte oder Freunde der *narcos*.

Die peruanische Kokainmafia hatte schon vor langer Zeit begriffen, dass man sich im Dschungel ganz ausgezeichnet vor der Polizei verstecken konnte. Während der Pandemie erweiterten die Drogenschmuggler ihr Territorium in den sicheren Gegenden ganz systematisch. Sie gaben den Ärmsten der Armen genug Geld, damit die sich etwas Benzin und Kettensägen kaufen konnten. Dann schickten sie sie mit dem Auftrag los, sich an abgelegenen Orten niederzulassen. So entstanden Farmen und kleine Dörfer in allen möglichen Gegenden, die früher einmal tiefster Dschungel gewesen waren. Städte wie Lucerna. Diese Leute seien harmlose Bauern, hieß es, doch das Ganze diente zur Tarnung eines sorgfältig entwickelten Plans, der direkt auf die *narcos* zurückging.

Am einsamen Fluss Las Piedras herrschte immer noch Gesetzlosigkeit.

Zwischen 2009, als die Straße entstanden war, und 2023 beobachteten JJ und ich eine Zunahme der Holzfällerboote, die uns entsetzte. Auf der Lucerna-Straße entstanden Staus wegen der ganzen Holztransporter. Bei der Ladung handelte es sich immer um Eisenholzbäume.

In den Neunzigerjahren waren es die Mahagonibäume gewesen. Jetzt traf es die Eisenholzbäume. Die Einheimischen nennen diesen Baum *shihuahuaco*, sein lateinischer Name lautet *Dipteryx micrantha*. Er gehört zu den wichtigsten Bestandteilen des Dschungelökosystems. Die hier lebenden Menschen verehren sein besonders hartes Holz, und die Holzfäller haben es genau aus diesem Grund auf ihn abgesehen. Die Eisenholzbäume bilden zusammen mit mehreren anderen Arten das erhabene Kronendach des Regenwaldes. Sie können mehr als tausend Jahre wachsen und über sechzig Meter hoch werden.

JJ und ich besuchten gemeinsam mit den *Junglekeepers*-Rangern und mit erfahrenen Dendrologen (Wissenschaftler, die die Naturgeschichte der Bäume studieren) die Stellen, an denen *shihuahuacos* gefällt worden waren. Wir untersuchten einige der Bäume und fanden so heraus, dass viele der größten unter ihnen älter waren als erwartet – über 1.200 Jahre.

Die Bedrohung des Flusses wuchs vor unseren Augen immer weiter an. Daher beschäftigte uns die Frage, wie wir ihn retten könnten, immer stärker. Wie ließ sich der Ansturm stoppen, den wir jetzt bereits seit über einem Jahrzehnt beobachteten? Wie konnten wir die Invasionen beenden und den Holzfällern Einhalt gebieten? Wie bekämpfte man etwas so Mächtiges und zugleich Undurchsichtiges wie einen Goldrausch? Die Aufgabe erschien uns so hoffnungslos und unmöglich, als würde man versuchen, mit der eigenen Muskelkraft den Ozean aufzuhalten.

Inzwischen fühlte es sich nicht mehr so an, als läge unsere kleine Station weit weg vom Rest der Welt. Wir hörten quasi ständig irgendeinen Bootsmotor, weil Holz flussabwärts nach Lucerna gebracht wurde. Wir wussten, dass der von diesen Leuten angerichtete Schaden den Wald für immer verändern würde. Man kann einen tausend Jahre alten Baum nicht einfach neu wachsen lassen. Kein Aufforstungsprogramm vermochte wiederherzustellen, was diese Holzfäller zerstörten – nicht in unserer Lebenszeit, nicht in der Lebenszeit unserer Urenkelinnen und Urenkel. Diese Bäume waren die uralten Wächter, das Fundament und das Herz des Waldes, die Säulen der Kathedrale.

Inzwischen hast du wahrscheinlich verstanden, dass jede Spezies im Regenwald mit den anderen vernetzt ist, dass der Dschungel eine riesige Matrix miteinander verbundenen Lebens darstellt. Ein eindrucksvolles Beispiel: Die Eisenholzbäume bieten Nistplätze für die Grünflügelaras der Region.

Aras sind große Papageien, die es überall auf dem amerikanischen Doppelkontinent gibt. Doch viele der etwa sechzehn Arten sind vom Aussterben bedroht oder sogar bereits ausgestorben. Die Ursachen dafür liegen in der Zerstörung ihres Lebensraumes und in der Jagd auf diese Tiere. Die Federn sind wunderschön. Und alle – ob indigene Stämme oder Touristenhotels – wollen diese Federn haben, was die Papageien zu begehrten Zielen unter Wilderern macht. Der illegale Handel mit Wildtieren floriert und gehört neben dem Waffen-, Drogen- und Menschenschmuggel zu einem der umsatzstärksten Schwarzmärkte auf der Welt. Das ist eine ernste Angelegenheit. Rhinozeroshörner, Elfenbein, Pangoline, Federn und viele andere Dinge werden gehandelt. Die Nachfrage nach solchen Produkten kann ikonische Teile der Tierwelt rasch an den Rand der Ausrottung bringen.

Bei meinem ersten Besuch in Las Piedras im Jahr 2006 war ich als ehrenamtlicher Datensammler für ein Ara-Projekt vor Ort. Die Vögel versammelten sich jeden Tag an einer *colpa*, die sich an einem Felsen am Fluss gebildet hatte. An dieser Stelle gab es vor allem drei Arten: Grünflügel-, Gelbbrust- und Rotbugaras. Zu ihnen gesellten sich einige kleinere Papageienspezies. Jeden Morgen konnte ich zwischen sechzig und hundertfünfzig Vögel beobachten. Sie benutzen *colpas* als Versammlungssorte. Dorthin kamen sie aus verschiedenen Teilen des Waldes, um sich auszutauschen und miteinander zu interagieren. Der Lehm enthält Salz, das ihnen hilft, einen gesunden Natriumspiegel aufrechtzuerhalten, und damit lassen sich auch einige der potenziell schädlichen chemischen Bestandteile in den Früchten und Nüssen neutralisieren, die bei Aras auf dem Speiseplan stehen.

Zu beobachten, wie hundert Aras gleichzeitig auffliegen, gehört zu den herrlichsten und schönsten Naturschauspielen dieser Welt. Eine Explosion aus so leuchtendem Scharlachrot, so kräftigem Himmelblau und Akzenten von Farngrün vor dem Hintergrund des dunklen Dschungels – ein atemberaubender Rausch des Lebens und der Farben.

Der Fluss Las Piedras gehört zu den letzten Orten auf der Erde, an denen es so viele Aras gibt. Ihre Bestandszahlen sind stabil und auf vormenschlichem Level. Aber es gibt ein Problem: Die Grünflügelaras nisten nur in Eisenholzbäumen. Sie durchkämmen den Dschungel, suchen nach alten Bäumen, die einen Ast verloren haben und deswegen über ein Astloch verfügen. Diese Löcher oder Höhlen – hoch oben über dem Erdboden – sind widerstandsfähig und bieten Schutz vor dem Wetter und Räubern. Für die monogam lebenden Vögel der perfekte Ort, um ihre Jungen aufzuziehen.

Allerdings ist es schwierig, einen ausreichend hohen Baum zu finden, der darüber hinaus ein perfektes Astloch aufweist. Wie Studien zeigen, kommen geeignete Hohlräume so selten vor, dass es normalerweise nur etwa alle fünfundzwanzig Hektar einen gibt. Diese schwierige Wohnsituation führt dazu, dass die Aras sich arrangieren müssen: Es gibt einen Wettbewerb und ein Rotationssystem, wenn es darum geht, wer während einer Saison brüten darf. In der Konsequenz bedeutet das, dass pro Jahr nur zehn bis zwanzig Prozent der Aras einen Nistplatz finden können. Und wenn eine Ara-Bevölkerung erst einmal dezimiert ist, gestaltet sich der Bestandserhalt schwierig. Diese Vögel sind vollkommen auf die ältesten Bäume im Wald angewiesen – aber gerade die schlugen die Holzfäller nun in noch größerer Zahl.

***

Im Bereich rund um die Forschungsstation war es – zumindest unseres Wissens – ein Kapokbaum, der alle anderen Bäume im Dschungel überragte. Die Indigenen bezeichnen diese Bäume als uralte *lupuna*, der botanische Begriff lautet *ceiba*. Der untere Teil seines Stammes, dessen Umriss einer stehenden Rakete glich, war so groß wie ein Haus. Der Baum ragte wie eine gigantische Säule vom Boden direkt in den Himmel. Dieses Monster hatte einen Umfang von über dreizehn Metern und war mehr als fünfzig Meter hoch.

Als ich zum ersten Mal auf diesen Baum kletterte, standen JJ und ich in der Dunkelheit vor Sonnenaufgang mit einem siebzig Meter langen Seil, Stirnlampen und einer Bergsteigerausrüstung am Fuße des Riesen. Er faszinierte mich, seit ich zum ersten Mal in Amazonien gewesen war. JJ und ich waren so viele Jahre unter ihm herumgelaufen und hatten oft davon geträumt, ihn zu erklimmen, doch der Gedanke daran hatte mir immer Angst eingejagt. Bis heute.

Ich wollte es mir nicht immer nur vorstellen. Was mir auch bevorstand – es war an der Zeit. Wenn man die Geheimnisse dieser Welt erforschen möchte, muss man zu Risiken bereit sein, vor denen andere zurückscheuen. Man muss Dinge tun, die andere nicht tun wollen.

JJ hatte Klettergurte und ein Sicherungsgerät, um mich mit Seil zu versorgen. Ich machte mich auf den Weg und nutzte dabei die Würgefeige am Baum als Halt für meine Finger. Ich war barfuß und steckte meine Zehen in kleine Zwischenräume oder schmiegte mich an den Stamm. »Das machst du super«, kommentierte JJ. »Wie ein weißer Klammeraffe.«

Ziemlich schnell hatte ich es über zehn Meter nach oben geschafft. Ich nutzte ein Gurtband, das ich um die Würgefeige schlang. Daran befestigte ich einen Karabiner und führte das Seil hindurch. Wenn ich jetzt fiel, konnte JJ wenigstens dafür sorgen, dass das langsamer passierte. Ich erklomm den Baum mehr oder weniger mithilfe der einzigen Liane, die sich um den Stamm gewickelt hatte. Dafür brauchte ich rohe Muskelkraft wie ein Gorilla, und die Armmuskeln brannten mir bereits. Jede Bewegung stellte eine solche Anstrengung dar, dass ich fast meine gesamte Kraft einsetzen musste. Als ich eine Höhe von zwanzig Metern erreicht hatte, wurde mir bewusst, dass ich jetzt zum Freeclimbing übergehen müsste, falls ich keine andere Sicherungsmethode fand. Dennoch gab ich nicht auf. Direkt über mir brachte ich einen weiteren Karabiner an. Machte wieder eine Pause. JJ rief mir von unten etwas zu. Ich konnte allerdings nur seine Stirnlampe sehen, während er von sehr, sehr weit unten zu mir hochschaute.

»Was hast du gesagt?«, brüllte ich zurück.

»Total krass!«, rief er lachend.

»*Total krass* trifft es gut«, zischte ich mir selbst zu, holte tief Luft und schloss die Augen. Dann atmete ich aus, konzentrierte mich, und weiter ging's.

Auf einer Höhe von über dreißig Metern erreichte ich eine Stelle direkt unter der Krone. Riesige Äste, selbst so groß wie Bäume, erstreckten sich über mir. Ich hatte allerdings keine Möglichkeit, sofort hochzuklettern. Der Baum verbreiterte sich, und deswegen müsste ich mich vom Stamm weglehnen, um weiterzukommen, was bedeutete, dass ich mich mit dem Rücken zum Boden befinden würde. Zusätzliche Halterungen: Fehlanzeige. Ich schwitzte vor Angst. *Tief atmen. Konzentrier dich. Scheiß auf die Angst.* Ein weiterer Karabiner – wenigstens war ich hier gesichert. Ich spähte nach rechts und konnte erkennen, dass sich einige Lianen horizontal um den Baumstamm gewunden hatten. Wenn ich die zum weiteren Aufstieg nutzen würde, könnte ich theoretisch eine weitere Liane erreichen, die dünn genug zum Umfassen war. Aber ich wusste es einfach nicht. Ich konnte nicht sehen, wohin ich unterwegs war. Mein Weg würde mich über die Krümmung des Baumes hinaus führen. Ich konnte mich nicht orientieren. Und aus dieser Höhe war ich für JJ kaum zu hören.

Während ich zitternd Luft holte, nutzte ich meine Zehen, um mich über die etwa zweieinhalb Zentimeter dicken Lianen zu bewegen, die sich rund um den Baumstamm herum befanden. Ich war nun völlig schutzlos. Wenn ich abrutschte und abstürzte, würde ich selbst mit der Seilsicherung über zehn Meter in die Tiefe fallen. Ich versuchte, nicht ans Schwingen zu denken. Höhe macht mir eigentlich keine Angst, doch das hier war eine ganz andere Geschichte. Sollte ich abrutschen, ins Schwingen geraten und gegen den Stamm prallen, würde ich ohnmächtig werden. Wenn ich einen Fuß versehentlich in ein Wespennest stellte, wäre das vielleicht mein Ende. Und wenn ich die Hand, ohne hinzusehen, in einen Spalt krallte, würde ich vielleicht von einer Giftschlange gebissen. Ich schob mich einfach weiter über den gigantischen Baum – wie ein Fensterputzer an einem Wolkenkratzer –, und die Vorsprünge waren so winzig, dass ich mich mit meinen schweißnassen Fingerspitzen kaum daran festhalten konnte. Dann erreichte ich eine sichere Stelle. Ich zitterte immer noch. Ich hatte einen Weg um den Baum herum gefunden und konnte jetzt einen Weg nach oben erkennen. Ich musste zu JJ herunterbrüllen. »Seil!« JJ verstand nicht, was ich wollte. Ich lächelte. Zog mir aus eigener Kraft mehr Seil hoch.

Von diesem Punkt aus waren es noch etwa vier Meter nach oben, die ich mit wild klopfendem Herzen und ohne vernünftige Sicht zurücklegte, bis meine linke Hand einen sicheren Halt fand. Dann gelangte ich mit einem Klimmzug endlich in die Äste und schließlich in die Baumkrone. Ich war in Sicherheit und lag keuchend in der Gabelung, aus der all die riesigen Äste herauswuchsen. Ich brüllte zu JJ hinunter, dass ich es geschafft hätte. ICH HATTE ES GESCHAFFT! Ich konstruierte einen Anker, sicherte mich und stand auf. Mir fiel vor Erstaunen die Kinnlade herunter. Ich war zum ersten Mal im Blätterdach. Nicht auf einem Turm oder auf einer Plattform, sondern in der Wildnis des Dschungelblätterdachs.

»Ich bin oben!«

»*¿Todo bien?* Alles gut?«

»*¡Sí! ¡Estoy seguro!* Ja! Alles klar!«

»*¡Muy bien, cachero!*« JJs Stimme gelangte mit lautem Hall zu mir hinauf.

Ich lächelte, während ich mit den Seilen arbeitete. Atmete heftig. Ich musste mich auf das konzentrieren, was ich tat – Fehler konnte ich mir nicht erlauben. JJ wusste, wie man ein Seil abwickelte, doch hier oben war ich ganz auf mich allein gestellt und musste die Seile hochziehen und für meine eigene Sicherung sorgen. Wenn ich mich im Seil verhedderte, die Knoten nicht mehr aufbekäme oder Schlimmeres geschähe, könnte es Tage dauern, bis Hilfe käme. Als ich mich doppelt gesichert und alles fünfmal überprüft hatte, erlaubte ich mir endlich, mich in Ruhe umzusehen, die dunstige Luft einzuatmen und die wilden, riesenhaften Dimensionen des Dschungelblätterdachs zu bestaunen, in dem ich stand. Wie konnte etwas so Ehrfurchtgebietendes überhaupt existieren?

Meine Stirnlampe erleuchtete meine Umgebung. Hier berührten Wolken den Dschungel. Ich befand mich über allem. Bei der Größe des Baumes durfte ich wohl davon ausgehen, dass er mindestens tausend Jahre alt war. Das bedeutete, er hatte sich aus der Erde geschoben, als die Wikinger auf Raubzug gegangen waren, Dschingis Khan sein Reich erweitert, Papst Urban II. zum Kreuzzug aufgerufen hatte. Als die Pest in Europa gewütet hatte und die Renaissance in Schwung gekommen war, war der Baum bereits einige Jahrhunderte alt gewesen. Diesen Baum betrachtete ich im Zeitraffer durch die Jahrhunderte. Seine Zweige voller Vögel und Affen und Reptilien und Amphibien, die Armeen von Ameisen und Termiten, einfach nur unzählige Lebensformen. Ein Gewimmel der Generationen. Tausende Spezies. Wie viele Stürme der Baum schon überstanden haben musste! Durch die Jahrhunderte hindurch, während Reiche gestürzt und Erfindungen gemacht worden waren, Menschen Kriege gewonnen und verloren hatten, hatte dieser Baum hier gestanden, sich aus den Tiefen des Amazonasdschungels stumm in den Himmel gereckt.

In den Geschichten, die meine Eltern uns Kindern früher abends vorgelesen hatten, konnte die Prinzessin nur gerettet werden, indem man den Drachen bekämpfte. In Tolkiens *Hobbit* bewachte der Drache

Smaug das Gold. In diesen alten Erzählungen hausten die schlimmsten Drachen in Höhlen, in denen die Leichen von Rittern herumlagen, die sich dem Kampf gestellt und ihn verloren hatten, die verkohlten Skelette der Männer, die in ihren Rüstungen gekocht worden waren. Tatsächlich sind viele berufen, aber nur wenige auserwählt. Die Wände, gegen die man prallt, sollen diejenigen aufhalten, die nicht genug für ihren Traum brennen. Und ob es jetzt um die Prinzessin oder einen Haufen Geld oder welche verlockende Metapher auch immer geht – wenn der Traum die Sache wirklich wert ist – wirklich außergewöhnlich und glänzend und funkelnd –, wird sich ein entsetzliches Feuer speiendes Monster zwischen einen selbst und dieses Ziel stellen. So scheint es im Leben zu laufen, das scheint das Geheimnis des Spiels zu sein – man muss die Flammen irgendwie überwinden.

Der Weg nach oben hatte mich mit Todesangst erfüllt. Jetzt bewegte ich mich jedoch in der Krone des Jahrtausendbaums frei auf Ästen, die dicker als die größten Eichenstämme waren, mit denen ich zu Hause aufgewachsen war. Ich war ein winziger Mensch in einer gigantischen Welt der Lianen und Äste, und ich sah Ananasgewächse, die so groß wie Autos waren. Es gab Kakteen und Orchideen und verschiedene Kletterpflanzen und Monsteras mit großen Blättern und wunderschöner Fenestrierung. Ein Nebelschleier lag noch immer über dem Blätterdach des Urwalds, obwohl es mit jeder Sekunde heller wurde. Ich benutzte meine Stirnlampe, und es hatte etwas Magisches, wie die Partikel an meinen Augen vorbeiwirbelten. Die Luft war feucht, voller Wasserpartikel, die im Licht meiner Stirnlampe sichtbar wurden. Ich beobachtete, wie Brüllaffen unter mir innehielten und aufschauten, von ihrem Baum zu meinem. Sie wirkten verblüfft. Das Blätterdach, diese Welt, die man so selten sieht, diese letzte Grenze, an der über fünfzig Prozent des Lebens in einem Regenwald existiert, ohne jemals den Erdboden zu berühren. Kein Wunder, dass hier all die neuen Spezies entdeckt werden. Dieser Ort ist einfach so schwer zu erreichen. Ich riss staunend die Augen auf, als sich eine Eidechse auf einer Aufsitzerpflanze ausruhte, die ich noch nie in meinem Leben gesehen hatte. Großer Gott, dachte ich, das ist eine völlig andere Welt. Ich wickelte über zehn Meter Seil ab, sicherte mich, stellte mich hin und balancierte über den Ast. Nach etwa sechs Metern wurde es aufgrund der Neigung zu gefährlich, weiter aufrecht zu gehen. Deswegen setzte ich meinen Weg auf Händen und Füßen fort, nach vorne und nach oben. Irgendwann war ich etwa dreizehn Meter vom Stamm entfernt, befand mich noch einmal zwei Stockwerke weiter oben als die Krone. Ich setzte mich rittlings auf den Ast, hoch in den Lüften, an diesem blauen Dschungelmorgen.

Und dann sah ich ihn.

In diesem Augenblick ging die Sonne über dem Horizont auf und warf ihre warmen Strahlen über die Welt. Orangefarbenes Licht brannte aus dem Osten, und der Dschungel reagierte mit einem Crescendo des Vogelgesangs und einem Rausch, einem Pulsieren des Lebens, das Wellen über die grüne Weite schickte. Kaleidoskopartige Ansammlungen von Aras flogen auf, erhoben sich kreischend in die Luft, Grünflügelaras und Gelbbrustaras tobten durch den Himmel. Alles bewegte sich in die Richtung der warmen Umarmung des Tages, in die Richtung des ersten Lichts, als hätte die Welt gerade von Neuem begonnen. Und in dieser plötzlichen Wiedergeburt erwärmten die Strahlen Blätter und Luft, sodass es überall anfing, heftig zu dampfen. Zum ersten Mal im Leben sah ich etwas, von dem ich bisher nur gelesen hatte: den Fluss aus Dunst.

Wie lange war es her, dass ich gelesen hatte, dass jeder der gewaltigen Bäume des Amazonas täglich tausend Liter Wasser in die Luft pumpen kann? Dass der Regenwald zwanzig Billionen Liter Wasser pro Tag in die Luft entlässt? Ich hatte Antonio Nobre gelesen und seine Worte nie vergessen. Er beschreibt einen durchsichtigen Fluss aus Dunst, der größer ist als der Amazonas selbst. Das hatte ich damals als wissenschaftliche, technische Überlegung abgetan, es mit anderen nie gesehenen, grandiosen Fakten über diesen Kosmos abgespeichert – etwa so wie die Anzahl der Galaxien oder den nie erblickten flüssigen Erdkern.

In den Zweigen des höchsten Baumes im Dschungel sah ich jetzt zu, wie der Dunstfluss die Strahlen der Morgensonne einfing. Die beleuchteten goldenen Ströme, die durch die Luft wirbelten, während sich der Fluss über das Blätterdach ausbreitete wie ein himmlischer Strom.

In den Senken und Becken und in den Bereichen unterhalb war der Fluss von einem tiefen Blau. Als er sich dann jedoch oben über die höheren Bäume ergoss, als sich langsame Kaskaden über das Blätterdach stürzten, entzündete er sich, wirkte in der goldenen Herrlichkeit des Sonnenlichts wie elektrisiert. Unzählige Vögel flogen in den wilden Strömen herum. Das Leben und der Atem des Amazonas flossen aus nördlicher in südliche Richtung, am Becken des Las Piedras entlang, über den Dschungel. Mein Gott. Mein Gott. Ich dachte an alle Menschen, die ich liebte, an jedes einzelne Lebewesen, das sich in dieser blättrigen Umgebung befand. Der Dschungel selbst war wie ein großes Wesen, ein riesiges Lebewesen aus warmer grüner Macht. Ich wollte JJ rufen, damit er zu mir hochkam. Ich wollte meine Mutter neben mir haben. Ich wollte, dass die Welt das hier sah. Das Licht fiel in meine Augen, und ich bemerkte, dass ich mir Tränen abwischen musste.

Ganz, ganz vorsichtig richtete ich mich auf, und zum ersten Mal hatte ich meine Füße an eine Stelle platziert, bei der ich sicher sein konnte, dass noch nie zuvor ein menschliches Wesen darauf gestanden hatte. Währenddessen zischten ein paar Grünflügelaras an mir vorbei. Sie kamen mir so nahe, dass ich hören konnte, wie die Luft durch ihre Federn brauste. Ihre Farben waren so leuchtend und ihre Schönheit so überwältigend, dass ich mich hinknien musste, um auf dem Ast nicht das Gleichgewicht zu verlieren und zu fallen. Ich hielt den Atem an. Mir kam es vor, als würde ich etwas so Schönes sehen, dass meine Sinne beinahe nicht ausreichten, um es zu erfassen.

Dieser Augenblick veränderte mich für immer. Schönheit auf einem Niveau, das einen zerstören konnte – doch nicht wegen seiner allumfassenden Güte oder Wärme, seiner biblischen Dimensionen. Während ich dort auf den Ästen stand, mit Tränen in den Augen, hörte ich die Worte von F. Scott Fitzgerald: »einen flüchtigen, verzauberten Moment lang«. Gandulfs dunkle Stimme, die ein »fernes grünes Land unter einer rasch aufgehenden Sonne« heraufbeschwor, und Cormac McCarthys Beschreibung eines Ortes jenseits jedes gewöhnlichen Meridians, mit »Welten in unübersehbaren Flammen«. Zum ersten Mal wurde ich mit einer erfassbaren Dimension dieses symphonischen Ausstoßes konfrontiert, mit dem Herzschlag des Waldes. Ich sah, wie der Sonnenaufgang die Welt entzündete. Sah den wunderbaren Zauber des Göttlichen. Sah, wie der alltägliche Vorhang der beobachtbaren Welt angehoben wurde, um das Unsichtbare für einen flüchtigen Augenblick sichtbar zu machen.

Ich hatte davon gelesen, es aber nie verstanden. Ich hatte es gewusst, aber nie daran geglaubt. Jetzt stand ich hier, barfuß und mit weit aufgerissenen Augen, in der wirbelnden, erleuchteten Welt gigantischer biologischer Dimensionen, und ich fühlte mich wie verwandelt. Einen Augenblick lang war ich ganz ruhig und still. Ich dachte an mein jüngeres Ich, das mit einem Schwert aus Zedernholz den Wald erforscht hatte. Und ich dachte daran, wie weit ich über meine wildesten Träume hinausgekommen war.

Bei meiner Rückkehr in die Baumkrone überprüfte ich ein letztes Mal die Verankerungen und Seile. Keine Knoten, alles glatt, alles gut. Also los. Als meine Füße sich von den Zweigen lösten und ich mich in die Luft schwang, verließ ich die goldene Welt und senkte mich hinab in die schattigen Tiefen des Waldes, in denen JJ gähnte. Eine weitere Stunde würde vergehen, bevor das Licht am Boden des Waldes ankäme – wir waren heute früh aufgebrochen. Und während ich blutete und lächelte und mich ein lebensveränderndes Erstaunen überwältigte, hatte JJ nichts von dem gesehen, was ich gesehen hatte. Er war müde, weil er so lange hatte warten müssen. »Gut geklettert, *cachero*, gut geklettert!«

An diesem Abend saß ich lange bei Kerzenschein in der Station und schrieb alles auf. Donner ließ die Himmel erzittern, während ein gleichmäßiger nächtlicher Regen zur Erde fiel. Ich musste an den Tag vor so vielen Jahren denken, als JJ und ich die Ströme erkundet hatten und er von dem Wasser getrunken und mir gezeigt hatte, wie der Dampf von seiner Haut aufstieg. Wir wussten, dass der Dschungel seine eigene Feuchtigkeit generiert, und heute hatte ich den mir zuvor verborgenen Teil des Zyklus endlich mit eigenen Augen gesehen.

Man taucht die Hand ins Wasser und trinkt aus dem Fluss. Man beobachtet den Dunst, der sich im ersten blauen Morgenlicht vom Blätterdach kringelt. Wenn die Sonnenstrahlen den goldenen Fluss streicheln, steigen Dampfwolken spielerisch aus der Strömung des neuen Lichts auf. Schweißperlen bilden sich auf unserer Stirn, wenn die Tropensonne den Fluss von unserer Haut nimmt und ihn der aufsteigenden Luft zurückgibt. Vögel fliegen durch die Wolkenansammlungen, durch den Atem des Waldes, bis der schwere Himmel auf das Land hinabfällt. Die Wolken lassen sich von den Baumwipfeln die schwarzen Bäuche kratzen. Dann kommt der Regen. Wir schmiegen uns in seinem Schauer aneinander, kauern uns in die wirbelnde Genese des Flusses, der sich selbst erschafft. Wir werden mit schockierender Klarheit daran erinnert, dass das Universum kein Ort, sondern ein Ereignis ist, das sich um uns entfaltet. Dass der Fluss und der Himmel durch uns hindurchfließen. Wir strecken eine Hand aus, um die Finger auf der Oberfläche dieser Wahrheiten entlangzubewegen. Und indem wir Luft ausstoßen, erlauben wir dem geliehenen Atem, sich wieder mit dem Wind zu vereinen.

***

Schon im Jahr 2015 gibt es Zeichnungen von einem Baumhaus, das ich mir in den höchsten Zweigen des Blätterdachs vorgestellt habe, in meinem Tagebuch. Diese Zeichnungen sind nicht ausgearbeitet. Nur ein paar Bleistiftstriche, ein Ausprobieren. Da ich nun in den höchsten Ästen gewesen war, ertappte ich mich dabei, dass ich davon träumte, dort oben bleiben zu können. Ich stellte mir vor, wie es wohl wäre, hoch oben im Dschungel zu schlafen. Und noch wichtiger: Ich wollte die Schönheit, die ich an diesem Ort erlebt hatte, mit anderen teilen.

Erinnerst du dich noch daran, was ich über Stéphane und seine großartige Unterstützung berichtet habe? Vermutlich war seine Reaktion auf meine Idee von einem Baumhaus im Blätterdach nicht nur unser erstes Projekt, sondern auch das Beispiel, das ihn am besten beschreibt.

Als ich Stéphane von meinem Traum von einem solch einzigartigen Baumhaus erzählte und ihm meine Zeichnungen zeigte, hörte er mir mit großer Aufmerksamkeit zu. Ich musste daran denken, wie er mir schon 2018 gelauscht hatte, als ich bekannt hatte, dass ich mir Kamerafallen wünschte, mit denen ich professionelle Aufnahmen machen könnte. Nicht lange danach hatte er eine solche Kamerafalle entwickelt und war damit zu uns zurückgekehrt. Wenn Stéphane etwas von einer Idee mitbekommt, die ihn inspiriert, hört er seinem Gegenüber mit der Konzentration von jemandem zu, der es gewohnt ist, Träume Wirklichkeit werden zu lassen. Es ist, als würde er Konzepte, Pläne, praktische Details sammeln, alles aus dem rohen Material der Fantasie, die zur Realität werden soll.

Er brauchte nicht lange für seine Berechnungen. Schon bald setzten er und ich uns mit dem restlichen Team zusammen. Ich berichtete allen von meinen Erfahrungen im Blätterdach und zeigte ihnen meine Zeichnungen. Ich äußerte meine Überzeugung, dass die Menschen uns dabei helfen würden, den Regenwald zu schützen, wenn sie mein magisches Erlebnis teilen könnten. Ein so großes Baumhaus so hoch oben wäre wahrscheinlich einzigartig, vielleicht würden wir damit sogar einen Weltrekord aufstellen. Studierende und Forschende und Touristinnen und Touristen hätten dadurch nie da gewesenen Zugang zum Blätterdach des Amazonas.

Wenn man etwas baut, kommen die Menschen. Und wenn die Menschen kommen, unterstützen sie bestimmt unsere Rettungsaktionen.

Anfang 2023 legten wir los. Stéphane bot an, nicht nur den Bau des Baumhauses zu finanzieren, sondern auch seine Erfahrung als Projektmanager einzubringen, um die Arbeiten zu überwachen und die Durchführung des Projekts zu begleiten. Das Ganze nahm gigantische Ausmaße an. Wenn wir das höchstgelegene Baumhaus der Welt errichten wollten, würden wir Fachleute im Baumhausbauen auftreiben, eine kleine Armee aus Arbeitern vor Ort aufbauen und eine Vision von etwas umsetzen müssen, das noch nie jemand zuvor in Angriff genommen hatte. Ein echtes Mammutprojekt.

Um wirklich anfangen zu können, mussten wir zuerst einmal den geeigneten Baum finden. Dafür holten JJ, Mohsin, Stéphane und ich einen Experten für Baumhausbau in den Dschungel, und wir gingen gemeinsam zu dem großen Kapokbaum, von dem aus ich den magischen Nebelfluss gesehen hatte. Von den hohen Ästen aus – mit Walkie-Talkie und Fernglas ausgestattet – gelang es uns, am Horizont einen Baum auszumachen, der unseren Vorstellungen entsprach. Er stand an der Ecke eines Bergrückens, und seine riesige Baumkrone befand sich in einer solchen Höhe, dass sie das unter ihr liegende Tal weit überragte.

Wenig später kletterten wir vom Kapokbaum herunter und machten uns durch die Flussniederung auf den Weg zu dem hohen Bergrücken. Als wir dort ankamen, stießen wir auf einen riesigen Ficus. Wir hatten unseren Giganten gefunden. Das war der Baum, der in die Geschichte eingehen sollte. Monate später begannen die Bauarbeiten.

***

Im Jahr 2023 festigte sich *Junglekeepers* zum ersten Mal als Organisation, und wir begannen, uns gegen die ständigen Bedrohungen zu wehren, mit denen der Wald konfrontiert war. Das war möglich, weil uns inzwischen so viele Menschen unterstützten. Ähnlich wie 2019 geschah das durch einen medialen Erfolg, der uns einen Höhenflug bescherte. Und obwohl ich jedes Mal ans Telefon gehe, wenn es klingelt, begann diese ganz besondere Geschichte mit einer einfachen Nachricht von jemandem, den ich sehr verehrte.

Schon seit Jahren war ich ein Fan und ein begeisterter Zuhörer des *Lex Fridman Podcasts* gewesen. Lex genoss weltweite Bekanntheit mit seinem großartigen Podcast, für den er Wissenschaftlerinnen, Schauspieler, Erfinderinnen, CEOs und andere interessante Innovatorinnen und Denker aus allen möglichen Kontexten interviewte. Sein Stil ist direkt, sehr geradeheraus, und die Gespräche dauern oft bis zu drei Stunden. Er trägt immer Anzug und Krawatte. Er bereitet sich durch Recherchen sorgfältig vor. Er stellt gewichtige Fragen und hat kein Problem damit, anderer Meinung zu sein oder unangenehme Wahrheiten auszusprechen. Sehr lange hörte ich ihm zu, weil ich überzeugt war, sein Podcast sei der intelligenteste, intellektuellste und für meine Bildung förderlichste, den ich mir in die Ohren stöpseln könnte. Ich hörte zu, weil jede einzelne Folge mir ein neues Thema oder Themenfeld oder Land oder eine neue Geschichte erschloss.

Wenn man einem Schauspieler oft zusieht oder jemandem zuhört, der stundenlang redet, entwickelt man nicht selten das Gefühl, diese Person zu kennen. Das stimmt nicht. Aber dieses Gefühl hat man. Ich mochte Lex und respektierte ihn sehr. Als er mir also eines Tages im Januar 2023 eine Nachricht schickte, fiel mir die Kinnlade runter.

Was er schrieb, war simpel: »Wären Sie daran interessiert, in meinen Podcast zu kommen?«

Fast hätte ich zurückgeschrieben: »In den *Lex Fucking Fridman Podcast?*«

Seine Bescheidenheit brachte mich zum Lächeln.

Einige Monate später fuhr ich nach Austin, Texas, und wir unterhielten uns stundenlang. Die Folge, die wir aufnahmen, ging viral und schaffte es bis in die Top Ten der am häufigsten gehörten Beiträge des *Lex Fridman Podcasts*. Unsere Folge – Nr. 369 – wurde öfter gehört als Gespräche mit Elon Musk, Jeff Bezos, Kanye West, Matthew McConaughey und vielen anderen Lichtgestalten, von denen ich geglaubt hätte, sie wären viel beliebter als ich. Innerhalb weniger Monate nach dem Erscheinen wurde unsere Folge eine der fünf beliebtesten Podcast-Beiträge überhaupt. Das sagte eine Menge darüber aus, wie die Menschen dem Dschungel gegenüber eingestellt waren und was die Erinnerung an die tiefe Wildnis für das menschliche Herz bedeuten konnte.

Das Ergebnis war eine wahre Flutwelle an Interesse. Seit dem Augenblick, als die Folge veröffentlicht worden war, erreichten uns unendlich viele SMS, E-Mails und Kontaktaufnahmen über die Website. Die Menschen wollten wissen, wie sie helfen konnten.

Weißt du noch, wie es 2019 gelaufen war, als alle mein Video über die Buschbrände gesehen hatten? Jetzt wollte plötzlich wieder die ganze Welt etwas von mir. Ich hatte mich damals wie ein Angler mit tausend Fischen an tausend Haken gefühlt, ohne jede Chance, alle einzuholen. Doch das war eine Zeit gewesen, in der nur ich im Boot gesessen hatte.

Diesmal hatte ich ein Expertenteam hinter mir, das mir helfen konnte, den Ansturm zu bewältigen.

Als die Folge online veröffentlicht wurde, war die Anzahl der Reaktionen überwältigend. Tausende Menschen von überall auf der Welt wollten *Junglekeepers* unterstützen. Einmal mehr erwies sich Stéphane als unglaublich wertvoll, diesmal mit Unterstützung von Mohsin. Die beiden stellten sich tagelang der Herausforderung, verpassten der Website ein Notfall-Update und errichteten eine Spendenplattform mit verschiedenen Optionen. Wir entwickelten ein System, mit dem die Menschen monatliche Spenden in verschiedener Höhe einstellen konnten: fünf Dollar, zehn Dollar, hundert Dollar, tausend Dollar oder einen selbst festgelegten Betrag. Stéphane musste dafür Systeme und Websites von Grund auf neu bauen. Projekte, die normalerweise Wochen oder Monate in Anspruch genommen hätten, wurden innerhalb von Stunden fertiggestellt.

Der immense Anstieg an Interesse und die außergewöhnliche Situation zwangen uns, ein System zu entwickeln, das *Junglekeepers* einzigartig machen sollte. Zum ersten Mal hatten Menschen überall auf der Welt die Möglichkeit, die indigenen Führer, die für den Erhalt des Regenwaldes im Amazonas kämpften, unmittelbar zu unterstützen. Es gab keine Bürokratie, keine Werbung, keine komplizierte Verwaltung – nur unser unmittelbares Team. Wenn die Menschen also fragten, was genau mit ihren Spendengeldern passieren würde, konnten wir voller Stolz und ganz wahrheitsgemäß antworten, hundert Prozent ihres Geldes würden in den Schutz des Regenwaldes fließen. Denn so war es. Zum Glück verfügten wir zu diesem Zeitpunkt bereits über den Status als wohltätige Organisation, und die Spenden ließen sich von der Steuer absetzen. Außerdem lagen uns Daten von Wildtiererfassungen und Ranger-Berichte aus einigen Jahren vor. Wir konnten Tausende Hektar geschütztes Land und sehr viel Arbeit vorweisen, die bewies, dass wir in der Lage waren, unsere Versprechen einzuhalten.

Zu dieser Zeit taten wir – JJ, Mohsin, Roy, Stéphane und ich – uns auch zusammen und entwickelten einen Plan, um den Leuten die Kontrolle zu entreißen, die versucht hatten, uns *Junglekeepers* wegzunehmen. Ich werde keine Buchseiten für die ganze Geschichte verschwenden – dafür ist sie zu hässlich. Fakt war: Die gefährlichen Leute, die uns infiltriert hatten und uns unser Lebenswerk rauben wollten, hatten uns jahrelang zugesetzt. Sicher erinnert ihr euch, dass ich von der Übernahme der Kontrolle berichtet habe. Mit der Zeit war es diesen Leuten gelungen, uns den Zugriff auf die Bankkonten und die sozialen Medien zu verwehren, und sie hatten sich die Mehrheit im Vorstand verschafft. Es war so schlimm geworden, dass ein Anwalt mir riet, doch lieber ganz von vorne anzufangen.

Aber mit der neuen Welle an Unterstützung kam auch neue Entschlossenheit in uns auf. Wir verbrachten Monate mit der Planung und Vorbereitung eines Angriffs, wappneten uns für unseren Coup. Dank Stéphanes Tech-Zauberkünsten, einigen aufgenommenen Telefongesprächen und einem letzten Vorstoß konnten wir den Halsabschneidern einen schweren Schlag versetzen, der es uns ermöglichte, den Vorstand zurückzuerobern, wieder Zugang zu den Konten zu erhalten und schließlich die Kontrolle über *Junglekeepers* wiederzuerlangen. Endlich hatten wir gesiegt. Nach so vielen Jahren passierte alles gleichzeitig.

Die *Lex*-Folge verlieh uns ordentlich Schub und katapultierte uns in ein neues Zeitalter. Plötzlich hatten wir Tausende von Unterstützenden, Menschen aus aller Welt, die unsere Geschichte gehört, die Bilder gesehen hatten und helfen wollten.

Durch diese überwältigende Welle der Unterstützung hatten wir endlich die finanziellen Möglichkeiten, um Holzfällerfirmen Land abzukaufen und Wald zu retten, der sonst ganz bestimmt gerodet worden wäre. Mit dem weiterhin jährlich eingehenden Geld für das Ranger-Programm von Dax über Age of Union konnten wir dieses Land bewachen, nachdem wir es erworben hatten. Plötzlich ging es für uns nach oben, und alles entwickelte sich sehr schnell. Das Gebiet, das wir schützten, wurde immer größer, bis es dann explosionsartig ungeheure Ausmaße annahm. Plötzlich gehörten uns über 20.000 Hektar.

***

In all den Jahren, in denen JJ und ich allein gewesen waren, hatte sich kaum jemand dafür interessiert, was wir zu erreichen versuchten. Doch als wir jetzt die ersten – wenn auch bescheidenen – Gewinne erzielten, wurde uns immer mehr Aufmerksamkeit zuteil. Vielleicht kennt ihr das aus eurem eigenen Leben. In den Zeiten, in denen man Ermutigung am nötigsten braucht, nehmen andere die Anstrengungen nicht wahr. Die mit Schreiben verbrachten Nächte, die einsamen Kilometer, die man rennt, die nicht wahrgenommene Trainingszeit und die Jahre geduldigen Studierens. Darum ist es besonders wichtig, die Sache, der man nachjagt, wirklich zu lieben und sich ihr aus Gründen zu widmen, die bis tief ins eigene Herz hinein reichen. Denn die Menschen jubeln einem nur zu, wenn sie sehen, dass man gewinnt.

Eine der authentischsten und wichtigsten Kooperationen, die entstand, als wir den Schritt nach vorne machten, war die mit der unglaublichen Crew von *ABC News* – mit Matt Gutman an der Spitze. Matt Gutman ist der ABC-Chefkorrespondent für die USA, und als er zu Besuch kam, zeigten wir ihm und seiner Crew alles, was es zu sehen gab: den tiefen Dschungel, die wütenden Brände, das Ranger-Team. Wir bekamen sogar Zugang zu der berüchtigten und brutalen Minengegend im Westen von Puerto Maldonado, wo eine hundertsechzig Kilometer lange Narbe der Aufforstung Westamazonien entstellt. Matt und ich standen dort, die Drohne in der Luft und Mikrofone an den Hemdkragen. Wir berichteten vom verbrannten Land, das einmal Amazonasregenwald gewesen war. Ein Sandsturm tobte in der Ferne. Das Material war schockierend, entsetzlich anzusehen. Die Bilder und die Geschichten, die wir von der Frontlinie des Kampfes um die Rettung des Amazonas erzählten, sollten später einen Emmy Award für Berichte über den Klimawandel vor Ort erhalten.

Nicht lange danach reisten wir für die COP 15 nach Montreal, die 15. Konferenz der Vertragsparteien des Übereinkommens der Vereinten Nationen über die biologische Vielfalt (UNCBD) im Jahr 2022. Stéphane lächelte mich herzlich an und streckte den Daumen hoch, als ich auf die Bühne ging. Ich saß neben Dax, der seine Visionen für Age of Union darlegte. Er wollte die Bemühungen um den weltweiten Naturschutz koordinieren. Er teilte meine lange gehegte Überzeugung, dass wir uns am wichtigsten Moment in der Geschichte befinden und dass der Verlust der Artenvielfalt das entscheidende Thema unserer Zeit sei. Er sagte, die Menschheit müsse als globale Gesellschaft denken, um das Verhältnis zwischen Menschen und Natur zu reparieren. Dass wir nicht von der Natur entfernt, sondern unauflöslich mit ihr verbunden seien, ein Teil von ihr, eine Manifestation der Natur.

Ich betrachtete Dax, während er sprach, mit der blauen Flagge der Vereinten Nationen hinter sich, und ein unendliches Gefühl der Dankbarkeit überkam mich. Ich empfand eine ungeheure Ehrfurcht vor der Größe dessen, was Dax in seinem Leben getan, vor dem Vermögen, dass er angehäuft, der Firma, die er gegründet hatte, und vor dem Herzen, das ein Mensch haben musste, um all das zu nutzen, damit Licht in die Welt gelangte. In einer gemeinsamen Nacht im Dschungel hatte Dax eine Kerze angezündet. Und mit dieser eine weitere. Das, so sagte er, sei die perfekte Verbildlichung seiner Auffassung vom Leben. Dass eine Flamme eine andere entzünden könne und dass wir alle die Verantwortung trügen, gegen die Dunkelheit zu kämpfen.

Er hatte nicht nur zugestimmt, *Junglekeepers* zu unterstützen, sondern war uns auch in schwierigen Zeiten treu geblieben. Er war klug genug zu wissen, dass in jeder neuen Firma und jeder neuen Organisation am Anfang Schwierigkeiten auftreten würden. Er hatte an uns geglaubt und darauf vertraut, dass ich alles würde regeln können.

An jenem Tag machte Dax auf der Bühne seine Unterstützung für *Junglekeepers* öffentlich: dreieinhalb Millionen Dollar im Laufe mehrerer Jahre. Blitzlichter erhellten den Raum, als wir uns die Hände schüttelten – ich in meiner gelben Dschungeljacke mit dem *Junglekeepers*-Logo, Dax mit kurzen Haaren, schwarzem Bart und vielen Muskeln unter der Anzugjacke. Es war nun offiziell: Zusammen würden wir versuchen, die Welt zu retten.

***

Zurück im Dschungel machten wir uns sofort daran, die alte Forschungsstation von Grund auf zu renovieren. Sie war seit den Barfuß-mit-Macheten-Tagen immer weiter in sich zusammengestürzt, hatte sich geneigt, war verfault, langsam von der Natur verschlungen worden. Doch jetzt hatten wir die tragenden Pfeiler neu errichtet, das Holz wurde abgeschmirgelt, das Dach repariert. Wir fügten einen Personalflügel hinzu, rüsteten die Küche auf und erledigten noch sehr viele andere Dinge. Wir hatten Solarzellen und Internet (so konnten wir nun auch bei Notfällen Ranger losschicken). Unser Ziel bestand darin, die Authentizität zu erhalten und zugleich die Bequemlichkeit zu erhöhen, sodass Menschen aus der ganzen Welt den wildesten Ort der Erde würden besuchen können. Die Station und das Baumhaus waren wie ein Stecknadelkopf, ein Grashalm in einem endlosen wilden Dschungel. Eine Renovierung bis zu dem Punkt, an dem sich die Menschen bei einem Besuch sicher und wohlfühlen würden, würde uns erlauben, eine viel breitere Klientel anzusprechen. Und diese Menschen würden *Junglekeepers* dann möglicherweise mit ihren Spenden unterstützen.

Bevor wir mit dem Bau des Baumhauses beginnen konnten, hatte JJ in der Stadt bleiben müssen, um Arbeitskräfte anzuheuern und Material zu bestellen. Er koordinierte alles Logistische, um die Sache möglich zu machen.

Als ich ihn schließlich in den Dschungel mitnahm, um ihm alles zu zeigen, wusste ich, dass er schockiert sein würde.

Der Anblick hatte ganz ohne Zweifel etwas Surreales an sich. Die Kraft, die benötigt wurde, um die großen Holzbalken zu transportieren und alle Muttern und Schrauben und die Kletterausrüstung und die Sägen und Werkzeuge nach oben zu bekommen, war immens. Die Arbeit glich dem Werk von Blattschneiderameisen. Ein Projekt epischen Ausmaßes. Die Treppe wand sich um den Stamm wie eine DNA-Doppelhelix aus leuchtend rotem Holz.

Als JJ das Baumhaus zum ersten Mal sah, wurde ihm vor Staunen schwindlig. Er musste sich setzen. Langsam wanderte seine Hand zu seinem Gesicht, und er nahm die Brille ab. Er fuhr sich mit der Handfläche über die Augen, wie in einem Traum.

Ich saß neben ihm, mit einem Brüllaffen auf der Schulter.

»Was meinst du?«, fragte ich sanft.

»Paul, ich … Das ist …«

»Ich weiß«, sagte ich mit einem Grinsen.

JJ war sprachlos. Er schaute nach oben und sagte im Flüsterton zu sich selbst: »*Su madre.* Einfach unglaublich.«

Ich beobachtete ihn schweigend, nahm alles in mich auf. Der Junge, der in einer indigenen Gemeinschaft aufgewachsen und bis ins Alter von dreizehn Jahren ohne Schuhe herumgelaufen war, der junge Mann mit dem Drang, den Wald zu retten, der Mann, der so viele Verluste und dunkle Tage erlebt und trotzdem nie aufgegeben hatte – dieser Mann beobachtete nun, wie die Lichter angingen. Er sah dabei zu, wie sich sein Leben vor seinen Augen veränderte. Schon bald sollte er am Telefon vom *New Yorker* interviewt werden, schon bald sollten wir dort oben stehen und über den Dschungel schauen, und man sollte ihn dabei fotografieren. Bald sollten Menschen auf der ganzen Welt darüber lesen, dass ein indigener Naturschützer das größte Luxusbaumhaus auf der Welt errichtet hatte. Mitten im Amazonas.

Nach fünfundzwanzig Jahren Arbeit wurde JJs Traum, einen außergewöhnlichen Weg zu finden, damit die Menschen den Dschungel erleben konnten, zur Realität. Er saß einfach nur da und starrte nach oben, und das Licht vom Blätterdach – wie das Licht einer neuen, leuchtenden Welt der Möglichkeiten – tanzte in seinem Blick.

In den folgenden Monaten begannen wir, uns gegen die Holzfäller zu wehren, die das Land rund um den Fluss zerstörten. Wir hielten unsere Treffen in der Forschungsstation ab. JJ saß am Kopfende des Tisches. Mohsin, Roy, Stéphane und ich hatten Notizblöcke und Laptops vor uns. Das war unsere Kommandozentrale. Der Tisch war übersät mit Kaffeetassen, Kamerafallen, Kerzen und Landkarten. Es gab auch Affenschädel, offene Bücher und verschiedene Insekten, die ins Kerzenlicht flogen.

Mithilfe der Landkarten hatten wir ein Korridorkonzept für den Fluss entworfen, eine Vision von all dem Land, das wir zu schützen hofften. Stundenlang hatten wir uns Satellitenbilder und Berichte von

Rangern angeschaut und damit Gegenden identifiziert, um die wir uns besonders dringend kümmern mussten. Wo verliefen die neuen Straßen? Wo kamen sie her? Wo schlugen die Holzfäller am schlimmsten zu? Wir wussten, dass wir auf die entsetzlichen Rodungsarbeiten am Fluss Loreto reagieren mussten, doch wir hatten bereits Anwälte und die Polizei auf dieses Projekt angesetzt, da lief also etwas. Es gab Berichte über einen neuen Einfall in der Nähe des Nebenflusses Huáscar, aber der war noch nicht bestätigt.

»Okay, dann schicken wir morgen die Ranger los, damit sie sich alles ansehen«, sagte JJ.

Roy machte sich eine Notiz. »Ich schließe mich mit Ignacio kurz und sorge dafür, dass sie bei Sonnenaufgang aufbrechen.«

Mohsin warf mir über den Tisch hinweg einen Blick zu, und sein Gesichtsausdruck sagte: *Holla*.

Ich weiß, antwortete ich ihm, ohne den Mund aufzumachen, *jetzt wird's wild*.

Unsere Organisation wurde langsam Realität.

Erinnerst du dich an Ignacio? Nicht Don Ignacio, den Schamanen aus den frühen Jahren, sondern den jüngeren Mann gleichen Namens, dem von einem Angehörigen der Mashco Piro in den Kopf geschossen worden war. Aus ihm war ein Ranger geworden. Als wir uns der Aufgabe widmeten, eine richtige Armee aus Rangerinnen und Rangern zusammenzustellen, gehörte er zu den besten und cleversten, den wagemutigsten und den qualifiziertesten Rangern. In einem nagelneuen *Junglekeepers*-Shirt organisierte er Patrouillen. Sein riesiger Mut und sein immenses Wissen über die Gegend machten ihn sofort zu einem unserer besten Leute. Ihm schloss sich eine bunt gemischte Truppe aus Männern und Frauen aus dem gesamten Gebiet von Madre de Dios an. Gemeinsam bildeten sie den Ursprung unseres Ranger-Teams. Viele der Menschen, die wir einstellten, waren früher Holzfäller oder Arbeiter in den Goldminen gewesen. Statt Bäume zu fällen und für lächerlich niedrige Gehälter zu arbeiten, erhielten sie nun plötzlich ein respektables Gehalt, Uniformen, eine Krankenversicherung, einen sicheren Job und eine Gemeinschaft. Wir schützen inzwischen große Teile von Las

Piedras, und die Aufgabe der Rangerinnen und Ranger bestand darin, alles genau zu beobachten, draußen in der Wildnis zu leben, auf Holzfäller, Minenarbeiter und Straßen zu achten. Kurz gesagt: dafür zu sorgen, dass der Dschungel geschützt wurde.

Nachdem ich mein ganzes Leben damit verbracht hatte, über verschiedene Naturschutzprojekte zu lesen, sollte *Junglekeepers* nicht einfach nur eines von ihnen werden. Ich wollte für uns einen ganz neuen Ansatz. Ich hasste die kolonialistisch geprägten Naturschutzaktivitäten der Vergangenheit, bei der Biologinnen und Biologen aus dem Ausland die Menschen vor Ort verdrängten, um Nationalparks zu schaffen. Ich hasste die Vorstellung, dass Naturschutz auf Kohlenstoffwerten basierte, oder auf irgendetwas anderem, das sich mengenmäßig erfassen ließ. Für mich ging es darum, die weite Wildnis zu schützen – mit all ihren unzähligen Spezies und der riesigen Menge an Bäumen –, und das schloss die isolierten Stämme mit ein, die irgendwo dort draußen lebten.

Wir lernten rasch, dass es zu kurz gedacht war, wenn man die Leute, die den Regenwald zerstörten, für schlechte oder sogar böse Menschen hielt. Ich war lange genug in Madre de Dios gewesen, um es besser zu wissen. Pico hatte als Holzfäller gearbeitet. Verdammt, sogar Santiago hatte als Holzfäller gearbeitet. Die Hälfte der Menschen, die ich in Peru kannte und liebte, hatte als Holzfäller gearbeitet. Und alle in derselben Phase ihres Lebens: als ihnen keine andere Möglichkeit geblieben war.

Niemand will Bäume fällen und für einen Betrag von achtzig Soles – etwa zwanzig Dollar – pro Tag das eigene Leben riskieren. Genauso wie niemand in Goldminen arbeiten möchte, wo man bis zur Nase in Schlamm und Quecksilber steckt und im wahrsten Sinne des Wortes die Erde zerstört. Und ich habe mit der Zeit immer häufiger erlebt, dass auch niemand Tiere mit einem Gewehr durch den Dschungel jagen möchte. Das alles sind letzten Endes Jäger-und-Sammler-Aktivitäten. Sie schaffen keine Zukunft. Man muss am nächsten Tag wieder aufstehen und dasselbe tun – und vielleicht gelingt es einem dann nicht. Zudem kann es im Amazonas leicht passieren, dass man dabei getötet oder verletzt wird. Nein, die Menschen in der Region flehten förmlich um eine Alternative.

JJ und ich kannten fast alle Menschen in der Region. Wir luden die Landbesitzer ein und organisierten Treffen. Häufig bedeutete das lange Busfahrten zu entfernt gelegenen Camps weit draußen im Dschungel. Ein Landbesitzer erklärte uns, warum die Holzfäller und die anderen Eindringlinge freiwillig dorthin kamen. Er erzählte, er habe große Teile Dschungel von seinem Vater geerbt, wie so viele Landbesitzer in der Region. Die alte Generation war inzwischen zu alt, um sich viel im Wald aufzuhalten und sich den Lebensunterhalt durch Fischen zu verdienen. Und die jüngere Generation wollte in der Stadt leben. Wenn wir sie nach ihren Wünschen fragten, kamen einfache Antworten: Geld, Essen, Wasser und WLAN. Sie interessierten sich nicht dafür, Tagesreisen entfernt von jeder Zivilisation an abgelegenen Stellen in der Wildnis Amazoniens zu leben.

Puerto Maldonado wuchs. Viele dieser jungen Menschen waren inzwischen über dreißig, vielleicht sogar schon jenseits der vierzig oder fünfzig, und die riesigen Mengen Land, die sie geerbt hatten, waren für sie im Grunde genommen nutzlos. Um ein wenig Geld dafür zu bekommen, schlossen sie Verträge ab und überließen das Land den Holzfällerfirmen. Nachdem die Holzfäller das Land gerodet und sich die Eisenholzbäume geholt hatten, kamen Leute aus anderen Teilen Perus, um sich das Land anzueignen. Die ursprünglichen Besitzer hatten normalerweise keine Ahnung davon. Die Eindringlinge brannten alles nieder und errichteten Farmen. Bis jemand mit der Polizei erschien, war es längst zu spät. Laut dem peruanischen Gesetz darf man das Land behalten, wenn man eine Farm oder ein anderes Gebäude mit einem Dach darauf errichtet hat und eine gewisse Zeit – normalerweise ein Jahr – nichts dagegen unternommen wird. Auch wenn das Land eigentlich jemand anderem gehört. Hausbesetzerrechte. Das war am Fluss Loreto geschehen. Die Eindringlinge hatten eine von den Holzfällern errichtete Straße benutzt, um dort einzufallen und alles niederzubrennen.

»So machen sie das also«, sagte JJ eines Tages zu mir, als wir im Boot saßen. »Wir kommen dahinter, nicht wahr?«

Ich nickte, während ich den Peke-Peke steuerte. Ja, wir lernten dazu.

Wir waren fast wieder an der Station, und der Himmel färbte sich rosa. Aras flogen über das Blätterdach, Klammeraffen tummelten sich in den Zweigen am Flussufer. Eine Weile fuhren wir schweigend weiter. Unser kleines Boot wirkte geradezu winzig vor den hoch aufragenden Wänden aus grünen Blättern, die sich aus dem mächtigen roten Fluss erhoben. Es gibt Augenblicke, in denen die Schönheit des Dschungels einen übermannt und sich wie ein Kloß im Hals einnistet. Dann begreift man plötzlich, wie monströs und mächtig er ist, wie klein man selbst und wie sehr man das alles liebt.

Wie war es nur möglich? Wie konnte es sein, dass dieser Dschungel von der Größe eines Kontinents zum ersten Mal innerhalb einer Million Jahre im Begriff war, für immer zu verschwinden? Dass der große Kapokbaum mit seiner riesigen Krone aus tausend Jahre alten Ästen ganz bestimmt gefällt worden wäre, wenn wir ihn nicht bewacht hätten? Und war es letztlich möglich, so fragte ich mich, dass alles, was wir gesehen hatten, aus einem ganz bestimmten Grund geschehen war? Dass JJ und ich einander nicht nur im richtigen Moment unseres Lebens begegnet, sondern genau in dem Augenblick geboren worden waren, als uns der Dschungel brauchte?

Während die Frösche im Dämmerlicht ihr Lied anstimmten, lenkte ich das Boot ans Ufer, und JJ sprang an Land. Im Westen ging die Sonne unter.

DER URALTE WALD

Es war einmal ein winziger Klammeraffe, der in den Baumwipfeln geboren wurde. In den hohen Zweigen, in einer ganz anderen Welt. Eingekuschelt in das Fell seiner Mutter sah das Klammeraffenmädchen seinen ersten Sonnenaufgang. Er spiegelte sich in seinen schwarzglänzenden Augen. An seine Mutter geklammert, sah das Affenkind zu, wie die Sonne ihr Licht über die endlosen Baumwipfel warf, wie der warme Atem der Bäume als Dampf aus dem Dschungel aufstieg. Das Klammeräffchen und seine Geschwister und Cousins und Cousinen lebten in dem Großen Wald, sie schwangen von einem Baum zum anderen, hielten nach Adlern Ausschau, fraßen Feigen und andere Früchte. Es ritt auf dem Rücken seiner Mutter, ließ sich von ihrem Bauch hängen, flog zwischen Ästen durch die Luft – durch das smaragdgrüne Blätterdach aus Orchideen und Lianen.

Es klammerte sich auch an seine Mutter, als das Gewehr seinen Schuss abfeuerte und sie beide in die Tiefe stürzten.

Seit dem Tag, an dem seine Mutter getötet worden war, lebte das Klammeräffchen in einem Lager von Minenarbeitern zwischen den Hunden und den Hühnern. Überall rund um das Camp hatte man die Bäume gefällt und das Land gerodet und alles zerstört. Selbst wenn das Affenmädchen entkommen wäre, hätte es nirgendwo Unterschlupf gefunden. Deswegen schlief es nachts allein im Dunkeln, im Schmutz, unter den Bodenplanken. Seine Familie war verschwunden, seine Mutter war verschwunden. Der Regenwald verschwand auch. Das Klammeräffchen war halb tot und ganz allein, weit weg von den Ästen und von allen anderen seiner Art.

Als ich das Kleine fand, ließ ich mich platt auf den Bauch fallen, leuchtete mit einer Lampe unter die Bodenbretter.

Es hatte sich zusammengerollt wie ein winziges Waisenkind – und das war es schließlich auch. Im Lichtkegel meiner Stirnlampe sah das Äffchen mich verschlafen an. Ich holte es unter den Brettern hervor und untersuchte es. Es war gesund. Ich hielt es ein bisschen im Arm, und seine kurzen, leisen Schreie klangen wie ein Weinen. Mir taten sie im Herzen weh.

Ich spürte, dass das Äffchen völlig verängstigt war. Es zitterte und fühlte sich überhaupt nicht wohl.

Ich sprach eine Weile in gebrochener Klammeraffensprache mit ihm. Dazu gab ich Geräusche von mir, die denen ähneln sollten, die ich von den Affen im Urwald gehört hatte. Das schien es zu beruhigen.

Dann ließ ich das Äffchen zurück in die Dunkelheit kriechen.

Ich war eine Weile mit menschlichen Dingen beschäftigt: Ausrüstung, Abendessen, duschen am Fluss.

Doch als ich mich an diesem Abend mit den Minenleuten unterhielt, entdeckte ich die Reflexion des Feuerscheins in den Augen des Affenmädchens. Mehr konnte ich nicht erkennen. Es war pechschwarz. Ein fast verhungerter Schatten mit glänzenden Augen.

Erneut redete ich mit leiser Stimme in gebrochener Klammeraffensprache mit ihm.

Eine Weile schaute mich das Kleine einfach nur an, versuchte offenbar, mich einzuschätzen.

Ich sprach immer weiter: »Ooh-ah-ah-ah-oh-oh-och.«

Langsam kam es aus der Dunkelheit hervor und kletterte mir am Bein hoch. Als es meinen Hals erreicht hatte, wickelte es den Schwanz um mich, klammerte sich an mir fest und umarmte mich, als hinge sein Leben davon ab. Als wäre die Berührung von etwas Warmem und Sicherem die Antwort auf ein Bedürfnis, das mehr schmerzte als Hunger. Ich spürte einen Kloß im Hals, während ich sein schwarzes Fell streichelte.

In dieser Nacht sollte es mich nicht mehr loslassen. Ich putzte mir die Zähne, während es an meinem Hals hing. Ich zog mein T-Shirt irgendwie um das Äffchen herum aus. Ich ging ins Bett und schlief die Nacht durch, und die ganze Zeit klammerte sich das kleine Affenmädchen an mich. Als ich am nächsten Morgen aufwachte, lag ich auf dem Rücken, auf mir schnarchte leise das Affenmädchen, und ich hatte Klammeraffenkot auf der Brust. Den ganzen Tag weigerte sich das Kleine, sich von der Stelle zu rühren. Es ließ mich einfach nicht los.

Ich erledigte meine Arbeit, ging die Pfade ab, erforschte den Wald – alles mit einem kleinen schwarzen Wesen mit wildem Blick auf der Schulter. Wann immer es Hunger oder Angst hatte, hörte ich das leise Stakkato: »Ooh-ah-ah-ah-oh-oh-och.« Und wenn ich das wiederholte, wurde das Äffchen ruhig, presste das Ohr an meinen Hals. Einige Tage lang war ich sein Pfleger, seine Welt.

Wir wanderten zusammen durch den Wald, das Kleine spähte unter meinem T-Shirt hervor, schaute sich die Welt an, passte immer gut auf, dass sein Schwanz nicht abrutschte. Der Schwanz eines Klammeraffen ist wie eine fünfte Gliedmaße. Er endet in einem langen Hautstück, wie ein Finger von der Länge eines Lineals, mit dem die Tiere alles packen und festhalten können. Dieses Klammeraffenmädchen hielt mich mit seiner ganzen Kraft fest.

Ich war sein Ein und Alles.

Dieses kleine Äffchen hatte so lange Zuwendung und Liebe entbehren müssen, dass es nach dem kurzen Vorgeschmack am Nachmittag in der Nacht trotz Dunkelheit, Hunden und Minenarbeitern das Risiko eingegangen war, zu mir zu kommen und sich das zu holen, was es auf der Welt am meisten brauchte: Nähe.

Wir gehen davon aus, dass Menschen den Tieren überlegen sind, doch Tiere brauchen Zuneigung genauso sehr wie wir. Sie lieben einerseits auf eine Weise, die wir nicht nachvollziehen können. Und andererseits auf eine universelle Art. Die Traurigkeit im Blick des Kleinen war entsetzlich. Als ich irgendwann gehen musste, schrie es, als würde ich ihm die Haut abziehen.

Trotz des Abschieds war ich fest entschlossen, dafür zu sorgen, dass es ein schönes Leben haben sollte. Und in den kommenden Tagen wandte ich mich an die Menschen, die helfen könnten. Sie lebten an einem Ort in der Nähe von Puerto Maldonado und betrieben das *Amazon Shelter*. Ein kleines Heim für Wildtiere, das von einer Frau namens Magali geleitet wurde, die ihr Leben der Aufgabe gewidmet hatte, die Waisen des Dschungels zu retten.

Mit den Jahren sind viele verwaiste Tiere in mein Leben getreten, und jedes einzelne von ihnen hat mir einen einzigartigen Einblick in die Welt seiner Spezies gewährt. Meine Zeit mit Dharma hatte mich Dinge über Elefanten gelehrt, die ich mir nie hätte vorstellen können. Die Große Ameisenbärin Lulu, die ich im Alter von nur neunzehn Jahren aufgezogen hatte, hatte mich dazu gebracht, den Amazonas aus der Perspektive eines Tieres wahrzunehmen. Zahllose Klammeraffen, Brüllaffen, Schlangen, Kolibris und ein Dottertukan namens Lucas waren über die Jahre von mir betreut worden. Wenn wir eine gewisse Zeit mit einer neuen Spezies verbringen und uns um sie kümmern, lernen wir das Innenleben, die Gewohnheiten, die Persönlichkeit und die Aura des Tieres auf besondere Weise kennen. Das ist etwas ganz anderes als die flüchtigen, unpersönlichen Eindrücke, die wir erhalten, wenn ein Adler vorbeifliegt oder ein Fuchs durch das Licht unserer Scheinwerfer springt. Eine zutiefst persönliche, intime Verbindung. Diese Verbindung, die mit den Jahren immer mehr Tiere umfasste, ist eine Erweiterung des Kontexts, den ich stets mit mir trage. Dadurch gehe ich inzwischen anders durch einen Wald, denn dort sehe ich nun Lebewesen, die mir auf einer sehr persönlichen Ebene wie Freunde vorkommen.

Wir alle kennen das bis zu einem gewissen Grad. Die Glühwürmchen, die wir in den magischen Sommernächten jagten. Die Frösche und Zikaden, deren Gesang uns in den Schlaf wiegte. Der Schulweg durch die Blätter des Vorjahres. Die Vögel und Bäume, der Wald und die Flüsse – sie sind der Hintergrund und der Soundtrack, das Substrat unseres Lebens.

Die indigenen Menschen in dieser Region sprechen mit einer umfassenden, uralten Vertrautheit über die Tiere, die ich als tröstlich erlebe. »Jaguare trinken immer so.« »Anakondas verlassen das Wasser einfach nicht gern.« »Amazonasfischer jagen immer Fische und zwitschern.« »Bären schauen einem nie in die Augen.« »Wiesel grinsen ständig so frech.« Auf diese Weise wird jedes Individuum einer Spezies zum Vertreter seiner gesamten Art – zu einem festen Bestandteil der Natur, der über alle menschlichen Generationen hinweg weitergelebt hat. Tiere spenden zugleich Trost und machen uns Angst, sind Freund und Feind – und ganz ohne Zweifel Geschwister in unserer Vergangenheit als Spezies. Die Schwalben am Himmel. Die Rehe auf dem Feld. Jede und jedes von ihnen gehört zum Gewebe unserer Realität. Genauso wie alles Feuer Feuer ist – eine ewig präsente Kraft in unserem Universum, die in unsere Realität hineinwächst, sei es als Kerzenflamme oder Lagerfeuer oder Vulkan. Aber anders als das Feuer oder der Ozean oder die eisigen Berggipfel sind diese Spezies wie wir nur vorläufige, flüchtige Manifestationen des Lebens. Eine heilige Abfolge uralter Geschöpfe, und sie gleichen uns so sehr, müssen den Elementen trotzen, Räubern entkommen und irgendwie für ihre Jungen sorgen.

Vielleicht ist es eine ziemlich dramatische Vorstellung: Wäre unser Planet so groß wie ein Basketball und würde fest in Zellophan eingewickelt, so wäre diese Klarsichtfolie im Verhältnis immer noch nicht so dünn wie unsere Atmosphäre. Die markantesten Merkmale unserer Erde – vom Marianengraben (dem tiefsten Punkt im Ozean) bis hin zum Mount Everest (dem höchsten Punkt an Land) – wären noch nicht ertastbar. Denn in diesem Größenverhältnis besäßen sie eine flachere Textur als unsere Fingerspitzen. Die Erde in der Größe eines Basketballs würde sich bei der Berührung glatt anfühlen.

Vielleicht ist das dramatisch – oder auch romantisch –, aber so habe ich mir das immer vorgestellt: dass unsere gemeinsame Heimat in den Trillionen eiskalter, nicht zu erfassender Kilometer rund um unsere Erde, in den unendlichen Lichtjahren des bekannten Universums, unsere kollektive Heimat auf diese winzige Atmosphäre aus Gasen begrenzt ist, die die Erdkruste umgibt. So etwas Winziges, Empfindliches! Wie sollten wir da die Arten, mit denen wir sie teilen, nicht als Brüder und Schwestern ansehen?

Und selbst bei einer etwas erdverbundeneren Perspektive: Man schaue sich nur die Zerstörung an – die ganzen geplünderten Ozeane, all den verbrannten Wald, die asphaltbedeckten Flächen, die mit Wohngebäuden zubetonierten Küstenlinien. Man schaue sich nur die stetig wachsende Anzahl ikonischer Spezies an, die das schwarze Loch des endgültigen Aussterbens umkreisen. Wie könnte man sich nicht zum Handeln berufen fühlen?

Man kann Tiere beziffern, alles zusammenfassen und das Ganze »Biodiversität« nennen. Man kann anführen, dass sie gerettet werden sollten, weil sie einen Beitrag zu den Ökosystemen leisten, von denen wir abhängen. Man kann sie als entscheidend für unser Überleben definieren, weil sie Samen und Pollen verteilen – und auf diese Weise gesunde Ökosysteme erschaffen und erhalten. Denn historisch betrachtet haben sie die lebendige Welt entstehen lassen, in der unsere Vorfahren aufgewachsen sind, und ohne sie wären wir gar nicht hier.

Ich selbst brauchte jedoch keine Zahlen.

Ich habe genug dieser wilden anderen kennengelernt, genug dieser nichtmenschlichen Wesen. Wenn ich die Welt, die Wälder, die Ozeane, die Flüsse und den Himmel betrachte, empfinde ich darum eine Verwandtschaft mit diesen wilden schlagenden Herzen, und die Pflicht, sie vor der Brutalität meiner eigenen Spezies zu beschützen.

Ich erzähle euch die Geschichten dieser Wesen, damit ihr sehen könnt, was ich gesehen habe, fühlen könnt, was ich gefühlt habe. Denn als sich *Junglekeepers* weiterentwickelte, wurde auch die Verantwortung riesig, die wir auf uns nahmen. Je mehr Wald wir schützten, desto deutlicher zeigten sich die Grenzen. Auf der einen Seite gab es die uralte, lebendige grüne Welt des Lebenden, auf der anderen verbranntes Ödland. Wenn wir diese Wälder nicht retteten, würden sie zerstört werden. Das Ganze war nicht länger eine Projektion, sondern Realität. Die Straße und die Kettensägen und die Bulldozer kamen – wie ein riesiges, brüllendes und Qualm ausstoßendes Monster. Ein Ungetüm, das unweigerlich alles verschlingen würde.

Aus diesem Grund schreibe ich dieses Buch, aus diesem Grund erzähle ich euch diese Geschichte. Deswegen ist es mir so wichtig, dass ihr den Ernst der Lage begreift, die uns als globale Gesellschaft erwartet, die unüberwindlichen Hindernisse, die wir als Team vor uns sahen. Und dass ihr versteht, was es uns ermöglichte, derartigen Umständen zum Trotz zu kämpfen.

***

Wenn irgendetwas die wahre Kraft und die Bedeutung von *Junglekeepers* zeigt, dann die Ereignisse von 2024, als wir einen Teil des Dschungels entdeckten, den wir irgendwann den »Uralten Wald« nannten.

Fast ein Jahr, nachdem ich zum ersten Mal im *Lex Fridman Podcast* zu Gast gewesen war, kam uns der Host persönlich besuchen.

Lex erklärte, er wolle alles mit eigenen Augen sehen. Seit er *Mother of God* gelesen habe, werde er die Sehnsucht nicht los, wirklich tiefen Dschungel zu erleben. Er bat uns, eine Expedition wie die zu organisieren, über die JJ und ich Geschichten erzählten – hardcore, ganz weit in den Dschungel hinein, eine durch und durch authentische Erfahrung.

Also packten wir alles zusammen und fuhren viele Stunden flussaufwärts. Dann stiegen wir aus dem Boot, das davonfuhr, und wir stürzten uns in die unerforschten Schatten unter den Bäumen.

Die folgende Episode gehört zu jenen, die eigentlich ein eigenes Kapitel verdienen. Denn unmittelbar nach unserem Aufbruch wurden wir ins Chaos gestürzt. Die Topografie in diesem Teil des Waldes war anders als alles, was JJ und ich kannten. Wir drei verbrachten die nächsten paar Tage damit, unserem Kompass zu folgen und uns durch das unwirtlichste Terrain zu schlagen, das wir je erlebt hatten.

Gleichzeitig machten wir eine unglaubliche Entdeckung: Dieser Teil des Waldes war völlig unberührt.

Vielleicht lag das am undurchdringlichen Blattwerk, an den steilen Anstiegen und rutschigen Abhängen der Landschaft. Jedenfalls wurde uns bald bewusst, dass in dieser Gegend noch nie Holzfäller gewesen waren. Wir hoben den Blick und bewunderten uralte ausgewachsene Mahagonibäume, riesige Eisenholzbäume, Kapokbäume von ungeheurem Ausmaß. Die Bäume waren so gigantisch, dass wir aus ehrfürchtigem Staunen gar nicht herauskamen. Dieser Ort fühlte sich wie der heiligste, unberührteste und anbetungswürdigste Teil des Waldes an. JJs Sinne sprühten förmlich Funken – das konnte ich an seinem Blick erkennen. Obwohl wir ganze Tage damit beschäftigt waren, uns brutal und unermüdlich durch die Eingeweide des Dschungels vorwärtszukämpfen, war er ganz außer sich vor Erstaunen.

»Hier waren sie noch nie, die *madereros*, die Holzfäller. Ganz sicher nicht. Das ist ursprünglicher Wald – wie an dem Tag, als Gott ihn erschaffen hat. Ich meine ... Schau doch nur! Wenn sie diese Bäume fällen könnten, würden sie es tun.« Dann verengten sich seine Augen, und er lächelte verzückt. »Aber hier war noch nie jemand. Wir sind die Ersten.« Doch unsere Freude darüber, den wildesten Ort Amazoniens gefunden zu haben, hielt nicht lange an. Am dritten Tag der Expedition, als Lex, JJ und ich die Grenzen dessen erreichten, was unsere Körper aushielten, stießen wir auf eine Holzfällerstraße.

Ich könnte den Horror dieser Entdeckung genauer beschreiben, aber solche Szenen kennst du inzwischen. Wir hatten geglaubt, uns im wildesten, unberührtesten Teil des Dschungels zu befinden. Jetzt wussten wir allerdings mit Sicherheit, dass er zerstört werden würde. Wir befanden uns im Herzen des Flusses, und der Gewehrlauf der Straße zeigte direkt darauf.

Sobald wir die Holzfällerstraße und den Uralten Wald gefunden hatten, verwandelte sich unsere Expedition von einem Abenteuer in eine gehetzte Aktion. Wir erhöhten unser Tempo und legten größere Strecken zurück. Wir fuhren mit dem Floß, schlugen unser Lager auf und fuhren weiter. Wir trotzten Gewittern und legten auf sich durch die Landschaft schlängelnden Nebenflüssen Dutzende von Kilometern zurück, bis wir zwei Tage später wieder auf dem Hauptfluss Las Piedras angelangt waren. Die ganze Zeit über konnte ich ein Metronom in der Brust hören, einen Countdown in meinem Herzschlag – die Uhr tickte.

Der Gedanke an die Zerstörung eines so herrlichen Waldes erfüllte mich mit einer alles verschlingenden Furcht, die meine Adern durchströmte wie Gift.

Nachdem wir wieder in der Station eingetroffen waren, schliefen wir, als hätten wir seit Jahren nicht geschlafen. Und am nächsten Morgen geschah etwas Unglaubliches.

Aber um das erzählen zu können, muss ich zuerst berichten, dass wir in den vorangegangenen paar Monaten die Arbeit am Baumhaus vollendet hatten. Es war fertig. Ein alles überragender, wunderschöner Zufluchtsort in den Baumwipfeln, der mit einem Bad – samt Dusche, fließend Wasser und Toilette – und sogar einem Schlafzimmer mit Klimaanlage ausgestattet war. Die Idee dahinter war, sich von den sumpfigen, schlammigen Abenteuern der Anfangszeit abzuwenden und etwas von anderem Format zu erschaffen, etwas … Erhabenes.

Wir gaben ihm den Namen *Alta-Sanctuary*-Baumhaus und boten es Gästen an, die bereit waren, die hundertvierzig Stufen der spiralförmigen Treppe im Kauf zu nehmen, um es sich dann im Blätterdach des Amazonas gemütlich machen zu können.

Einen Tag nach unserer Rückkehr von der Expedition passierte also Unglaubliches: Jay, ein Gast, der in unserem Baumhaus übernachtet hatte, wollte erfahren, was wir erlebt hatten.

Also erzählten wir es ihm. Berichteten von der Gefahr, die von einer möglichen Austrocknung des gesamten Beckens ausgeht, und von der besonderen Topografie und vom herrlichen, unberührten Garten Eden, den wir durchquert hatten. Aber auch von der Straße und von dem, was nun unvermeidlich bevorstand. Davon, dass der gesamte Wald, der seit Anbeginn der Zeiten existierte, vor unseren Augen in seine Bestandteile zerlegt werden würde.

Jay hörte uns mit großer Aufmerksamkeit zu. Er folgte Lex' Podcast schon seit Langem und hatte außerdem mein Buch gelesen. Er kannte unsere Vorgeschichte. Und an unserer von Insekten malträtierten Haut, unseren eingesunkenen Wangen und unserem müden Blick konnte er erkennen, was wir durchgemacht hatten.

Er fragte uns, wie viel Geld wir brauchen würden, um dieses bislang unberührte Gebiet zu schützen. JJ rief Roy in Puerto an und brachte in Erfahrung, dass die Fläche etwa 4.000 Hektar umfasste. Nach Berechnungen, die auf unserem bisherigen Landerwerb basierten, gingen wir davon aus, dass wir hier über eine Summe von etwa 300.000 Dollar sprachen.

Um halb acht Uhr morgens informierte uns Jay in der Station, er würde es als Ehre empfinden, 150.000 Dollar beizusteuern. Er schlug vor, das Ganze als Verdopplungsaktion anzulegen. Wir sollten unsere Bekanntheit nutzen und zusammen mit unseren Followerinnen und Followern noch einmal denselben Betrag als Spenden auftreiben.

Vor dem Ende der Woche konnte Roy die rechtliche Situation in Bezug auf das Land bereits bestätigen. Und JJ hatte herausgefunden, dass er den Besitzer sogar kannte. Zusammen wandten sich die beiden an ihn. Und bald danach reisten sie eilig in die Stadt, um eine Notfallsitzung mit den Holzfällern und den Landbesitzern abzuhalten. Die Dinge kamen in Schwung.

Am nächsten Tag ging ich in den Wald und tat das, was ich schon so oft zuvor getan hatte: Ich richtete die Kamera auf mich selbst und beschrieb mit meiner ganzen Leidenschaft, worum es ging. Ich erzählte die Geschichte des Uralten Waldes und sprach darüber, welcher Verlust uns drohte. Ich erklärte den Menschen, dass wir durch das Spendenprogramm der *Junglekeepers* ohne Probleme genug Unterstützung bekommen könnten, wenn sie die Geschichte teilten, uns Likes gaben und die Möglichkeiten des Internets voll ausnutzten. Wenn uns eine Million Menschen zehn Dollar im Monat gäben, könnten wir vor Jahresende den gesamten Fluss retten. Man stelle sich die schlagenden Herzen vor, die bedrohten Arten, man stelle sich den Uralten Wald vor, den ganzen Kohlenstoff, der dann nicht in die Atmosphäre gelangen würde.

JJ und Roy setzten mithilfe eines unserer Anwälte in der Stadt einen Vertrag auf – die unsichtbare Arbeit im Hintergrund. So läuft echter Naturschutz: Es geht um Anwälte und Landerwerb, Dokumente und Meetings bei Kaffee.

Ich stellte das Video am nächsten Morgen ein, und es ging sofort viral. Unseren Followerinnen und Followern lag die Sache wirklich am Herzen. Viele von ihnen hatten uns schon geholfen, Pico das Leben zu retten. Doch jetzt gab es vier- oder fünfmal so viele Menschen. Stéphane aktualisierte unsere Website und richtete einen eigenen Spendenticker ein. Auf diese Weise ließ sich live beobachten, wie die Spendengelder zu uns flossen. Innerhalb der ersten achtundvierzig Stunden hatten wir fast 100.000 Dollar erreicht. Und nach den ersten drei Tagen hatten wir bereits mehr als die zusätzlichen 50.000 Dollar eingenommen, sodass wir mit Jays 150.000 Dollar gleichzogen und die 300.000 Dollar sicher hatten. Kaum eine Woche nach dem Offenbarwerden des Problems konnten wir die Welt darüber informieren, dass wir das Geld durch Spenden zusammenbekommen hatten, und es gab einen Aktionsplan.

Wir hatten, was wir brauchten, um den Uralten Wald zu retten.

***

Bis alle Dokumente für das Grundstück vorlagen, war Lex längst nach Hause zurückgekehrt. Ich weiß noch, dass ich ihn von der Station aus anrief und ihm berichtete, dass wir gewonnen hätten. Der Wald war in Sicherheit. Lex fehlten die Worte. Wir waren so sicher gewesen, nichts tun zu können, und jetzt hatten wir nicht nur einen Ausweg entdeckt, sondern auch den herrlichsten und wildesten Ort gerettet, den wir je gesehen hatten.

In den kommenden Wochen trafen sich Roy und JJ mit den Landbesitzern. Wir arbeiteten mit den Holzfällern zusammen, um die Arbeiten zu stoppen und die Straße zu blockieren. Bald hatten wir alles abgesperrt und die Brücke zerstört, die errichtet worden war, um die Straße überhaupt bauen zu können.

Vielleicht unterstützen die Menschen einen nicht, wenn man ganz am Anfang steht – aber das ändert sich, wenn die ersten Erfolge bekannt werden. Im Laufe des Jahres 2024 schien es, als würde in jedem dieser Monate irgendetwas Unglaubliches geschehen. Wir ritten auf einer Welle der Begeisterung, die Menschen auf der ganzen Welt erfasst hatte. Uns unterstützten so viele Menschen wie nie zuvor, und das bedeutete, dass wir rasch arbeiten konnten, um gegen Holzfäller vorzugehen, mit den örtlichen Strafverfolgungsbehörden zusammenzuarbeiten und der entsetzlichen Entwaldung effektiv Einhalt zu gebieten, die sich so lange ungehindert ereignet hatte.

Allmählich fühlte es sich so an, als hätten wir eine Chance, als beherrschten wir inzwischen das Spiel und wüssten, was zu tun war.

Jedenfalls bis sich an einem Tag im Oktober 2024 alles veränderte. Unser gesamtes Team hielt sich gerade in Puerto Maldonado auf, als der Anruf einging. Er kam von einem unserer Freunde in den flussaufwärts gelegenen indigenen Gemeinschaften. Was er sagte, war verwirrend und ein Schock – wie eine Granate, die den Tag explodieren ließ und alles veränderte, was wir zu wissen geglaubt hatten. Er berichtete, es gebe einen Notfall, und man brauche unsere Hilfe.

Die Mashco Piro waren aus dem Wald gekommen.

MASHCO

In der Ferne, verschleiert von schwarzen Gewitterwolken,
schimmerten lautlose Blitze auf, wie die Flammen von Schweißbrennern
im Qualm einer Schmelzhütte. Als werde im eisernen Dunkel
der Welt eine schadhafte Stelle repariert.
Cormac McCarthy, All die schönen Pferde

Schon bald schossen wir durch die warme Nachtluft den dunklen Fluss hinauf. Ignacio steuerte das Boot, und ich befand mich im Bug und beleuchtete unseren Weg. Manchmal brauchte er das nicht einmal. Der Mond stand leuchtend am Himmel. Die Wolken bildeten ein abstraktes Gemälde von glänzender blauer Schönheit. Millionen von Sternen überspannten den Himmel zwischen der Wolkentraumlandschaft. Wir beobachteten fasziniert, wie sich der Tsuchinshan-ATLAS-Komet seinen Flammenweg über den Himmel bahnte. Sein Schweif war ein beleuchtetes Flüstern vor der dunklen Trostlosigkeit. Mohsin sagte, man könne den Kometen nur alle 80.000 Jahre sehen. Stéphane fügte hinzu, das Vorbeifliegen des Kometen sei ein einmaliges Ereignis in der Menschheitsgeschichte. Wir konnten unsere Blicke nicht abwenden. Als wäre der Komet ein Bote des Wunderbaren. Ein Blitzlicht der nicht greifbaren Wahrheit, die tief im menschlichen

Herzen verborgen, für unsere sterblichen Hände jedoch unerreichbar war. Die Milchstraße bot sich uns in ihrer blauglänzenden Schönheit dar. Alles fühlte sich etwas abgehoben und zu intensiv an. Ich erinnere mich noch, dass ich hochschaute und wusste: *Das ist es.*

Während der ersten paar Stunden war die Nacht wild und kühl. Der Komet am Himmel, die Milchstraße und die im Mondlicht glänzenden Wolken, der gigantische Wald, der in seiner überwältigenden Riesenhaftigkeit über uns thronte, schwarz vor dem Nachthimmel. Wir unterhielten uns lange. Aufgeregt. Was könnte alles passieren? Wie würden wir auf bestimmte Ereignisse reagieren? Ignacio funktionierte wie eine Maschine. Ich reichte ihm immer wieder eine Zigarette und übernahm ab und zu für zehn Minuten das Steuer von ihm, doch er wollte das Boot unbedingt weiter lenken. Dadurch kamen wir auch schneller voran. Er befuhr den Fluss, als wollte er ihn besiegen. Während sich Wolken vor die Sterne schoben, saß ich im Bug, ließ die Stirnlampe unseren Weg beleuchten, entfernte Holzstücke und Äste. Nach und nach wurden wir still.

Gegen ein Uhr nachts begann es zu regnen. Wie Rasierklingen vor unseren Augen. Ignacio positionierte sich so, dass er etwas sehen konnte. Ich trug meinen Regenmantel, doch das machte überhaupt keinen Unterschied, und wir beide waren schnell völlig durchnässt. Der Regen schlug uns waagerecht entgegen, wie kleine Kugeln aus einer Maschinenpistole, die uns die Sicht nahmen. Aber ich konnte meinen Posten nicht aufgeben – ohne mich hätte Ignacio kein Licht gehabt. Durch den Regen hatten sich die Wolken verdickt, und die Nacht war jetzt eine tintenschwarze große Leere. Deswegen musste ich ganz vorne im Boot sitzen. Mohsin und Stéphane hockten mit gesenkten Köpfen da und hatten ihre Kapuzen übergezogen. Über eine Stunde lang fiel der Regen zunächst als starke, kontinuierliche Kraft weiter und weiter und war einigermaßen erträglich. Die Blitze am Himmel glichen allerdings einem wahren Feuerwerk. Sie warfen ihre Zacken horizontal über den Himmel, manchmal sogar aufwärts. Der Himmel tobte mit Blitzen und grollendem Donner. Mir tat von den Regentropfen und dem Augenzusammenkneifen das Gesicht weh, und inzwischen zitterte ich heftig.

Ich vergesse immer, wie kalt es während eines Sturms auf einem Boot im Amazonas werden kann. Als der sich auch nach zwei Uhr nachts noch nicht gelegt hatte, war ich stundenlang Wind und Regen ausgesetzt gewesen und riskierte eine Unterkühlung.

Wenn das Boot den Grund des Flusses berührte, ließen wir uns ins Wasser fallen und befreiten es. Dann mussten wir schieben und schieben, bis wir eine Rinne mit mehr als fünfundsechzig Zentimetern Wasser fanden, damit es weiterging. Dann beschleunigte Ignacio, und wir sprangen alle wieder ins Boot. Klatschnass. Meine Schuhe befanden sich irgendwo unter unserer Ausrüstung vorne im Boot, deswegen ging ich barfuß ins Wasser. Ich malte mir aus, wie katastrophal es wäre, mir ausgerechnet jetzt den Fuß an einem scharfen Stock zu verletzen – oder, schlimmer noch: auf einen Stachelrochen zu treten. Aber wir fuhren weiter. Durch den tiefen, dunklen, verregneten Dschungel. Wir taten, was wir tun mussten. Die Schuhe sollte ich nie wieder tragen.

Mit der Zeit wurde der Regen stärker. Als wir eine Biegung des Flusses nahmen, entwickelte er sich zu einem wahren Wolkenbruch. Ich schirmte die Augen mit der Hand ab und leuchtete mit meiner Lampe weiterhin nach vorne. Mein Sichtfeld glich einer Hochgeschwindigkeitsfahrt durch das Weltall: Alles war dunkel, weiße Lichter zischten an uns vorbei, Insekten schwirrten um uns herum. Die flogen mir oft direkt in die Augen und brannten und flatterten dann unter meinen Lidern. Ich musste mir die Augen reiben und gleichzeitig dafür sorgen, dass das Licht weiter nach vorne strahlte, damit wir nicht mit einem Baum kollidierten. Ich war der Navigator. Meine Aufgabe bestand also darin, Ignacio zu führen. Doch die Stirnlampe erleuchtete die Regentropfen in der Dunkelheit, was dazu führte, dass ich die meiste Zeit gar nichts sah. Ich musste die Reflexionen in den Augen der Kaimane am Flussufer nutzen, um die Orientierung nicht zu verlieren. Und mich ansonsten auf meinen Instinkt und meine Hoffnung verlassen.

Irgendwann wurde alles einfach unerträglich. Ich dachte an die Expeditionen mit JJ, Pico und Chito in der guten alten Zeit zurück. Damals hatten ähnliche Zustände geherrscht, aber nachts hatten wir uns nie im Boot fortbewegt, und so kalt war es auch nie gewesen. Jetzt fuhren wir durch einen ungewöhnlich heftigen Sturm. Der Komet, die Blitze, die Intensität dieser nächtlichen Odyssee – alles wirbelte, raste, baute sich weiter auf.

Als es fast drei Uhr morgens war, erreichten wir den Wasserfall von La Cachuela. Dort muss man mehr als einen Meter Höhenunterschied überwinden, denn der Fluss wird an dieser Stelle durch eine gefährliche Grenze aus felsiger Tonerde gestaut. Der rauschende Wasserfall ist der einzige Weg, man kommt nur durch das brausende Nass weiter. Wenn man sich flussabwärts bewegt, ist es schon gefährlich. Flussaufwärts grenzt das Ganze an Wahnsinn. Man muss das Boot mit Höchstgeschwindigkeit fahren, damit der Bug gegen den Wasserfall prallt und man auf die nächste Ebene des Flusses springt. Wenn man das nicht gut macht, kentert das Boot, und alles stürzt ins dunkle Wasser. Früher waren dabei schon oft Leute ums Leben gekommen. Aus diesem Grund versuchte niemand, den Wasserfall nachts zu überwinden. Nie.

Ignacio drosselte nicht einmal das Tempo. Er konnte den Wasserfall jetzt sehen, und wir nickten uns wissend zu. Ich war ganz vorne im Boot und ließ Ignacio mithilfe der Stirnlampe sehen, wie es zu beiden Seiten aussah. Er orientierte sich an mir und sorgte dafür, dass das Boot mit Höchstgeschwindigkeit fuhr. Es rauschte in die wilden Fluten und sprang aufwärts. Ich wurde mit Wasser übersprüht und flog in die Luft, landete dann aber wieder im Boot. Hinter mir hob Ignacio den Propeller an, als das Heck des Bootes über die Felsen scharrte. Wir schafften es in den ruhigen, seichten Teil über den Wasserfällen.

Und weiter ging's. Ich verbrauchte zwei Stirnlampen. Als es vier Uhr wurde, zitterte ich krampfartig und fragte mich ernsthaft, ob mir je wieder warm werden würde. Ich war nass bis auf die Knochen, wie ein Hund, den man im Regen vergessen hat. Wir hielten an einer schlammigen Insel mitten im Fluss an. Blieben einfach stehen. Der Regen hatte seinen Höhepunkt überschritten, doch es goss immer noch in Strömen. Eine Weile standen wir einfach nur da – zu müde und nass und elend, um irgendetwas Produktives anzustellen. Trocknen konnten wir nicht. Unsere Zelte wären durchweicht gewesen, bis wir sie aufgestellt hätten.

Ich legte mich unter eine Plastikplane auf den Boden des Bootes. Wasser tropfte auf mich, aber es war minimal weniger eiskalt als draußen. Dann schlief ich zwanzig Minuten, und als ich aufwachte, waren die Wolken ein wenig heller geworden. Wir konnten etwas sehen. Brüllaffen lärmten irgendwo in der Ferne des Dschungels. Ein weiches Licht hielt Einzug in die Welt.

Jetzt, so dachten wir, würde die Sonne die Wolken vertreiben und diesem Regen ein Ende machen. Doch stattdessen färbten sich die Wolken schwarz, der Donner wurde heftiger. Wir nahmen eine Biegung, und flussaufwärts empfing uns ein Regen von geradezu biblischen Dimensionen. Wir fuhren weiter – geradewegs hinein. Der Regen schnitt uns wie Rasierklingen, und der Wind schien auf uns einzuprügeln. Wir wurden förmlich weggeschwemmt. Wir johlten und schrien ein bisschen, doch uns wurde klar, dass das nicht helfen würde. Wir mussten es einfach durchstehen. Wir taten, wofür wir trainiert hatten, wofür wir gemacht waren. Wir befanden uns genau dort, wo wir sein sollten, und wir konnten alles ertragen, um rechtzeitig ans Ziel zu kommen. Wir gaben alles.

Wir legten eine Strecke, für die man normalerweise zwei Tage brauchen würde, innerhalb einer Nacht zurück. Um neun Uhr morgens kamen wir in Puerto Nuevo an, wo wir herzlich empfangen wurden. Bacho, der uns verständigt hatte, umarmte uns erfreut. Er war groß, muskulös, mit riesigen silbernen Zähnen und stacheligem Haar. Ein Dorfpolitiker, ein Angel-Experte, durch und durch ein »Wilder Mann« aus dem Dschungel der Region Madre de Dios. Ich hatte ihn unzählige Male beim *paco*-Fischen auf dem Fluss gesehen. Dem konnte er sich nicht nähern, ohne ein Bad zu nehmen. Ein wahrer Flussotter, ein Tier im Herzen, und zugleich das Produkt seiner Umgebung und ihr Repräsentant.

»Willkommen, willkommen. Gut, dass ihr es so schnell hergeschafft habt. *¿Cómo estás, cachero?*«

»*¡Tengo mucho frío!* Furchtbar kalt ist mir!«, erwiderte ich, von krampfartigem Zittern geschüttelt.

Er klopfte mir lachend auf die Schulter. »Aber du bist hier!«

Bald erfuhren wir die schlechten Neuigkeiten: Trotz unserer Gewalttour flussaufwärts waren die Mashco verschwunden.

Wir fühlten uns sehr ausgelaugt und nass und erschöpft. Die Menschen in Puerto Nuevo gewährten uns Unterschlupf (das Übliche: vier Pfosten mit einem Dach und einem Boden, keine Wände). Dort stellten wir auf trockenem Holz unsere Zelte auf, damit wir vor den Elementen geschützt waren. Ich verlor keine Zeit und schlief erst einmal einige Stunden. Zum ersten Mal seit Langem hatte ich eine Nacht durchgemacht.

Am nächsten Tag regnete es unerbittlich weiter. Puerto Nuevo war eine Gemeinschaft aus Fischern – aber es standen auch Affen auf dem Speiseplan –, und es gab Korbflechter und Spurenleser. Die Menschen lebten vor allem von den Dingen, die sie anbauten oder im Fluss und im Wald jagten. Viele von ihnen waren als Ranger für *Junglekeepers* tätig. Wir unterhielten enge Beziehungen, denn der Vorstand und die anderen Ranger traten alle drei Monate die zweitägige Reise flussaufwärts an und brachten Dinge mit, die es im Dschungel nicht gab: medizinische Hilfsmittel, Bildung und einen Zukunftsplan, der andere Verdienstmöglichkeiten als Holzfällen, Arbeit in den Minen oder Wilderei enthielt. Die Menschen hier waren »wild«, und sie lebten am Rand der Welt. Sie waren unsere Freundinnen und Freunde. Die Großmütter, die Kinder, die Schamanen – alle freuten sich, uns zu sehen. Und alle hatten entsetzliche Angst.

In der Gemeinschaft von Puerto Nuevo lag ein unterdrückter Terror in der Luft. Wenige Tage zuvor war ein Stamm aus Mashco-Piro-Männern am Strand aufgetaucht, und niemand hatte gewusst, was als Nächstes geschehen würde. Die Menschen in Puerto Nuevo kannten sämtliche Gruselgeschichten. Auf viele von ihnen war bereits mit Pfeilen geschossen worden, und sie waren mit knapper Not entkommen. Andere hatten Angehörige bei Zusammenstößen mit den Mashco verloren. Im Jahr 2013 hatten die Mashco Piro die Gemeinschaft überfallen und sie in so großen Schrecken versetzt, dass die Regierung militärische Unterstützung geschickt hatte, um Puerto Nuevo zu evakuieren.

Inzwischen war es zehn Jahre her, dass der Stamm sich hatte blicken lassen. Die Situation war so ernst, dass sich die Nachricht über offizielle Kanäle über den Dschungel hinaus verbreitet hatte. Deswegen tauchte am folgenden Tag das peruanische *Ministerio de Cultura* auf. Die Angehörigen des Kulturministeriums kamen in einem einzigen Boot mit einigen ortsansässigen Männern und einem winzig kleinen Büromenschen namens Palestino. Er hatte Knopfaugen und trug eine Brille. Wir wussten, er würde uns Probleme bereiten. Mit im Boot saß außerdem der große, legendäre Rommel.

JJ hatte mir jahrelang von Rommel erzählt. Er war derjenige, der mit den Stämmen kommunizieren konnte. Er kannte viele der Männer vom Sehen. Sie nannten ihn den »Großvater«. *Abuelo*. Er war überall in Madre de Dios gewesen, in Manu und Atalya und Monte Salvado, hatte die Stämme oft gesehen. Er war der Beste, wenn es um friedliche, klare Kommunikation ging, und ihm gelang es, gewalttätige Konflikte zu vermeiden.

Am Nachmittag unseres zweiten Tages in Puerto Nuevo leitete Rommel eine aus drei Booten bestehende Expedition mit zwanzig Menschen und mindestens zehn Gewehren flussaufwärts. Es sollte nach Beweisen für die Aktivitäten des Stammes gesucht werden. Am Vortag hatte es erneut so stark geregnet, dass der Boden quasi blank gewischt war. Bei allen Fußspuren, die wir heute am Strand finden würden, würde es sich also um frische handeln – Irrtum ausgeschlossen. Und da waren sie. Rommel zeigte uns einen in den Sand gesteckten Stock. Das, so erklärte er, sei ihr Signal. Wenn sich der Stock morgen noch dort befände, seien die Mashco Piro noch da. Der Stock sei eine Warnung. Wäre er weg, so bedeutete das, dass auch die Mashco Piro verschwunden seien.

Dann ein Augenblick der Panik. Irgendjemand hatte etwas am gegenüberliegenden Flussufer gesehen. Wir stiegen alle in die Boote. Gewehre wurden geladen. Am anderen Ufer bewegten wir uns vorsichtig. Viele der *communeros* hatten die Waffen bereits angelegt. Rommel ganz vorne – untersuchte den Boden. »Sie waren hier«, sagte er. »Gerade eben.« Er folgte den Spuren eine Weile und erklärte uns, wie er an den im vorderen Teil tieferen Fußspuren erkennen konnte, dass sie sich geduckt hatten und dann losgerannt waren. »Sie sind hier. Sie beobachten uns.«

Es war später Nachmittag, und im abnehmenden Licht eines wolkenverhangenen Himmels kniete sich Rommel hin, um herauszufinden, wo der Sand frische, nur wenige Augenblicke alte menschliche Fußspuren aufwies. Wir alle wollten sie sehen. Niemand sagte etwas, während wir in der Erde lasen. Die einzigen hörbaren Geräusche waren der Wind und Kugeln, die in Magazine gesteckt wurden.

Rommel stand neben einem großen, umgestürzten schwarzen Baum auf einer Anhöhe am Rand des Strands. Sein Blick wanderte in die Ferne. *»Nomolé«*, rief er leise.

»Jetzt passiert es«, sagte Mohsin. Er stand stocksteif und mit weit aufgerissenen Augen neben mir.

Ich spürte, wie mir das Adrenalin die Wirbelsäule hochkroch. Wir waren wie erstarrt.

»Nomolé«, rief Rommel wieder und hielt beide Hände hoch. Seine Stimme hallte als Echo über den Fluss.

An diesem Ort merkten wir, wie nahe wir der tiefen Wildnis waren. Wir standen am Rand der menschlichen Welt auf unserem Planeten und riefen in die große Weite hinaus. Mit geladenen Gewehren im Sand, neben den großen Bambusansammlungen. Der Stamm antwortete nicht, doch die Spuren in der Erde sagten alles. Sie waren vor wenigen Augenblicken hier gewesen, und das bedeutete, sie konnten uns jetzt hören. Sie beobachteten uns.

Rommel stand hoch aufgerichtet da, sein Haar tanzte im Wind. Seine Stimme war stark, aber sanft: »Wir wollen euch nichts tun, wir wollen nicht kämpfen, *nomolé!* Wir wollen eure Freunde sein, Brüder, *nomolé!*«

Rommels schmale Gestalt wirkte im wilden Chaos der Äste und des schwarzen Holzes am Strand weise und wachsam. Der Dschungel umgab uns unerbittlich. Die Schatten waren voller darin verborgener Menschen. Unsere Herzen schlugen wild, weil wir wussten, wir balancierten auf Messers Schneide zwischen Jahrhunderten menschlichen Wohlwollens und einem brutalen Massaker. Kurze Zeit später – nachdem er einige weitere Worte gesprochen hatte – wandte sich Rommel um. »Sie kommen jetzt nicht heraus. Sie haben Angst vor uns. Gehen wir.«

In dieser Nacht verlor Stéphane den Glauben daran, dass irgendetwas passieren würde. Wir sprachen darüber, dass wir die Mashco Piro wahrscheinlich verpasst hatten, und planten, im Morgengrauen des nächsten Tages den Fluss hinunterzufahren. Mohsin war einverstanden. Deshalb lenkten wir unser Gespräch auf die Arbeit, die in der Station auf uns wartete. Zum einen mussten geschäftliche Dinge für das Baumhausprojekt erledigt werden, zum anderen brauchte JJ Unterstützung bei den Verhandlungen zum Landerwerb. Hier gab es nichts mehr für uns zu tun. Insekten malträtierten uns, es war heiß, dann wieder kalt, anstrengend, und nach allem, was wir auf uns genommen hatten, verspürten wir eine gewisse Enttäuschung.

Doch am nächsten Morgen schlug Rommel nach dem Aufwachen vor, dass wir nach dem Stock sehen sollten. Wenn er noch da wäre, würden sie heute kommen. Wäre er weg, wären auch sie weg. Eine weitere Expedition mit Männern, Gewehren, Booten. Und wir stellten fest: Der Stock war weg. Das bedeutete, auch der Stamm war weg. Das reichte uns. Wir würden nach einem raschen Frühstück aufbrechen.

Während wir packten und uns auf den Aufbruch vorbereiteten, kam Ignacio zu mir. Sein Blick war ernst.

»Du bist mein Boss, stimmt's? Mein Direktor?«

»*Sí*. Ja. Was ist los?«

»Ich muss als Freund mit dir sprechen«, sagte er, und dabei ließ er mich keine Sekunde aus den Augen.

Ich gab ihm mit einem Nicken zu verstehen, er solle loslegen.

»Du kannst jetzt nicht abfahren. Du wärst ein Vollpfosten, wenn du jetzt gehst. Der Stock ist weg, aber die Fußspuren sind noch da. Sie werden kommen. Vielleicht nicht heute, vielleicht morgen. Ihr habt den ganzen Weg zurückgelegt. Du wärst ein Vollpfosten, das auf dich genommen zu haben und jetzt zu gehen. Sie werden kommen.«

Das den anderen zu vermitteln, bereitete mir Probleme. Stéphane hatte sich mental bereits auf die Rückkehr eingestellt. Er war der Meinung, dass jeder in dieser Gemeinschaft seine eigene Theorie habe. Es gehe immer um Fußspuren und Stöcke und den Wind – Dinge, die man kaum sehen könne, und quantifizieren könne man sie erst recht nicht. Mohsin überlegte, ob man vielleicht wollte, dass wir bleiben, um sich über uns lustig zu machen. Ich war völlig anderer Ansicht als die beiden. Während der ganzen Jahre im Dschungel hatte ich gelernt, dass sich die Einheimischen nie irrten. Von Don Santiago und dem Schwimmenden Wald bis hin zu den unzähligen Malen, als JJ und andere Menschen Dinge einfach *gewusst* hatten.

»Wir bleiben. Jedenfalls bleibe *ich*. Basta.«

Ich sagte zu ihnen, wenn sie gehen wollten, könnten sie sich allein auf den Heimweg machen. Stéphanes Zelt lag bereits im Boot. Es gab eine Auseinandersetzung, wir wurden emotional. Uns war heiß, wir waren müde, von Insekten zerstochen und ausgelaugt. Aber wir blieben. In der nächsten Stunde trennten wir uns allerdings. Die beiden anderen beschlossen, mit ihren Kameras loszuziehen, um alles an indigenem Leben zu dokumentieren, was sie konnten.

Ich suchte mir irgendwo auf einem Holzboden eine ruhige Stelle und öffnete meinen Laptop und ein Buch über den Schamanen Don Ignacio Duri. Die Gebäude in Puerto Nuevo stehen alle auf Holzplattformen, die sich etwa einen Meter über dem Erdboden befinden, und es gibt hölzerne Verschläge wie einzelne Zimmer. Die Dächer bestehen entweder aus Wellblech oder sind mit Palmwedeln gedeckt. Nur in wenigen dieser Häuser gibt es funktionierende Türen. Ich hatte einen ruhigen Platz zum Schreiben gefunden und arbeitete an den ersten Kapiteln des Buches, das du gerade liest. Die Vögel sangen. Eine Stunde verging, dann eine weitere. Die Welt schien friedlich. Dann geschah es wirklich.

»MASHCO!«

Wer da gerufen hatte, wusste ich nicht, doch ich sprang sofort auf und lief los.

Während ich rannte, merkte ich, dass die Luft von Angst erfüllt zu sein schien. Entsetzte Frauen rissen ihre Kinder hoch und hasteten mit ihnen weg. Hunde und Hühner folgten ihnen. Irgendwo begegnete ich Bacho, keuchend, mit weit aufgerissenen Augen. »*¡Vamos!*« Zusammen liefen wir durch das kleine Dorf, glitten zwischen Yucca-Palmen und Kochbananenstauden hindurch. Es gibt ein großartiges Stück des Komponisten Clint Mansell aus dem Film *The Fountain* mit dem Titel *Death is the Road to Awe* – dieses Lied hörte ich in meinem Kopf, während ich rannte. Barfuß sprangen wir durch die Bäume und ans Ufer, richteten den Blick auf die andere Seite.

Wie Schatten tauchten sie ganz plötzlich aus dem Dickicht des Dschungels auf, kamen heraus an den Strand. Geister in Menschengestalt, die man als Erscheinungen hätte abtun können, hätte man nicht gesehen, wie die Wolken aus Millionen grün-weißer Schmetterlinge reagierten: Sie nahmen sie auch wahr. Dunkle Krieger mit wilden Haaren und Pfeil und Bogen. Sie gingen gebückt, die Pfeile angelegt, bereit. In ihren Bewegungen lag etwas Uraltes, wie bei Steinzeitmenschen, bei frühen Formen der menschlichen Spezies. Es kam mir vor, als würden wir durch ein magisches Auge unsere gemeinsame Vergangenheit erblicken. Den Ursprung unserer Art, der niemals den grünen Mutterleib verlassen hatte. Die von der Zeit vergessenen Kinder. Sie traten nun ins Licht, mit einer Verspätung von tausend Jahren. Ihre Augen so dunkel wie die Nacht. In ihnen waren Leid und Entsetzen über ein tiefes Nichtwissen erkennbar.

Sie bewegten sich direkt auf uns zu.

Zuerst nur vier oder fünf von ihnen, weit entfernt. Doch bald kamen andere aus dem Schatten der Bäume hinzu. Alle waren bewaffnet.

»Pass auf Pfeile auf, und bleib in der Nähe eines Baums.« Ignacio atmete wie ein verängstigtes Tier.

Ich hörte Munition klicken, als die Waffen geladen wurden. Manche hatten selbst gemachte Gewehre aus Holz mit Rohren (nicht viel besser als Musketen, weil man die heiße Patronenhülse mit der Hand aus der Trommel holen musste, um die Waffe neu laden zu können). Andere waren besser ausgestattet: mit bösen kleinen halb automatischen Magnums, Nahkampfwaffen aus Metall, die schlimmen Schaden anrichten konnten. Jeder behielt jeden im Auge. Ich hatte Angst. Als ich Stéphane entdeckte, stand er bereits auf einem Felsvorsprung. Schweigend betätigte er immer wieder den Auslöser seiner Kamera. Er fing die Bilder ein, die alles verändern sollten. Mohsin ließ sich auf ein Knie nieder und machte Aufnahmen von prähistorischen Männern, die vor 10.000 Jahren hätten entstanden sein können. Seine gesamte Karriere als Fotograf im Amazonas hatte sich auf diesen Moment zubewegt. Im Vorbeigehen umarmte ich ihn herzlich, den Blick hatte ich in die Ferne gerichtet. Ich sah zu, wie die Mashco Piro über den Strand liefen. Sie waren barfuß und völlig nackt – abgesehen von dem Seil um die Taille, mit dem sie ihre Geschlechtsteile am Körper hielten. Unnahbar wirkende Gestalten aus dem Paläozän waren zu Menschen mit deutlichen Merkmalen geworden. Ich konnte ihre Gesichtszüge ebenso erkennen wie die Angst, ihr wildes Haar und die rotgelbe Kriegsbemalung auf der Stirn.

Wir standen schweigend im Wind und warteten ab.

Die Mashco-Männer kamen auf uns zu.

Wenn im nächsten Augenblick wirklich alles passieren kann, spürt man, wie die eigenen Instinkte das Kommando übernehmen. Der Blick sucht nach Fluchtrouten und erkennt Verstecke. Ich schaute auf den Fluss und fragte mich, ob ich wohl hineinspringen und davontreiben könne, bevor sie richtig auf uns zielten. Wir beobachteten, wie die Krieger näher kamen, und versuchten zu berechnen, wie weit ihre Pfeile flogen.

Bald befanden sie sich direkt uns gegenüber.

Der Moment der Kontaktaufnahme kam näher.

»*Ay! Nomolé!*« Rommel – der Anthropologe und Spezialist für Indigene – stand bereits am Rand des Wassers auf der Sandbank. Er wirkte wie ein Hobbit, weise und ruhig, und hatte die Augen zusammengekniffen. Die Hände ließ er an den Seiten seines Körpers herabhängen. »*HO! Nomolé!*«

Der Stamm reagierte: »*Nomolé!*«

Rommel antwortete: »*Nomolé.*«

Der Geruch nach nassem Erdboden und Eisen lag schwer in der Luft. Mir war nur zu bewusst, dass lediglich ein kurzes Stück Fluss unsere beiden menschlichen Stämme voneinander trennte. Ihrer war nackt, unserer bekleidet.

Von uns sprach nur unser Anführer, Rommel. Die Mashco hingegen redeten alle auf einmal. Es klang wie ein Vogelschwarm, als sagten zwanzig Menschen gleichzeitig: »*Teeshi tawi katana shashuha nani pashicano tashe peappedey hateiiyyyyy!*« Nichts davon ergab für uns einen Sinn.

Rommel benutzte die Piro-Sprache Yine, um ihnen zu vermitteln, sie sollten die Waffen niederlegen. Wir alle befanden uns in der Nähe von Bäumen und eines Hauses, bereit, in Deckung zu gehen. Die Männer, die wir vor uns am Strand sehen konnten, machten nur einen Teil der Gruppe aus. Im Wald gab es noch mehr von ihnen, sie befanden sich noch im Schatten der Bäume. Sie sagten nichts und schauten einander auch nicht an. Sie konzentrierten sich ganz auf uns, blickten auf Rommel.

»*Nomolé!*« Der immer wiederkehrende Refrain. »Brüder! Brüder! Legt die Waffen nieder. Bitte legt die Waffen nieder, Brüder! *Nomolé!*«

Mohsin und ich tauschten einen Blick. Nun war es endlich so weit. Die Männer des Stammes waren uns nahe genug, dass wir das Weiße in ihren Augen erkennen konnten. Nur Männer. Mit wildem Haar. Groß und dünn, nicht wie die stämmigen Peruaner neben uns. Die Haut rein und gesund. Sie trugen Bänder und Reifen unterhalb des Knies. Manche hatten Gesichtsbehaarung, andere nicht. Manche wirkten wie vierzig, andere wie zwölf. Man konnte ihre Hoden sehen. Alle waren mit großen Bögen und breiten Pfeilen mit Bambusspitzen bewaffnet, die einen Mann in zwei Hälften teilen konnten.

Rommel sprach voller Leidenschaft, ließ seine Stimme über den Fluss schallen und flehte die Mashco-Männer an, die Waffen niederzulegen. Scheu lauschten sie, und nachdem sie ihre Waffen in den Sand gelegt hatten, klatschten sie in die offenen Hände, zeigten uns die Handflächen – leer.

Rommel nickte, *gut*, und machte einen Schritt in den Fluss hinein.

Der Anführer der Mashco trat ebenfalls einige Schritte nach vorne, bis er knietief im Wasser stand.

Neben mir ließ jemand ein Gewehr klacken.

Danach gab niemand mehr irgendein Geräusch von sich.

Alle Augen waren auf Rommel gerichtet. Er wirkte friedfertig, ruhig und weise. Neben ihm bereiteten die anderen Männer ein Kanu vor, das mit Geschenken, Kochbananen, Seil und Zuckerrohr gefüllt war. Alles lief auf diesen Augenblick des Austauschs hinaus. Wir konzentrierten uns auf das, was Rommel tat. Deshalb entstand eine Panik, als hinter uns etwas geschah.

Ein Hinterhalt! Man hatte uns umzingelt! Plötzlich rannten alle Männer mit Waffen auf eine Seite des Dschungels. Die Mashco auf der anderen Seite des Flusses flohen. Eine Unruhe entstand. Während ich mit den Bewaffneten mitrannte, kamen wir an einem kleinen Mann mit einer Brille vorbei, der ein offiziell wirkendes Hemd trug. Es war Palestino, der Typ vom *Ministerio de Cultura*. Er hatte sich ein Küchenmesser gegriffen und ein Versteck gefunden. Ich sah, wie er sich bekreuzigte und Gott laut anflehte, ihn nicht sterben zu lassen.

Ich erreichte Bachos Bruder, der ausspuckte und die Augen zusammenkniff. Den Mund hatte er geöffnet, das Gewehr auf der Schulter, er war kampfbereit. Ein alter Mann mit einem Gewehr bezog hinter einem Baum Position. Ich versteckte mich hinter ihm. Ich hatte keine Waffe, aber wenn es ein Massaker geben sollte, wollte ich das Ganze kommen sehen. Und ich wollte die bestmögliche Chance haben, mein Versprechen Katlin gegenüber einzuhalten und Mohsin um jeden Preis zu beschützen. Wir hatten vor langer Zeit gemeinsam entschieden: Sollte dieser Tag irgendwann kommen, hatte ich dafür Sorge zu tragen, dass Mohsin zu seinem Sohn zurückkehren konnte. Weil er Vater war, musste er immer so stehen, dass ihn kein Pfeil treffen konnte. Wir hatten nie geglaubt, dass es jemals dazu kommen würde. Als es jetzt so weit war, beobachtete ich die Situation voller Konzentration.

So läuft das also ab, dachte ich. Nur noch Augenblicke würden vergehen, bis der erste Pfeil aus dem Blattwerk gezischt käme und ein Opfer fordern würde. Dann würden die Gewehre ein wildes Feuer eröffnen. Der Stamm würde vom anderen Flussufer aus einen Kriegsschrei ausstoßen, die Bögen in die Hand nehmen und angreifen. Ich merkte, dass ich mich auf meine Atmung fokussierte. Wenn die Situation eskalierte, würde es richtig schlimm werden. Wir waren zwanzig Männer und hatten noch weniger Gewehre. Und auf der anderen Seite standen mindestens vierzig Mashco-Krieger, die wir sehen konnten, und vielleicht noch einmal so viele, die sich versteckt hielten. Wenn es zum Kampf käme, würde der einem Gemetzel gleichkommen. Einen ausgedehnten, schrecklichen Moment lang stand ich auf den Fußballen, mit gebeugten Knien, bereit wegzurennen. Mein Herz raste.

Doch die Unruhe hinter uns war kein Angriff gewesen. Langsam begriffen wir, dass die Bewegung, die die Panik ausgelöst hatte, von den Mashco-Frauen ausgegangen war, die wir nicht bemerkt hatten. Sie waren zwar tatsächlich hinter uns, aber damit beschäftigt, die Farm zu plündern. Sie stahlen Bananen, während die Männer uns am Fluss ablenkten.

Ein junger Mann mit einem breiten, freundlichen Gesicht und einem gütigen Lächeln kam auf mich zu. Er sagte, sein Name sei George, und mir fiel auf, wie ruhig er wirkte. Er sagte, am Fluss gehe es gleich los. Mir war leicht schwindlig, als ich ihm zum Felsvorsprung folgte, wo jetzt alle versuchten, ihre Fassung zurückzugewinnen. Der Stamm hatte sich beruhigt. Rommel und ein weiterer Mann namens Linner gingen in den Fluss. Nur dreißig Meter vom Stamm entfernt wateten sie ins Wasser.

Ignacio stand an einem Baum, die Arme vor der Brust verschränkt. Sein Blick war unruhig, während er alles beobachtete. In genau so einer Situation war er angeschossen worden. Als er genau das getan hatte: versucht zu helfen. Jetzt wiederholte sich alles. Er hob ein Fernglas an die Augen. Er sah verängstigt und wild aus, und die Emotionen brodelten ganz offensichtlich in ihm.

Rommel befand sich unten, bis zur Taille im Wasser. Er bewegte sich stetig weiter von unserer Flussseite weg, entfernte sich immer mehr aus der Sicherheitszone der Gewehre und näherte sich dem Stamm – und damit dem Abgrund der Möglichkeiten.

»*Nomolé!*«, sagte Rommel, energisch diesmal. »*Nomolé!*« Als müsste er den Männern wieder und wieder in Erinnerung rufen, dass er ein Freund war, dass sie ihn nicht töten sollten. Als ob sie das innerhalb weniger Minuten vergessen würden.

Alle beobachteten die Szene mit großer Anspannung. Es lag definitiv im Bereich des Möglichen, dass der Stamm sich erschrecken und flüchten würde. Dass jemand einen Pfeil abschießen würde, der Rommel traf. Dass er an Ort und Stelle getötet werden würde. Die fatale Schwere des Augenblicks ließ uns schweigend verharren. Rommel war atemberaubend tapfer. Er steuerte das Kanu in die Mitte des Flusses hinaus. Ein einziger kleiner Mann gegenüber vierzig Kriegern.

Nachdem er sich ihnen so weit genähert hatte, wie er es wagte, stieß er das Boot an, damit es auf den Stamm zutrieb. Das Wasser geriet in Bewegung, als sie heranstürmten. Ein Dutzend nackter Männer stürzte sich auf das Boot wie verhungernde Tiere. Jeder von ihnen griff nach Kochbananen. Sie kämpften und schubsten einander unter lautem Geschrei, während sie jede einzelne der grünen Früchte an sich rissen. Einen kurzen, schrecklichen Augenblick lang erkannte man die fehlende Organisation, die Verzweiflung, das »Jeder für sich«.

Dann ging das ganze Theater von vorne los. Der Stamm stieß das Boot zurück und begann, sich zu unterhalten. Ein dominant wirkender Mann mit einem Samurai-Schnurrbart hielt eine offensichtlich beeindruckende, von gewichtigen Gesten begleitete Rede. Weitere Bananen wurden herangeschafft. Das Boot wurde erneut beladen. Wieder watete Rommel in den Fluss, und inzwischen hatte sich die Stimmung eindeutig beruhigt. Er hielt das Heck des Bootes fest, als sich der Stamm näherte. Er sprach mit leiser Stimme und sagte immer wieder: »*Nomolé!*«

Auch diesmal fiel der Stamm über das Boot her und riss den gesamten Inhalt an sich: Kochbananen und Zuckerrohr und Seil. Währenddessen stand Rommel da – nicht mehr als etwa vier Meter von den Männern entfernt. Ruhig. Als die ganze Bootsladung entfernt worden war, sprach er so leise mit den Kriegern, dass wir nichts hören konnten. Sie zeigten in seine Richtung. Sie wollten seine Kleidungsstücke haben. Er zog das Hemd aus und warf es ihnen zu. Einer der Krieger fing es noch in der Luft auf und hielt es hoch. Andere kamen näher, deuteten auf Rommels Shorts. Auch die zog er aus und warf sie ihnen zu. Dann wandte er sich um und ging zurück auf unsere Seite des Flusses.

Eine Weile sahen wir zu. Der goldene Fluss lag zwischen uns und ihnen. Einige Dutzend Meter Wasser trennten die Steinzeit von der modernen Welt. Seeschwalben flogen durch die Luft, und der Strand funkelte vor Schmetterlingen. Wir standen in feierlichem Schweigen da, erfassten die historische Dimension. Der erste Kontakt: An der Schnittstelle von Jahrhunderten schenkte eine Gruppe wohlmeinender ortsansässiger Indigener einem Volk, das überhaupt keine Verbindung zur modernen Welt hatte, die einfachsten Dinge: Nahrung und Seil.

Sehr bald deutete der Stamm durch Gesten an, man wolle mehr.

Nun watete Ignacio neben Rommel in den Fluss. Ich stand etwa drei Meter entfernt neben einer Papaya. Ignacio schaute mit spitzbübischem Blick zu mir zurück und zog sein *Junglekeepers*-Shirt aus. Die Langarmversion mit dem weißen Logo, die die Ranger trugen. Er winkte mir fragend zu: *Kann ich ihnen das geben?*

Schulterzuckend deutete ich auf Rommel. *Er ist der Boss.*

Diesmal war Linner an der Reihe, das Boot in den Fluss zu bugsieren und die letzten Kochbananen zu verschenken. Das tat er, und wieder entstand ein hektisches Chaos, als sich die ausgehungerten Stammesangehörigen auf die großen grünen Stauden im Boot stürzten und die Kochbananen wegtrugen.

Dann warf Ignacio Linner das Shirt zu, und der watete weiter in den Fluss hinein und warf es hinüber. Der Stamm befand sich nun mehr oder weniger auf unserer Seite des Flusses. Einer der Männer fing das Shirt auf, als es die Wasseroberfläche berührte, hob es hoch und wrang es aus. Wir alle lächelten. Sie lächelten auch. Ein unglaublicher Moment. Irgendwie wussten beide Seiten, wie albern das Ganze war. Und irgendwie stimmte das die beiden Stämme milder – ihren und unseren. Rommel sollte später bestätigen, dass er diese Männer – diesen ganz bestimmten Plan, diesen Stamm – zum ersten Mal gesehen hatte. Die Geschenke, die wir ihnen gaben, das Lächeln, das wir austauschten – alles wirkte wie kleine Akte der Wiedergutmachung für eine grausame Vergangenheit, die niemand von uns zur Gänze kannte. Eine Geschichte der Gewalt, die den Abgrund hatte entstehen lassen, den wir nun zu überbrücken versuchten.

Über drei Stunden lang tauschten die Menschen von Puerto Nuevo und die Mashco Piro Worte und Gesten und Geschenke aus. In der letzten Stunde war alles ruhig. Rommel sagte ihnen: »Wir haben nichts mehr. Ihr habt alle unsere Kochbananen und das Zuckerrohr und das Seil. Wir haben nichts mehr. Geht jetzt bitte in Frieden und Freude.«

Einer der Mashco-Krieger marschierte in Richtung Strand, hob den Bogen aus dem Sand auf und legte einen Pfeil an die Sehne. Er ging stolz und entschlossen zum Ufer. Er schoss den Pfeil ab, zielte aber auf niemanden. Es handelte sich nicht um eine Drohung. An seinen lockeren Schultern und den zusammengekniffenen Augen konnte man erkennen, dass es als spielerisches Necken gemeint war.

Lange Zeit saß ich mit Ignacio und Bacho auf einer Bank, die unter einigen Palmen am Fluss stand. Es handelte sich um ein altes Kanu auf zwei Baumstümpfen. Wir schauten zu, wie der Stamm im Schatten der Ameisenbäume am anderen Ufer entlangging. Die Männer hatten sich auf den Weg zu einer Farm im Dschungel auf der anderen Seite gemacht und dort einige Plastiktüten und sogar eine Machete gefunden. »Hey! Was macht ihr mit meiner Machete?!«, rief Bacho mit dröhnender Stimme über den Fluss. Wir lachten. Der nackte Mann auf der anderen Seite machte eine wegwerfende Geste und schwang die Klinge, als wolle er Bacho verspotten. Bacho warf beide Hände in die Luft und lachte erneut. »Ihr könnt sie haben! Ihr Bastarde.« Wir lächelten. Niemand war gestorben. Ignacio stand auf und sprach eine Weile lang mit den Mashco. Er tanzte, und sie tanzten. Zwei Stämme – getrennt durch einen Fluss.

Weiter hinten auf dem Felsvorsprung machte Stéphane weiterhin Fotos. Rommel war auch dort. Er trug eine Halskette, die ihm die Mashco Piro geschenkt hatten. Und er beantwortete immer noch ihre vielen Fragen.

»Sie wollen wissen, wie man schlechte von guten Menschen unterscheiden kann. Sie wollen wissen, warum manche die Bäume fällen. Sie hassen es, wenn Bäume gefällt werden. Vor allem die großen. Die Bäume sind wie Götter für sie. Sie wollen wissen, warum wir das tun.«

Rommel wandte sich mir zu.

»Wie soll ich ihnen unsere Welt erklären? Manche nennen sie ›Steinzeitmenschen‹, aber das ist falsch. Das hier sind Menschen aus der Vorsteinzeit. Sie haben da drüben keine Steine, und deswegen haben sie auch nie gelernt, Stein zu bearbeiten. Metallabbau kennen sie nicht. Oder Bootsbau. Andere Stämme stellen aus Ton Töpfe her, aber dieser nicht. Diese Menschen trinken Wasser aus dem Strom, haben es jedoch noch nie frieren oder kochen sehen. Sie wissen nicht einmal, dass Wasser das kann. Zeigt ihnen«, fuhr er fort, »dass ihr ihnen nichts Böses wollt.«

Er unterbrach sein Gespräch mit mir, um die Frage eines Mashco-Mannes vom gegenüberliegenden Flussufer zu beantworten.

»Sie sind neugierig auf dich«, sagte Rommel.

»Auf mich?«

Rommel lächelte. »Sie sagen, du siehst groß und stark aus, wie ein Krieger, und sie wollen dich richtig anschauen. Komm her.«

Ich trat aus dem Schatten ins Sonnenlicht. Rommel legte eine Hand auf meinen Arm – er präsentierte mich. Ich wollte meine Schultern nicht straffen, wollte nicht einschüchternd oder wie ein Krieger wirken. Überhaupt nicht. Wenn uns eines mit dem Stamm der Mashco Piro vereinte, waren es gemeinsame Ängste. Deswegen hielt ich die Hände hoch, streckte ihnen die Handflächen entgegen. Ich winkte. Auf der anderen Seite des Flusses hielten mehrere der Männer ebenfalls die Hände hoch und winkten. Wir ließen die Hände sinken. Dann winkte ich wieder. Das war berauschend. Wir kommunizierten über Kulturen, über Zeit und Sprache hinweg, mit der einfachsten aller menschlichen Gesten: *Hier sind meine leeren Hände, ich habe keine Waffen, ich bin ein Bruder*. Ich sagte: *»Nomolé!«*

Das Letzte, was wir von dem Stamm sahen, glich einer sich manifestierenden Vision aus einem anderen Jahrhundert – als hätte uns eine Zeitfalte für einen kurzen Augenblick durch eine flüchtige, geisterhafte Öffnung in eine ganz andere Epoche versetzt. Ein paar Dutzend nackte Krieger marschierten über den Strand. Bögen und Pfeile in der Hand, nackte Füße auf dem Sand, Kochbananen auf die muskulösen Rücken geladen. Die bloße menschliche Form. Eine anachronistische

Variante unserer eigenen Spezies, die sich an den Rand dessen zurückzog, was wir glauben und verstehen konnten. Einer nach dem anderen verschwand in der Ferne, wurde vom grünen Mutterleib des Großen Dschungels verschlungen.

***

An jenem Abend trafen wir uns mit Bacho und dem Rest der Bewohnerinnen und Bewohner von Puerto Nuevo in der Gemeinschaftshütte. Ich erklärte ihnen, dass wir als Vorstand von *Junglekeepers* willens seien und uns verpflichtet sähen, ihnen zu helfen. Wir hatten die schonungslose Realität der Welt gesehen, in der sie lebten. Wir hatten ihre Tapferkeit und Menschlichkeit erkannt, als sie sich in Gefahr begeben hatten, um anderen ihr eigenes Essen zu schenken – die einfachste und bedeutungsvollste Gabe –, in der Hoffnung, der Stamm sei in Frieden gekommen.

Die Menschen hatten weiterhin Angst. Die Stämme konnten jeden Moment gewalttätig werden und sie alle massakrieren. Man konnte es einfach nicht wissen. »Wir brauchen ein sicheres Haus«, sagte Bacho. »Irgendeinen Schutz.«

Mohsin, Stéphane und ich warfen uns Blicke zu. Die Stämme gab es schon seit Ewigkeiten hier. Seit Jahrtausenden. Die Menschen aus Puerto Nuevo waren es gewesen, die gekommen waren und die Bäume gefällt und Lichtungen angelegt hatten und die die *tchee-tchee-xu* (Feuerwaffen, Gewehre) benutzten, die die Stämme so sehr hassten. Indigen oder nicht – die Bewohnerinnen und Bewohner von Puerto Nuevo lebten erst seit einigen Jahrzehnten hier. Und sie hatten sich auf dem Grund und Boden der Mashco niedergelassen.

Wir erklärten den Dorfvorstehern, wir würden alles in unserer Macht Stehende tun, um zu helfen. Sie bedankten sich überschwänglich. Im Grunde unseres Herzens wussten wir allerdings, dass die Sache kompliziert war. Über ein Satellitentelefon kontaktierten wir JJ und das Team in Puerto Maldonado, und sie schickten eine ganze Bootsladung los, die Reis, Yucca, Salz, Zucker, Thunfisch und viele weitere Dinge, einschließlich medizinischer Güter und über dreihundert Liter Benzin, bringen sollte. Sie sollte in zwei Tagen eintreffen.

Am nächsten Morgen stiegen wir unter Umarmungen und nach ein paar letzten Gruppenfotos ins Boot und machten uns auf den Weg flussabwärts.

Später am selben Tag gingen einige der Männer aus Puerto Nuevo in dem Glauben zum Fischen, der Stamm sei nicht mehr da. Als sie flussaufwärts fuhren, griff man sie von beiden Seiten an. Ein vorbereiteter Hinterhalt. Über hundert Krieger stürmten vom Strand aus heran. Andere lauerten wie Heckenschützen, versteckten sich hoch oben im Dschungel, an der Biegung des Flusses. Ein Pfeilregen erfüllte die Luft. Während George seine Freunde aus der Gefahrenzone zu bringen versuchte, traf ihn ein Pfeil in den Rücken, knapp neben der Wirbelsäule, und durchstieß ihn unmittelbar oberhalb des Schulterblatts bis knapp hinter seinen Nabel. Sein rechter Lungenflügel kollabierte, und er brach zusammen, während einer seiner Freunde das Steuer des in voller Fahrt dahinschießenden Bootes übernahm. Der Stamm folgte ihnen, rannte durch den Dschungel und über die Strände, schoss weiterhin Pfeile ab. In voller Kriegsbemalung, mit rotgelben Gesichtern. Mit Geheul, unerbittlich, bereit zu töten.

DAS KRONENDACH

Die Regierung schickt einen Hubschrauber aus Cusco. Er wird hier in Puerto landen und dann direkt nach Monte Salvado fliegen, um George zu holen.«

Ich sagte nichts. Ich war nicht dazu in der Lage. Ich war zu sehr damit beschäftigt, mir den armen George vorzustellen, den wir gerade erst kennengelernt hatten. Wie er dalag, nach Luft rang, mit einem Pfeil im Körper. Er und alle anderen aus Puerto Nuevo waren zur Sicherheit nach Monte Salvado evakuiert worden. Ich konnte gar nicht fassen, dass er noch lebte. Und ich war sicher, dass er sterben würde, wenn die Verletzung so schlimm war wie beschrieben.

Wir saßen inzwischen alle wieder im *Junglekeepers*-Büro in Puerto Maldonado.

»Hört zu«, sagte JJ. »Da ist noch etwas. Irgendwas Seltsames geht vor sich. Die Mashco sind draußen im Fluss. Auf der Flucht. Nachdem George angeschossen wurde, haben die anderen Hunderte von ihnen gesehen. Die Mashco haben den Dschungel verlassen. Der Wasserstand im Fluss ist sehr niedrig. Sie laufen einfach durch. Ganz offen. Sie bewegen sich in Richtung Monte Salvado.«

»Und was passiert, wenn sie Monte erreichen?«, fragte ich.

JJs Augen weiteten sich, der Gedanke entsetzte ihn. »Ich denke, du solltest dich bereit machen.«

»Wofür denn bereit?«, fragte ich weiter.

Alles schien sich zuzuspitzen, an Fahrt zu gewinnen, wie ein unkontrollierbarer Zug, der immer schneller einen Berg hinabraste.

»Ich glaube, du wirst dein Zelt brauchen.«

»Mein Zelt? Was?« Ich kniff die Augen zusammen.

In dem Moment lächelte JJ. Das Lächeln eines Freundes, den man seit zwanzig Jahren kennt. Eines Freundes, der dabei gewesen war, als man so unverantwortliche und riskante Dinge getan hatte, dass er einem unzählige Male das Leben hatte retten müssen. Derjenige, mit dem zusammen man überlebt hatte. Das Lächeln eines Menschen, der den Charakter des Freundes fast besser kennt als der Freund selbst – und in diesem Augenblick begreift man, dass genau das die Freundschaft ausmacht. Er wusste es, bevor ich es wusste. Und als ich das schelmische Funkeln in seinen schwarzen Augen sah, breitete sich auf meinem Gesicht ein Grinsen aus. Es gibt Menschen, die eine fast pathologische Freude empfinden, wenn sie mehreren Widrigkeiten zugleich ausgesetzt sind, wenn sie schwierige Umstände durchstehen und dem Tod ein Schnippchen schlagen müssen. JJ wusste ganz genau, worauf die jüngsten Ereignisse hinausliefen.

Dann klingelte wieder mal sein Handy. Er eilte nach drinnen, und ich ging ihm nach.

In diesem Augenblick geschah etwas Unglaubliches.

Mitten in der ganzen hektischen Betriebsamkeit fühlte es sich an, als würde ich einen Film über mein eigenes Leben anschauen. Hier waren wir – im *Junglekeepers*-Büro. Im registrierten, offiziellen Sitz, im Hauptquartier unserer Organisation. Es herrschte eine geschäftige Betriebsamkeit: JJ machte sich mit der Brille auf der Nase Notizen wegen des Rettungshubschraubers. Stéphane listete Vorräte auf, die wir in die verschiedenen Gemeinschaften schicken würden, um zu ersetzen, was der Stamm den Menschen vor Ort weggenommen hatte. Mohsin rannte durch die Gegend und half dem Koordinator der Rangerinnen und Ranger, der Reissäcke durch die Gegend schleppte. Roy saß mit zwei Anwälten in einem anderen Raum. Sie bereiteten die Dokumente für die nächste entscheidende Entwicklung vor: Ein weiterer Grundbesitzer war bereit, das Holzfällen aufzugeben und uns sein Land zu verkaufen. Ihm sagte der Gedanke zu, fürs Nichtstun Geld zu erhalten. Holzfäller aus der ganzen Region standen förmlich Schlange, weil sie eine Stelle als Ranger zu bekommen hofften.

***

Irgendwann im Laufe der Zeit hatte sich unsere Vision, den Regenwald zu schützen, aus einer vagen Idee in eine konkrete Realität verwandelt. Früher war das ein wenig umrissener, kaum definierter Traum gewesen, doch nun gab es ein klares und erreichbares Ziel: die Wasserscheide von Las Piedras zu retten. Die Planungsphase lag hinter uns, wir hatten die Strategien ausformuliert, die Ziele festgelegt, und jetzt kam das Ganze wirklich in Gang. Die Zeit des Redens war lange vorbei – wir waren in die Umsetzungsphase eingetreten.

Wenn man das Land quantifiziert, das die Wasserscheide des Flusses zwischen dem Territorialreservat von Madre de Dios und dem zerstörten Farmland unterhalb von Lucerna umfasst, kommt man je nach Berechnungsgrundlage auf eine Fläche von etwa 121.000 bis 141.000 Hektar. Ganz unabhängig von den genauen Zahlen: Irgendwie und fast ohne es zu merken, hatten wir uns von hoffnungsvollen Träumern ganz unbestreitbar zu Fachleuten entwickelt. Ende 2024 schützten wir mehr als 44.000 Hektar Regenwald. Eine so große Fläche, dass man sie sich nur schwer vorstellen kann. Nur zum Vergleich: Sie ist halb so groß wie Singapur. Etwa achtmal so groß wie Manhattan Island. Und etwa ein Viertel der Größe des Sequoia National Park.

Wie zum Teufel hatten wir das geschafft?

Wann genau geht ein Fohlen von unsicheren Schritten in einen mühelosen Galopp über? So etwas geschieht beinahe unbewusst, als Ergebnis von Wiederholung und schierer Notwendigkeit.

Durch wie viele Sumpfgebiete waren JJ und ich gewatet – nur um mit leeren Händen zurückzukehren? Wie oft hatten wir geglaubt, jetzt nähme die Sache Schwung auf, wir könnten uns in die Luft erheben nur um eine Bruchlandung hinzulegen und ganz von vorne anfangen zu müssen? In der Anfangszeit hatte es keine Orientierung gegeben, der Horizont schien so weit weg und vor unseren Blicken verborgen zu sein. Ich erinnere mich an die Nächte mit Don Santiago, an die alten Dschungelgeschichten. Manchmal blättere ich Tagebuchseiten durch, die ich auf Solo-Expeditionen tief in der Wildnis gefüllt habe, befleckt mit zerquetschten Moskitos und Regentropfen. Ich erinnere mich an die Ayahuasca-Runden mit Don Ignacio. An meine Dschungelwanderungen in Indien mit Dharma. Ich erinnere mich, dass ich damals dachte: *Wozu ist das alles gut?*

Und genau darum geht es. Im Rückblick ist mir klar, was die schwerste Bürde, das entmutigendste und belastendste Hindernis darstellte, mit dem ich jemals konfrontiert worden war: nie zu wissen, ob ich mich auf dem richtigen Weg befand. Der ganze Druck, die Depressionen, all die Existenzangst – sie hatten denselben Ursprung. In der Schule hatte mich als Kind die Angst geplagt, in der falschen Zeit geboren zu sein. Dieses Gefühl wurde ich nicht einmal los, als ich nach Amazonien kam. Bestand mein Schicksal darin, die Zerstörung des Schönsten auf dem Planeten mitansehen zu müssen? Gab es wirklich nichts, was wir tun konnten, um den Uralten Wald und die Tiere des Amazonasgebiets zu retten? Wurden wir wirklich gewaltsam in einen Zustand des Bewusstseins der Katastrophe versetzt, während die Welt um uns herum starb?

Die ungeschminkte Wahrheit lautet, dass ich nicht immer von Inspiration und Überzeugung motiviert wurde, sondern vielmehr aus Angst und Zweifel heraus agiert habe. Ich ging nach Amazonien, weil ich tief in meinem Inneren wusste, dass etwas anderes für mich gar nicht infrage kam. Dieselbe Dunkelheit, die mich jagte und mir nachts den Schlaf raubte, war es, die mich auf das Licht zurennen ließ. Wie beim Ziehen an der Schnur des Peke-Peke-Motors: Man muss es weiter versuchen, sonst stirbt man. Genau das lässt Soldaten auf Schlachtfeldern vorpreschen und Tiger hinter ihrer Beute herhetzen. Es hat mich lange genug weitermachen lassen, um einen Weg zu finden.

Die Stoiker lagen richtig: Ich habe viel mehr im Zustand ängstlicher Erwartung gelitten als in der Realität. Was ich als Depression interpretierte, war in Wirklichkeit eine heiß glühende Sehnsucht, meine Träume in Erfüllung gehen zu sehen. So viele Menschen haben mir gesagt, meine unbehaglichen Gefühle ließen sich mit Tabletten heilen. Vielleicht hatten sie sogar recht damit. Doch die Rastlosigkeit und Dissoziation der modernen Zeit ist oft nur unsere Seele, die sich aus der Enge zu befreien versucht. Wir alle wollen uns verwandeln, aus unserem Kokon ausbrechen, hinaus ins Leben.

Mich hat immer die Vorstellung angesprochen, dass noch kein Meister vom Himmel gefallen ist. Vielleicht liegt das daran, dass ich selbst oft gescheitert bin. Und vielleicht auch daran, dass ich jetzt – nach all den Jahren – sehen kann: Ich mache allmählich Fortschritte und bewege mich mehr in Richtung meisterlichen Könnens. Jedes Jahr finden wir größere Anakondas und lernen mehr über sie. Letztes Jahr sind einige wissenschaftliche Publikationen auf Basis meiner Feldstudien erschienen. Eine dieser Veröffentlichungen – in der Zeitschrift *Check List* – stellt unseren Fluss als einen der vielfältigsten auf der ganzen Welt dar. Ich bin sogar Mitautor eines Artikels über die Jagdgewohnheiten der Anakondas in den Niederungen im *Journal of Natural History*. Jedes Jahr wird unser Schutzgebiet größer, jedes Jahr retten wir weitere Hektar. Und obwohl ich in der Schule ein Versager war und wahrscheinlich nie einen Doktortitel haben werde, schreibe ich gerade die letzten Worte meines dritten Buches nieder. Wir haben andere Menschen durch Fotos, Videos und Dokumentarfilme an unserer Mission teilhaben lassen – unsere Geschichte erreicht die Welt.

Jeden Tag quellen meine diversen Posteingänge über, weil junge Menschen aus der ganzen Welt Mails schreiben und Fragen stellen: »Wie kann ich zu euch kommen und helfen?«, »Wie habt ihr angefangen?« und »Wie kann ich deinen Job bekommen?«. Bei der letzten Frage muss ich immer lächeln. Wenn die nur wüssten …

Die zahlreichen Anfragen, die ich inzwischen bekomme, haben eins gemeinsam: die wachsende Sorge um die Zukunft unserer Natur. Uns alle belastet der Anblick von Bildern der überfischten Ozeane, der ausbleichenden Korallenriffe, der geplünderten Regenwälder und des außer Kontrolle geratenen Klimas emotional.

Nach fast zwanzig Jahren in Amazonien kann ich euch sagen, dass sehr viel auf dem Spiel steht. Es stimmt: Wir haben fast zwanzig Prozent der Originalfläche des Beckens verloren. Wissenschaftlerinnen und Wissenschaftler warnen uns, dass wir uns einem Kipppunkt nähern. Wenn eine weitere, zu große Fläche des Amazonasregenwaldes verschwindet, könnte das den Feuchtigkeitszyklus stören und eine Art Austrocknung im gesamten Becken verursachen, die katastrophale Folgen hätte und die sich nicht mehr rückgängig machen lässt. Eine entsetzliche Vorstellung.

Die ökologischen Missstände, mit denen wir uns heute konfrontiert sehen, sind dringender und allumfassender als alles, was uns bisher begegnet ist. Wir *müssen* einfach eine Lösung finden. Und aus diesem Grund steht nach allem, was ich gesehen habe, außer Frage: Wir leben am wichtigsten Punkt der Geschichte. Entweder retten wir die Naturschätze, die unsere Erde zu dem machen, was sie ist, oder wir verdammen alle künftigen Generationen durch die schlimmen Folgen unserer Gier. Aber diese hochriskante Situation birgt auch die Chance, unsere Spezies neu zu definieren.

Können wir den Schleier des Alltäglichen zur Seite schieben und uns die volle, ungeschönte Wirklichkeit dessen bewusst machen, was uns bevorsteht? Zum ersten Mal in der Geschichte der Menschheit stehen wir einem planetaren Problem gegenüber. Einem so massiven Problem, dass es die Aufmerksamkeit aller fordert.

Während man in der Popkultur und in den Nachrichten immer stärker von der Vorstellung des Lebens außerhalb der Erde fasziniert zu sein scheint, gibt es für mich nur eine unumstößliche Wahrheit: Unsere Erde ist der einzige Ort in der ganzen kalten Dunkelheit des Universums, von dem wir mit Sicherheit wissen, dass dort Leben existiert. Der einzige Planet, auf dem wir existiert haben und existieren. Er umfasst unsere gesamte Vergangenheit und Gegenwart. Und aus diesem Grund ist es dieser Planet, auf den ich meine Hoffnung für die Zukunft richte. Wie sollte irgendjemand den Anblick ertragen können, dass die Erde auseinandergenommen wird? Wie ist es möglich, dass wir die Zerstörung, die wir auf diesem Planeten anrichten, nicht als Selbstverletzung wahrnehmen?

Dieselben Fragen, die mich als Kind quälten, motivieren mich inzwischen. Ich habe gelernt, dass Hoffnungslosigkeit ein Gift ist, das aus der Dunkelheit kommt. Man braucht sich doch nur umzuschauen. Es gibt eine Art schrecklichen Zweifel, der sich in Zeiten schwindender religiöser Überzeugungen ausbreitet. Durch ihn denken viele Menschen, dass die Wunder des Lebens nichts als ein schlechter Witz wären. Selbst menschliche Kunst und Liebe und Mitgefühl werden zu wenig mehr als die blinden, instinktiven Funktionen biologischer Wesen reduziert. Die klugen Philosophinnen und Philosophen der menschlichen Spezies bewegen sich auf einem Felsbrocken durch das All, auf dem alles sorgfältig auf unsere besonderen Bedürfnisse zugeschnitten wurde, und sie wagen es anzuzweifeln? Sie fragen sich, ob wir wohl allein im Universum sind, dabei sind wir von unseren wilden Brüdern und Schwestern umgeben.

Und ich verweigere mich auch dem hippen, zynischen Atheismus, der die Gegenwart durchdrungen hat. Ich habe zu viele Menschen gesehen, die das Licht weitergegeben haben. Es gibt auf der ganzen Welt Menschen, die Arten retten möchten. Die sich dafür einsetzen, gefährdete Lebensräume zu bewahren. Sie arbeiten in der Medizin, in der Wissenschaft, in der Bildung, sind Eltern. Sie bemühen sich, die Welt zu einem besseren Ort zu machen. Ich habe begriffen, dass man nicht weit zu reisen und exotische Arten zu retten braucht. Entscheidend ist, was in unseren eigenen vier Wänden, in unserer unmittelbaren Umgebung vor sich geht. Wenn Menschen Politikerinnen und Politiker an die Spitze wählen, denen die Umwelt am Herzen liegt. Wenn sie neue Bäume pflanzen und alte Bäume erhalten. Wenn sie den eigenen Garten naturnah gestalten – und so den Tieren und Pflanzen auf dieser Erde helfen. Wenn sie sich gegenseitig unterstützen. Es gibt mächtige Stoßwellen unseres sich ausbreitenden Mitgefühls, das zwei- und vierbeinige Lebewesen – mit Panzern und Federn und Schuppen – umfasst. Ich denke an all die Tiere, die mir begegnet sind: große und kleine, von Schildkröten bis hin zu Tukanen, von Ameisenbären bis hin zu Elefanten. Wir müssen unsere Rolle annehmen und uns unserer Macht bewusst werden, um uns das Schicksal zu eigen zu machen, für das wir bestimmt sind.

Wir sind die Hüterinnen und Hüter dieser Erde. Auf uns kommt es an. Denn wir sind das Problem. Aber auch die Lösung. Es ist einfach und kompliziert zugleich: Es hängt davon ab, ob wir unsere eigene Spezies davon abhalten können, Bäume zu fällen, die Ozeane zu plündern, das Paradies zuzubetonieren. Wir leben wirklich in kritischen Zeiten, aber wir sind auch für kritische Zeiten gemacht. Uns Menschen wurde der Verstand von Philosophinnen und Philosophen geschenkt, der Körper von Kriegerinnen und Kriegern, das Herz von Heldinnen und Helden. Doch ohne die Möglichkeit, diese Gaben auch einzusetzen, fühlen wir uns wie ein Wolf im Käfig. Wir werden mit jedem Tag desorientierter und wilder, wissen nichts vom unbegrenzten Potenzial unserer eigenen Kraft – dass wir eigentlich laufen und jagen und aktiv leben, hohe Berggipfel erklimmen und den Himmel berühren könnten.

Als Beweis für diese Kraft braucht man sich nur JJ anzusehen, der das gesamte Spektrum in sich vereint. Was den Dschungel angeht, ist er zum Meister geworden. Der Typ, der als eines der vielen nackten Kindern Amazoniens geboren worden, der barfuß durchs Dorf gerannt war, im Fluss gebadet hatte – er hatte früh entschieden, wer er war. Er hatte gesehen, wie der Dschungel nach und nach zerstört worden war, und beschlossen, sich dagegen aufzulehnen. Über all die Jahre hat er sich für die kleine Forschungsstation eingesetzt und sie nie verlassen. Inzwischen ist er der Besitzer der *Alta Sanctuary* – des höchsten Baumhauses der Welt – und kümmert sich um dieses Projekt. Es gibt Dutzende ehemalige Holzfäller, Minenarbeiter und Wilderer, die dort arbeiten – alle mit sicheren, nachhaltigen Arbeitsplätzen. Und obwohl an diesem Ort nun ein gewisser Luxus und eine gewisse Sauberkeit vorhanden ist, hat er seine Authentizität nicht eingebüßt und ist Teil einer riesigen, noch immer zu 99,99 Prozent unberührten Landschaft. Lucerna und die Boote der Holzfäller haben einigen Schaden angerichtet, doch wenn wir das Gebiet jetzt retten, ist es immer noch mehr oder weniger in seinem ursprünglichen Zustand.

Ende 2024 – nicht lange nach der Begegnung mit den Mashco – gab es Neuigkeiten: JJ war vom *Time Magazine* unter die hundert Klimapersönlichkeiten des Jahres gewählt worden. Das kam völlig überraschend und war eine beachtliche internationale Anerkennung seiner Mission als indigene Führungsfigur und eine großartige Bestätigung seines Lebenswerks: die Rettung des Amazonas durch den Ökotourismus und durch seine Organisation *Junglekeepers*. Wenn man einfach nicht aufgibt, wird die Welt das irgendwann bemerken. Man wirft einen Stein, und auf der Oberfläche des Universums bilden sich Wellen.

Und das ist das Licht am Ende des Tunnels: Es kommt wirklich auf *dich* an.

Inzwischen beteiligen sich Tausende Menschen am *Junglekeepers*-Spendenprogramm. Menschen aus aller Welt, denen das Schicksal des wildesten Ortes dieser Erde am Herzen liegt. Wir haben nun einen Weg gefunden, die Distanz zwischen weit entfernten Tierarten und Ökosystemen und den Menschen, die sie retten wollen, zu überbrücken. Die meisten unserer Spendenden können es sich leisten, einmal im Monat den Betrag eines teuren Kaffees herzugeben. Wenn wir von genügend Menschen fünf Dollar erhalten, können wir den Fluss bald retten. Das macht jede einzelne kleine Spende genauso wichtig wie die größeren Summen, die wir bekommen. Denn unabhängig vom Spendenbetrag hängt alles von individueller Verantwortung ab – ob man nun in derselben Liga wie Jay spielt, der uns die Hälfte des für den Uralten Wald benötigten Geldes gab, oder zu den vielen Menschen, die kleinere Beträge spenden, auf die wir so sehr angewiesen sind.

Da gibt es zum Beispiel eine Mutter, die fünf Dollar im Monat spendet. Sie schuftet in zwei Jobs, aber sie möchte ihren Kindern zeigen, dass sie mithilft, etwas ganz Besonderes zu retten, und ihnen beibringen, dass sie einen entscheidenden Beitrag leisten können. Die Familie schaut sich unsere Naturvideos in den sozialen Medien an.

Wir haben damit auch einen Weg gefunden, die Distanz zwischen Spendenden auf der ganzen Welt und den Menschen vor Ort im Amazonas zu überbrücken. Wir haben begriffen, dass Holzfäller nicht von Grund auf böse sind, sondern einfach bessere Jobs brauchen. Indem wir das Leben der Einheimischen verbessern, die sonst keine anderen Möglichkeiten haben, lässt sich Entscheidendes verändern und demonstrieren, dass das Narrativ des Naturschutzes neu geschrieben werden kann: Statt Verlust und Tragik dominieren dann Innovation und Licht. Das ist nur möglich, weil uns so viele Menschen unterstützen.

Heute haben wir eine klar definierte Mission: Wir müssen diesen Ort schützen. Diesen leuchtenden Smaragd, dieses Flussbecken, in dem es so viel Leben gibt, so viele Stämme und Bäume, all die Millionen schlagender Herzen. Es ist eine Mission mit einem Anfang und einem Ende. Die Frage lautet nicht länger: »Können wir den Fluss retten?«, sondern: »Können wir ihn rechtzeitig retten?«

Zwischen dem Nationalpark Alto Purús, dem Nationalreservat Tambopata, dem Nationalpark Manú und dem Territorialreservat von Madre de Dios verläuft der Fluss Las Piedras wie ein goldener Faden. Er ist das Bindeglied zwischen alledem, das Herz des Lebensraumes mit der größten Biodiversität auf diesem Planeten. Nach so vielen Jahren haben wir es endlich aufs Spielfeld geschafft, in die höchsten Ligen. Wir haben eine reelle Chance, diesen Fluss, diese Tiere, diese Bäume, diese Stämme zu retten.

Die Organisation *Junglekeepers* schützt inzwischen einen bedeutenden Teil der Gesamtfläche, die wir retten müssen. Mit einer Fläche von über 44.000 Hektar haben wir etwa ein Drittel unseres Ziels erreicht, das ursprüngliche Gebiet des Flussbeckens von Las Piedras zu bewahren. *Ein Drittel.* Wenn wir es schon so weit geschafft haben – wie könnten wir dann logisch argumentieren, dass wir den Rest nicht auch erreichen könnten? Ob man es mit Hammer und Meißel durch Granit schafft, hängt ganz und gar davon ab, ob man den Hammer immer weiter schwingt oder nicht.

***

»Ich muss unbedingt in diesem Hubschrauber sitzen.«

»Ich weiß«, sagte JJ.

Wir wussten, dass sich der Stamm flussaufwärts bewegte. Wir wussten, die Frauen und Kinder von Monte Salvado würden evakuiert werden. Wir wussten, Rommel und ein paar Männer würden zurückbleiben, um das Dorf zu bewachen. Eines war sicher: Ob Krieg oder Verhandlungen – dort draußen im Dschungel würde sich etwas Unglaubliches ereignen. Lange standen wir einfach nur da, formulierten im Kopf Sätze, die uns nie über die Lippen kommen würden.

»Also los!«, rief Stéphane, der die Vorräte auf den Weg gebracht hatte, die uns am Flughafen erwarten würden.

»Sei vorsichtig«, sagte JJ. »Pass auf dich auf.«

Wir umarmten uns fest. Schauten uns noch einmal in die Augen.

Als Stéphane, Mohsin und ich in den Pick-up stiegen und davonfuhren, telefonierte JJ schon wieder. Er sprach mit der Polizei über ein möglicherweise bevorstehendes Eindringen der *narcos* in das Gebiet hinter dem Uralten Wald.

Als wir am Flughafen ankamen, wurden wir von einem mit einem Gewehr bewaffneten Sicherheitsmann in Tarnkleidung begrüßt. Führende Vertreter der Gemeinschaften waren ebenfalls anwesend, um George zu empfangen. Der Krankenwagen stand mit Blaulicht bereit. Ich betete darum, dass George noch am Leben wäre. Dass er überleben würde.

Wir spürten das tiefe Grollen des Helikopters, bevor wir die Maschine sehen konnten.

»Was wirst du machen?«, fragte Mohsin mich.

Jetzt erschien der Helikopter am Himmel, flog niedrig über dem Dschungel.

»Ich weiß es nicht.«

Es schien gegen alle Vernunft zu sein, freiwillig mitzufliegen. Gleichzeitig wäre es aber genauso gegen alle Vernunft, es nicht zu tun. Vielleicht würde es zu einem Massaker kommen. Vielleicht würden sich die Mashco auch einsichtig verhalten. Man konnte es einfach nicht wissen. Jedenfalls rückte eine Interaktion zwischen menschlichen Stämmen, wie sie sich auf dieser Erde nicht oft ereignet, immer näher. Außerdem gehörte ich zum Vorstand von *Junglekeepers*, und wir schickten Lebensmittel und weitere Unterstützung in die Gemeinschaften. Im Falle irgendeiner Interaktion wäre ich zudem der einzige Anwesende, der professionelle Filmaufnahmen machen könnte. Der Einzige, der der Welt die Geschichte würde präsentieren können. Die Mashco hatten Rommel gefragt, warum unsere Leute die uralten Bäume fällten.

Sie hatten keine Ahnung von der Vernichtung, die ihnen bevorstand. Nach den ganzen Massakern an indigenen Kulturen in den letzten paar Jahrhunderten sind nun die letzten wahrhaft freien Menschen auf dieser Welt unwissentlich an ein Gleis gefesselt, während der Güterzug der Zivilisation auf sie zurast. Ich hatte Angst, aber gleichzeitig war es meine *Aufgabe*, mir alles anzuschauen, wenn es tatsächlich geschehen würde. Und inzwischen wusste ich: Bei wirklicher Gefahr würde ich in den Wald flüchten und dort tagelang überleben können, wenn es sein musste. Zwanzig Jahre Erfahrung und eine Machete – ich hatte alles, was ich brauchte. Der Rest befand sich in meiner Tasche. Ich war bereit. Es wäre fahrlässig gewesen, sich die Sache entgehen zu lassen.

Bald erklang das ohrenbetäubende *Wapp-Wapp* des Hubschraubers im Landeanflug. Die Trage mit George wurde rasch in den Krankenwagen verladen, der sofort davonraste. Währenddessen sprach ich mit dem Wachmann am Gate. Er war darüber informiert worden, dass wir kamen. Er wusste, wir schickten Vorräte. Er erkundigte sich, ob ich mit nach Monte Salvado fliegen würde. Ich bestätigte das und fragte ihn, wie lange wir dorthin unterwegs sein würden. Das wisse er nicht, erwiderte er. Vielleicht eine Stunde.

Mein Gott, dachte ich, *eine viertägige Peke-Peke-Fahrt über den Fluss – und nur eine Stunde im Hubschrauber*. Alles entwickelte sich so rasch.

Ich wurde angemeldet und hinter das Gate gebracht. In meinen Tarnhosen, dem *Junglekeepers*-Shirt, mit dem schwarzen Hut und der Sonnenbrille wirkte ich wie ein Offizieller. Es gab keine Zeit, sich zu verabschieden. Im Rucksack hatte ich mein Tagebuch, ein paar Dosen Thunfisch, eine Kamera, Wechselkleidung, ein Zelt und ein Bettlaken.

Während die Besatzung des Hubschraubers die Vorräte einlud, versuchte ich nachzudenken. *Bin ich der Typ, der alles aufs Spiel setzen würde, um herauszufinden, was er nicht weiß?* Nach all den Jahren auf der Jagd nach Abenteuern … fand ich hier die Antwort.

Auf der einen Seite die unglaubliche Energie des Hubschraubers, der einen solchen Wind erzeugte. Diese fliegende Maschine würde mich in den tiefsten Dschungel auf dieser Erde tragen. Zu einem historischen

Kampf. Die Rotoren drehten sich. Ich wusste, dass es kein Zurück geben würde, wenn ich jetzt einstieg.

Auf der anderen Seite meine Freunde, die weit entfernt hinter dem Maschendrahtzaun am Rand des Flugplatzes standen. Ich konnte nicht mit ihnen reden, sie nicht um Rat fragen. Dafür war es zu spät. Ich war schon durch das Gate gegangen. Und eigentlich kannte ich ihre Antwort bereits. Sie hätten mich überzeugt zu bleiben, mir das Mitfliegen verboten. Ich sah vor mir, wie Mohsin den Kopf schüttelte, Furcht, sogar Entsetzen im Gesicht: *Mach das nicht*. Aber ich konnte nichts sagen. Wir waren schon zu weit gekommen, und alles fühlte sich so endgültig an. Ich trennte mich von ihnen. Es war unglaublich, und mir kam es vor, als schaute ich in diesem Augenblick in einen schwindelerregenden Abgrund, als gäbe es nur diesen einen Weg. Es war ein einschneidender Moment in meinem Leben. Wenn ich jetzt in diesen Hubschrauber stieg, gab es kein Zurück mehr.

Ganz kurz bildete sich ein Kloß in meinem Hals, Angst flatterte durch meinen Körper. Dieses Gefühl wurde von einem der Verehrung und der Liebe abgelöst. Irgendwie hatte dieses Team zusammengefunden, um eine Art Taskforce zu bilden. Und es konnte Dinge erreichen, die ich mir nicht einmal in meinen kühnsten Träumen ausgemalt hatte.

In den folgenden Tagen sollte Mohsin unablässig Fotos machen und sich mit den Koordinatoren beraten. Roy sollte mit den Rechtsanwälten weiterarbeiten, die Verhandlungen fortführen und Dokumente unterzeichnen, die große Teile des Regenwaldes retten würden. Und Stéphane – unser Programmiersuperheld – sollte die Systeme einrichten, mit deren Hilfe wir Millionen Menschen erreichen und als Einheit arbeiten konnten. Irgendwie blieb alles organisiert, fokussiert, unter Kontrolle. Und dann war da noch JJ, der Einzige seiner Art. Ohne ihn wäre nichts von alledem möglich gewesen. Er hatte uns sozusagen die Schlüssel zu Amazonien in die Hand gegeben, zum Abenteuer, zu unseren Träumen. Und jetzt handelten wir. Wir handelten wirklich. Es war nicht länger ein Traum oder ein Witz, sondern Realität. In diesem Augenblick wurde mir bewusst, wie unwahrscheinlich es gewesen war, dass diese Gruppe zusammengefunden hatte. Diese Menschen, dieses

Team. Jeder von ihnen war seinem ganz eigenen, außergewöhnlichen Weg gefolgt. Jeder von ihnen erfüllte Aufgaben, die niemand sonst erledigen konnte. Und zusammen bot sich uns die Gelegenheit, etwas Kostbares aus den Flammen zu retten, es für die Welt zu bewahren, für die Tiere, für jedes ungeborene Kind kommender Generationen, das in seine so ungewisse Zukunft schauen und voller Leidenschaft etwas zur Heilung der Wunden dieses Planeten beitragen wollen würde.

Ich blickte auf den Hubschrauber und wusste, was ich zu tun hatte. Ich machte einen Schritt, auf den ich mich jahrzehntelang zubewegt hatte. Und ich wusste, dass in dem Moment, in dem meine Füße den Asphalt verließen und die Stufen des Helikopters berührten, das Abenteuer beginnen würde, auf das ich mich mein ganzes Leben vorbereitet hatte. Ich wusste, was auf dem Spiel stand, aber ich hatte auch gelernt, dass man sich nur kopfüber in ein Abenteuer stürzen konnte. Während ich die Stufen erklomm, empfand ich eine Art wilder, chaotischer Beschleunigung. Irgendwann gelangt man an einen Punkt, an man eine grundlegende Entscheidung bezüglich der eigenen Identität zu treffen hat.

Die Hochfrequenzturbine des Helikopters wurde immer lauter. Inzwischen stand ich ganz oben auf den Stufen und winkte lange genug, dass Mohsin und Stéphane diesen endgültigen Abschied bemerkten. Sie winkten zurück.

Ich suchte mir einen Platz, und währenddessen beschleunigte die Turbine enorm, wurde immer schneller, bis ein tiefes Wummern die Luft erfüllte. Ich setzte Kopfhörer auf und rückte meine Sonnenbrille zurecht. Der Wind schlug auf uns ein. Alles um uns herum geriet ins Wirbeln. Wir hoben ab, und dann rauschten wir durch die Luft. Überflogen erst Madre de Dios und dann die atemberaubende Unendlichkeit ununterbrochenen Grüns.

Es handelte sich um einen Frachthubschrauber mit Öffnungen ohne Scheiben statt Fenstern. Als ein Mitglied der Crew bemerkte, dass ich nach draußen schaute, winkte mich der Mann zur Tür. Durch Zeichen bedeutete er mir, mich gut an der Stange festzuhalten. Dann öffnete er die Tür. Ein Luftzug prallte auf uns. Der Helikopter schwebte über dem

Kronendach des Regenwaldes. Wir befanden uns vielleicht etwas mehr als dreißig Meter über den Bäumen.

Die so kräftig hereinströmende Luft erschwerte das Atmen. Und es war ebenso schwer, meinen Augen zu trauen, als ich nun auf den Dschungel hinabblickte, zu dem ich fast zwanzig Jahre lang emporgesehen hatte. Ich hatte den Dschungel noch nie aus dieser Perspektive erlebt. Ich schaute auf riesige Kapokbäume hinunter. Ich entdeckte Brüllaffen und Klammeraffen, die auf tiefere Äste flüchteten, um sich zu verstecken, und Papageien, die über das Grün flogen. Ich hielt mich an der Stange fest, so gut ich konnte, denn sonst wäre ich aus dem Helikopter gefallen.

Was ich sah, erfüllte mich mit Demut. Der Dschungel war riesiger, als ich ihn mir jemals hätte vorstellen können. Tiefer und komplexer und großartiger. Mir wurde bewusst, dass ich froh sein konnte, dass einige meiner ehrgeizigsten Pläne für Solo-Expeditionen niemals zur Ausführung gekommen waren, und ich lächelte. Der Dschungel war so verdammt groß, so jenseits des menschlichen Fassungsvermögens.

Als wir den Fluss erreichten, hielt sich der Hubschrauber am linken Ufer und flog am Wasser entlang. Ich erkannte Strände wieder, an denen ich irgendwann mein Zelt aufgeschlagen hatte. Orte, die zum Mittelpunkt meiner Realität geworden waren und die ich nun aus einer anderen Perspektive sah. Das war so aufregend, so schön und klar und überwältigend, dass ich jeden einzelnen Augenblick bewusst zu erleben versuchte. Ich lächelte immer noch und spürte es auch tief in meinem Inneren. Nein, ich war ganz und gar nicht in der falschen Zeit geboren worden.

Der Helikopter raste nun in niedriger Flughöhe über die endlose Weite Amazoniens – so unberührt und beeindruckend, dass meine Augen nur Grün wahrnahmen, als wir uns donnernd auf den wilden Horizont zubewegten.

NACHWORT

Letzte Woche haben Dealer der *narcos* einen Mordanschlag auf JJ verübt.

In den Monaten nach dem Abschluss dieses Buches wurde der Fluss von einem Sturm der Veränderungen heimgesucht. Vorher hatte unsere Bewegung über mehrere Jahre an Geschwindigkeit zugelegt – bis wir uns sozusagen im Galopp befanden. In uns hatte sich die Hoffnung geregt, der Traum von der Rettung dieses Flusses könnte unter Umständen Realität werden. Die Unterstützung der Öffentlichkeit, die großzügigen Spenden, das Ranger-Programm, die Tatsache, dass wir unser Schutzgebiet von 20.000 auf inzwischen mehr als 47.000 Hektar erweitern konnten – all das war ein Wunder. Und all das endete eines Tages mit dem Erklingen eines Gewehrschusses.

Während der letzten paar Monate sind unzählige Dealer der *narcos* ins Amazonasbecken gekommen. Sie haben entdeckt, dass man an unserem Fluss Coca-Pflanzen anbauen und dabei vor dem Gesetz verborgen bleiben kann. Das mit ihnen ist eine ganz andere Geschichte als mit den Holzfällern. Die Holzfäller sind normalerweise freundliche Einheimische, die mit sich reden lassen und mit denen man verhandeln kann. Letzten Endes konnten wir viele von ihnen überzeugen, Teil unseres Teams zu werden. Die *narcos* gehören einem völlig anderen Menschenschlag an. Sie sind brutale Gewalt gewohnt, und sie brauchen den Schutz der abgelegenen Wildnis, weit entfernt vom Arm des Gesetzes. Aus irgendeinem Grund haben sie sich für unseren Fluss entschieden. Viele von ihnen stehen mit den Leuten in Lucerna in Verbindung, die über die Straße hergekommen sind. Ganz ohne Zweifel haben die ihren Freunden und Angehörigen erzählt, dass man sich in diesem Flussgebiet einfach Land nehmen, den Wald abholzen und Farmen errichten kann. Farmen, auf denen Kokain hergestellt werden könnte. Dass es hier keine Gesetze gibt. Dass keine Konsequenzen befürchtet werden müssen. Deswegen führen wir inzwischen einen Krieg gegen die Drogen, statt Bäume und Schmetterlinge zu erforschen. Die Spendengelder, mit denen wir Land schützen könnten, werden nun für die Security eingesetzt, die wir brauchen. Alles ist sehr gefährlich geworden. Menschen kommen ums Leben. Einige Mitglieder des örtlichen Naturschutzteams sind bereits ermordet worden.

Als die Polizei vor einigen Wochen geheime Informationen darüber erhalten hatte, dass die *narcos* von *Junglekeepers* erfahren hatten, machten wir uns große Sorgen. Was noch besorgniserregender war: Auf einem konfiszierten Handy hatten die Polizeibeamten einen Nachrichtenaustausch entdeckt, in dem JJ und ich namentlich genannt worden waren. Darin wurde allen befohlen, uns umzubringen, wenn sich die Gelegenheit ergeben sollte. Auf uns waren also ganz offiziell Mörder angesetzt worden. Wir nahmen das ernst, hatten jedoch keine Ahnung, wie konkret und ernst diese Bedrohung tatsächlich war.

Am 23. Juni sollte JJ die Station verlassen und von Lucerna aus unser Auto benutzen. Er wurde bei der Arbeit jedoch aufgehalten und beschloss, einen Tag länger als ursprünglich geplant im Dschungel zu bleiben. Deswegen ließ er ausrichten, der Fahrer solle in die Stadt zurückkehren und einige Ranger abholen. Als unser Chauffeur Percy allein über die lange, einsame Straße von Lucerna fuhr, wurde er von ein paar Männern aufgehalten, die die Straße mit einem Baum blockierten. Sie hielten Percy durch das geöffnete Fenster eine Pistole an die Schläfe und wollten wissen, ob JJ und ich hinten im Wagen säßen. »Wo ist Juan Julio? Wo ist der Gringo?« Als Percy sagte, er wisse es nicht, aber jedenfalls nicht bei ihm, zerrten sie ihn aus dem Wagen und bedrohten ihn weiterhin mit der Waffe. Sie stießen ihn herum und nahmen ihm Führerschein und Handy ab. Und sie teilten Percy mit, wir hätten Glück gehabt. Nächstes Mal würden wir allerdings kein Glück haben. Gott sei Dank haben sie ihn nicht schwer verletzt.

Als Percy in die Stadt zurückgekehrt war und uns telefonisch von dem Vorfall berichtete, waren wir tief erschüttert. Wäre JJ an jenem Tag wie geplant ins Auto gestiegen, hätten sie ihn umgebracht.

Auf diese neue Realität war niemand von uns vorbereitet. Wir treffen alle möglichen Vorsichtsmaßnahmen und kämpfen trotzdem weiter, um den Fluss zu schützen. Doch jetzt ist die Ausgangslage anders. Es geht nicht nur um die indigenen Stämme und die Bäume und die Tierwelt und den Himmel, sondern auch um unser eigenes Leben. Wir werden nun aktiv gejagt. Und die Geschichte hat uns vor allem eins gelehrt: Leitfiguren der Umweltbewegung werden in Amazonien und in allen Regenwäldern der Welt viel zu oft ermordet.

Ich finde, alle sollten das wissen. Für uns herrschen gerade schwere Zeiten. Wir befinden uns in der entscheidenden Phase, dem dritten Akt. Während die *narcos* Wald roden und sich mit Feuer neue Straßen bahnen, sehen wir uns damit konfrontiert, dass sie besser bewaffnet und zum Erreichen ihres Ziels zu Taten bereit sind, die außerhalb unseres Vorstellungsvermögens liegen. Am Fluss erzählt man sich, dass sie Maschinengewehre gegen die Mashco Piro einsetzen, denen sie begegnen. Und dass noch mehr von ihnen auf dem Weg hierher sind. Wir arbeiten mit der Polizei und der Regierung zusammen, doch die Realität sieht so aus: Die Straßen, die sich die *narcos* mit Feuer bahnen, fressen sich in sehr hohem Tempo mitten durch das Land, das wir so unbedingt retten möchten. Sie nähern sich dem Herzen des von uns als Schutzgebiet ausgewählten Korridors. Das hier ist das Endspiel. Entweder retten wir den Regenwald jetzt, oder alles, wofür wir gearbeitet haben, wird ausgelöscht. Die kommenden ein, zwei Jahre werden es zeigen.

DANK

Wie soll ich all den großartigen Menschen danken, durch die das hier möglich geworden ist? Gibt es eine Möglichkeit, Eltern zu danken, die das wilde Herz ihres Kindes verstanden und es immer bedingungslos unterstützt haben? Ed und Lenore, ihr habt dieses Leben zu einem Abenteuer und Wunder werden lassen. Ich danke meiner Schwester Michelle, meiner besten Freundin, die alles, was ich schreibe, durchsieht und umsichtig beurteilt. Danke, dass du mir geholfen hast, aus dieser wilden Geschichte ein Buch mit einer Botschaft zu machen.

Außerdem gilt mein Dank meiner Agentin und Freundin Lindsay Edgecombe: Du hast als Erste an mich geglaubt, und das werde ich nie vergessen. Unglaublich, was wir zusammen erreicht haben! Schon drei gemeinsame Bücher – ich freue mich auf viele weitere Abenteuer!

Danke auch an Linda Carbone, die mit mir an den Projektvorschlägen für *Junglekeepers* und *Mother of God* gearbeitet hat. Ohne deine Beratung und Betreuung wäre ich niemals Autor geworden.

Ich danke Matthew Burdette, Derek Reed, Rachel Tockstein, Steven Boriack, Claire Hendrix, Ashley Shoemaker und allen bei Penguin Random House und Convergent, die an dieses Buch und diese Geschichte glauben und mit so großer Leidenschaft den Entstehungsprozess begleitet haben.

Ein riesengroßes Dankeschön für die Unterstützung unserer Arbeit im Amazonasgebiet geht an Dax Dasilva und Age of Union. Dax, ohne dich wären wir nicht hier, das weißt du. Danke, dass du an mich geglaubt hast, als niemand sonst das getan hat, und dass wir durch dich so viele Millionen schlagender Herzen haben retten können. Deine Arbeit ist pure Inspiration – nicht nur für *Junglekeepers*, sondern für die Rettung von Tieren und den Erhalt von Natur auf der ganzen Welt. Was du und Age of Union an Hoffnung und Fortschritt ermöglicht habt, erfüllt mich mit großem Stolz und Mut.

Dank Rebecca Foon und Guillaume Brun ist *Junglekeepers* heute eine peruanische Nichtregierungsorganisation. Darüber hinaus möchte ich Dina Tsouluhas für ihre grenzenlose Hingabe an das Ranger-Programm und die Rettung des Flusses danken.

Danke an Vanessa, die uns so oft den Arsch gerettet hat.

Ich danke Eric und Bronwyn. Sie haben uns geholfen, strategisch zu agieren, sodass unser Einsatz für den Fluss und für dieses Buch zum Erfolg werden konnte. Jay verdanken wir die Chance, den ökologisch so wertvollen Uralten Wald zu retten. Danke, Lex Fridman und Joe Rogan, Julian Dorey und Danny Jones: Ihr habt uns geholfen, mit der Botschaft dieser Geschichte Millionen zu erreichen.

Meine tiefe Dankbarkeit gilt meiner geliebten Vajra Olana Kingsley, ohne die ich die verschiedenen Durchgänge bei diesem Manuskript nicht überstanden hätte.

Danke an alle, die *Junglekeepers* mit Spenden unterstützen. Jeder noch so kleine Betrag bringt uns dem Ziel näher, diese faszinierende Wildnis zu erhalten.

Danke an die Menschen Perus, meiner Wahlheimat: *¡Os amo mucho!*

LITERATURNACHWEIS

Cormac McCarthy, All die schönen Pferde, Rowohlt 2000

Fjodor M. Dostojewski: Aufzeichnungen aus einem Kellerloch, übersetzt von Hermann Röhl u.a., Insel 1921

F. Scott Fitzgerald: Der große Gatsby, Manesse 1928

John Hemming: Tree of Rivers, Thames & Hudson Ltd 2009

Kurt Vonnegut: Die Sirenen des Titan, Rowohlt 1984

Wade Davis: The Wayfinders, House of Anansi Press 2009